局域网管理（Windows平台）

Windows 2000 试题汇编

（高级网络管理员级）

国家职业技能鉴定专家委员会
计算机专业委员会 编写

北京希望电子出版社
Beijing Hope Electronic Press
www.bhp.com.cn

内 容 简 介

本书包含局域网管理（Windows 平台）Windows 2000 高级网络管理员级试题库的全部试题，经国家职业技能鉴定专家委员会计算机专业委员会审定，考生考试时所做题目从中随机抽取。本书既可供正式考试时使用，也可供考生考前练习之用，是参加 Windows 2000 高级网络管理员级考试的考生人手一册的必备技术资料。

本书可供考评员和培训教师在组织培训、操作练习和自学提高等方面使用，还可供广大读者学习局域网知识、自测局域网管理技能使用，也可作为普通高等院校、中等专业学校、技工学校、职业高中及社会培训机构进行局域网管理应用技能培训与测评的首选教材。

为方便考生考前练习，本书题库素材将在北京希望电子出版社微信公众号、微博，以及北京希望电子出版社网站（www.bhp.com.cn）上提供。

图书在版编目（CIP）数据

局域网管理（Windows 平台）Windows 2000 试题汇编 ：高级网络管理员级 / 国家职业技能鉴定专家委员会计算机专业委员会编写. —北京 ：北京希望电子出版社, 2015.2

ISBN 978-7-83002-260-0

Ⅰ. ①局… Ⅱ. ①国… Ⅲ. ①Windows 操作系统－技术培训－试题 Ⅳ. ①TP316.7-44

中国版本图书馆 CIP 数据核字(2015)第 031960 号

出版：北京希望电子出版社

地址：北京市海淀区中关村大街 22 号

中科大厦 A 座 10 层

邮编：100190

网址：www.bhp.com.cn

电话：010-82620818（总机）转发行部

010-82626237（邮购）

传真：010-62543892

经销：各地新华书店

封面：张　洁

编辑：石文涛

校对：全　卫

开本：787mm×1092mm　1/16

印张：21.75

字数：516 千字

印刷：北京昌联印刷有限公司

版次：2025 年 7 月 1 版 13 次印刷

定价：53.80 元

国家职业技能鉴定专家委员会

计算机专业委员会名单

主 任 委 员：路甬祥

副主任委员：张亚男　周明陶

委　　　员：（按姓氏笔画排序）

丁建民　王　林　王　鹏　尤晋元　石　峰

冯登国　刘　旸　刘永澎　孙武钢　杨守君

李　华　李一凡　李京申　李建刚　李明树

求伯君　肖　睿　何新华　张训军　陈　钟

陈　禹　陈　敏　陈　蕾　陈孟锋　季　平

金志农　金茂忠　郑人杰　胡昆山　赵宏利

赵曙秋　钟玉琢　姚春生　袁莉娅　顾　明

徐广懋　高　文　高晓红　唐　群　唐韶华

桑桂玉　葛恒双　谢小庆　雷　毅

秘　书　长：赵伯雄

副 秘 书 长：刘永澎　陈　彤　何文莉　陈　敏

局域网管理（Windows 平台）Windows 2000

高级网络管理员级

命题组成员

王　为	刘在强	姜中华	赵树林
王大印	闻金川	张增华	徐　津
徐志飞	杨　宁	宝力高	张　霄
肖建芳	钟仕增	王　飞	范二朋
段之颖	金志农	奚　昕	陆卫民
杨　波	郑明红		

出 版 说 明

本书是局域网管理模块（Windows 平台）Windows 2000 高级网络管理员级试题库的试卷部分，由局域网管理模块（Windows 平台）命题组编写，国家职业技能鉴定专家委员会计算机专业委员会审定。

本书根据《局域网管理（Windows 平台）Windows 2000 高级网络管理员级考试大纲》编写，供各考试站组织培训、考试使用。本书汇集了全部试题，分 8 个单元。考试时，考生根据选题单上的题号，选择题目，按照操作要求和样文，调用计算机中考试前已安装的题库电子文件，完成相应题目。

本书可以为社会各界组织计算机应用考试、检测局域网管理能力提供考试支持，为各级各类学校组织计算机教学与考试提供题源，为自学者提供学习的主要侧重点和实际达到能力的检测手段。

本书执笔人为王为、刘在强、姜中华、赵树林、王大印、闻金川、张增华、徐津、徐志飞、杨宁、宝力高、张霄、肖建芳、钟仕增、王飞、田大伟、焦亚波、李哲、郭萌。

关于本书的不足之处，敬请批评指正。

考试说明

为了避免考生在考试中因非技能因素影响考试成绩，特将考试时值得注意的问题说明如下，请考生在考试前仔细阅读本考试说明，正式考试时按照本考试说明正确建立考生文件夹并拷屏操作结果、保存考试结果文件。

考生文件夹

在“资源管理器”中 C 盘根目录下新建一个文件夹，文件夹的名称为考生准考证后 7 位数字。例如：考生的准考证号为 0241078610024000532，则考生文件夹名为 4000532，如下图所示。

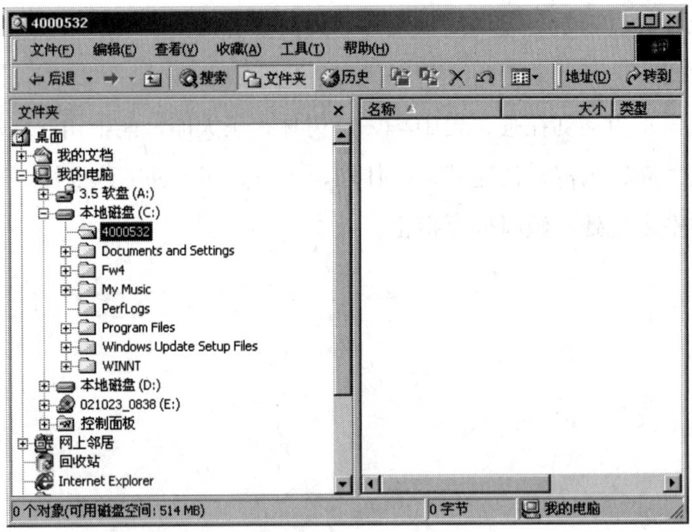

目　录

第一单元　Windows 2000 账号管理

1.1　第 1 题

【操作要求】

完成下列操作，并将操作结果按要求保存在考生文件夹中。

1. **创建本地账号**：创建一个本地账号，该账号信息如“样图 1-01A”所示，该用户密码为 1and1。创建结果如“样图 1-01B”所示，通过屏幕截图（按 Print Screen 键）把本机的操作结果保存成 X1-01A.bmp 文件，并保存到考生文件夹中。
2. **将账号添加到组**：创建一个名为 group1 的本地组，并把上步中创建的账号添加到该组中，操作结果如“样图 1-01C”所示，通过屏幕截图把本机的操作结果保存成 X1-01B.bmp 文件，并保存到考生文件夹中。
3. **设置本地安全策略**：在本地安全策略中设置“密码长度最小值”为 7 个字符。操作结果如“样图 1-01D”所示，通过屏幕截图把本机的操作结果保存成 X1-01C.bmp 文件，并保存到考生文件夹中。
4. **验证本地安全策略生效**：创建一个名为 new 的计算机本地账号，使该账号密码长度小于 7 个字符，此时系统会报出如“样图 1-01E”所示错误，通过屏幕截图把本机的操作结果保存成 X1-01D.bmp 文件，并保存到考生文件夹中。

【样图 1-01A】

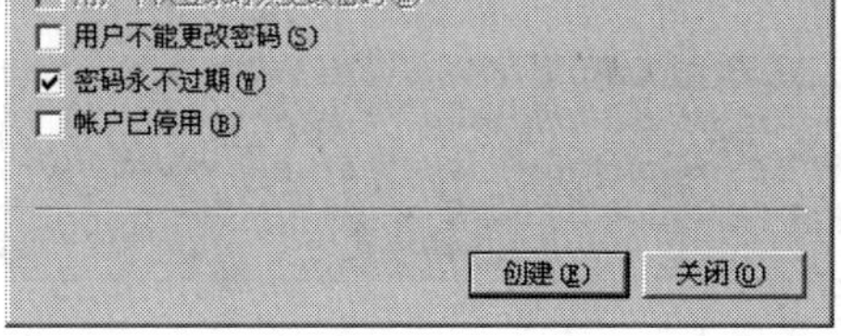

【样图 1-01B】

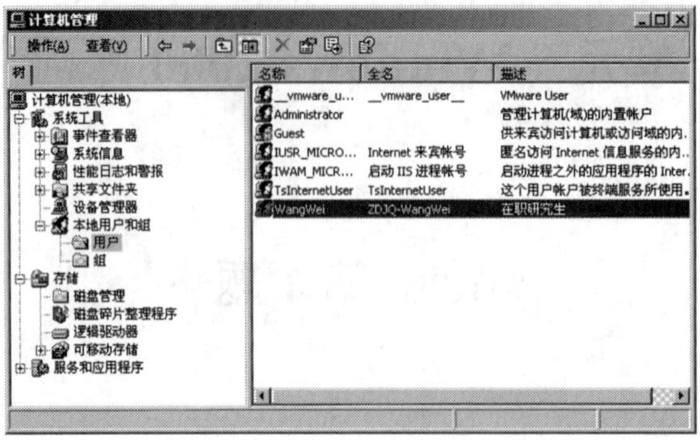

【样图 1-01C】

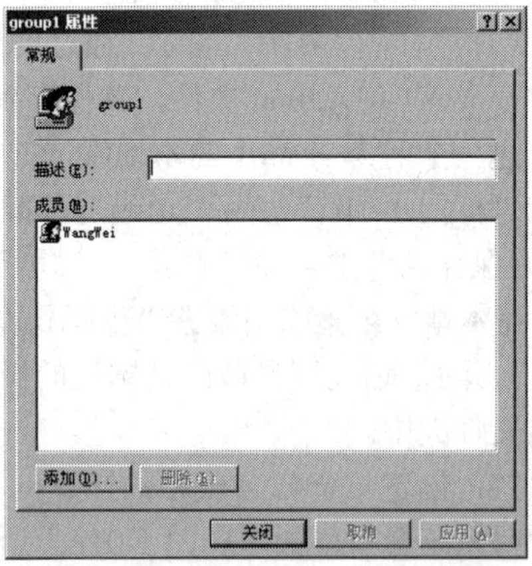

【样图 1-01D】

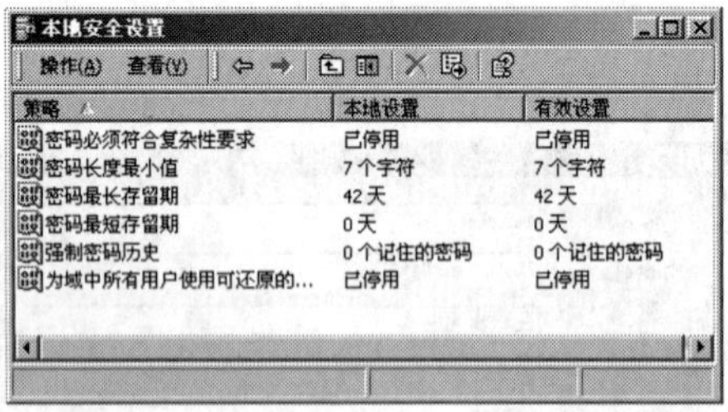

【样图 1-01E】

1.2 第2题

【操作要求】

完成下列操作，并将操作结果按要求保存在考生文件夹中。

1. **创建本地账号**：创建一个本地账号，该账号信息如“样图 1-02A”所示，该用户密码为 snow。创建结果如“样图 1-02B”所示, 通过屏幕截图（按 Print Screen 键）把本机的操作结果保存成 X1-02A.bmp 文件，并保存到考生文件夹中。
2. **将账号添加到组**：创建一个名为 group2 的本地组，并把上步中创建的账号添加到该组中，操作结果如“样图 1-02C”所示, 通过屏幕截图把本机的操作结果保存成 X1-02B.bmp 文件，并保存到考生文件夹中。
3. **设置本地安全策略**：在本地安全策略中设置“密码必须符合复杂性要求”。操作结果如“样图 1-02D”所示, 通过屏幕截图把本机的操作结果保存成 X1-02C.bmp 文件，并保存到考生文件夹中。
4. **验证本地安全策略生效**：创建一个名为 new 的计算机本地账号，使该账号密码为 123，此时系统会报出如“样图 1-02E”所示错误，通过屏幕截图把本机的系统报错提示界面保存成 X1-02D.bmp 文件，并保存到考生文件夹中。

【样图 1-02A】

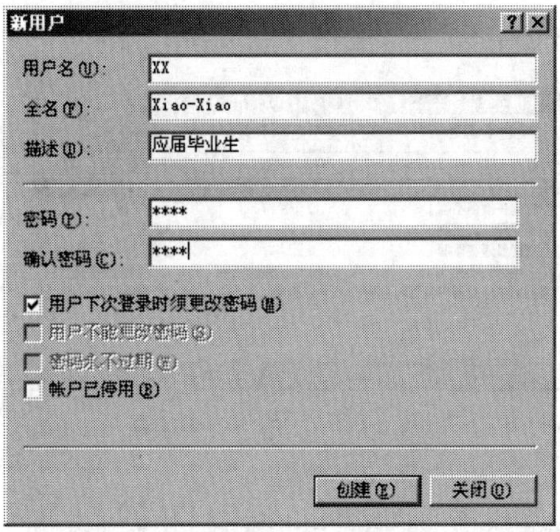

【样图 1-02B】

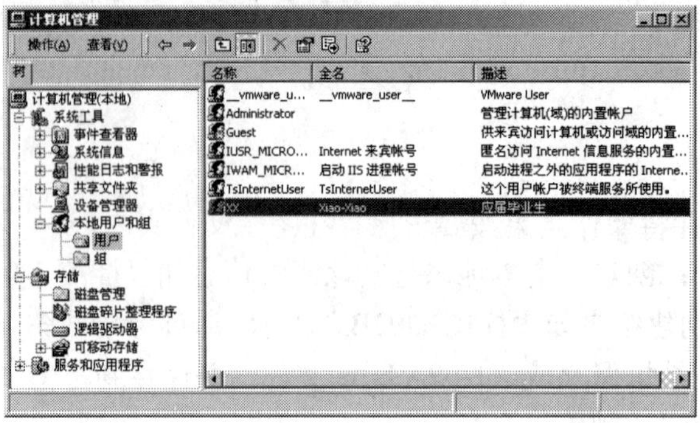

【样图 1-02C】

【样图 1-02D】

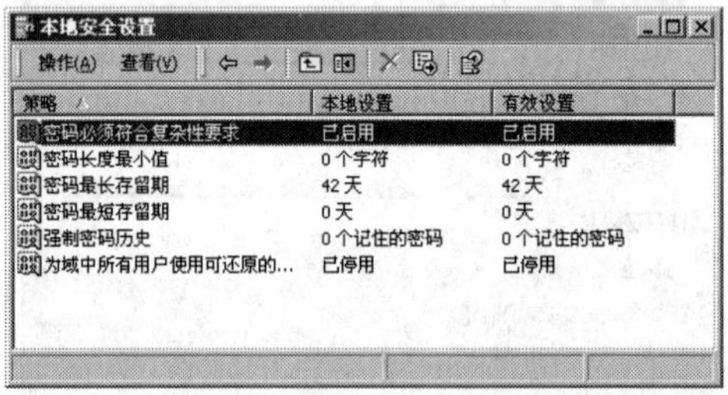

【样图 1-02E】

1.3　第 3 题

【操作要求】

完成下列操作，并将操作结果按要求保存在考生文件夹中。

1. **创建本地账号**：创建一个本地账号，该账号信息如“样图 1-03A”所示，该用户密码为 1and3。创建结果如“样图 1-03B”所示, 通过屏幕截图（按 Print Screen 键）把本机的操作结果保存成 X1-03A.bmp 文件，并保存到考生文件夹中。
2. **将账号添加到组**：创建一个名为 group3 的本地组，并把上步中创建的账号添加到该组中，操作结果如“样图 1-03C”所示, 通过屏幕截图把本机的操作结果保存成 X1-03B.bmp 文件，并保存到考生文件夹中。
3. **设置本地安全策略**：在本地安全策略中设置“密码长度最小值”为 6 个字符。操作结果如“样图 1-03D”所示, 通过屏幕截图把本机的操作结果保存成 X1-03C.bmp 文件，并保存到考生文件夹中。
4. **验证本地安全策略生效**：创建一个名为 new1_3 的计算机本地账号，使该账号密码为 sunny，此时系统会报出如“样图 1-03E”所示错误，通过屏幕截图把本机的系统报错提示界面保存成 X1-03D.bmp 文件，并保存到考生文件夹中。

【样图 1-03A】

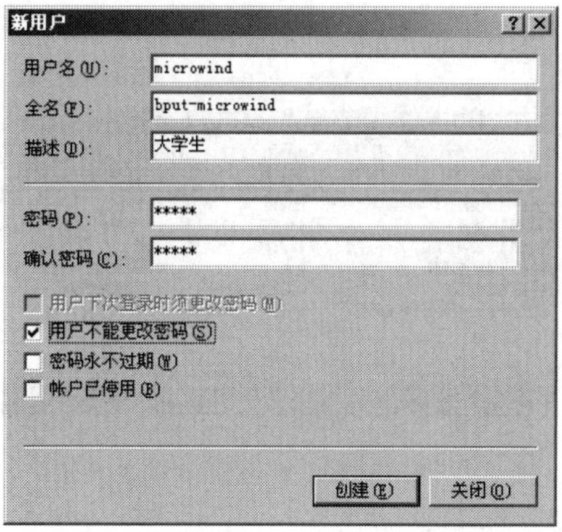

【样图 1-03B】

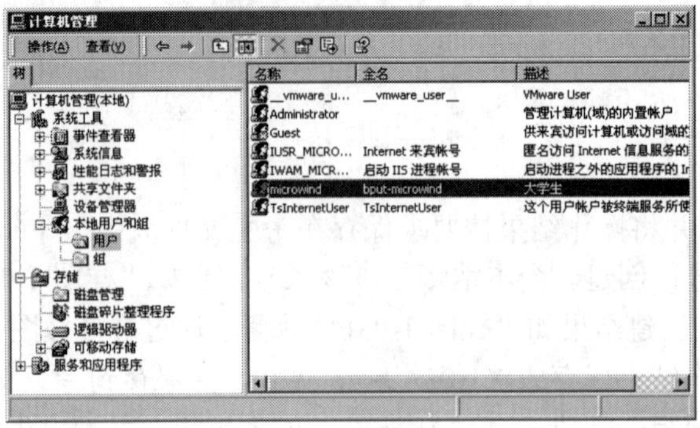

【样图 1-03C】

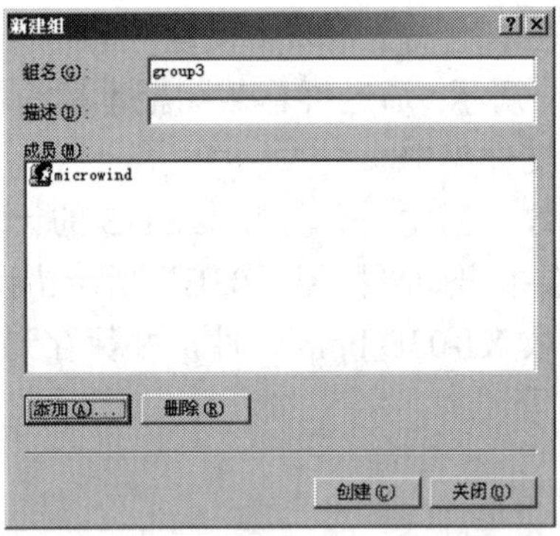

【样图 1-03D】

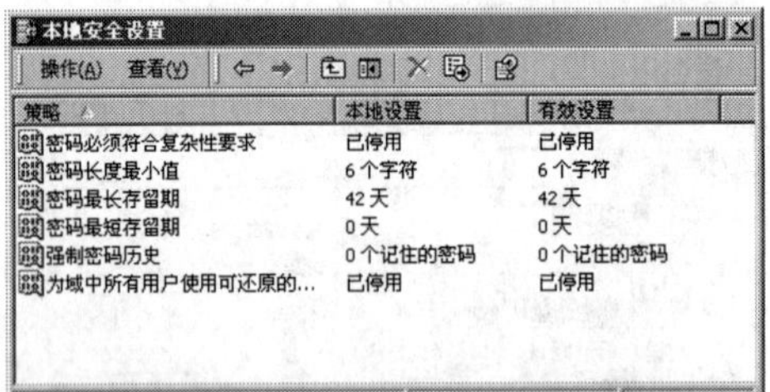

【样图 1-03E】

1.4 第 4 题

【操作要求】

完成下列操作，并将操作结果按要求保存在考生文件夹中。

1. **创建本地账号**：创建一个本地账号，该账号信息如“样图 1-04A”所示，该用户密码为 1and4。创建结果如“样图 1-04B”所示, 通过屏幕截图（按 Print Screen 键）把本机的操作结果保存成 X1-04A.bmp 文件，并保存到考生文件夹中。
2. **将账号添加到组**：创建一个名为 group4 的本地组，并把上步中创建的账号添加到该组中，操作结果如“样图 1-04C”所示, 通过屏幕截图把本机的操作结果保存成 X1-04B.bmp 文件，并保存到考生文件夹中。
3. **设置本地安全策略**：在本地安全策略中设置“密码长度最小值”为 5 个字符。操作结果如“样图 1-04D”所示, 通过屏幕截图把本机的操作结果保存成 X1-04C.bmp 文件，并保存到考生文件夹中。
4. **验证本地安全策略生效**：创建一个名为 new1_4 的计算机本地账号，使该账号密码为 wind，此时系统会报出如“样图 1-04E”所示错误，通过屏幕截图把本机的系统报错提示界面保存成 X1-04D.bmp 文件，并保存到考生文件夹中。

【样图 1-04A】

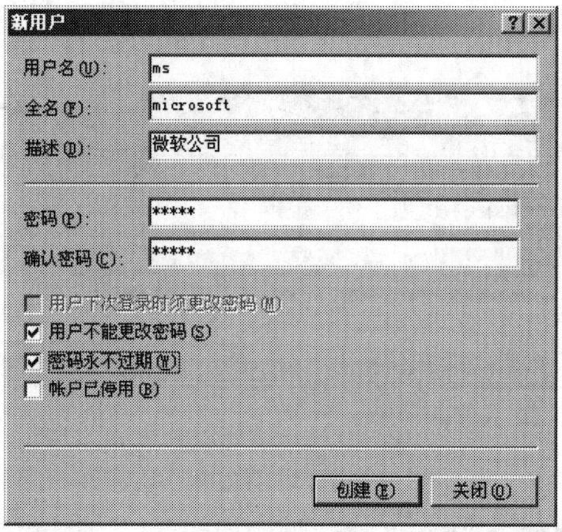

【样图 1-04B】

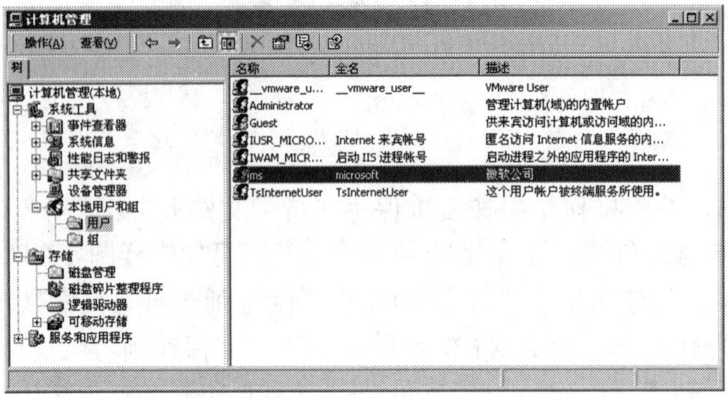

【样图 1-04C】

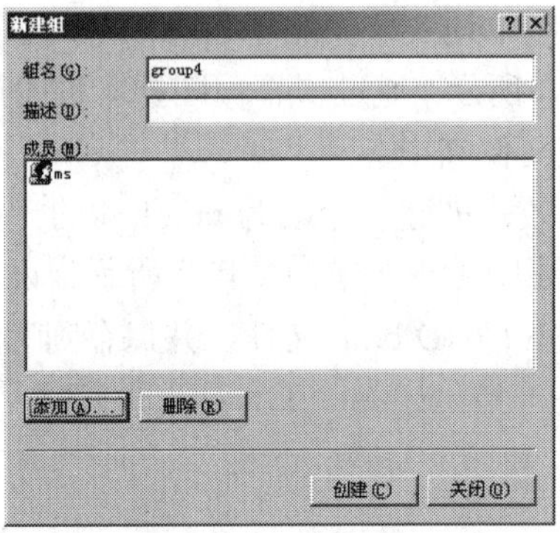

【样图 1-04D】

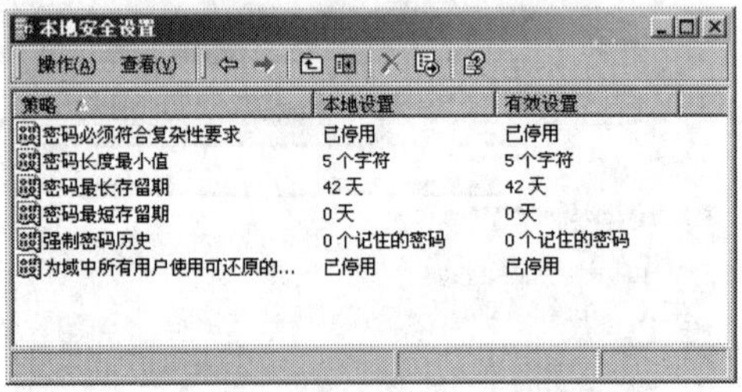

【样图 1-04E】

1.5　第 5 题

【操作要求】

完成下列操作，并将操作结果按要求保存在考生文件夹中。

1. **创建本地账号**：创建一个本地账号，该账号信息如“样图 1-05A”所示，该用户密码为 1and5。创建结果如“样图 1-05B”所示，通过屏幕截图（按 Print Screen 键）把本机的操作结果保存成 X1-05A.bmp 文件，并保存到考生文件夹中。
2. **将账号添加到组**：创建一个名为 group5 的本地组，并把上步中创建的账号添加到该组中，操作结果如“样图 1-05C”所示，通过屏幕截图把本机的操作结果保存成 X1-05B.bmp 文件，并保存到考生文件夹中。
3. **设置本地安全策略**：在本地安全策略中设置“密码长度最小值”为 4 个字符。操作结果如“样图 1-05D”所示，通过屏幕截图把本机的操作结果保存成 X1-05C.bmp 文件，并保存到考生文件夹中。
4. **验证本地安全策略生效**：创建一个名为 new1_5 的计算机本地账号，使该账号密码为 hei，此时系统会报出如“样图 1-05E”所示错误，通过屏幕截图把本机的系统报错提示界面保存成 X1-05D.bmp 文件，并保存到考生文件夹中。

【样图 1-05A】

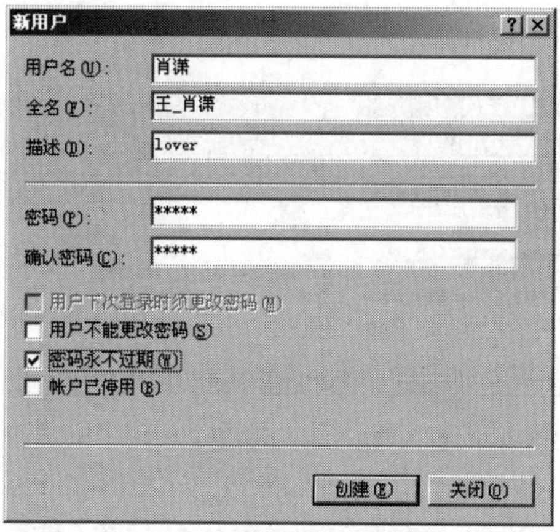

【样图 1-05B】

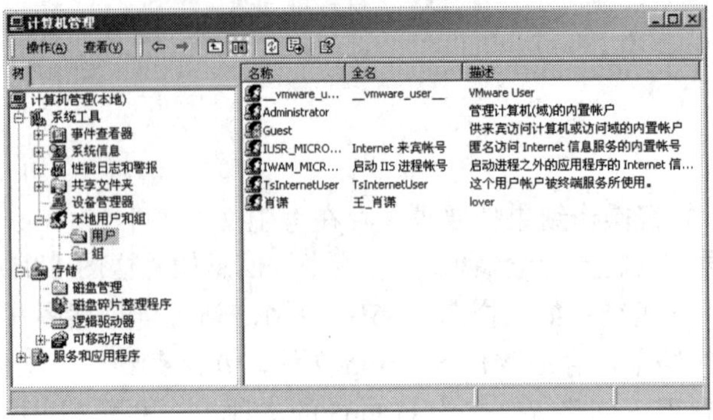

【样图 1-05C】

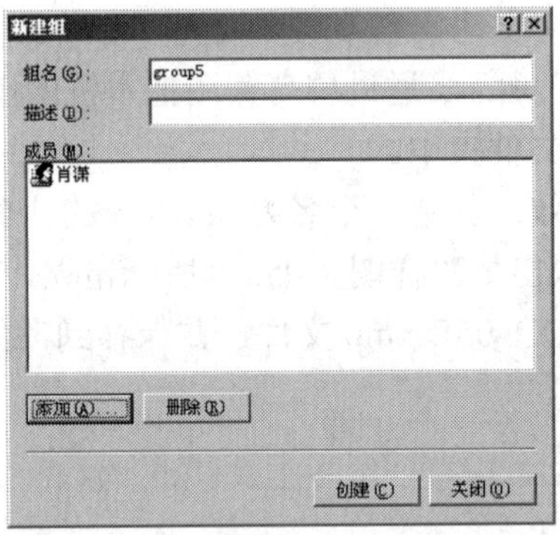

【样图 1-05D】

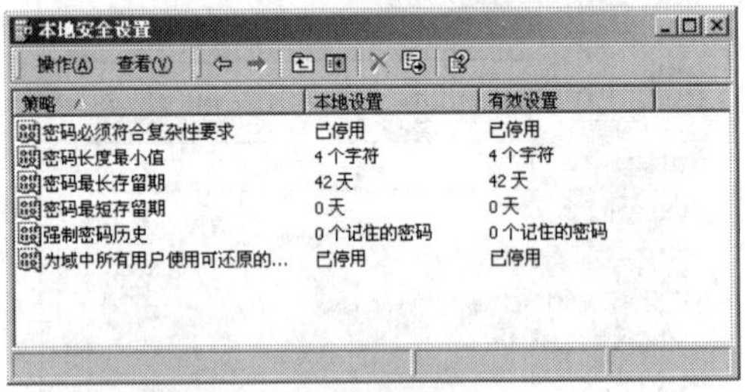

【样图 1-05E】

1.6　第 6 题

【操作要求】

完成下列操作，并将操作结果按要求保存在考生文件夹中。

1. **创建本地账号**：创建一个本地账号，该账号信息如“样图 1-06A”所示，该用户密码为 1and6。创建结果如“样图 1-06B”所示, 通过屏幕截图（按 Print Screen 键）把本机的操作结果保存成 X1-06A.bmp 文件，并保存到考生文件夹中。
2. **将账号添加到组**：创建一个名为 group6 的本地组，并把上步中创建的账号添加到该组中，操作结果如“样图 1-06C”所示, 通过屏幕截图把本机的操作结果保存成 X1-06B.bmp 文件，并保存到考生文件夹中。
3. **设置本地安全策略**：在本地安全策略中设置“密码长度最小值”为 3 个字符。操作结果如“样图 1-06D”所示, 通过屏幕截图把本机的操作结果保存成 X1-06C.bmp 文件，并保存到考生文件夹中。
4. **验证本地安全策略生效**：创建一个名为 new1_6 的计算机本地账号，使该账号密码为 Hi，此时系统会报出如“样图 1-06E”所示错误，通过屏幕截图把本机的系统报错提示界面保存成 X1-06D.bmp 文件，并保存到考生文件夹中。

【样图 1-06A】

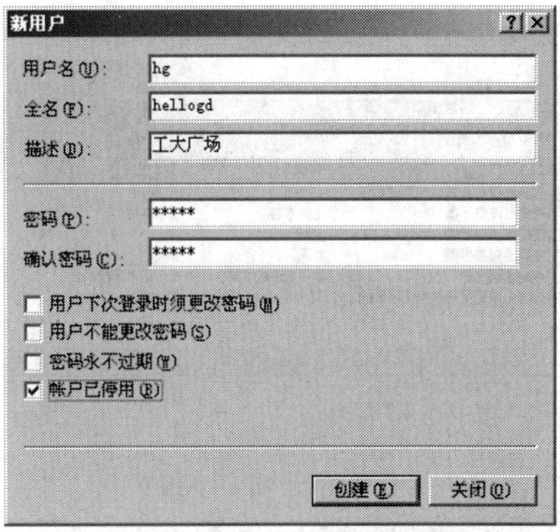

【样图 1-06B】

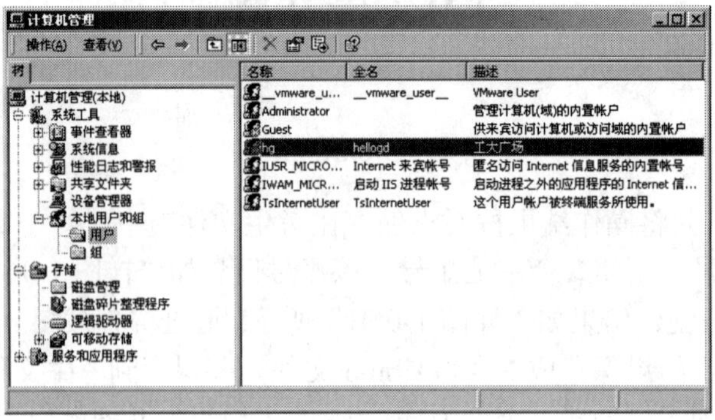

【样图 1-06C】

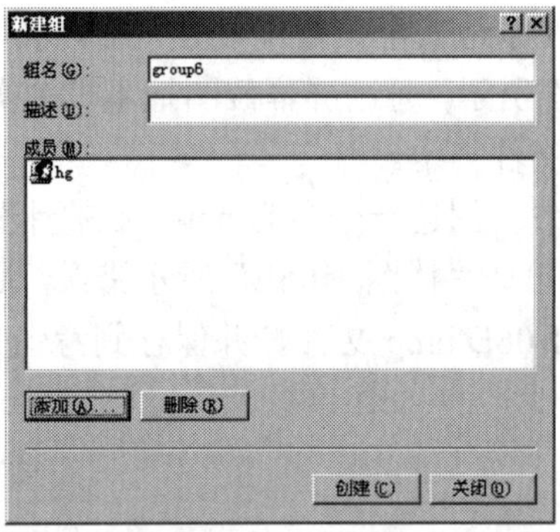

【样图 1-06D】

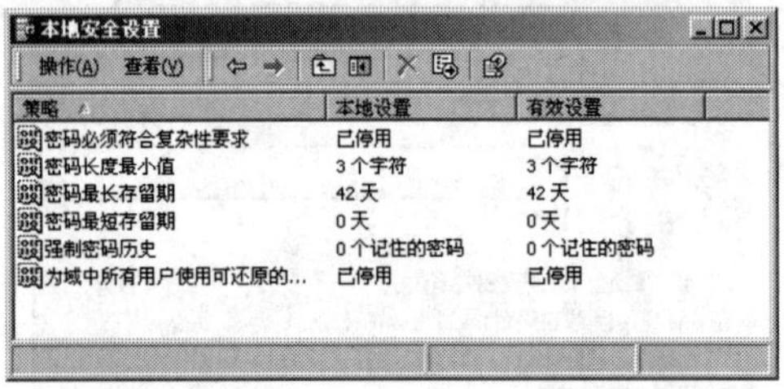

【样图 1-06E】

1.7　第 7 题

【操作要求】

完成下列操作，并将操作结果按要求保存在考生文件夹中。

1. **创建本地账号**：创建一个本地账号，该账号信息如“样图 1-07A”所示，该用户密码为 1and7。创建结果如“样图 1-07B”所示，通过屏幕截图（按 Print Screen 键）把本机的操作结果保存成 X1-07A.bmp 文件，并保存到考生文件夹中。
2. **将账号添加到组**：创建一个名为 group7 的本地组，并把上步中创建的账号添加到该组中，操作结果如“样图 1-07C”所示，通过屏幕截图把本机的操作结果保存成 X1-07B.bmp 文件，并保存到考生文件夹中。
3. **设置本地安全策略**：在本地安全策略中设置“密码长度最小值”为 2 个字符。操作结果如“样图 1-07D”所示，通过屏幕截图把本机的操作结果保存成 X1-07C.bmp 文件，并保存到考生文件夹中。
4. **验证本地安全策略生效**：创建一个名为 new1_7 的计算机本地账号，使该账号密码为 a，此时系统会报出如“样图 1-07E”所示错误，通过屏幕截图把本机的系统报错提示界面保存成 X1-07D.bmp 文件，并保存到考生文件夹中。

【样图 1-07A】

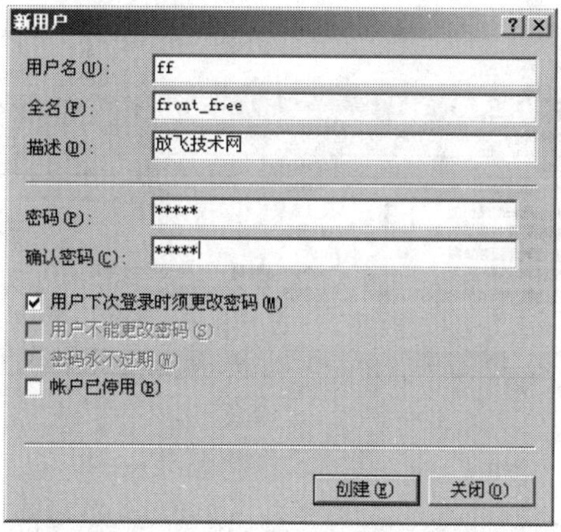

【样图 1-07B】

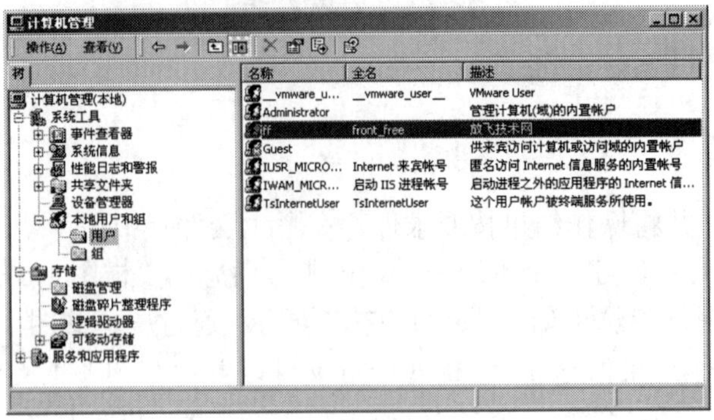

【样图 1-07C】

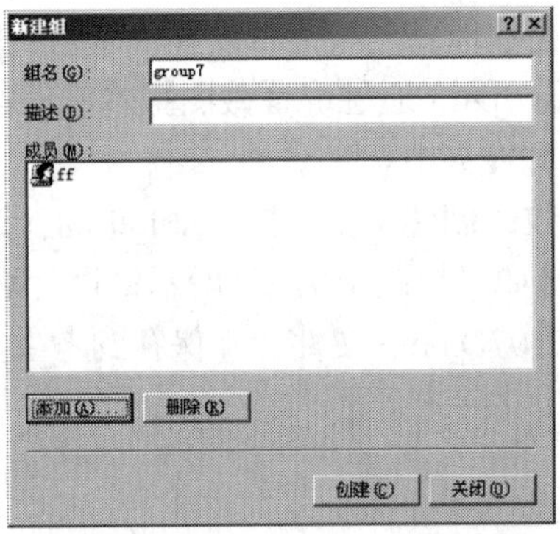

【样图 1-07D】

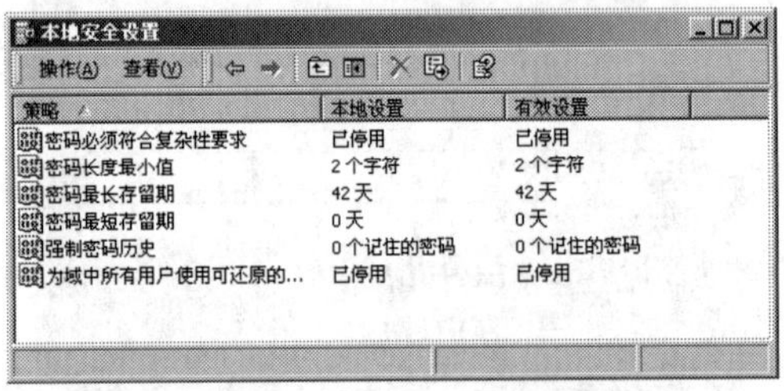

【样图 1-07E】

1.8 第 8 题

【操作要求】

完成下列操作，并将操作结果按要求保存在考生文件夹中。

1. **创建本地账号**：创建一个本地账号，该账号信息如“样图 1-08A”所示，该用户密码为 1and8。创建结果如“样图 1-08B”所示，通过屏幕截图（按 Print Screen 键）把本机的操作结果保存成 X1-08A.bmp 文件，并保存到考生文件夹中。
2. **将账号添加到组**：创建一个名为 group8 的本地组，并把上步中创建的账号添加到该组中，操作结果如“样图 1-08C”所示，通过屏幕截图把本机的操作结果保存成 X1-08B.bmp 文件，并保存到考生文件夹中。
3. **设置本地安全策略**：在本地安全策略中设置“密码长度最小值”为 1 个字符。操作结果如“样图 1-08D”所示，通过屏幕截图把本机的操作结果保存成 X1-08C.bmp 文件，并保存到考生文件夹中。
4. **验证本地安全策略生效**：创建一个名为 new1_8 的计算机本地账号，使该账号密码为空，此时系统会报出如“样图 1-08E”所示错误，通过屏幕截图把本机的系统报错提示界面保存成 X1-08D.bmp 文件，并保存到考生文件夹中。

【样图 1-08A】

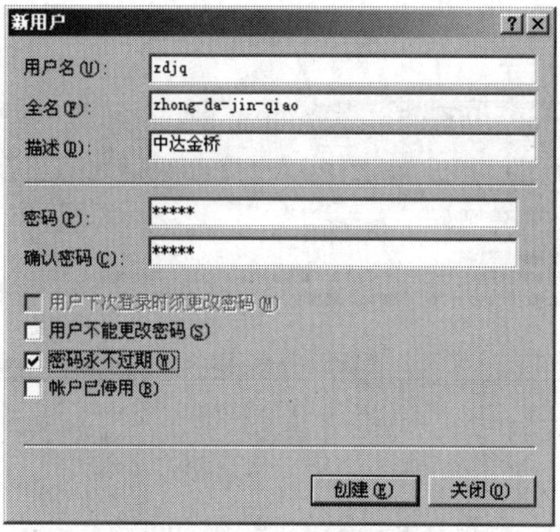

【样图 1-08B】

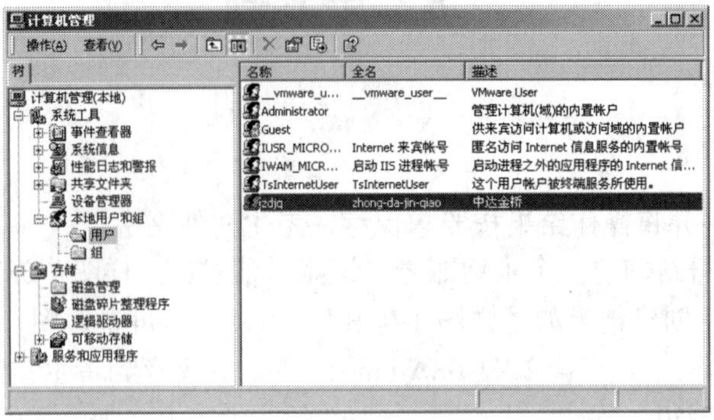

【样图 1-08C】

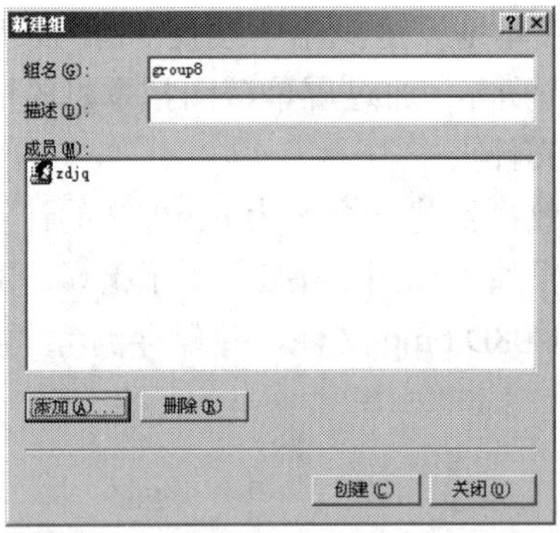

【样图 1-08D】

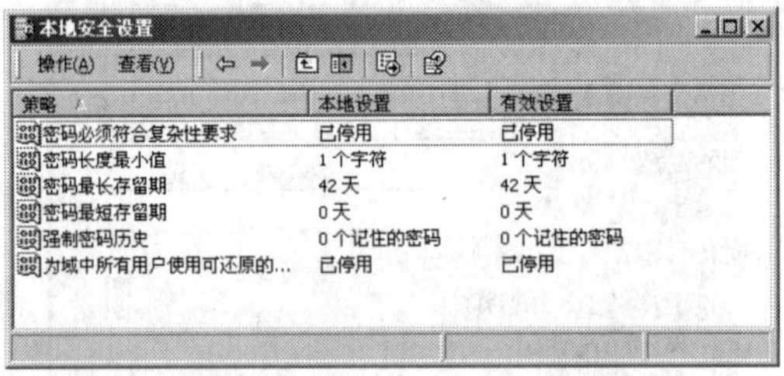

【样图 1-08E】

1.9 第 9 题

【操作要求】

完成下列操作，并将操作结果按要求保存在考生文件夹中。

1. **创建本地账号**：创建一个本地账号，该账号信息如“样图 1-09A”所示，该用户密码为 1and9。创建结果如“样图 1-09B”所示，通过屏幕截图（按 Print Screen 键）把本机的操作结果保存成 X1-09A.bmp 文件，并保存到考生文件夹中。
2. **将账号添加到组**：创建一个名为 group9 的本地组，并把上步中创建的账号添加到该组中，操作结果如“样图 1-09C”所示，通过屏幕截图把本机的操作结果保存成 X1-09B.bmp 文件，并保存到考生文件夹中。
3. **设置本地安全策略**：在本地安全策略中设置“密码长度最小值”为 8 个字符。操作结果如“样图 1-09D”所示，通过屏幕截图把本机的操作结果保存成 X1-09C.bmp 文件，并保存到考生文件夹中。
4. **验证本地安全策略生效**：创建一个名为 new1_9 的计算机本地账号，使该账号密码为 windows，此时系统会报出如“样图 1-09E”所示错误，通过屏幕截图把本机的系统报错提示界面保存成 X1-09D.bmp 文件，并保存到考生文件夹中。

【样图 1-09A】

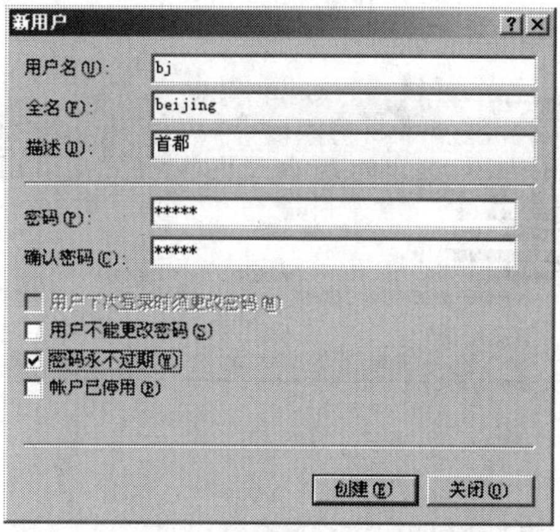

【样图 1-09B】

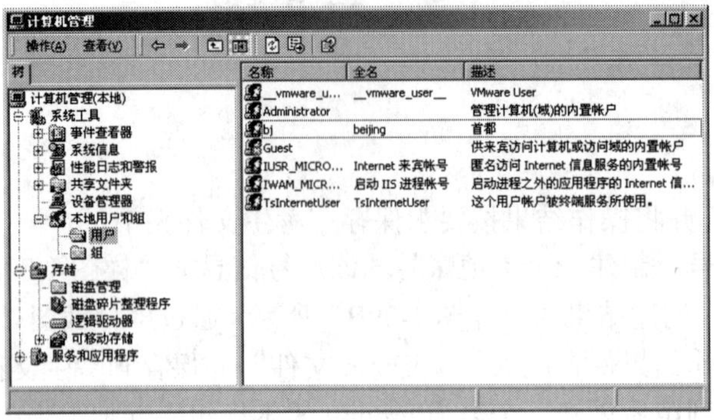

【样图 1-09C】

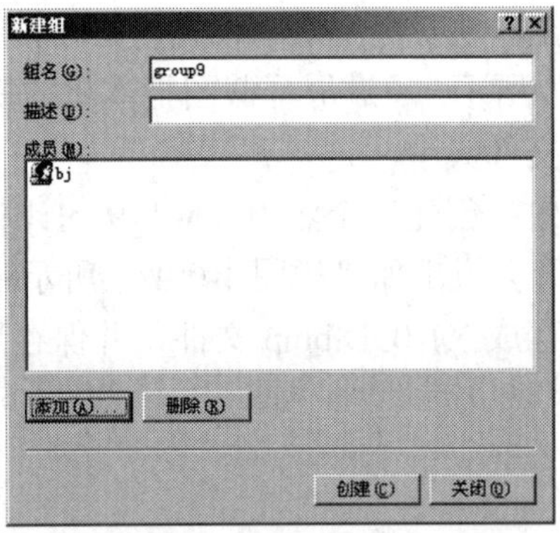

【样图 1-09D】

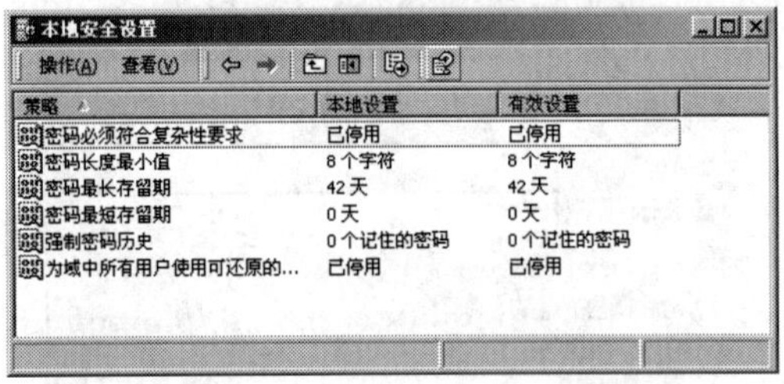

【样图 1-09E】

1.10　第 10 题

【操作要求】

完成下列操作，并将操作结果按要求保存在考生文件夹中。

1. **创建本地账号**：创建一个本地账号，该账号信息如“样图 1-10A”所示，该用户密码为 1and10。创建结果如“样图 1-10B”所示，通过屏幕截图（按 Print Screen 键）把本机的操作结果保存成 X1-10A.bmp 文件，并保存到考生文件夹中。
2. **将账号添加到组**：创建一个名为 group10 的本地组，并把上步中创建的账号添加到该组中，操作结果如“样图 1-10C”所示，通过屏幕截图把本机的操作结果保存成 X1-10B.bmp 文件，并保存到考生文件夹中。
3. **设置本地安全策略**：在本地安全策略中设置“密码长度最小值”为 9 个字符。操作结果如“样图 1-10D”所示，通过屏幕截图把本机的操作结果保存成 X1-10C.bmp 文件，并保存到考生文件夹中。
4. **验证本地安全策略生效**：创建一个名为 new1_10 的计算机本地账号，使该账号密码为 password，此时系统会报出如“样图 1-10E”所示错误，通过屏幕截图把本机的系统报错提示界面保存成 X1-10D.bmp 文件，并保存到考生文件夹中。

【样图 1-10A】

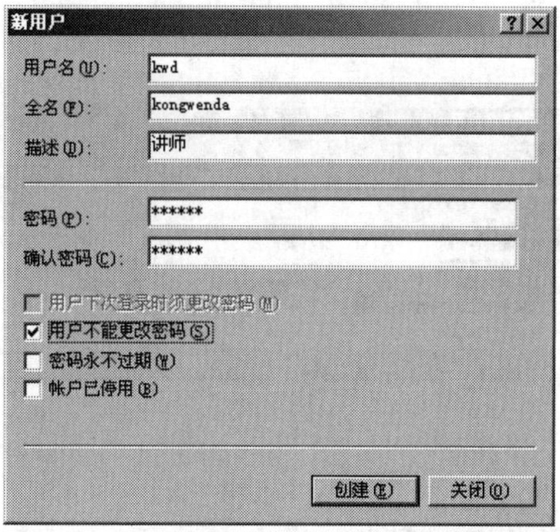

【样图 1-10B】

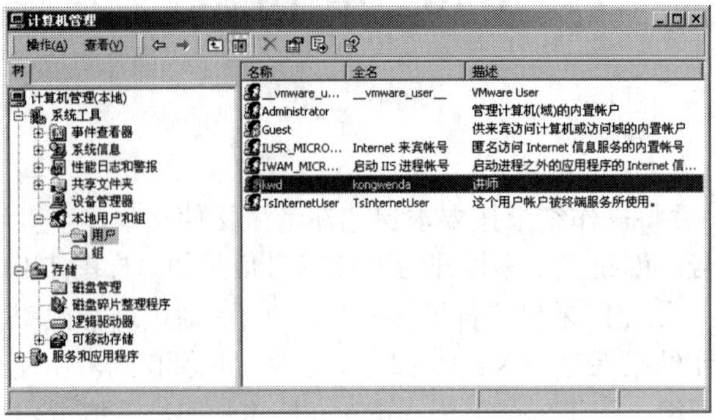

【样图 1-10C】

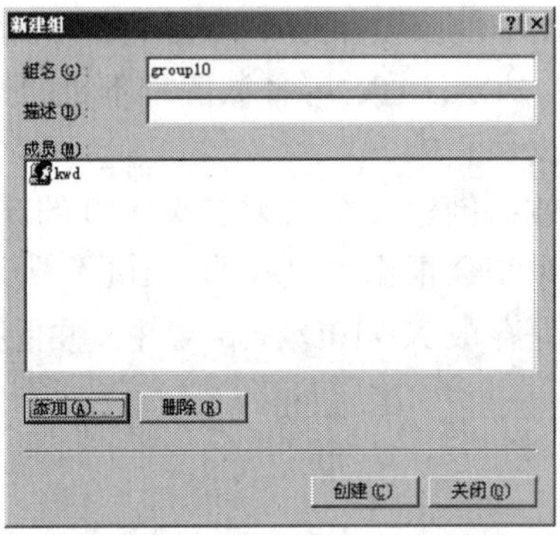

【样图 1-10D】

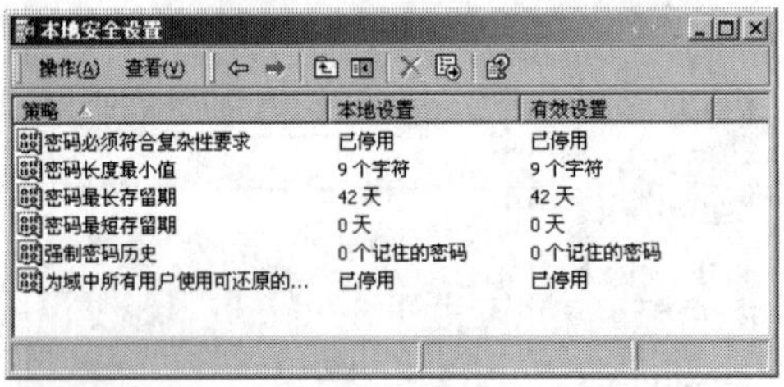

【样图 1-10E】

1.11 第 11 题

【操作要求】

完成下列操作，并将操作结果按要求保存在考生文件夹中。

1. **创建本地账号**：创建一个本地账号，该账号信息如“样图 1-11A”所示，该用户密码为 1and11。创建结果如“样图 1-11B”所示，通过屏幕截图（按 Print Screen 键）把本机的操作结果保存成 X1-11A.bmp 文件，并保存到考生文件夹中。
2. **将账号添加到组**：创建一个名为 group11 的本地组，并把上步中创建的账号添加到该组中，操作结果如“样图 1-11C”所示，通过屏幕截图把本机的操作结果保存成 X1-11B.bmp 文件，并保存到考生文件夹中。
3. **设置本地安全策略**：在本地安全策略中设置“密码长度最小值”为 10 个字符。操作结果如“样图 1-11D”所示，通过屏幕截图把本机的操作结果保存成 X1-11C.bmp 文件，并保存到考生文件夹中。
4. **验证本地安全策略生效**：创建一个名为 new1_11 的计算机本地账号，使该账号密码为 microsoft，此时系统会报出如“样图 1-11E”所示错误，通过屏幕截图把本机的系统报错提示界面保存成 X1-11D.bmp 文件，并保存到考生文件夹中。

【样图 1-11A】

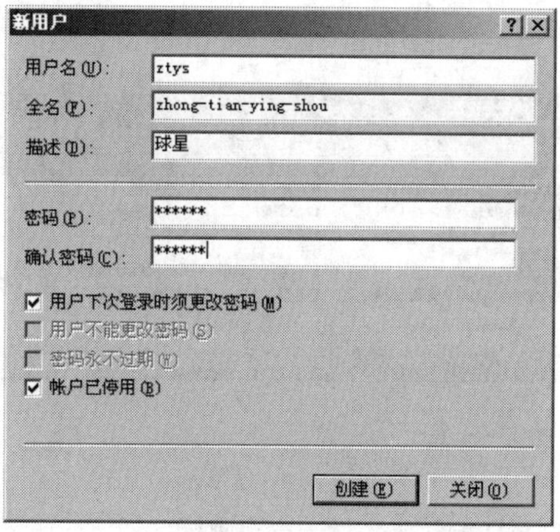

【样图 1-11B】

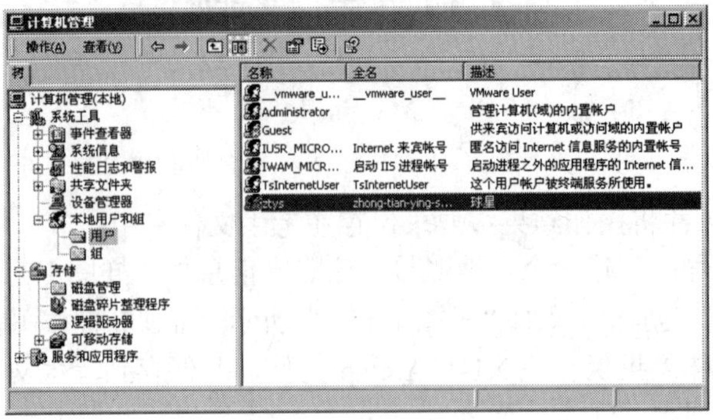

【样图 1-11C】

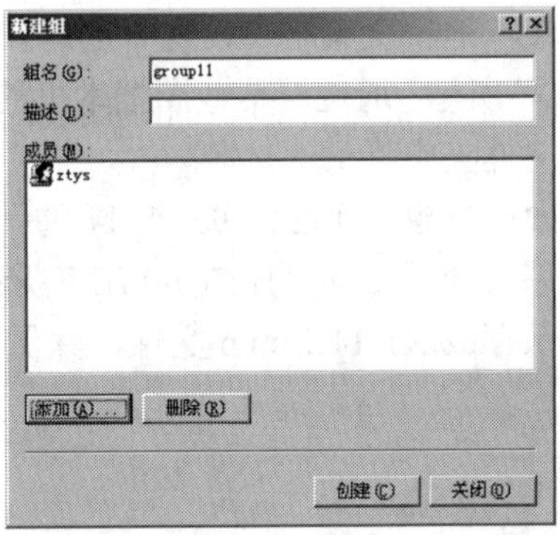

【样图 1-11D】

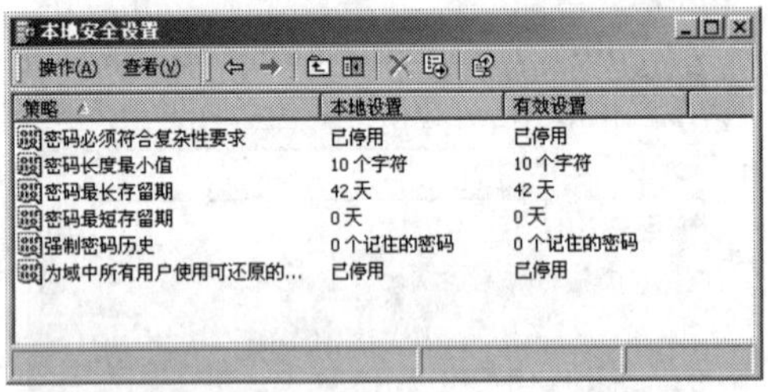

【样图 1-11E】

1.12 第 12 题

【操作要求】

完成下列操作，并将操作结果按要求保存在考生文件夹中。

1. **创建本地账号**：创建一个本地账号，该账号信息如“样图 1-12A”所示，该用户密码为 1and12。创建结果如“样图 1-12B”所示，通过屏幕截图（按 Print Screen 键）把本机的操作结果保存成 X1-12A.bmp 文件，并保存到考生文件夹中。
2. **将账号添加到组**：创建一个名为 group12 的本地组，并把上步中创建的账号添加到该组中，操作结果如“样图 1-12C”所示，通过屏幕截图把本机的操作结果保存成 X1-12B.bmp 文件，并保存到考生文件夹中。
3. **设置本地安全策略**：在本地安全策略中设置“密码长度最小值”为 11 个字符。操作结果如“样图 1-12D”所示，通过屏幕截图把本机的操作结果保存成 X1-12C.bmp 文件，并保存到考生文件夹中。
4. **验证本地安全策略生效**：创建一个名为 new1_12 的计算机本地账号，使该账号密码为 password01，此时系统会报出如“样图 1-12E”所示错误，通过屏幕截图把本机的系统报错提示界面保存成 X1-12D.bmp 文件，并保存到考生文件夹中。

【样图 1-12A】

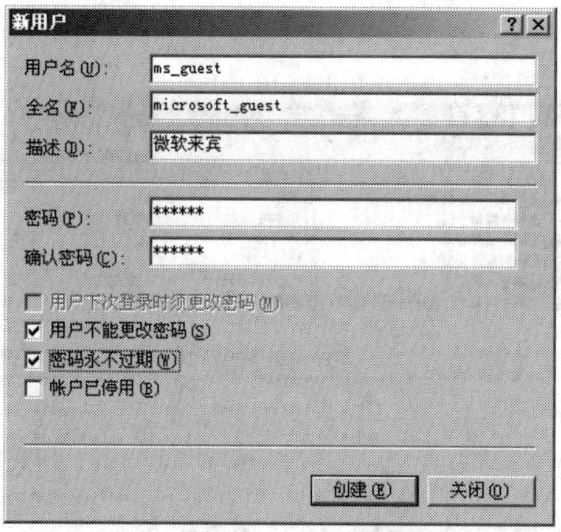

【样图 1-12B】

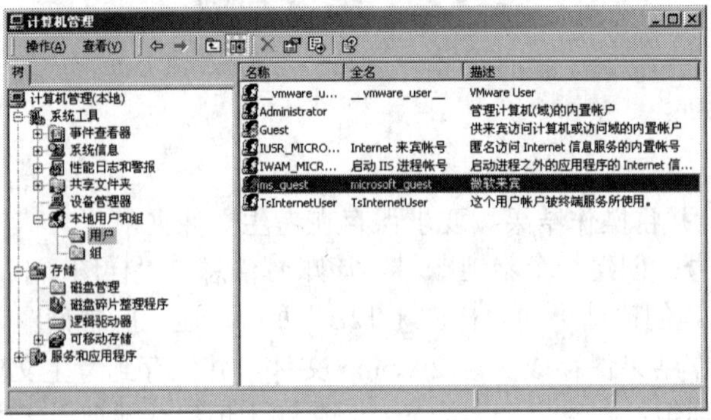

【样图 1-12C】

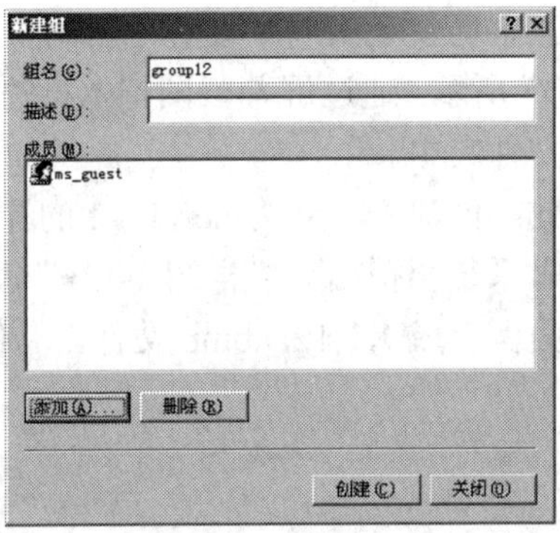

【样图 1-12D】

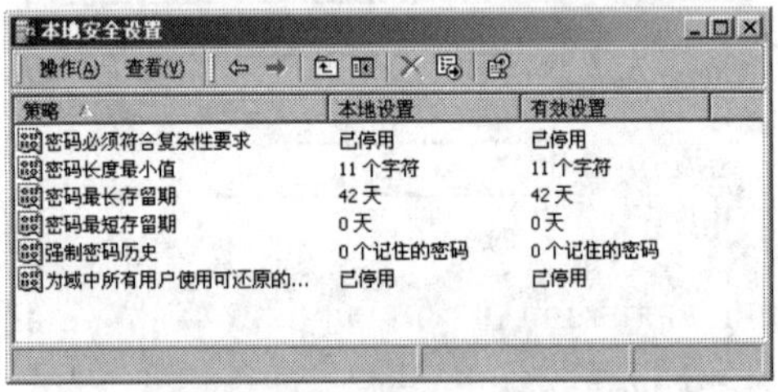

【样图 1-12E】

1.13　第 13 题

【操作要求】

完成下列操作，并将操作结果按要求保存在考生文件夹中。

1. **创建本地账号**：创建一个本地账号，该账号信息如“样图 1-13A”所示，该用户密码为 1and13。创建结果如“样图 1-13B”所示，通过屏幕截图（按 Print Screen 键）把本机的操作结果保存成 X1-13A.bmp 文件，并保存到考生文件夹中。
2. **将账号添加到组**：创建一个名为 group13 的本地组，并把上步中创建的账号添加到该组中，操作结果如“样图 1-13C”所示，通过屏幕截图把本机的操作结果保存成 X1-13B.bmp 文件，并保存到考生文件夹中。
3. **设置本地安全策略**：在本地安全策略中设置“密码长度最小值”为 12 个字符。操作结果如“样图 1-13D”所示，通过屏幕截图把本机的操作结果保存成 X1-13C.bmp 文件，并保存到考生文件夹中。
4. **验证本地安全策略生效**：创建一个名为 new1_13 的计算机本地账号，使该账号密码为 password007，此时系统会报出如“样图 1-13E”所示错误，通过屏幕截图把本机的系统报错提示界面保存成 X1-13D.bmp 文件，并保存到考生文件夹中。

【样图 1-13A】

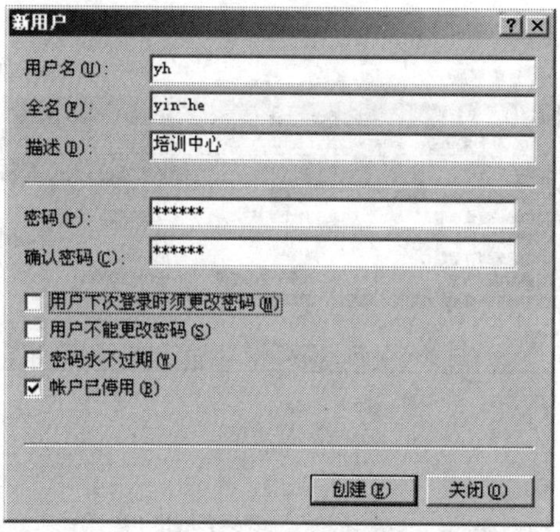

【样图 1-13B】

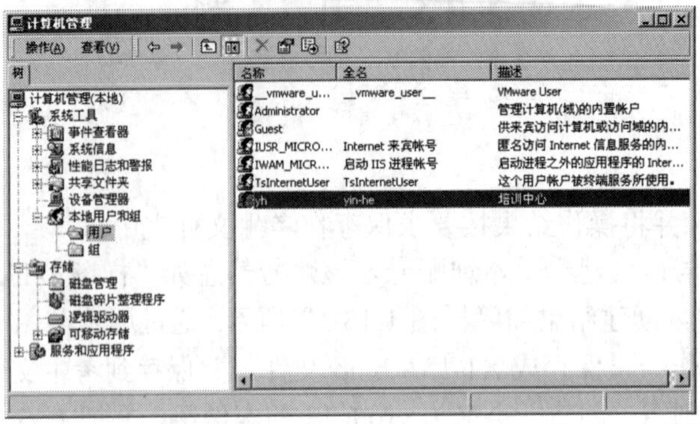

【样图 1-13C】

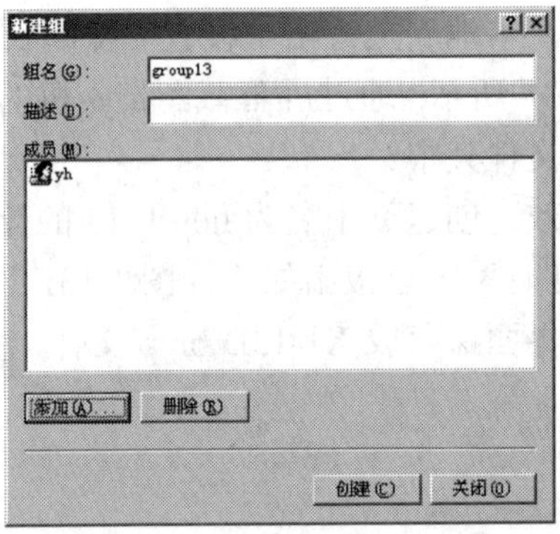

【样图 1-13D】

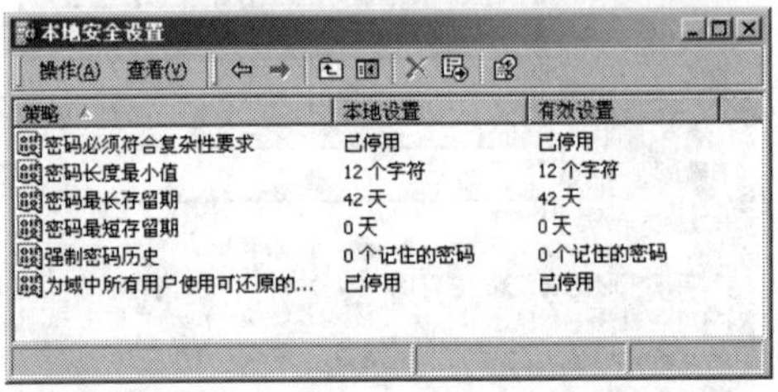

【样图 1-13E】

1.14　第 14 题

【操作要求】

完成下列操作，并将操作结果按要求保存在考生文件夹中。

1. **创建本地账号**：创建一个本地账号，该账号信息如“样图 1-14A”所示，该用户密码为 1at14。创建结果如“样图 1-14B”所示, 通过屏幕截图（按 Print Screen 键）把本机的操作结果保存成 X1-14A.bmp 文件，并保存到考生文件夹中。
2. **将账号添加到组**：创建一个名为 group14 的本地组，并把上步中创建的账号添加到该组中，操作结果如“样图 1-14C”所示, 通过屏幕截图把本机的操作结果保存成 X1-14B.bmp 文件，并保存到考生文件夹中。
3. **设置本地安全策略**：在本地安全策略中设置“密码长度最小值”为 13 个字符。操作结果如“样图 1-14D”所示, 通过屏幕截图把本机的操作结果保存成 X1-14C.bmp 文件，并保存到考生文件夹中。
4. **验证本地安全策略生效**：创建一个名为 new1_14 的计算机本地账号，使该账号密码为 thisisnakata，此时系统会报出如“样图 1-14E”所示错误，通过屏幕截图把本机的系统报错提示界面保存成 X1-14D.bmp 文件，并保存到考生文件夹中。

【样图 1-14A】

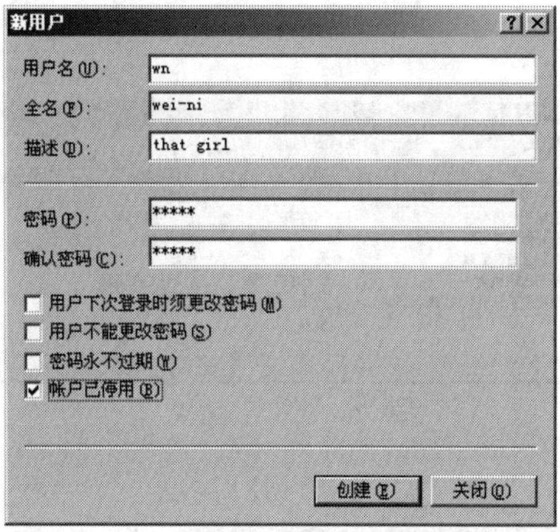

【样图 1-14B】

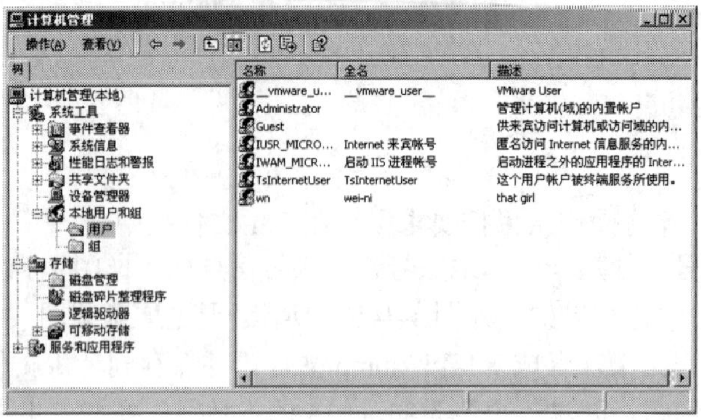

【样图 1-14C】

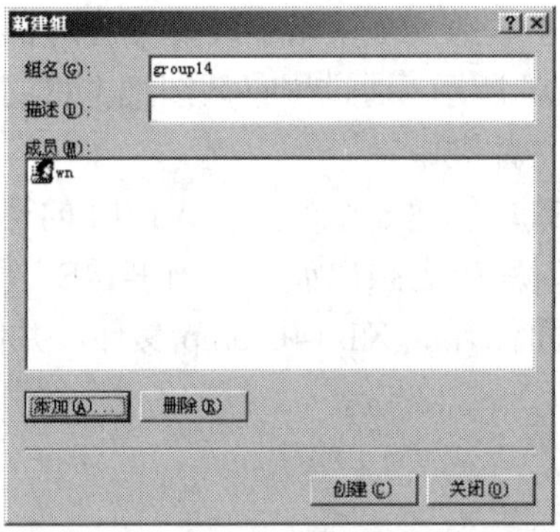

【样图 1-14D】

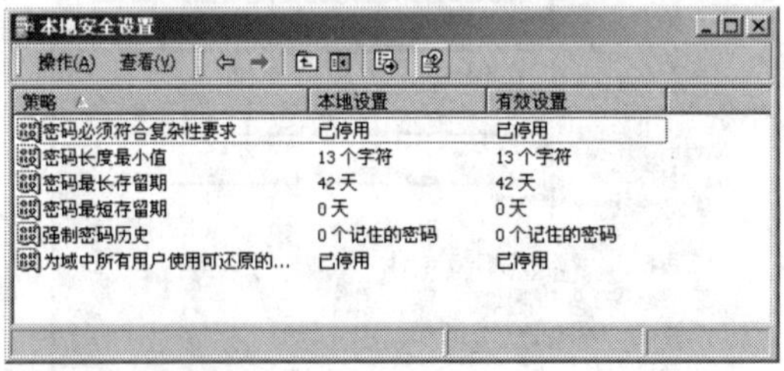

【样图 1-14E】

1.15　第 15 题

【操作要求】

完成下列操作，并将操作结果按要求保存在考生文件夹中。

1. **创建本地账号**：创建一个本地账号，该账号信息如“样图 1-15A”所示，该用户密码为 1at15。创建结果如“样图 1-15B”所示，通过屏幕截图（按 Print Screen 键）把本机的操作结果保存成 X1-15A.bmp 文件，并保存到考生文件夹中。
2. **将账号添加到组**：创建一个名为 group15 的本地组，并把上步中创建的账号添加到该组中，操作结果如“样图 1-15C”所示，通过屏幕截图把本机的操作结果保存成 X1-15B.bmp 文件，并保存到考生文件夹中。
3. **设置本地安全策略**：在本地安全策略中设置“密码长度最小值”为 14 个字符。操作结果如“样图 1-15D”所示，通过屏幕截图把本机的操作结果保存成 X1-15C.bmp 文件，并保存到考生文件夹中。
4. **验证本地安全策略生效**：创建一个名为 new1_15 的计算机本地账号，使该账号密码为 archangelwind，此时系统会报出如“样图 1-15E”所示错误，通过屏幕截图把本机的系统报错提示界面保存成 X1-15D.bmp 文件，并保存到考生文件夹中。

【样图 1-15A】

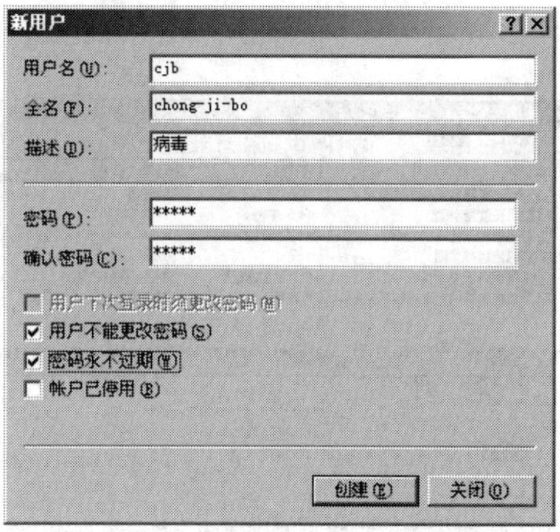

【样图 1-15B】

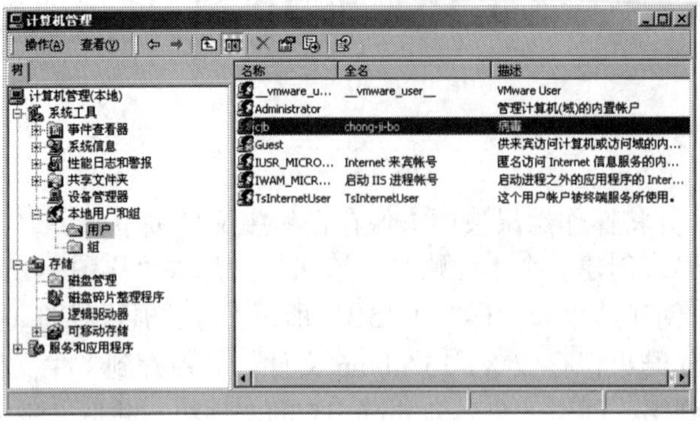

【样图 1-15C】

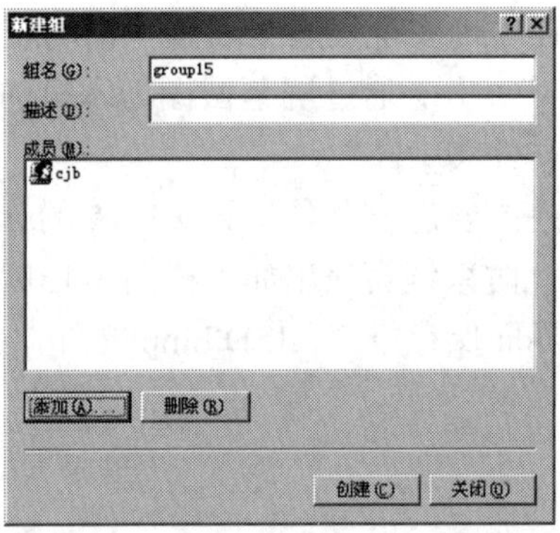

【样图 1-15D】

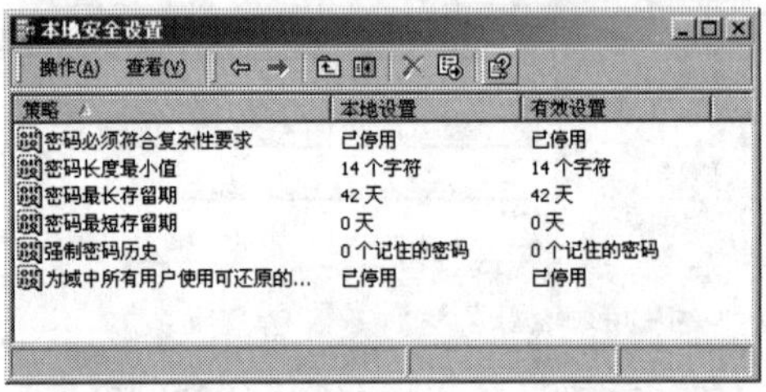

【样图 1-15E】

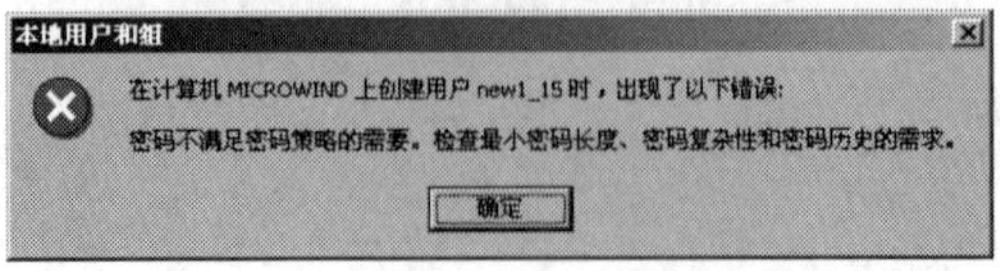

1.16　第 16 题

【操作要求】

完成下列操作，并将操作结果按要求保存在考生文件夹中。

1. **创建本地账号**：创建一个本地账号，该账号信息如“样图 1-16A”所示，该用户密码为 1and16。创建结果如“样图 1-16B”所示, 通过屏幕截图（按 Print Screen 键）把本机的操作结果保存成 X1-16A.bmp 文件，并保存到考生文件夹中。
2. **将账号添加到组**：创建一个名为 group16 的本地组，并把上步中创建的账号添加到该组中，操作结果如“样图 1-16C”所示, 通过屏幕截图把本机的操作结果保存成 X1-16B.bmp 文件，并保存到考生文件夹中。
3. **设置本地安全策略**：在本地安全策略中设置“密码必须符合复杂性要求”。操作结果如“样图 1-16D”所示, 通过屏幕截图把本机的操作结果保存成 X1-16C.bmp 文件，并保存到考生文件夹中。
4. **验证本地安全策略生效**：创建一个名为 new1_16 的计算机本地账号，使该账号密码为 abc，此时系统会报出如“样图 1-16E”所示错误，通过屏幕截图把本机的系统报错提示界面保存成 X1-16D.bmp 文件，并保存到考生文件夹中。

【样图 1-16A】

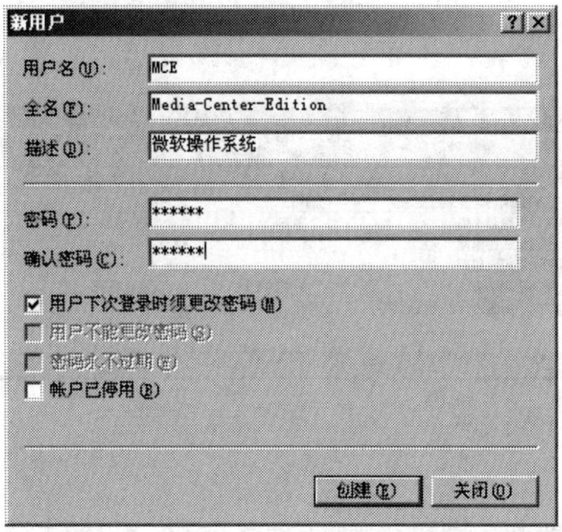

【样图 1-16B】

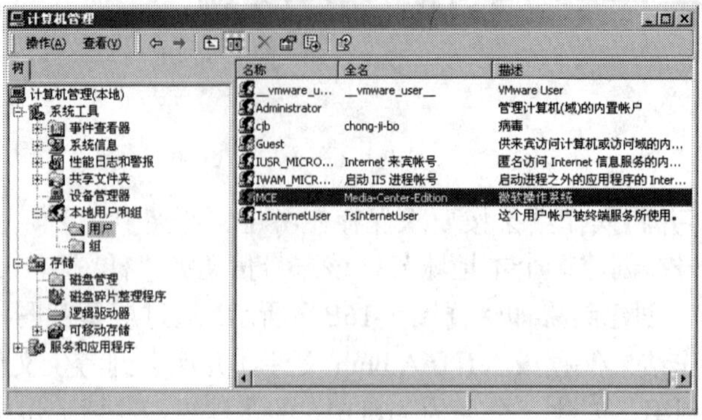

【样图 1-16C】

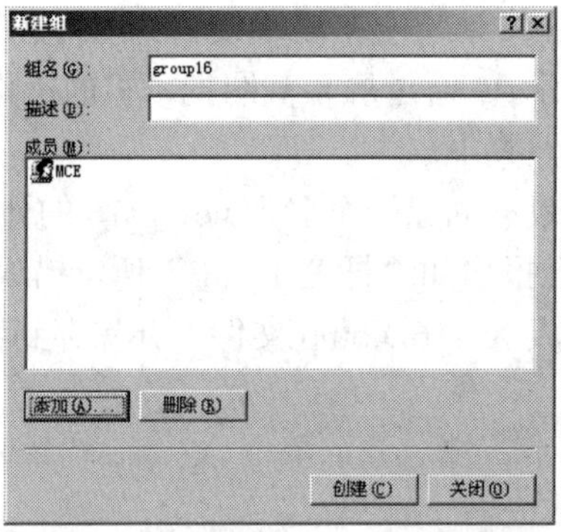

【样图 1-16D】

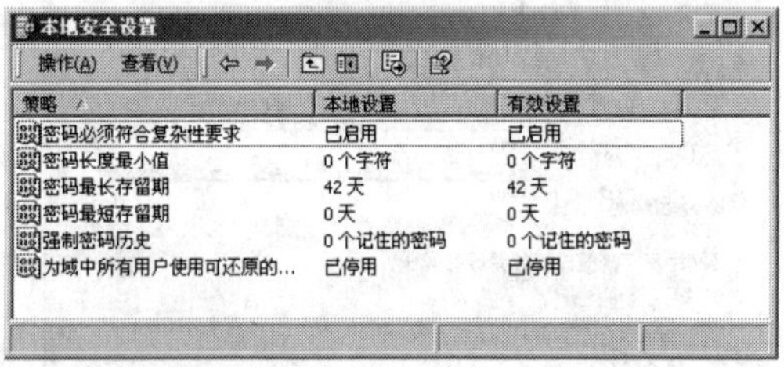

【样图 1-16E】

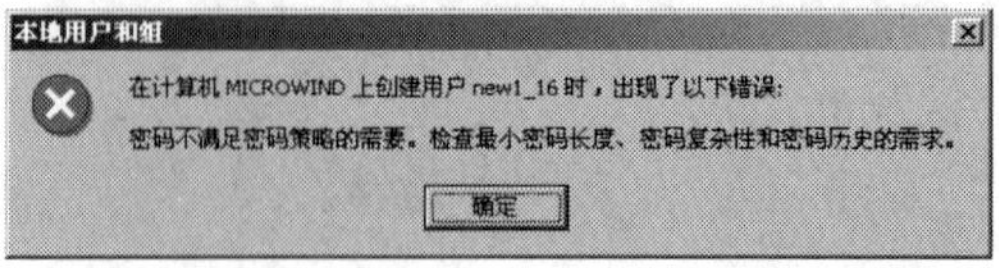

1.17　第 17 题

【操作要求】

完成下列操作，并将操作结果按要求保存在考生文件夹中。

1．**创建本地账号**：创建一个本地账号，该账号信息如“样图 1-17A”所示，该用户密码为 1and17。创建结果如“样图 1-17B”所示，通过屏幕截图（按 Print Screen 键）把本机的操作结果保存成 X1-17A.bmp 文件，并保存到考生文件夹中。
2．**将账号添加到组**：创建一个名为 group17 的本地组，并把上步中创建的账号添加到该组中，操作结果如“样图 1-17C”所示，通过屏幕截图把本机的操作结果保存成 X1-17B.bmp 文件，并保存到考生文件夹中。
3．**设置本地安全策略**：在本地安全策略中设置“密码必须符合复杂性要求”。操作结果如“样图 1-17D”所示，通过屏幕截图把本机的操作结果保存成 X1-17C.bmp 文件，并保存到考生文件夹中。
4．**验证本地安全策略生效**：创建一个名为 new1_17 的计算机本地账号，使该账号密码为 123abc，此时系统会报出如“样图 1-17E”所示错误，通过屏幕截图把本机的系统报错提示界面保存成 X1-17D.bmp 文件，并保存到考生文件夹中。

【样图 1-17A】

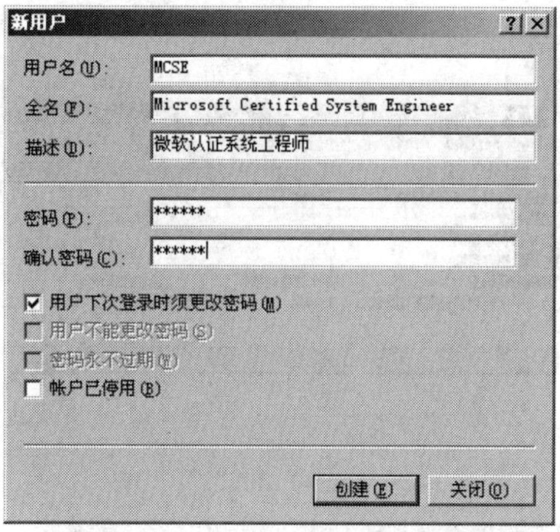

【样图 1-17B】

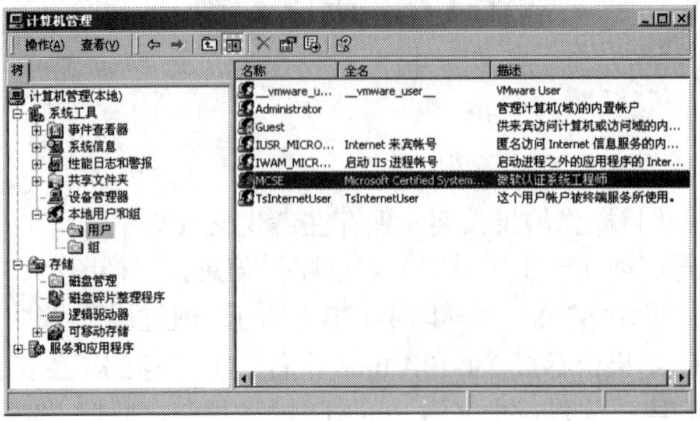

【样图 1-17C】

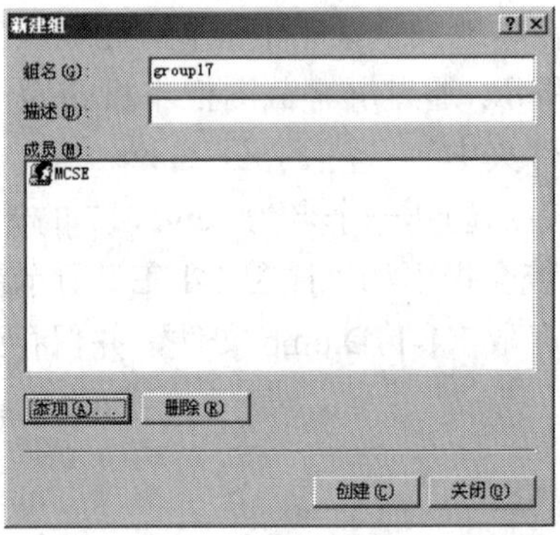

【样图 1-17D】

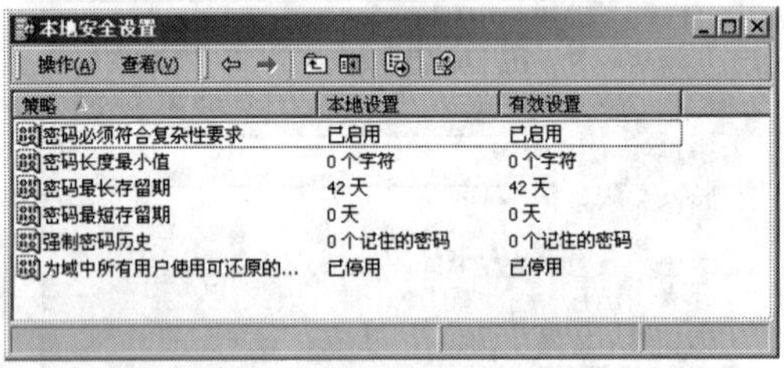

【样图 1-17E】

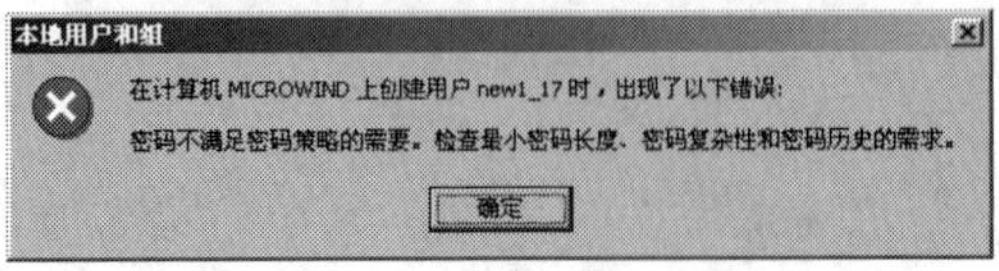

1.18 第 18 题

【操作要求】

完成下列操作，并将操作结果按要求保存在考生文件夹中。

1. **创建本地账号**：创建一个本地账号，该账号信息如“样图 1-18A”所示，该用户密码为 1and18。创建结果如“样图 1-18B”所示，通过屏幕截图（按 Print Screen 键）把本机的操作结果保存成 X1-18A.bmp 文件，并保存到考生文件夹中。
2. **将账号添加到组**：创建一个名为 group18 的本地组，并把上步中创建的账号添加到该组中，操作结果如“样图 1-18C”所示，通过屏幕截图把本机的操作结果保存成 X1-18B.bmp 文件，并保存到考生文件夹中。
3. **设置本地安全策略**：在本地安全策略中设置“密码必须符合复杂性要求”。操作结果如“样图 1-18D”所示，通过屏幕截图把本机的操作结果保存成 X1-18C.bmp 文件，并保存到考生文件夹中。
4. **验证本地安全策略生效**：创建一个名为 new1_18 的计算机本地账号，使该账号密码为 123456，此时系统会报出如“样图 1-18E”所示错误，通过屏幕截图把本机的系统报错提示界面保存成 X1-18D.bmp 文件，并保存到考生文件夹中。

【样图 1-18A】

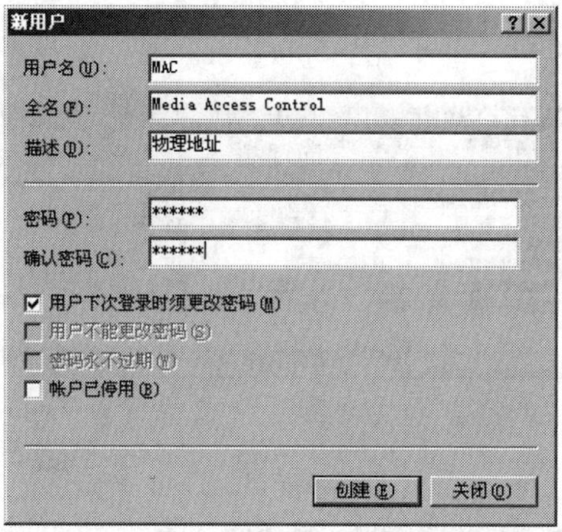

【样图 1-18B】

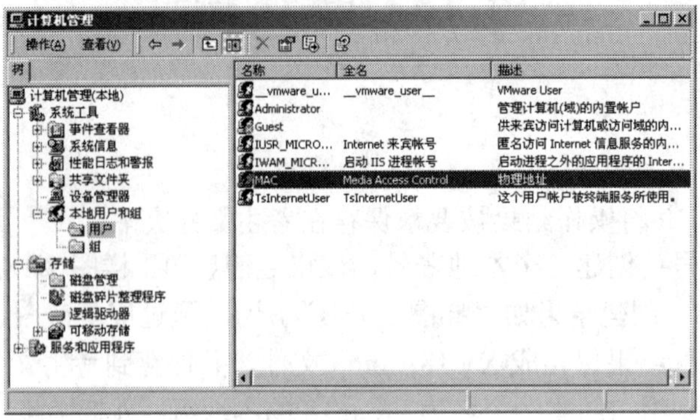

【样图 1-18C】

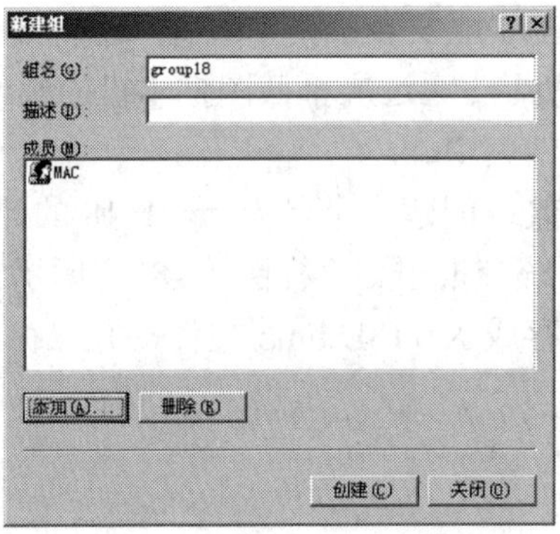

【样图 1-18D】

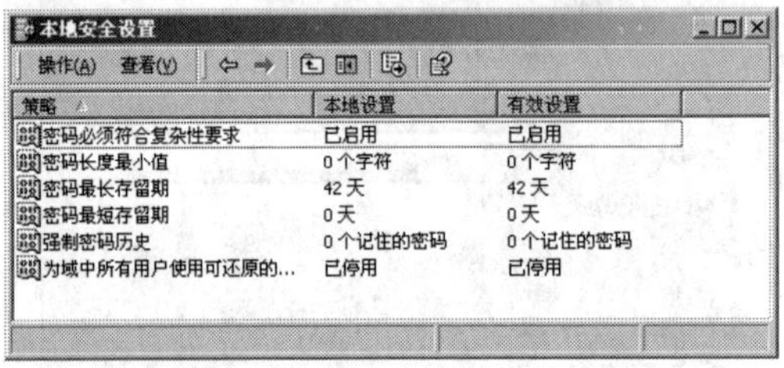

【样图 1-18E】

1.19 第 19 题

【操作要求】

完成下列操作，并将操作结果按要求保存在考生文件夹中。

1. **创建本地账号**：创建一个本地账号，该账号信息如“样图 1-19A”所示，该用户密码为 1and19。创建结果如“样图 1-19B”所示, 通过屏幕截图（按 Print Screen 键）把本机的操作结果保存成 X1-19A.bmp 文件，并保存到考生文件夹中。
2. **将账号添加到组**：创建一个名为 group19 的本地组，并把上步中创建的账号添加到该组中，操作结果如“样图 1-19C”所示, 通过屏幕截图把本机的操作结果保存成 X1-19B.bmp 文件，并保存到考生文件夹中。
3. **设置本地安全策略**：在本地安全策略中设置“密码必须符合复杂性要求”。操作结果如“样图 1-19D”所示, 通过屏幕截图把本机的操作结果保存成 X1-19C.bmp 文件，并保存到考生文件夹中。
4. **验证本地安全策略生效**：创建一个名为 new1_19 的计算机本地账号，使该账号密码为 password，此时系统会报出如“样图 1-19E”所示错误，通过屏幕截图把本机的系统报错提示界面保存成 X1-19D.bmp 文件，并保存到考生文件夹中。

【样图 1-19A】

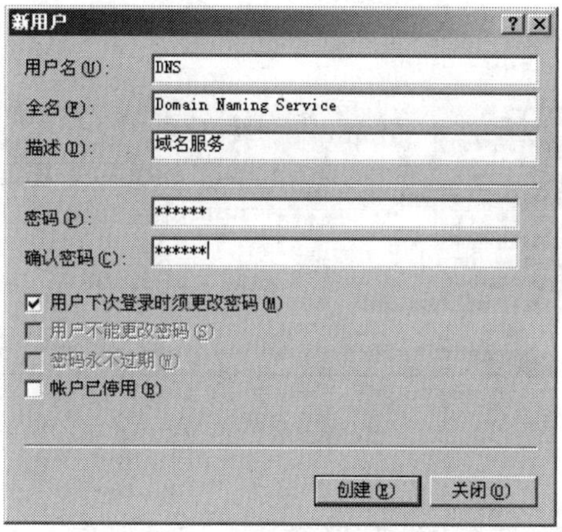

【样图 1-19B】

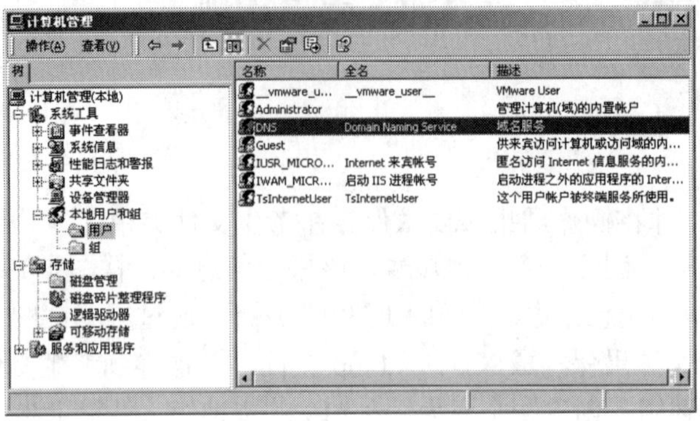

【样图 1-19C】

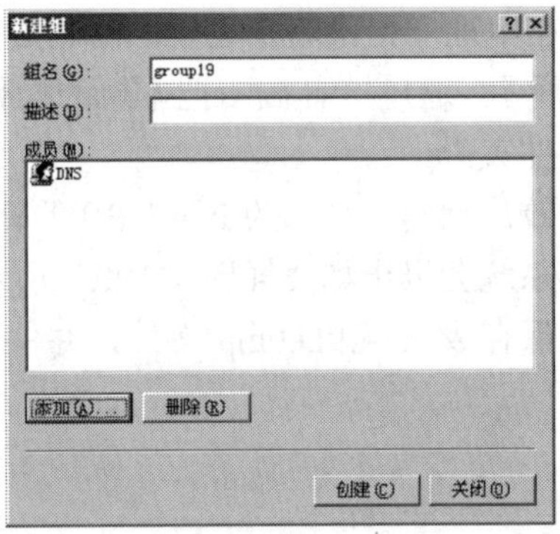

【样图 1-19D】

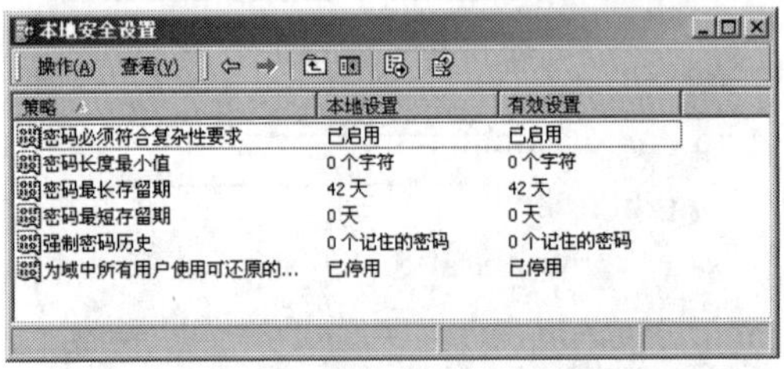

【样图 1-19E】

1.20　第 20 题

【操作要求】

完成下列操作，并将操作结果按要求保存在考生文件夹中。

1. **创建本地账号**：创建一个本地账号，该账号信息如“样图 1-20A”所示，该用户密码为 1and20。创建结果如“样图 1-20B”所示，通过屏幕截图（按 Print Screen 键）把本机的操作结果保存成 X1-20A.bmp 文件，并保存到考生文件夹中。
2. **将账号添加到组**：创建一个名为 group20 的本地组，并把上步中创建的账号添加到该组中，操作结果如“样图 1-20C”所示，通过屏幕截图把本机的操作结果保存成 X1-20B.bmp 文件，并保存到考生文件夹中。
3. **设置本地安全策略**：在本地安全策略中设置“密码必须符合复杂性要求”。操作结果如“样图 1-20D”所示，通过屏幕截图把本机的操作结果保存成 X1-20C.bmp 文件，并保存到考生文件夹中。
4. **验证本地安全策略生效**：创建一个名为 new1_20 的计算机本地账号，使该账号密码为 hello，此时系统会报出如“样图 1-20E”所示错误，通过屏幕截图把本机的系统报错提示界面保存成 X1-20D.bmp 文件，并保存到考生文件夹中。

【样图 1-20A】

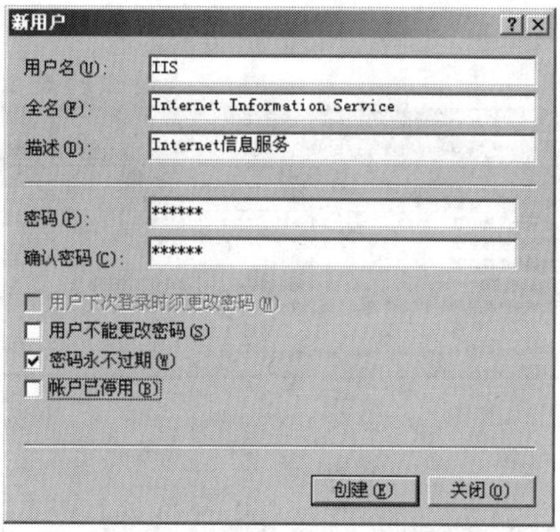

【样图 1-20B】

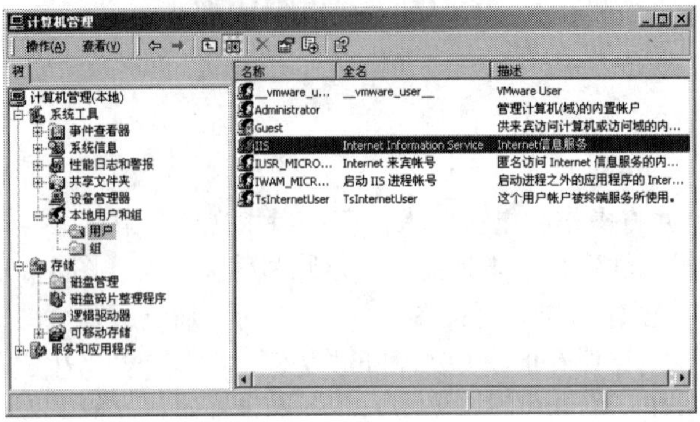

【样图 1-20C】

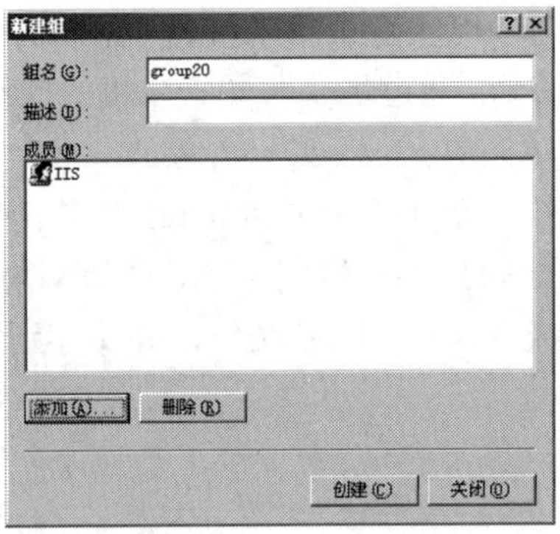

【样图 1-20D】

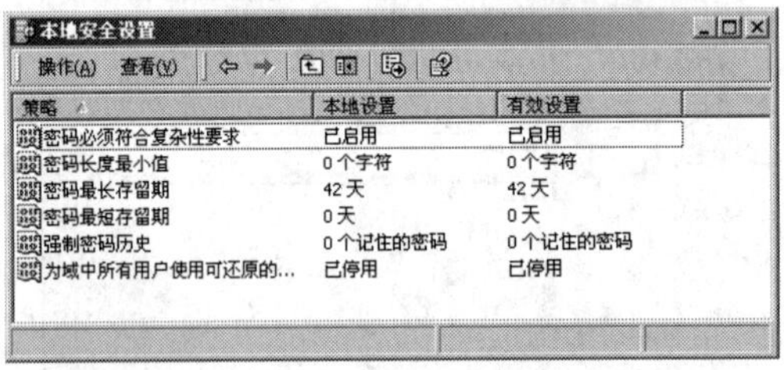

【样图 1-20E】

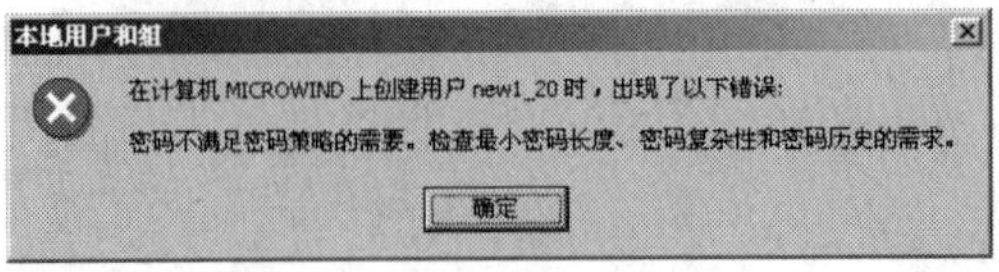

第二单元　使用 NTFS 文件系统管理资源

2.1　第 1 题

【操作要求】

完成下列操作，并将操作结果按要求保存在考生文件夹中。

1. **确定 NTFS 分区**：查看计算机的分区格式，保证至少有一个分区的格式为 NTFS。如果所有分区都不是 NTFS，那么将其中的一个分区转化为 NTFS 格式。
2. **使用 NTFS 文件系统压缩数据**：在计算机的一个 NTFS 分区的根目录下，新建一个名为 Folder2_1A 的文件夹，在该文件夹中新建一个名为 fiel2_1A 的文本文档。对文件夹 Folder2_1A 进行压缩，压缩选项如"样图 2-01A"所示，通过屏幕截图（按 Print Screen 键）把本机的对应界面保存成 X2-01A.bmp 文件，并保存到考生文件夹中。完成该操作后删除文件夹 Folder2_1A。
3. **使用 NTFS 文件系统进行数据加密**：在计算机的一个 NTFS 分区的根目录下，新建一个名为 Folder2_1B 的文件夹，在该文件夹中新建一个名为 fiel2_1B 的文本文档。对文件夹 Folder2_1B 进行加密，加密选项如"样图 2-01B"所示，通过屏幕截图把本机的对应界面保存成 X2-01B.bmp 文件，并保存到考生文件夹中。完成该操作后删除文件夹 Folder2_1B。
4. **使用 NTFS 权限管理资源**：在计算机的一个 NTFS 分区的根目录下，新建一个名为 Folder2_1C 的文件夹，在该文件夹中新建一个名为 fiel2_1C 的文本文档。创建一个名为 user2_1 的计算机本地账号，在文件夹 Folder2_1C 中对该用户赋权限，权限表如"样图 2-01C"所示，用 user2-1 用户登录，打开文件夹 Folder2_1C，系统会报如"样图 2-01D"所示的错误，通过屏幕截图把对应的系统报错的界面保存成 X2-01C.bmp 文件，并保存到考生文件夹中。完成该操作后删除文件夹 Folder2_1C。
5. **使用 NTFS 文件系统实现磁盘配额**：在 NTFS 分区上为用户 user2_1 设置磁盘配额，给该用户分配 20M 空间，以 user2_1 身份登录，查看该分区的属性，如"样图 2-01E"所示，通过屏幕截图把对应的界面保存成 X2-01D.bmp 文件，并保存到考生文件夹中。

【样图 2-01A】

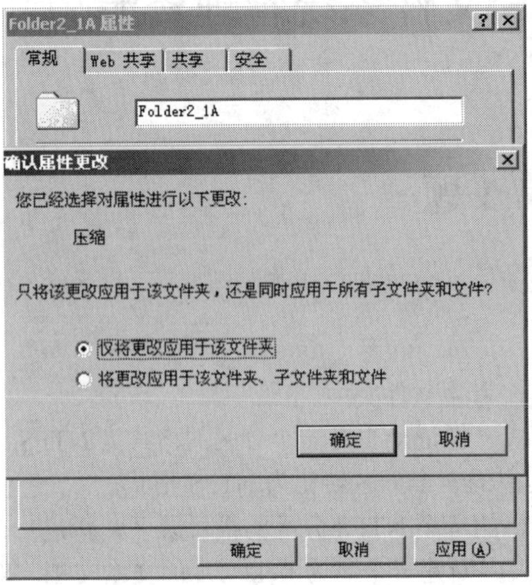

【样图 2-01B】

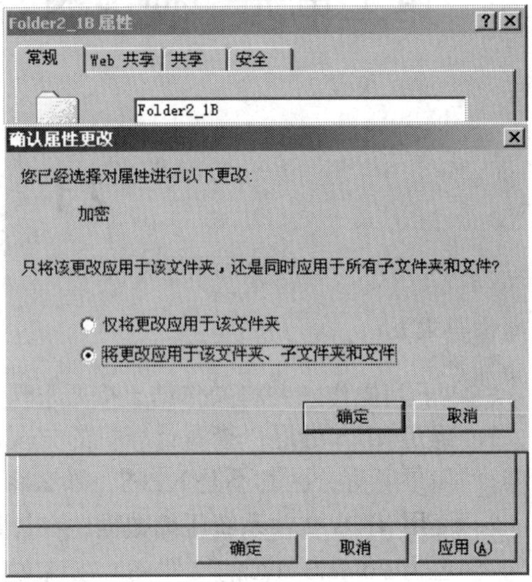

【样图 2-01C】

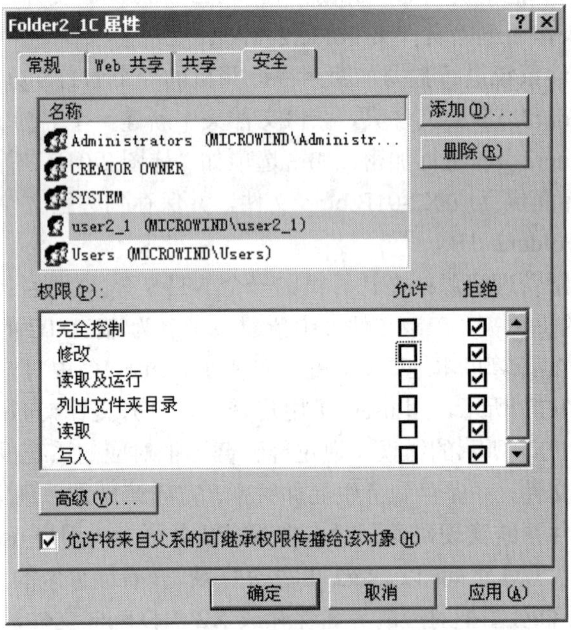

【样图 2-01D】

【样图 2-01E】

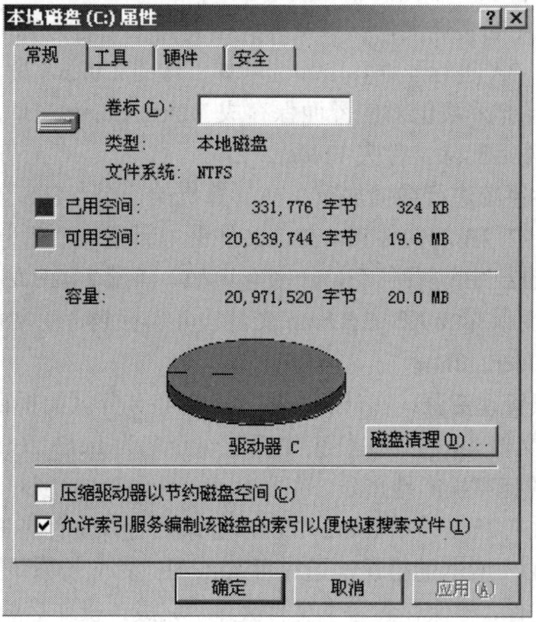

2.2 第 2 题

【操作要求】

完成下列操作，并将操作结果按要求保存在考生文件夹中。

1. **确定 NTFS 分区**：查看计算机的分区格式，保证至少有一个分区的格式为 NTFS。如果所有分区都不是 NTFS，那么将其中的一个分区转化为 NTFS 格式。
2. **使用 NTFS 文件系统压缩数据**：在计算机的一个 NTFS 分区的根目录下，新建一个名为 Folder2_2A 的文件夹，在该文件夹中新建一个名为 fiel2_2A 的文本文档。对文件夹 Folder2_2A 进行压缩，压缩选项如“样图 2-02A”所示，通过屏幕截图（按 Print Screen 键）把本机的对应界面保存成 X2-02A.bmp 文件，并保存到考生文件夹中。完成该操作后删除文件夹 Folder2_2A。
3. **使用 NTFS 文件系统进行数据加密**：在计算机的一个 NTFS 分区的根目录下，新建一个名为 Folder2_2B 的文件夹，在该文件夹中新建一个名为 fiel2_2B 的文本文档。对文件夹 Folder2_2B 进行加密，加密选项如“样图 2-02B”所示，通过屏幕截图把本机的对应界面保存成 X2-02B.bmp 文件，并保存到考生文件夹中。完成该操作后删除文件夹 Folder2_2B。
4. **使用 NTFS 权限管理资源**：在计算机的一个 NTFS 分区的根目录下，新建一个名为 Folder2_2C 的文件夹，在该文件夹中新建一个名为 fiel2_2C 的文本文档。创建一个名为 user2_2 的计算机本地账号，在文件夹 Folder2_2C 中对该用户赋权限，权限表如“样图 2-02C”所示，用 user2_2 用户登录，打开文件夹 Folder2_2C，系统会报如“样图 2-02D”所示的错误，通过屏幕截图把对应的系统报错的界面保存成 X2-02C.bmp 文件，并保存到考生文件夹中。完成该操作后删除文件夹 Folder2_2C。
5. **使用 NTFS 文件系统实现磁盘配额**：在 NTFS 分区上为用户 user2_2 设置磁盘配额，给该用户分配 50M 空间，以 user2_2 身份登录，查看该分区的属性，如“样图 2-02E”所示，通过屏幕截图把对应的界面保存成 X2-02D.bmp 文件，并保存到考生文件夹中。

【样图 2-02A】

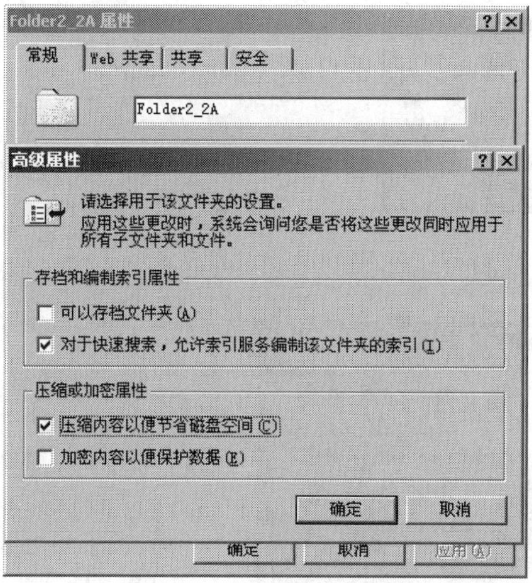

【样图 2-02B】

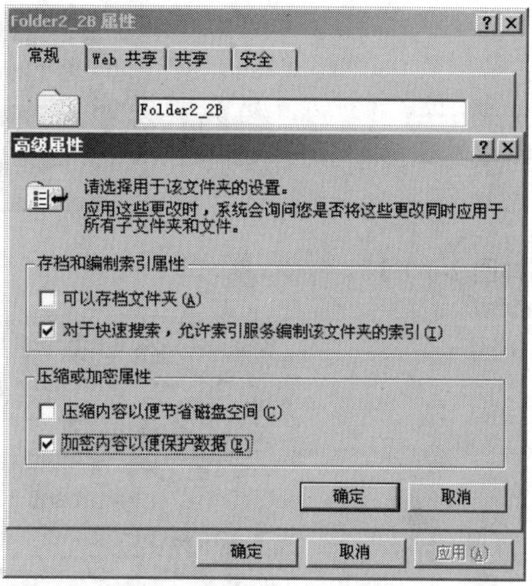

【样图 2-02C】

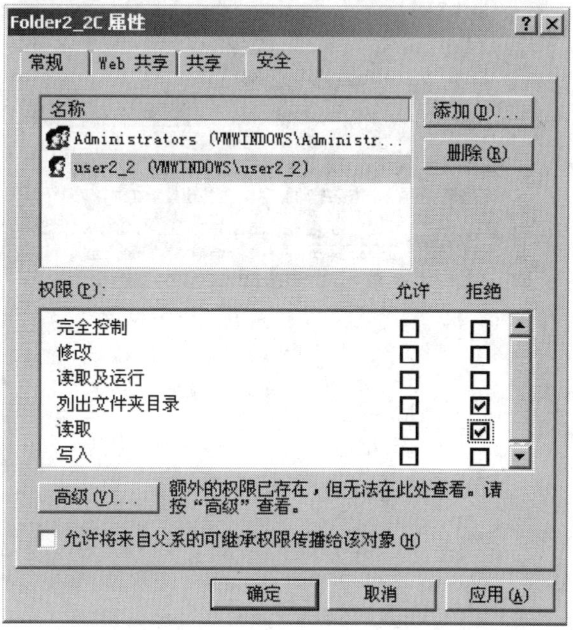

【样图 2-02D】

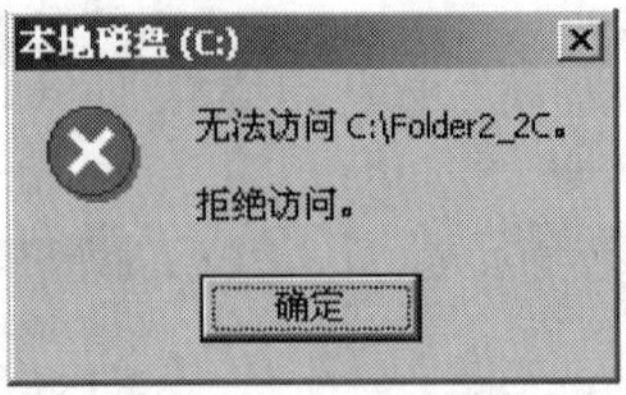

【样图 2-02E】

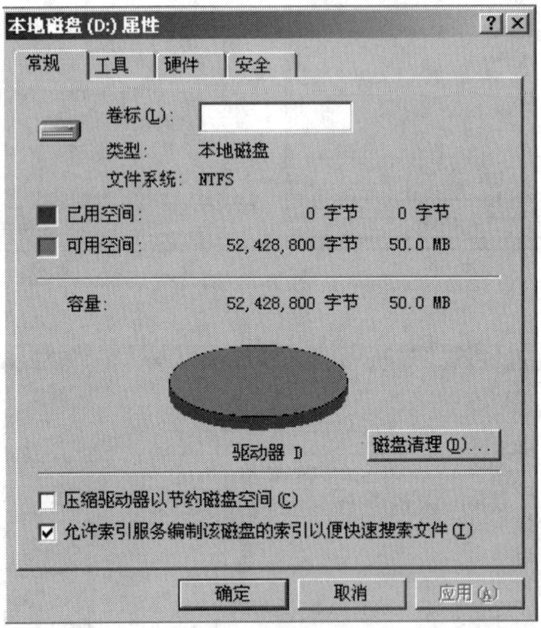

2.3　第 3 题

【操作要求】

完成下列操作，并将操作结果按要求保存在考生文件夹中。

1. **确定 NTFS 分区**：查看计算机的分区格式，保证至少有一个分区的格式为 NTFS。如果所有分区都不是 NTFS，那么将其中的一个分区转化为 NTFS 格式。
2. **使用 NTFS 文件系统压缩数据**：在计算机的一个 NTFS 分区的根目录下，新建一个名为 Folder2_3A 的文件夹，在该文件夹中新建一个名为 fiel2_3A 的文本文档。对文件夹 Folder2_3A 进行压缩，压缩选项如"样图 2-03A"所示，通过屏幕截图（按 Print Screen 键）把本机的对应界面保存成 X2-03A.bmp 文件，并保存到考生文件夹中。完成该操作后删除文件夹 Folder2_3A。
3. **使用 NTFS 文件系统进行数据加密**：在计算机的一个 NTFS 分区的根目录下，新建一个名为 Folder2_3B 的文件夹，在该文件夹中新建一个名为 fiel2_3B 的文本文档。对文件夹 Folder2_3B 进行加密，加密选项如"样图 2-03B"所示，通过屏幕截图把本机的对应界面保存成 X2-03B.bmp 文件，并保存到考生文件夹中。完成该操作后删除文件夹 Folder2_3B。
4. **使用 NTFS 权限管理资源**：在计算机的一个 NTFS 分区的根目录下，新建一个名为 Folder2_3C 的文件夹，在该文件夹中新建一个名为 fiel2_3C 的文本文档。创建一个名为 user2_3 的计算机本地账号，在文件夹 Folder2_3C 中对该用户赋权限，权限表如"样图 2-03C"所示，用 user2_3 用户登录，删除文件夹 Folder2_3C，系统会报如"样图 2-03D"所示的错误，通过屏幕截图把对应的系统报错的界面保存成 X2-03C.bmp 文件，并保存到考生文件夹中。完成该操作后删除文件夹 Folder2_3C。
5. **使用 NTFS 文件系统实现磁盘配额**：在 NTFS 分区上为用户 user2_3 设置磁盘配额，给该用户分配 30M 空间，以 user2_3 身份登录，查看该分区的属性，如"样图 2-03E"所示，通过屏幕截图把对应的界面保存成 X2-03D.bmp 文件，并保存到考生文件夹中。

【样图 2-03A】

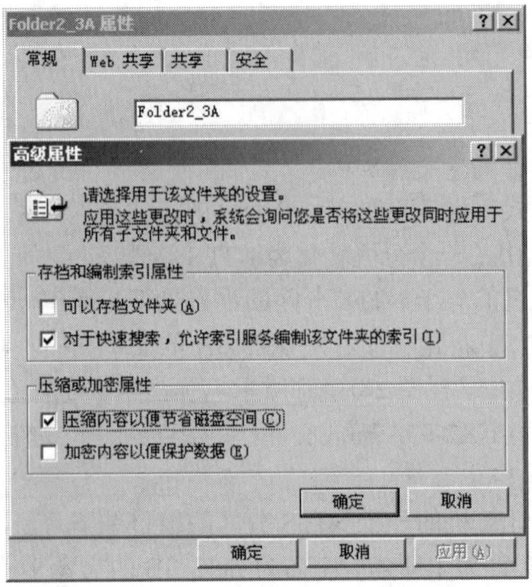

【样图 2-03B】

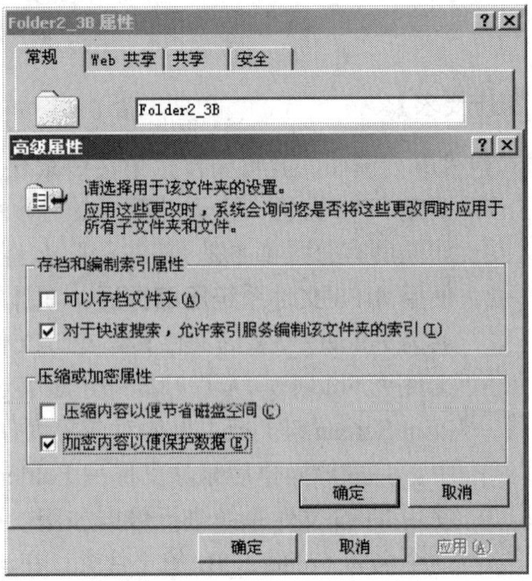

【样图 2-03C】

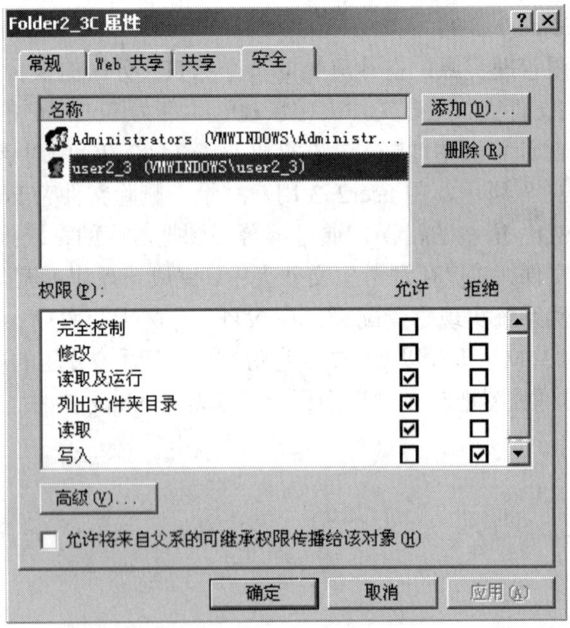

【样图 2-03D】

【样图 2-03E】

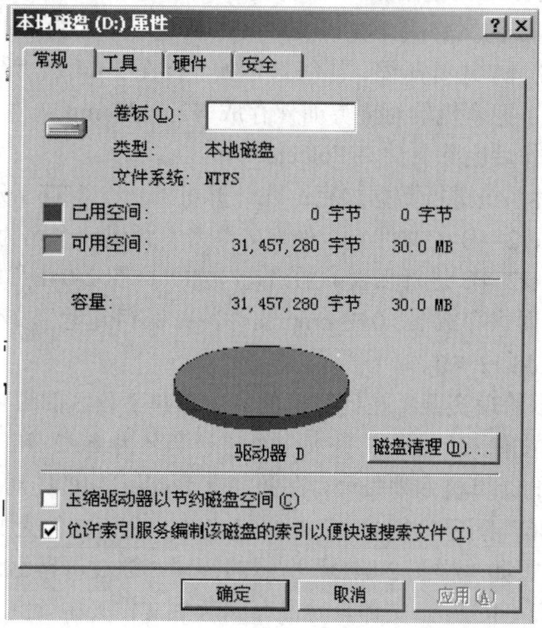

2.4　第 4 题

【操作要求】

完成下列操作，并将操作结果按要求保存在考生文件夹中。

1. **确定 NTFS 分区：**查看计算机的分区格式，保证至少有一个分区的格式为 NTFS。如果所有分区都不是 NTFS，那么将其中的一个分区转化为 NTFS 格式。
2. **使用 NTFS 文件系统压缩数据：**在计算机的一个 NTFS 分区的根目录下，新建一个名为 Folder2_4A 的文件夹，在该文件夹中新建一个名为 fiel2_4A 的文本文档。对文件夹 Folder2_4A 进行压缩，压缩选项如“样图 2-04A”所示，通过屏幕截图（按 Print Screen 键）把本机的对应界面保存成 X2-04A.bmp 文件，并保存到考生文件夹中。完成该操作后删除文件夹 Folder2_4A。
3. **使用 NTFS 文件系统进行数据加密：**在计算机的一个 NTFS 分区的根目录下，新建一个名为 Folder2_4B 的文件夹，在该文件夹中新建一个名为 fiel2_4B 的文本文档。对文件夹 Folder2_4B 进行加密，加密选项如“样图 2-04B”所示，通过屏幕截图把本机的对应界面保存成 X2-04B.bmp 文件，并保存到考生文件夹中。完成该操作后删除文件夹 Folder2_4B。
4. **使用 NTFS 权限管理资源：**在计算机的一个 NTFS 分区的根目录下，新建一个名为 Folder2_4C 的文件夹，在该文件夹中新建一个名为 fiel2_4C 的文本文档。创建一个名为 user2_4 的计算机本地账号，在文件夹 Folder2_4C 中对该用户赋权限，权限表如“样图 2-04C”所示，用 user2_4 用户登录，在该文件夹 Folder2_4C 中新建文本文档，系统会报如“样图 2-04D”所示的错误，通过屏幕截图把对应的系统报错的界面保存成 X2-04C.bmp 文件，并保存到考生文件夹中。完成该操作后删除文件夹 Folder2_4C。
5. **使用 NTFS 文件系统实现磁盘配额：**在 NTFS 分区上为用户 user2_4 设置磁盘配额，给该用户分配 45K 空间，以 user2_4 身份登录，查看该分区的属性，如“样图 2-04E”所示，通过屏幕截图把对应的界面保存成 X2-04D.bmp 文件，并保存到考生文件夹中。

【样图 2-04A】

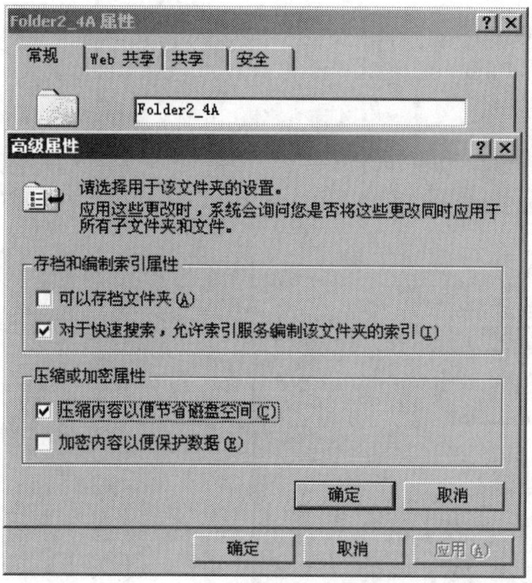

【样图 2-04B】

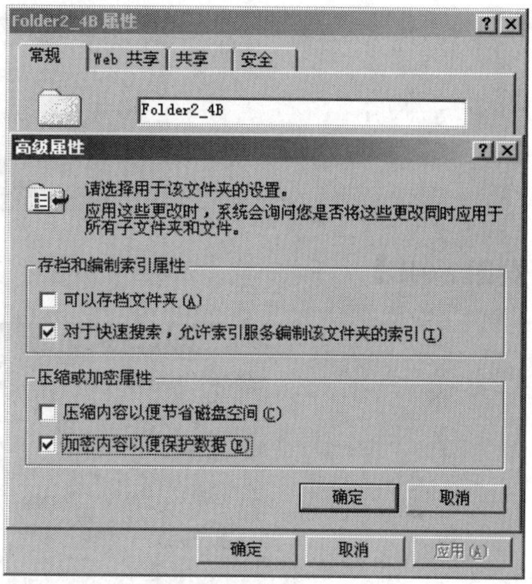

【样图 2-04C】

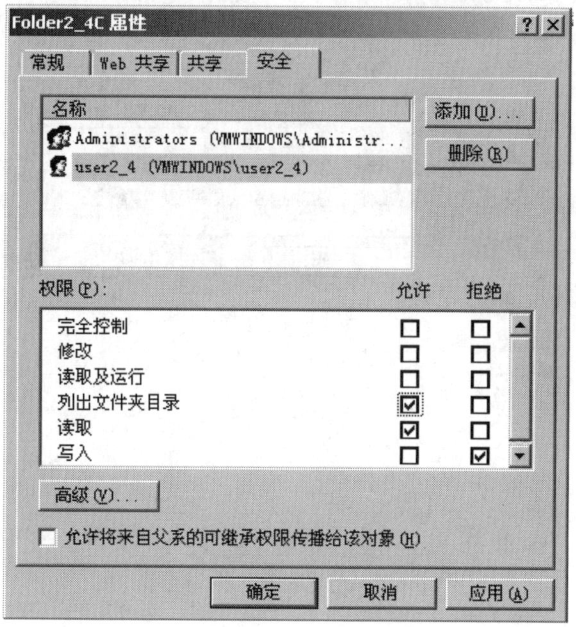

【样图 2-04D】

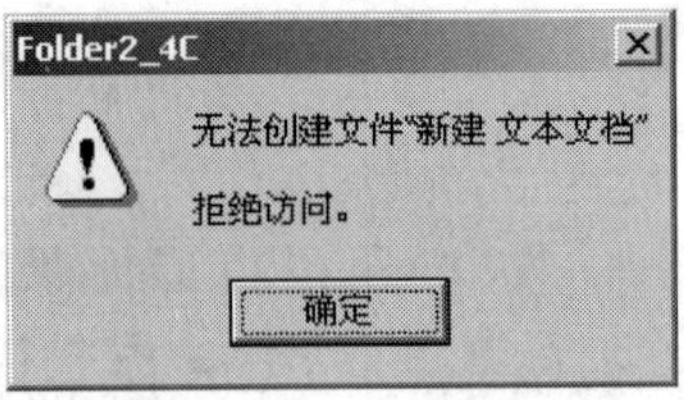

【样图 2-04E】

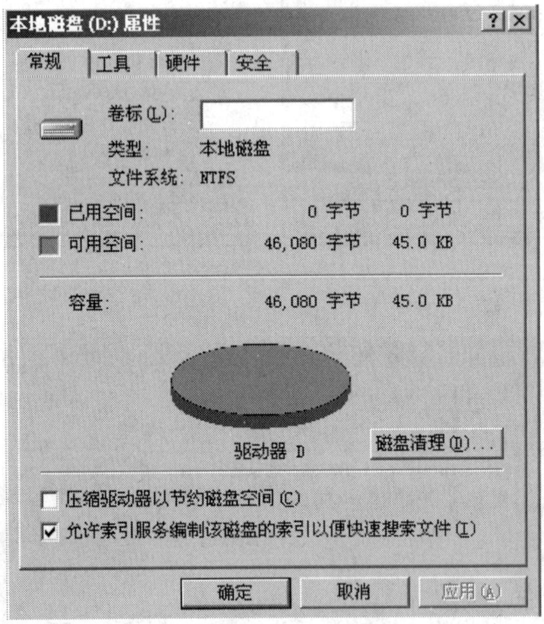

2.5　第 5 题

【操作要求】

完成下列操作，并将操作结果按要求保存在考生文件夹中。

1. **确定 NTFS 分区**：查看计算机的分区格式，保证至少有一个分区的格式为 NTFS。如果所有分区都不是 NTFS，那么将其中的一个分区转化为 NTFS 格式。
2. **使用 NTFS 文件系统压缩数据**：在计算机的一个 NTFS 分区的根目录下，新建一个名为 Folder2_5A 的文件夹，在该文件夹中新建一个名为 fiel2_5A 的文本文档。对文件夹 Folder2_5A 进行压缩，压缩选项如“样图 2-05A”所示，通过屏幕截图（按 Print Screen 键）把本机的对应界面保存成 X2-05A.bmp 文件，并保存到考生文件夹中。完成该操作后删除文件夹 Folder2_5A。
3. **使用 NTFS 文件系统进行数据加密**：在计算机的一个 NTFS 分区的根目录下，新建一个名为 Folder2_5B 的文件夹，在该文件夹中新建一个名为 fiel2_5B 的文本文档。对文件夹 Folder2_5B 进行加密，加密选项如“样图 2-05B”所示，通过屏幕截图把本机的对应界面保存成 X2-05B.bmp 文件，并保存到考生文件夹中。完成该操作后删除文件夹 Folder2_5B。
4. **使用 NTFS 权限管理资源**：在计算机的一个 NTFS 分区的根目录下，新建一个名为 Folder2_4C 的文件夹，在该文件夹中新建一个名为 fiel2_5C 的文本文档。创建一个名为 user2_5 的计算机本地账号，在文件夹 Folder2_4C 中对该用户赋权限，权限表如“样图 2-05C”所示，用 user2_5 用户登录，查看文件夹 Folder2_4C 的安全性，系统会报如“样图 2-05D”所示的错误，通过屏幕截图把对应的系统报错的界面保存成 X2-05C.bmp 文件，并保存到考生文件夹中。完成该操作后删除文件夹 Folder2_4C。
5. **使用 NTFS 文件系统实现磁盘配额**：在 NTFS 分区上为用户 user2_5 设置磁盘配额，给该用户分配 55K 空间，以 user2_5 身份登录，查看该分区的属性，如“样图 2-05E”所示，通过屏幕截图把对应的界面保存成 X2-05D.bmp 文件，并保存到考生文件夹中。

【样图 2-05A】

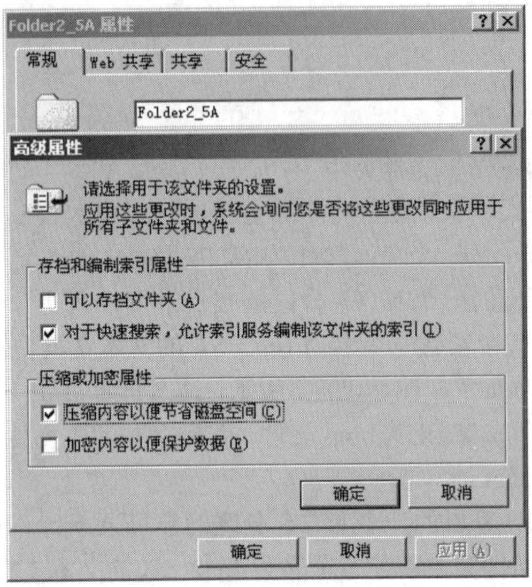

【样图 2-05B】

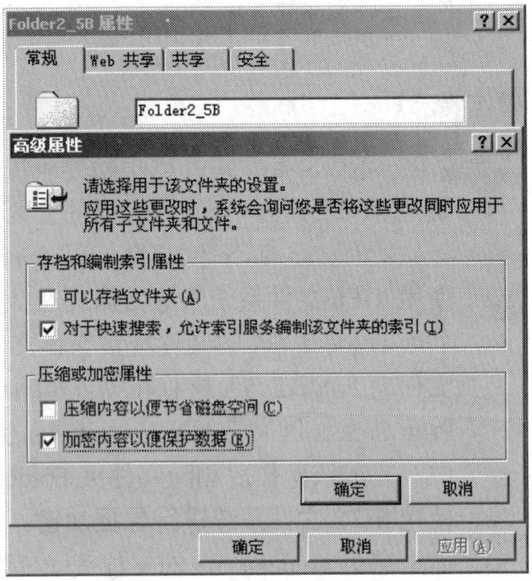

【样图 2-05C】

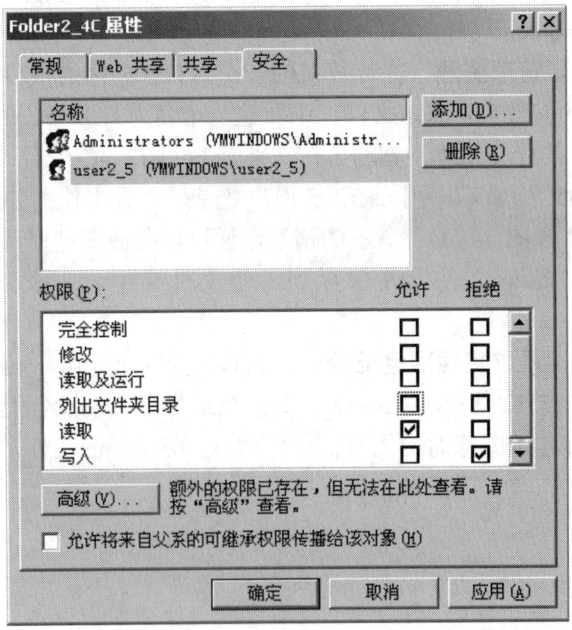

【样图 2-05D】

【样图 2-05E】

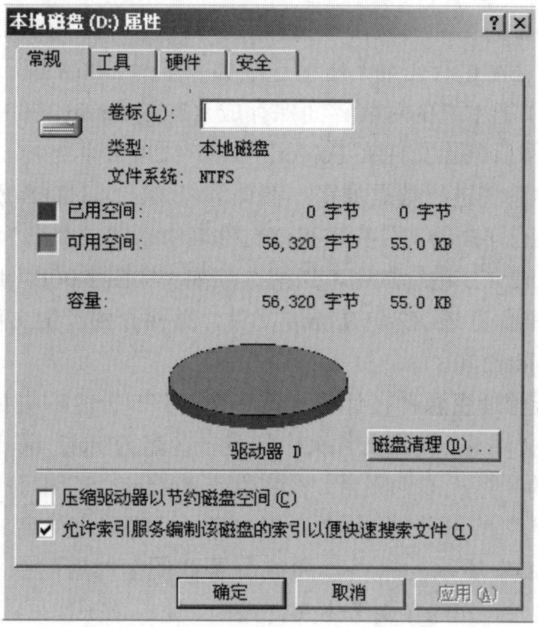

2.6 第 6 题

【操作要求】

完成下列操作，并将操作结果按要求保存在考生文件夹中。

1. **确定 NTFS 分区**：查看计算机的分区格式，保证至少有一个分区的格式为 NTFS。如果所有分区都不是 NTFS，那么将其中的一个分区转化为 NTFS 格式。
2. **使用 NTFS 文件系统压缩数据**：在计算机的一个 NTFS 分区的根目录下，新建一个名为 Folder2_6A 的文件夹，在该文件夹中新建一个名为 fiel2_6A 的文本文档。对文件夹 Folder2_6A 进行压缩，压缩选项如“样图 2-06A”所示，通过屏幕截图（按 Print Screen 键）把本机的对应界面保存成 X2-06A.bmp 文件，并保存到考生文件夹中。完成该操作后删除文件夹 Folder2_6A。
3. **使用 NTFS 文件系统进行数据加密**：在计算机的一个 NTFS 分区的根目录下，新建一个名为 Folder2_6B 的文件夹，在该文件夹中新建一个名为 fiel2_6B 的文本文档。对文件夹 Folder2_6B 进行加密，加密选项如“样图 2-06B”所示，通过屏幕截图把本机的对应界面保存成 X2-06B.bmp 文件，并保存到考生文件夹中。完成该操作后删除文件夹 Folder2_6B。
4. **使用 NTFS 权限管理资源**：在计算机的一个 NTFS 分区的根目录下，新建一个名为 Folder2_5C 的文件夹，在该文件夹中新建一个名为 fiel2_6C 的文本文档。创建一个名为 user2_6 的计算机本地账号，在文件夹 Folder2_5C 中对该用户赋权限，权限表如“样图 2-06C”所示，用 user2_6 用户登录，删除文件夹 Folder2_5C，系统会报如“样图 2-06D”所示的错误，通过屏幕截图把对应的系统报错的界面保存成 X2-06C.bmp 文件，并保存到考生文件夹中。完成该操作后删除文件夹 Folder2_5C。
5. **使用 NTFS 文件系统实现磁盘配额**：在 NTFS 分区上为用户 user2_6 设置磁盘配额，给该用户分配 60K 空间，以 user2_6 身份登录，查看该分区的属性，如“样图 2-06E”所示，通过屏幕截图把对应的界面保存成 X2-06D.bmp 文件，并保存到考生文件夹中。

【样图 2-06A】

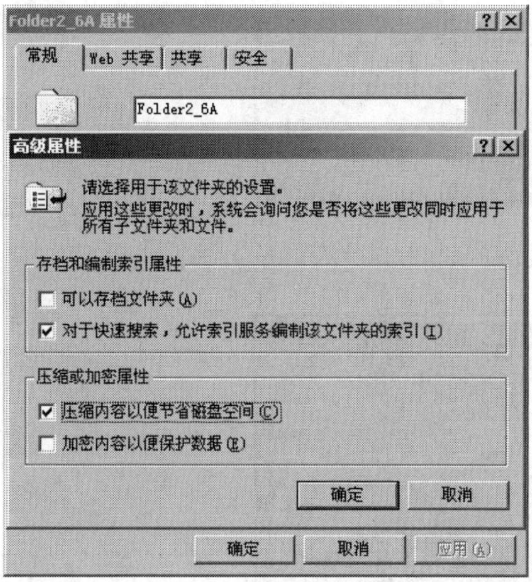

【样图 2-06B】

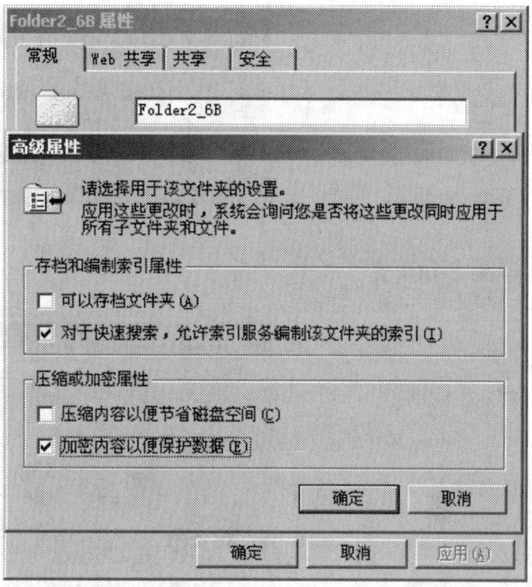

【样图 2-06C】

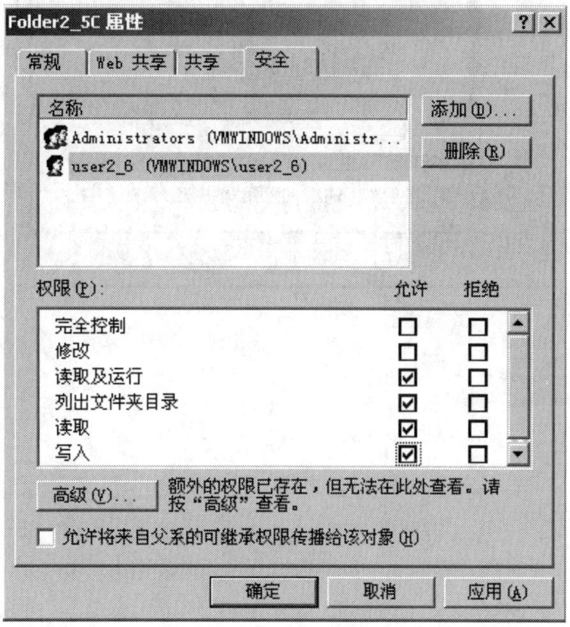

【样图 2-06D】

【样图 2-06E】

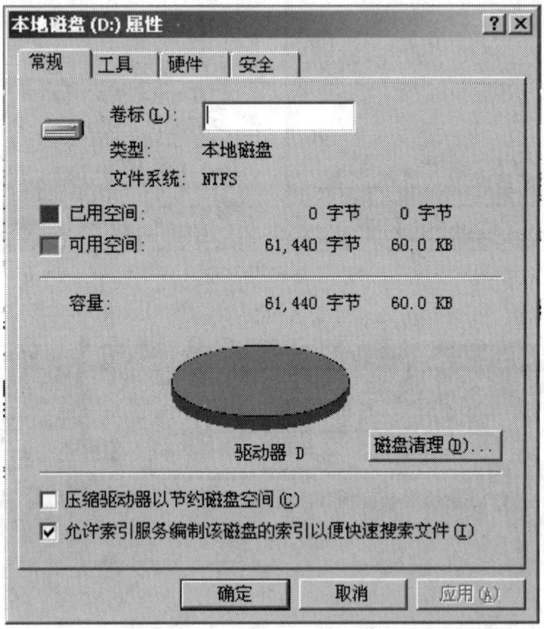

2.7　第 7 题

【操作要求】

完成下列操作，并将操作结果按要求保存在考生文件夹中。

1. **确定 NTFS 分区：**查看计算机的分区格式，保证至少有一个分区的格式为 NTFS。如果所有分区都不是 NTFS，那么将其中的一个分区转化为 NTFS 格式。
2. **使用 NTFS 文件系统压缩数据：**在计算机的一个 NTFS 分区的根目录下，新建一个名为 Folder2_7A 的文件夹，在该文件夹中新建一个名为 fiel2_7A 的文本文档。对文件夹 Folder2_7A 进行压缩，压缩选项如“样图 2-07A”所示，通过屏幕截图（按 Print Screen 键）把本机的对应界面保存成 X2-07A.bmp 文件，并保存到考生文件夹中。完成该操作后删除文件夹 Folder2_7A。
3. **使用 NTFS 文件系统进行数据加密：**在计算机的一个 NTFS 分区的根目录下，新建一个名为 Folder2_7B 的文件夹，在该文件夹中新建一个名为 fiel2_7B 的文本文档。对文件夹 Folder2_7B 进行加密，加密选项如“样图 2-07B”所示，通过屏幕截图把本机的对应界面保存成 X2-07B.bmp 文件，并保存到考生文件夹中。完成该操作后删除文件夹 Folder2_7B。
4. **使用 NTFS 权限管理资源：**在计算机的一个 NTFS 分区的根目录下，新建一个名为 Folder2_7C 的文件夹，在该文件夹中新建一个名为 fiel2_7C 的文本文档。创建一个名为 user2_7 的计算机本地账号，在文件夹 Folder2_7C 中对该用户赋权限，权限表如“样图 2-07C”所示，用 user2_7 用户登录，查看文件夹 Folder2_7C 的安全属性，系统会报如“样图 2-07D”所示的提示信息，通过屏幕截图把对应的系统提示信息的界面保存成 X2-07C.bmp 文件，并保存到考生文件夹中。完成该操作后删除文件夹 Folder2_7C。
5. **使用 NTFS 文件系统实现磁盘配额：**在 NTFS 分区上为用户 user2_7 设置磁盘配额，给该用户分配 70K 空间，以 user2_7 身份登录，查看该分区的属性，如“样图 2-07E”所示，通过屏幕截图把对应的界面保存成 X2-07D.bmp 文件，并保存到考生文件夹中。

【样图 2-07A】

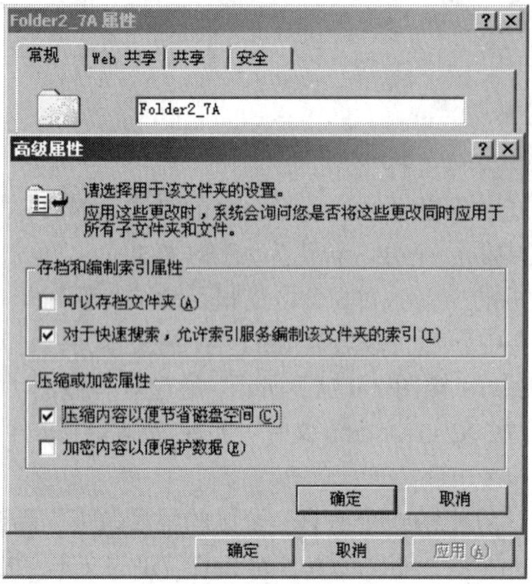

【样图 2-07B】

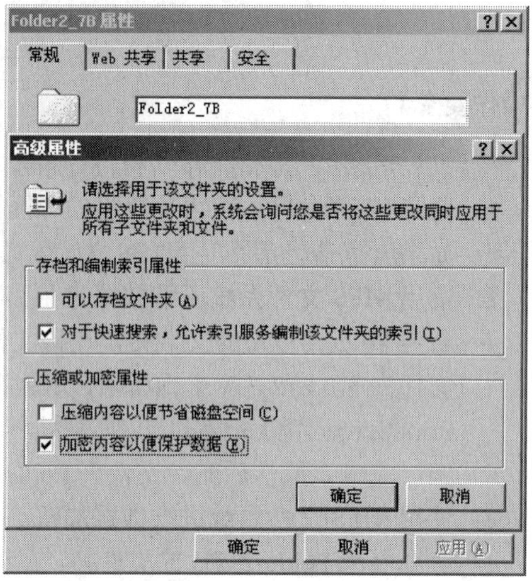

【样图 2-07C】

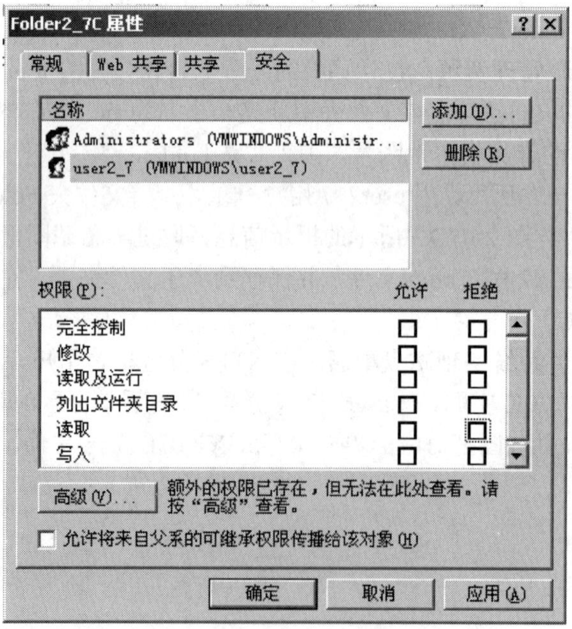

【样图 2-07D】

【样图 2-07E】

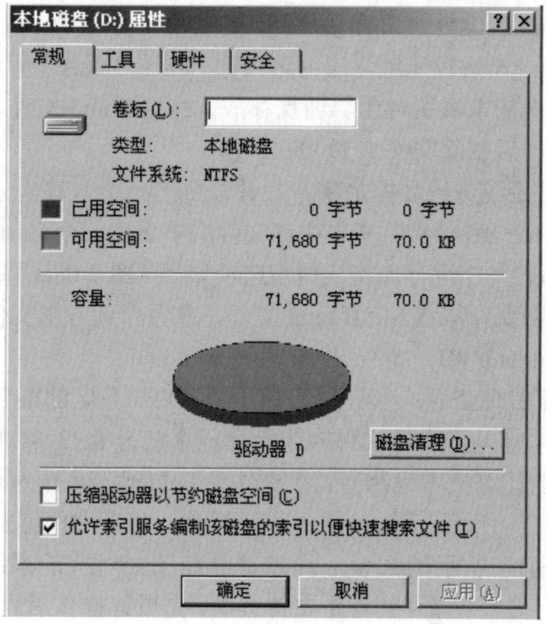

2.8 第 8 题

【操作要求】

完成下列操作，并将操作结果按要求保存在考生文件夹中。

1. **确定 NTFS 分区**：查看计算机的分区格式，保证至少有一个分区的格式为 NTFS。如果所有分区都不是 NTFS，那么将其中的一个分区转化为 NTFS 格式。
2. **使用 NTFS 文件系统压缩数据**：在计算机的一个 NTFS 分区的根目录下，新建一个名为 Folder2_8A 的文件夹，在该文件夹中新建一个名为 fiel2_8A 的文本文档。对文件夹 Folder2_8A 进行压缩，压缩选项如“样图 2-08A”所示，通过屏幕截图（按 Print Screen 键）把本机的对应界面保存成 X2-08A.bmp 文件，并保存到考生文件夹中。完成该操作后删除文件夹 Folder2_8A。
3. **使用 NTFS 文件系统进行数据加密**：在计算机的一个 NTFS 分区的根目录下，新建一个名为 Folder2_8B 的文件夹，在该文件夹中新建一个名为 fiel2_8B 的文本文档。对文件夹 Folder2_8B 进行加密，加密选项如“样图 2-08B”所示，通过屏幕截图把本机的对应界面保存成 X2-08B.bmp 文件，并保存到考生文件夹中。完成该操作后删除文件夹 Folder2_8B。
4. **使用 NTFS 权限管理资源**：在计算机的一个 NTFS 分区的根目录下，新建一个名为 Folder2_8C 的文件夹，在该文件夹中新建一个名为 fiel2_8C 的文本文档。创建一个名为 user2_8 的计算机本地账号，在文件夹 Folder2_8C 中对该用户赋权限，权限表如“样图 2-08C”所示，用 user2_8 用户登录，打开文件夹 Folder2_8C，系统会报如“样图 2-08D”所示的错误，通过屏幕截图把对应的系统报错的界面保存成 X2-08C.bmp 文件，并保存到考生文件夹中。完成该操作后删除文件夹 Folder2_8C。
5. **使用 NTFS 文件系统实现磁盘配额**：在 NTFS 分区上为用户 user2_8 设置磁盘配额，给该用户分配 75K 空间，以 user2_8 身份登录，查看该分区的属性，如“样图 2-08E”所示，通过屏幕截图把对应的界面保存成 X2-08D.bmp 文件，并保存到考生文件夹中。

【样图 2-08A】

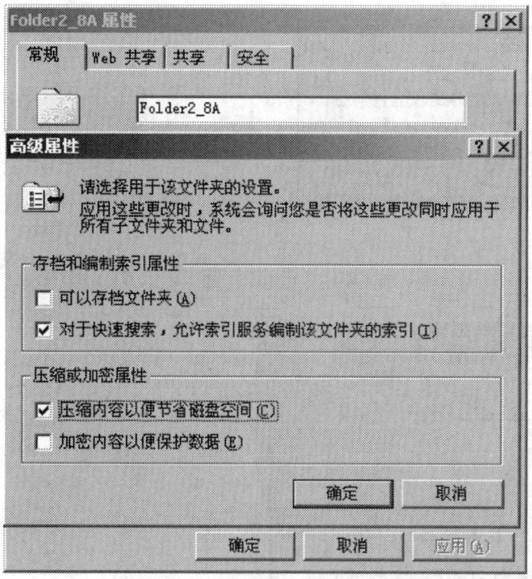

【样图 2-08B】

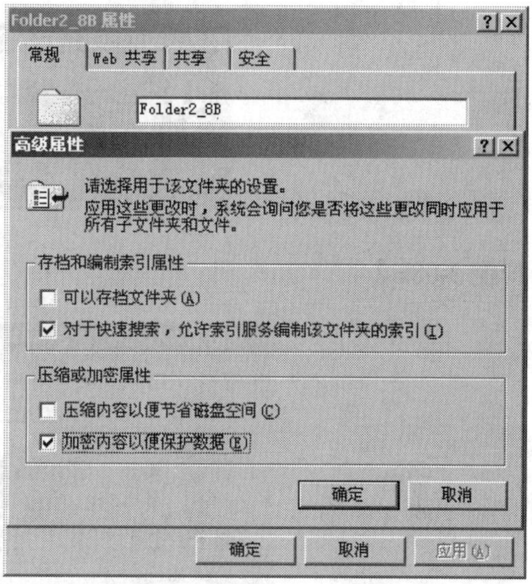

【样图 2-08C】

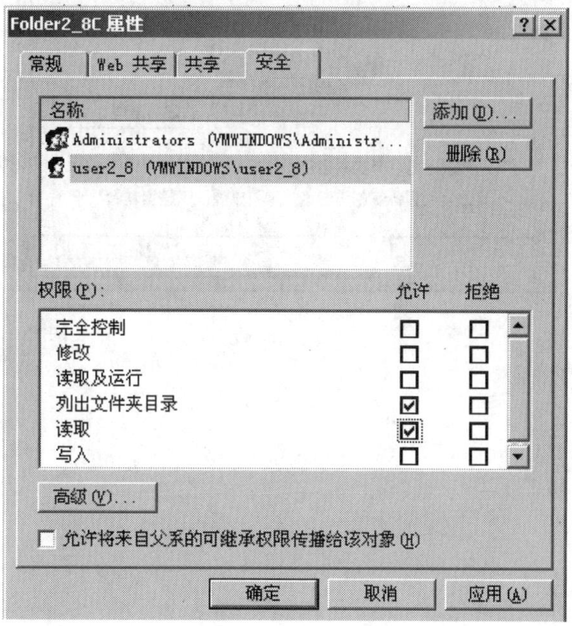

【样图 2-08D】

【样图 2-08E】

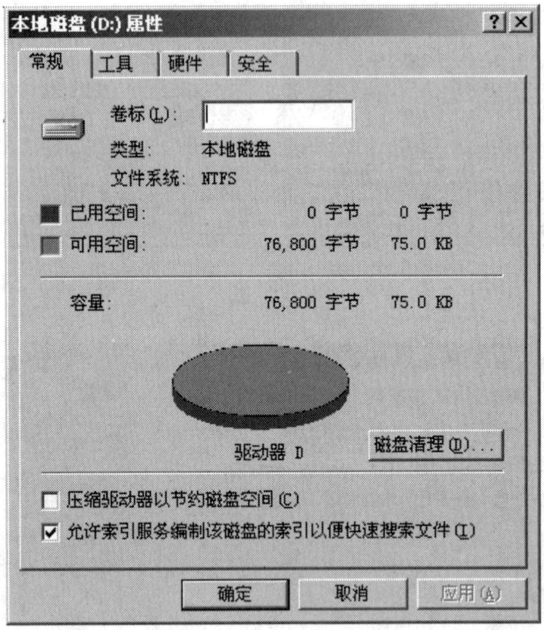

2.9　第 9 题

【操作要求】

完成下列操作，并将操作结果按要求保存在考生文件夹中。

1. **确定 NTFS 分区**：查看计算机的分区格式，保证至少有一个分区的格式为 NTFS。如果所有分区都不是 NTFS，那么将其中的一个分区转化为 NTFS 格式。
2. **使用 NTFS 文件系统压缩数据**：在计算机的一个 NTFS 分区的根目录下，新建一个名为 Folder2_9A 的文件夹，在该文件夹中新建一个名为 fiel2_9A 的文本文档。对文件夹 Folder2_9A 进行压缩，压缩选项如“样图 2-09A”所示，通过屏幕截图（按 Print Screen 键）把本机的对应界面保存成 X2-09A.bmp 文件，并保存到考生文件夹中。完成该操作后删除文件夹 Folder2_9A。
3. **使用 NTFS 文件系统进行数据加密**：在计算机的一个 NTFS 分区的根目录下，新建一个名为 Folder2_9B 的文件夹，在该文件夹中新建一个名为 fiel2_9B 的文本文档。对文件夹 Folder2_9B 进行加密，加密选项如“样图 2-09B”所示，通过屏幕截图把本机的对应界面保存成 X2-09B.bmp 文件，并保存到考生文件夹中。完成该操作后删除文件夹 Folder2_9B。
4. **使用 NTFS 权限管理资源**：在计算机的一个 NTFS 分区的根目录下，新建一个名为 Folder2_9C 的文件夹，在该文件夹中新建一个名为 fiel2_9C 的文本文档。创建一个名为 user2_9 的计算机本地账号，在文件夹 Folder2_9C 中对该用户赋权限，权限表如“样图 2-09C”所示，用 user2_9 用户登录，打开文件夹 Folder2_9C，系统会报如“样图 2-09D”所示的错误，通过屏幕截图把对应的系统报错的界面保存成 X2-09C.bmp 文件，并保存到考生文件夹中。完成该操作后删除文件夹 Folder2_9C。
5. **使用 NTFS 文件系统实现磁盘配额**：在 NTFS 分区上为用户 user2_9 设置磁盘配额，给该用户分配 80M 空间，以 user2_9 身份登录，查看该分区的属性，如“样图 2-09E”所示，通过屏幕截图把对应的界面保存成 X2-09D.bmp 文件，并保存到考生文件夹中。

【样图 2-09A】

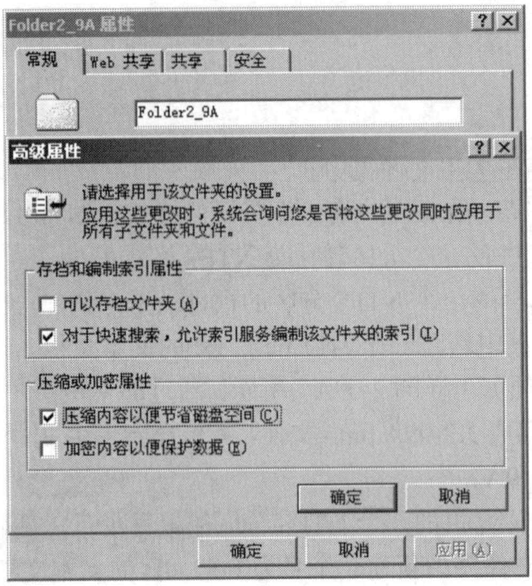

【样图 2-09B】

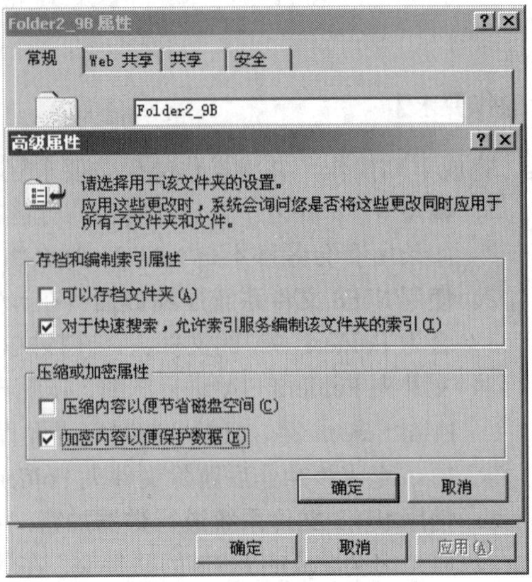

【样图 2-09C】

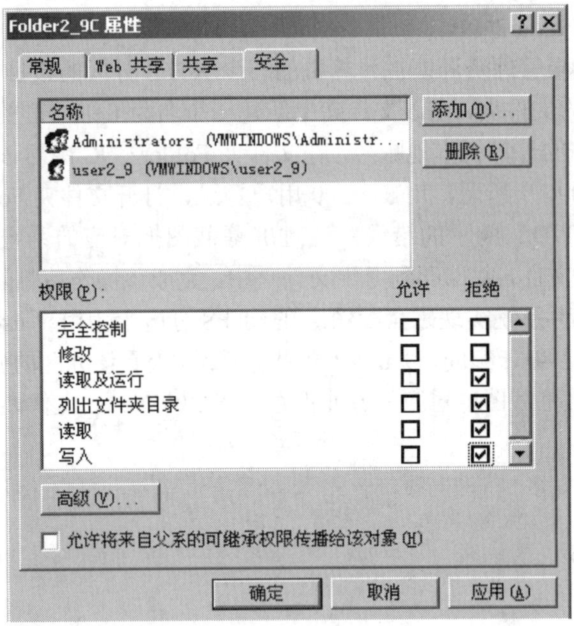

【样图 2-09D】

【样图 2-09E】

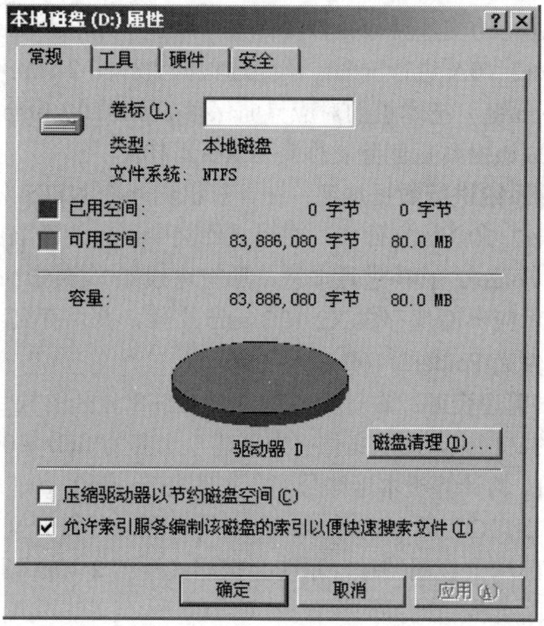

2.10 第 10 题

【操作要求】

完成下列操作，并将操作结果按要求保存在考生文件夹中。

1. **确定 NTFS 分区**：查看计算机的分区格式，保证至少有一个分区的格式为 NTFS。如果所有分区都不是 NTFS，那么将其中的一个分区转化为 NTFS 格式。
2. **使用 NTFS 文件系统压缩数据**：在计算机的一个 NTFS 分区的根目录下，新建一个名为 Folder2_10A 的文件夹，在该文件夹中新建一个名为 fiel2_10A 的文本文档。对文件夹 Folder2_10A 进行压缩，压缩选项如“样图 2-10A”所示，通过屏幕截图（按 Print Screen 键）把本机的对应界面保存成 X2-10A.bmp 文件，并保存到考生文件夹中。完成该操作后删除文件夹 Folder2_10A。
3. **使用 NTFS 文件系统进行数据加密**：在计算机的一个 NTFS 分区的根目录下，新建一个名为 Folder2_10B 的文件夹，在该文件夹中新建一个名为 fiel2_10B 的文本文档。对文件夹 Folder2_10B 进行加密，加密选项如“样图 2-10B”所示，通过屏幕截图把本机的对应界面保存成 X2-10B.bmp 文件，并保存到考生文件夹中。完成该操作后删除文件夹 Folder2_10B。
4. **使用 NTFS 权限管理资源**：在计算机的一个 NTFS 分区的根目录下，新建一个名为 Folder2_10C 的文件夹，在该文件夹中新建一个名为 fiel2_10C 的文本文档。创建一个名为 user2_10 的计算机本地账号，在文件夹 Folder2_10C 中对该用户赋权限，权限表如“样图 2-10C”所示，用 user2_10 用户登录，打开文件夹 Folder2_10C，在该文件夹中新建一个位图图像，系统会报如“样图 2-10D”所示的错误，通过屏幕截图把对应的系统报错的界面保存成 X2-10C.bmp 文件，并保存到考生文件夹中。完成该操作后删除文件夹 Folder2_10C。
5. **使用 NTFS 文件系统实现磁盘配额**：在 NTFS 分区上为用户 user2_10 设置磁盘配额，给该用户分配 85M 空间，以 user2_10 身份登录，查看该分区的属性，如“样图 2-10E”所示，通过屏幕截图把对应的界面保存成 X2-02D.bmp 文件，并保存到考生文件夹中。

【样图 2-10A】

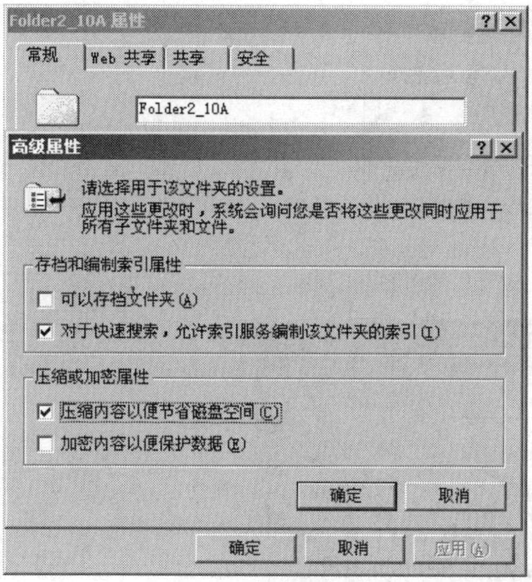

【样图 2-10B】

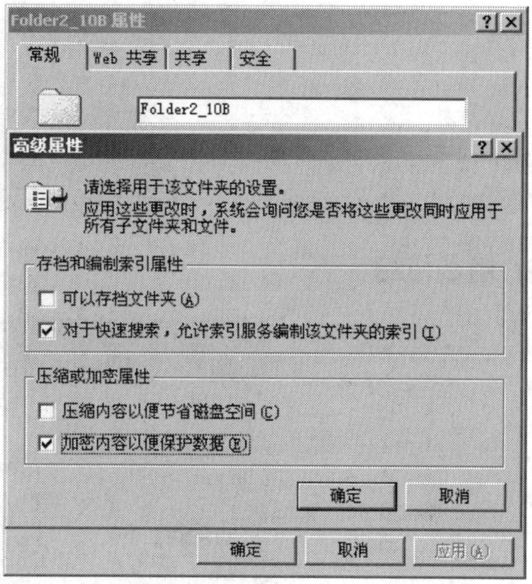

【样图 2-10C】

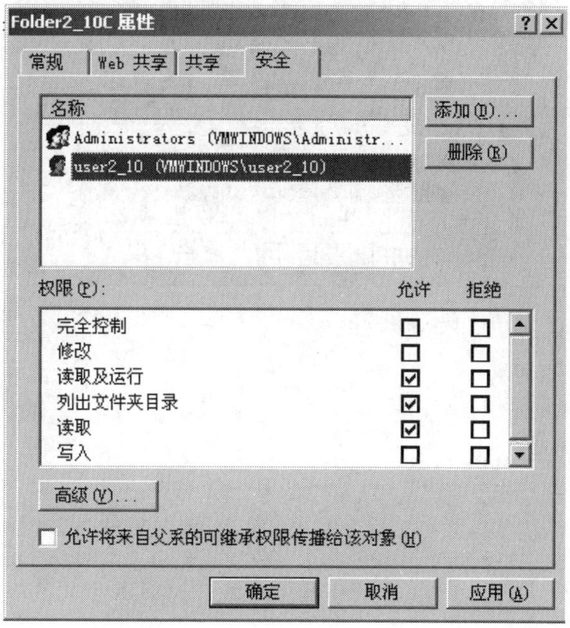

【样图 2-10D】

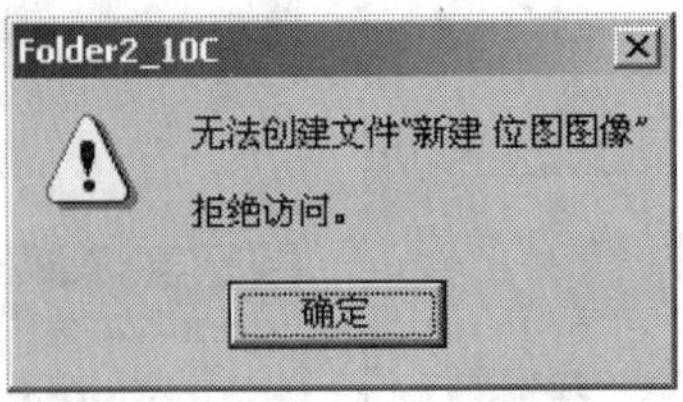

【样图 2-10E】

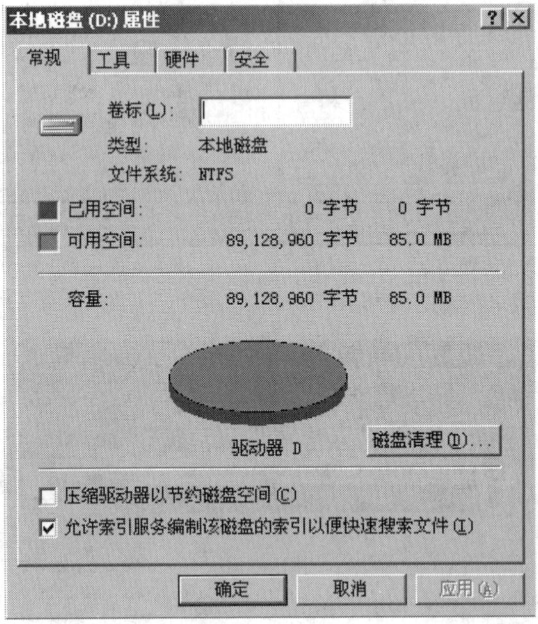

2.11　第 11 题

【操作要求】

完成下列操作，并将操作结果按要求保存在考生文件夹中。

1. **确定 NTFS 分区**：查看计算机的分区格式，保证至少有一个分区的格式为 NTFS。如果所有分区都不是 NTFS，那么将其中的一个分区转化为 NTFS 格式。
2. **使用 NTFS 文件系统压缩数据**：在计算机的一个 NTFS 分区的根目录下，新建一个名为 Folder2_11A 的文件夹，在该文件夹中新建一个名为 fiel2_11A 的文本文档。对文件夹 Folder2_11A 进行压缩，压缩选项如“样图 2-11A”所示，通过屏幕截图（按 Print Screen 键）把本机的对应界面保存成 X2-11A.bmp 文件，并保存到考生文件夹中。完成该操作后删除文件夹 Folder2_11A。
3. **使用 NTFS 文件系统进行数据加密**：在计算机的一个 NTFS 分区的根目录下，新建一个名为 Folder2_11B 的文件夹，在该文件夹中新建一个名为 fiel2_11B 的文本文档。对文件夹 Folder2_11B 进行加密，加密选项如“样图 2-11B”所示，通过屏幕截图把本机的对应界面保存成 X2-11B.bmp 文件，并保存到考生文件夹中。完成该操作后删除文件夹 Folder2_11B。
4. **使用 NTFS 权限管理资源**：在计算机的一个 NTFS 分区的根目录下，新建一个名为 Folder2_11C 的文件夹，在该文件夹中新建一个写字板文档。创建一个名为 user2_11 的计算机本地账号，在文件夹 Folder2_11C 中对该用户赋权限，权限表如“样图 2-11C”所示，用 user2_11 用户登录，打开文件夹 Folder2_11C，删除该文件夹中的写字板文档，此时系统会报如“样图 2-11D”所示的错误，通过屏幕截图把对应的系统报错的界面保存成 X2-11C.bmp 文件，并保存到考生文件夹中。完成该操作后删除文件夹 Folder2_11C。
5. **使用 NTFS 文件系统实现磁盘配额**：在 NTFS 分区上为用户 user2_11 设置磁盘配额，给该用户分配 90K 空间，以 user2_11 身份登录，查看该分区的属性，如“样图 2-11E”所示，通过屏幕截图把对应的界面保存成 X2-11D.bmp 文件，并保存到考生文件夹中。

【样图 2-11A】

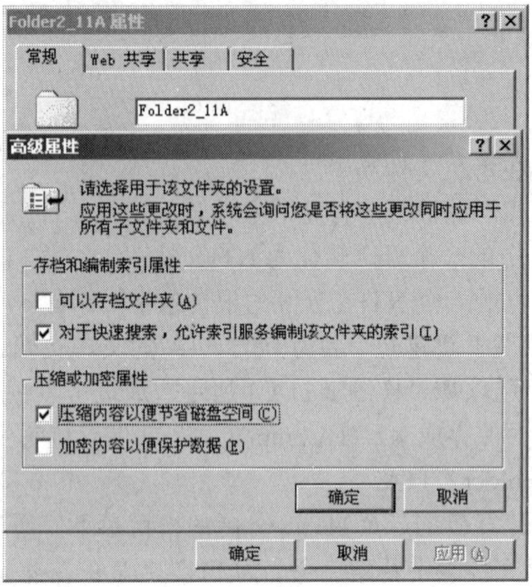

【样图 2-11B】

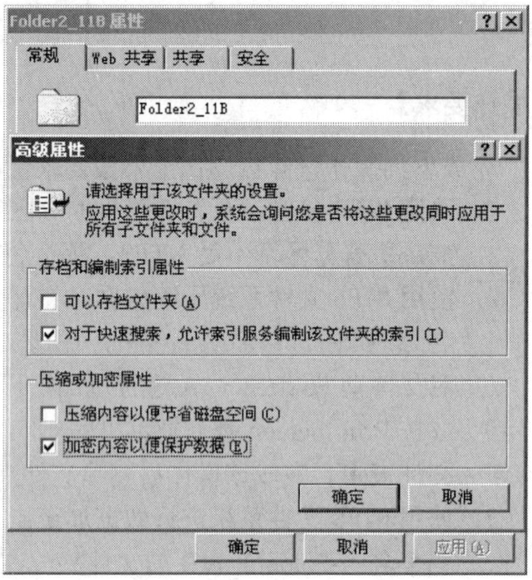

【样图 2-11C】

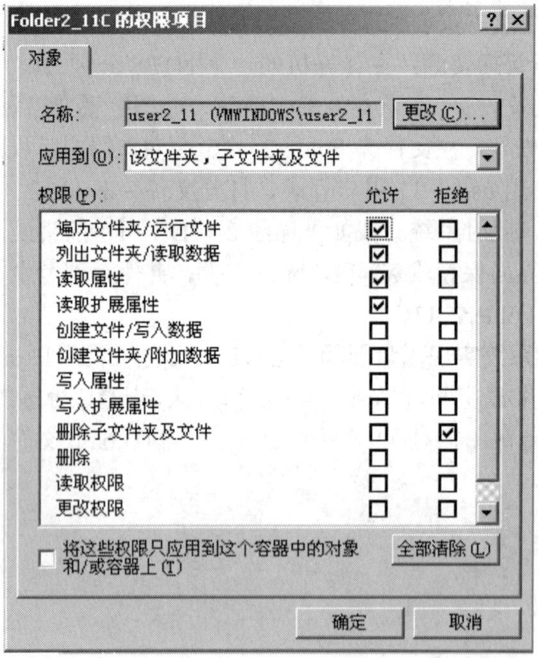

【样图 2-11D】

【样图 2-11E】

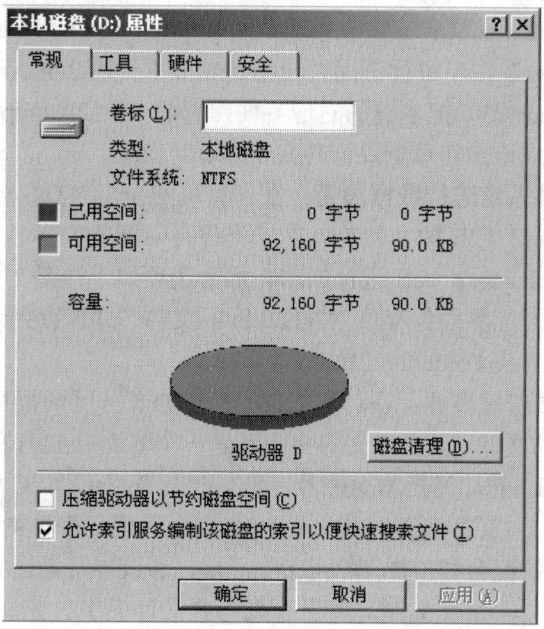

2.12　第 12 题

【操作要求】

完成下列操作，并将操作结果按要求保存在考生文件夹中。

1. **确定 NTFS 分区**：查看计算机的分区格式，保证至少有一个分区的格式为 NTFS。如果所有分区都不是 NTFS，那么将其中的一个分区转化为 NTFS 格式。
2. **使用 NTFS 文件系统压缩数据**：在计算机的一个 NTFS 分区的根目录下，新建一个名为 Folder2_12A 的文件夹，在该文件夹中新建一个名为 fiel2_12A 的文本文档。对文件夹 Folder2_12A 进行压缩，压缩选项如“样图 2-12A”所示，通过屏幕截图（按 Print Screen 键）把本机的对应界面保存成 X2-12A.bmp 文件，并保存到考生文件夹中。完成该操作后删除文件夹 Folder2_12A。
3. **使用 NTFS 文件系统进行数据加密**：在计算机的一个 NTFS 分区的根目录下，新建一个名为 Folder2_12B 的文件夹，在该文件夹中新建一个名为 fiel2_12B 的文本文档。对文件夹 Folder2_12B 进行加密，加密选项如“样图 2-12B”所示，通过屏幕截图把本机的对应界面保存成 X2-12B.bmp 文件，并保存到考生文件夹中。完成该操作后删除文件夹 Folder2_12B。
4. **使用 NTFS 权限管理资源**：在计算机的一个 NTFS 分区的根目录下，新建一个名为 Folder2_12C 的文件夹，在该文件夹中新建一个名为 fiel2_12C 的文本文档。创建一个名为 user2_12 的计算机本地账号，在文件夹 Folder2_12C 中对该用户赋权限，权限表如“样图 2-12C”所示，用 user2_12 用户登录，查看文件夹 Folder2_12C 的安全属性，此时情况会如“样图 2-12D”所示，通过屏幕截图把对应的文件夹属性界面保存成 X2-12C.bmp 文件，并保存到考生文件夹中。完成该操作后删除文件夹 Folder2_12C。
5. **使用 NTFS 文件系统实现磁盘配额**：在 NTFS 分区上为用户 user2_12 设置磁盘配额，给该用户分配 95M 空间，以 user2_12 身份登录，查看该分区的属性，如“样图 2-12E”所示，通过屏幕截图把对应的界面保存成 X2-12D.bmp 文件，并保存到考生文件夹中。

【样图 2-12A】

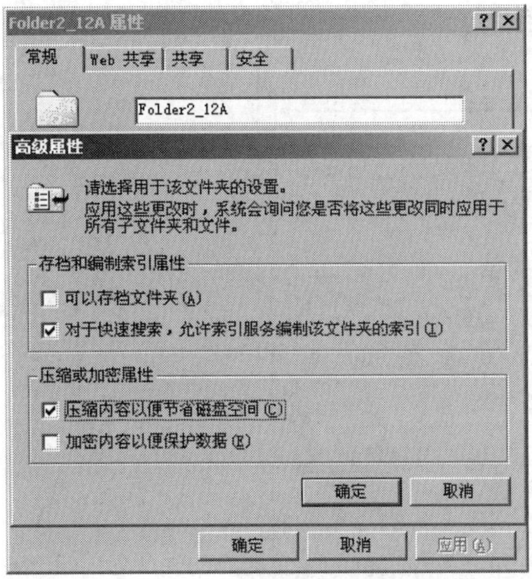

【样图 2-12B】

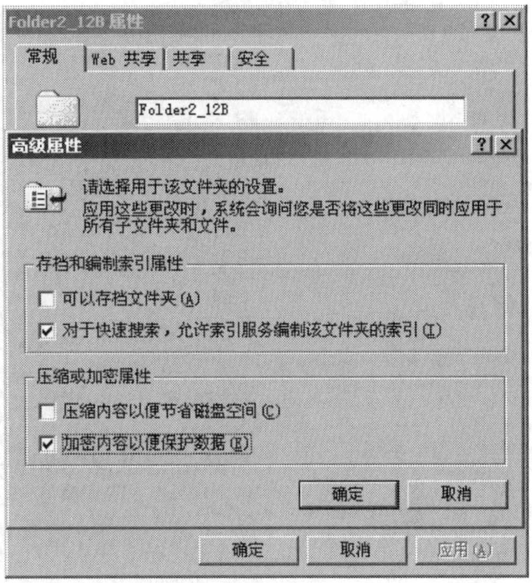

【样图 2-12C】

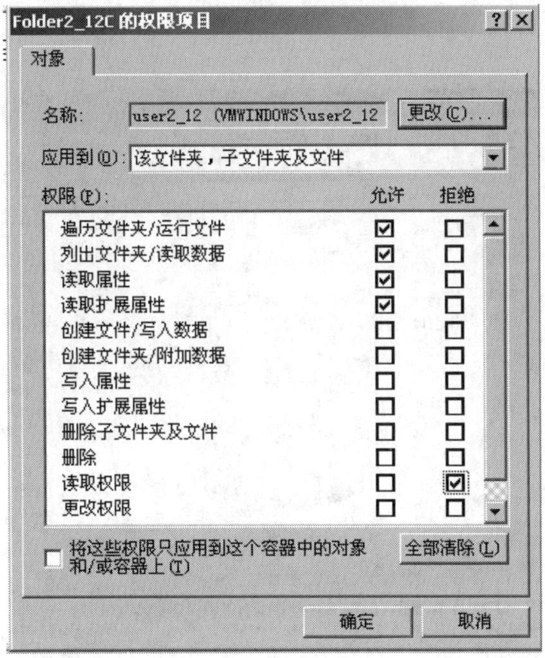

【样图 2-12D】

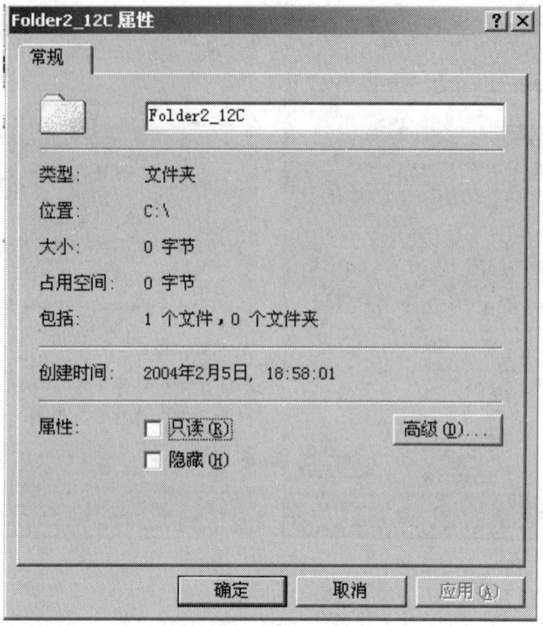

【样图 2-12E】

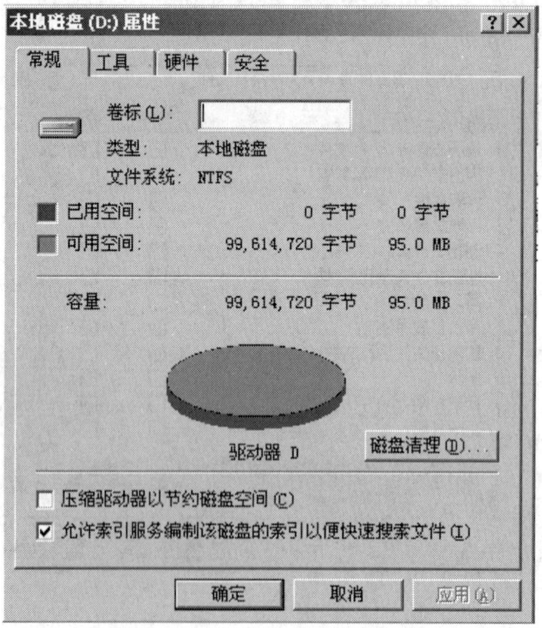

2.13　第 13 题

【操作要求】

完成下列操作，并将操作结果按要求保存在考生文件夹中。

1. **确定 NTFS 分区**：查看计算机的分区格式，保证至少有一个分区的格式为 NTFS。如果所有分区都不是 NTFS，那么将其中的一个分区转化为 NTFS 格式。
2. **使用 NTFS 文件系统压缩数据**：在计算机的一个 NTFS 分区的根目录下，新建一个名为 Folder2_13A 的文件夹，在该文件夹中新建一个名为 fiel2_13A 的文本文档。对文件夹 Folder2_13A 进行压缩，压缩选项如“样图 2-13A”所示，通过屏幕截图（按 Print Screen 键）把本机的对应界面保存成 X2-13A.bmp 文件，并保存到考生文件夹中。完成该操作后删除文件夹 Folder2_13A。
3. **使用 NTFS 文件系统进行数据加密**：在计算机的一个 NTFS 分区的根目录下，新建一个名为 Folder2_13B 的文件夹，在该文件夹中新建一个名为 fiel2_13B 的文本文档。对文件夹 Folder2_13B 进行加密，加密选项如“样图 2-13B”所示，通过屏幕截图把本机的对应界面保存成 X2-13B.bmp 文件，并保存到考生文件夹中。完成该操作后删除文件夹 Folder2_13B。
4. **使用 NTFS 权限管理资源**：在计算机的一个 NTFS 分区的根目录下，新建一个名为 Folder2_13C 的文件夹，在该文件夹中新建一个名为 fiel2_13C 的文本文档。创建一个名为 user2_13 的计算机本地账号，在文件夹 Folder2_13C 中对该用户赋权限，权限表如“样图 2-13C”所示，用 user2_13 用户登录，删除文件夹 Folder2_13C，此时系统会报如“样图 2-13D”所示的错误，通过屏幕截图把对应的系统报错的界面保存成 X2-13C.bmp 文件，并保存到考生文件夹中。完成该操作后删除文件夹 Folder2_13C。
5. **使用 NTFS 文件系统实现磁盘配额**：在 NTFS 分区上为用户 user2_13 设置磁盘配额，给该用户分配 100K 空间，以 user2_13 身份登录，查看该分区的属性，如“样图 2-13E”所示，通过屏幕截图把对应的界面保存成 X2-13D.bmp 文件，并保存到考生文件夹中。

【样图 2-13A】

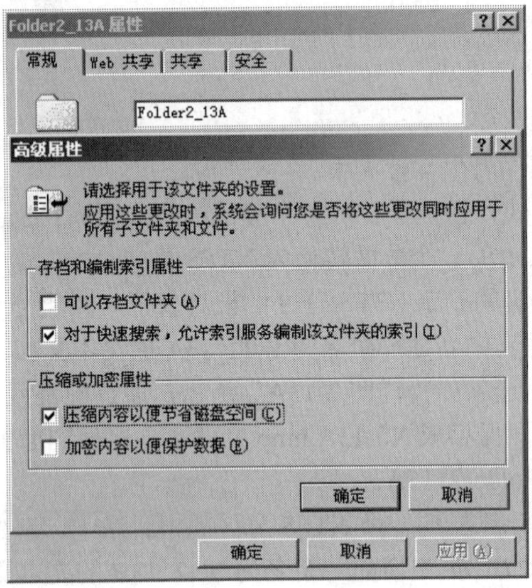

【样图 2-13B】

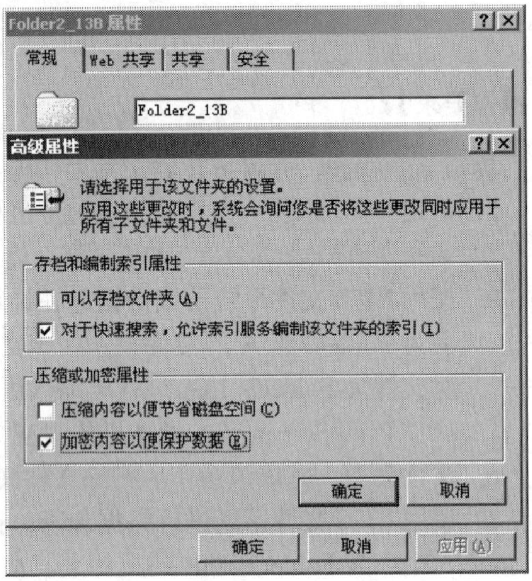

【样图 2-13C】

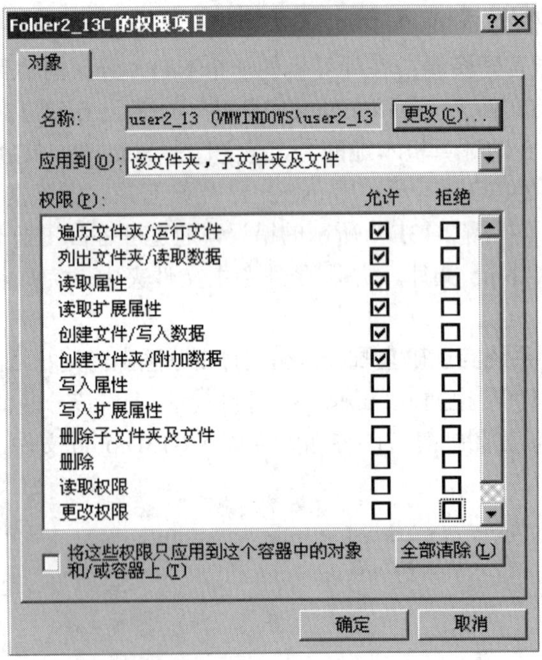

【样图 2-13D】

【样图 2-13E】

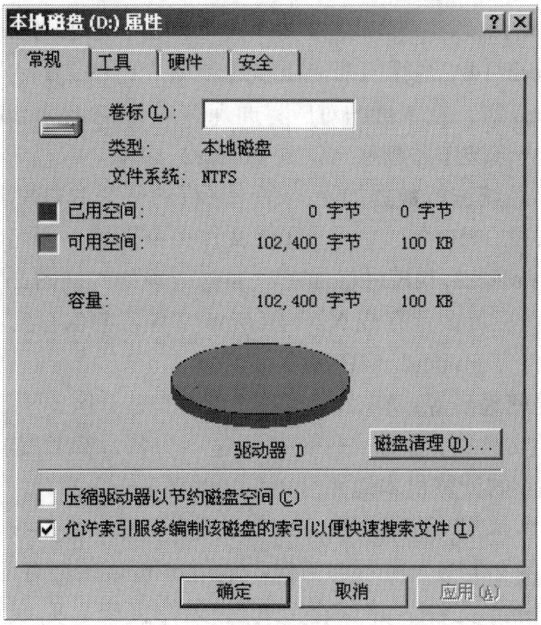

2.14 第 14 题

【操作要求】

完成下列操作，并将操作结果按要求保存在考生文件夹中。

1. **确定 NTFS 分区**：查看计算机的分区格式，保证至少有一个分区的格式为 NTFS。如果所有分区都不是 NTFS，那么将其中的一个分区转化为 NTFS 格式。
2. **使用 NTFS 文件系统压缩数据**：在计算机的一个 NTFS 分区的根目录下，新建一个名为 Folder2_14A 的文件夹，在该文件夹中新建一个名为 fiel2_14A 的文本文档。对文件夹 Folder2_14A 进行压缩，压缩选项如“样图 2-14A”所示，通过屏幕截图（按 Print Screen 键）把本机的对应界面保存成 X2-14A.bmp 文件，并保存到考生文件夹中。完成该操作后删除文件夹 Folder2_14A。
3. **使用 NTFS 文件系统进行数据加密**：在计算机的一个 NTFS 分区的根目录下，新建一个名为 Folder2_14B 的文件夹，在该文件夹中新建一个名为 fiel2_14B 的文本文档。对文件夹 Folder2_14B 进行加密，加密选项如“样图 2-14B”所示，通过屏幕截图把本机的对应界面保存成 X2-14B.bmp 文件，并保存到考生文件夹中。完成该操作后删除文件夹 Folder2_14B。
4. **使用 NTFS 权限管理资源**：在计算机的一个 NTFS 分区的根目录下，新建一个名为 Folder2_14C 的文件夹，在该文件夹中新建一个名为 fiel2_14C 的文本文档。创建一个名为 user2_14 的计算机本地账号，在文件夹 Folder2_14C 中对该用户赋权限，权限表如“样图 2-14C”所示，用 user2_14 用户登录，删除文件夹 Folder2_14C，系统会报如“样图 2-14D”所示的错误，通过屏幕截图把对应的系统报错的界面保存成 X2-14C.bmp 文件，并保存到考生文件夹中。完成该操作后删除文件夹 Folder2_14C。
5. **使用 NTFS 文件系统实现磁盘配额**：在 NTFS 分区上为用户 user2_14 设置磁盘配额，给该用户分配 110K 空间，以 user2_14 身份登录，查看该分区的属性，如“样图 2-14E”所示，通过屏幕截图把对应的界面保存成 X2-14D.bmp 文件，并保存到考生文件夹中。

【样图 2-14A】

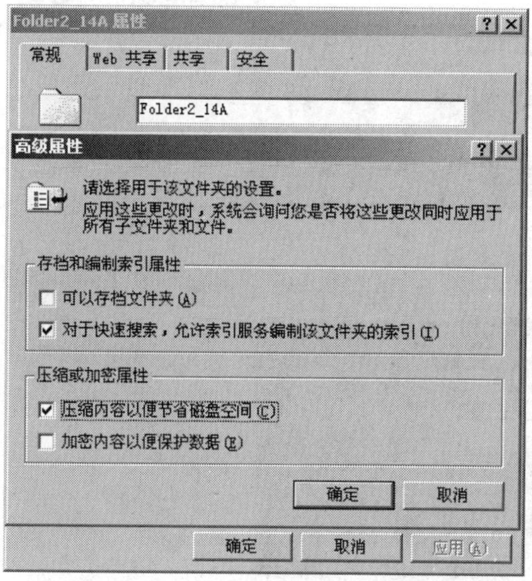

【样图 2-14B】

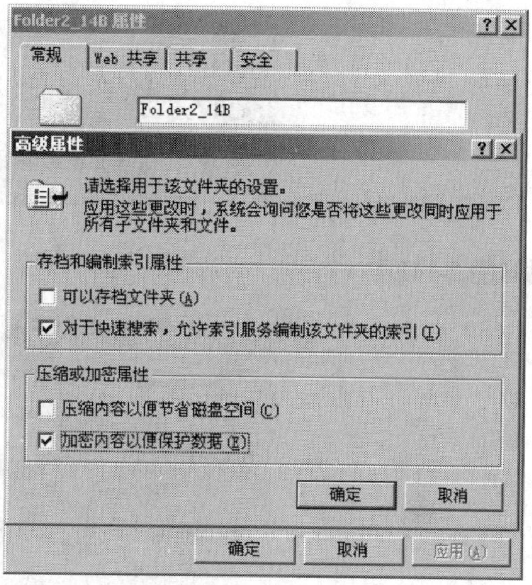

【样图 2-14C】

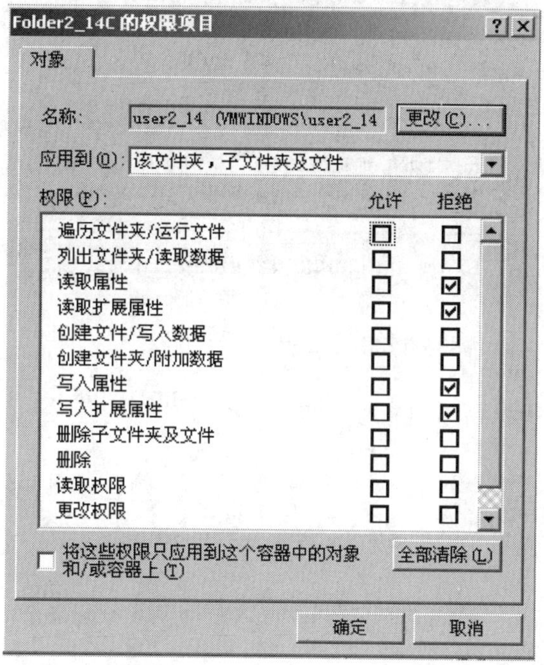

【样图 2-14D】

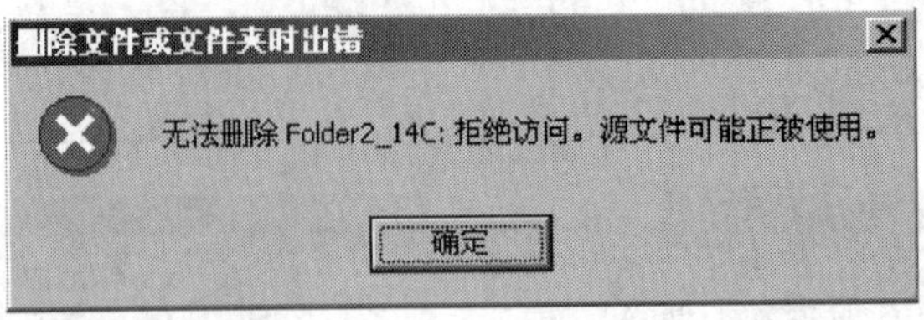

【样图 2-14E】

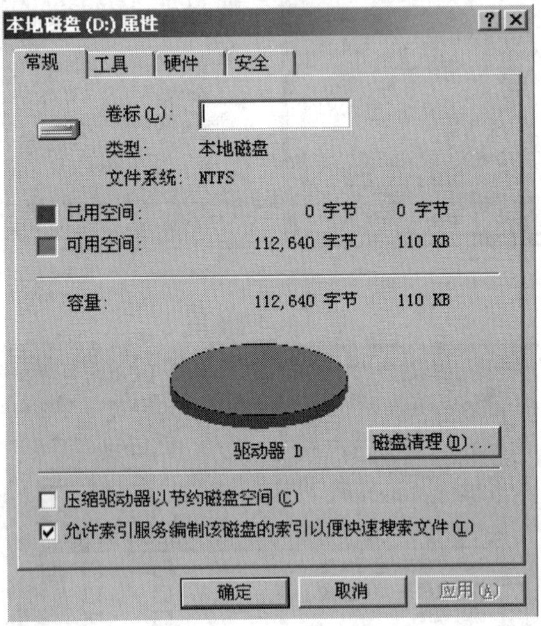

2.15 第 15 题

【操作要求】

完成下列操作，并将操作结果按要求保存在考生文件夹中。

1. **确定 NTFS 分区**：查看计算机的分区格式，保证至少有一个分区的格式为 NTFS。如果所有分区都不是 NTFS，那么将其中的一个分区转化为 NTFS 格式。
2. **使用 NTFS 文件系统压缩数据**：在计算机的一个 NTFS 分区的根目录下，新建一个名为 Folder2_15A 的文件夹，在该文件夹中新建一个名为 fiel2_15A 的文本文档。对文件夹 Folder2_15A 进行压缩，压缩选项如“样图 2-15A”所示，通过屏幕截图（按 Print Screen 键）把本机的对应界面保存成 X2-15A.bmp 文件，并保存到考生文件夹中。完成该操作后删除文件夹 Folder2_15A。
3. **使用 NTFS 文件系统进行数据加密**：在计算机的一个 NTFS 分区的根目录下，新建一个名为 Folder2_15B 的文件夹，在该文件夹中新建一个名为 fiel2_15B 的文本文档。对文件夹 Folder2_15B 进行加密，加密选项如“样图 2-15B”所示，通过屏幕截图把本机的对应界面保存成 X2-15B.bmp 文件，并保存到考生文件夹中。完成该操作后删除文件夹 Folder2_15B。
4. **使用 NTFS 权限管理资源**：在计算机的一个 NTFS 分区的根目录下，新建一个名为 Folder2_15C 的文件夹，在该文件夹中新建一个名为 fiel2_15C 的文本文档。创建一个名为 user2_15 的计算机本地账号，在文件夹 Folder2_15C 中对该用户赋权限，权限表如“样图 2-15C”所示，用 user2_15 用户登录，打开文件夹 Folder2_15C，系统会报如“样图 2-15D”所示的错误，通过屏幕截图把对应的系统报错的界面保存成 X2-15C.bmp 文件，并保存到考生文件夹中。完成该操作后删除文件夹 Folder2_15C。
5. **使用 NTFS 文件系统实现磁盘配额**：在 NTFS 分区上为用户 user2_15 设置磁盘配额，给该用户分配 120M 空间，以 user2_15 身份登录，查看该分区的属性，如“样图 2-15E”所示，通过屏幕截图把对应的界面保存成 X2-15D.bmp 文件，并保存到考生文件夹中。

【样图 2-15A】

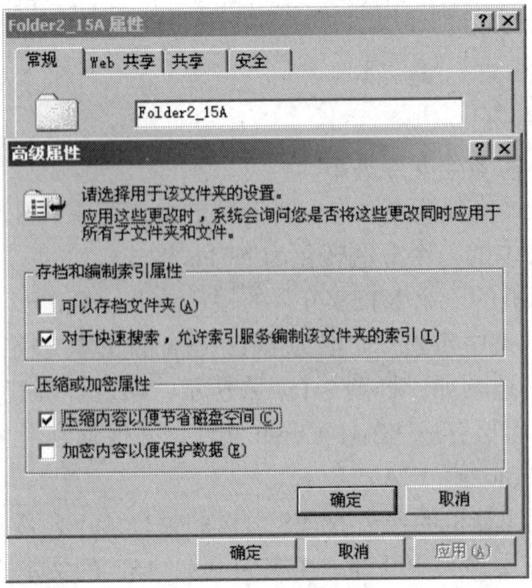

【样图 2-15B】

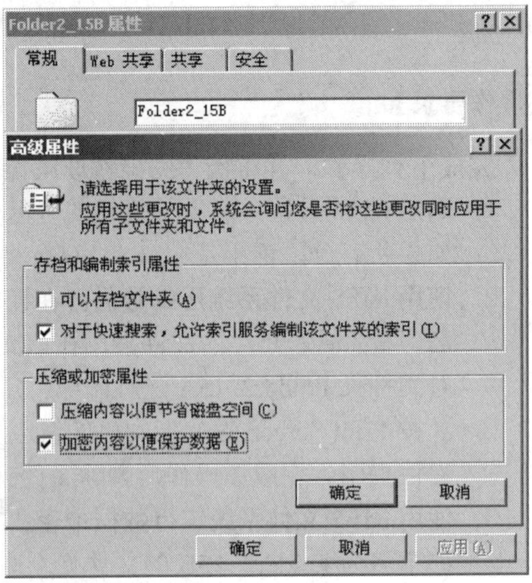

【样图 2-15C】

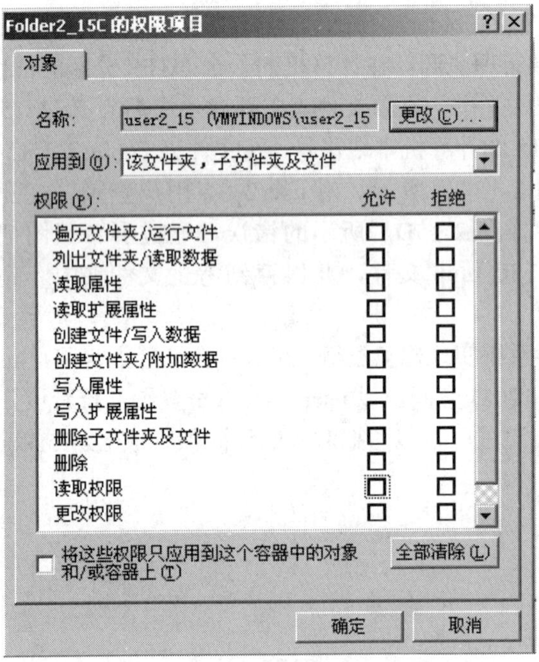

【样图 2-15D】

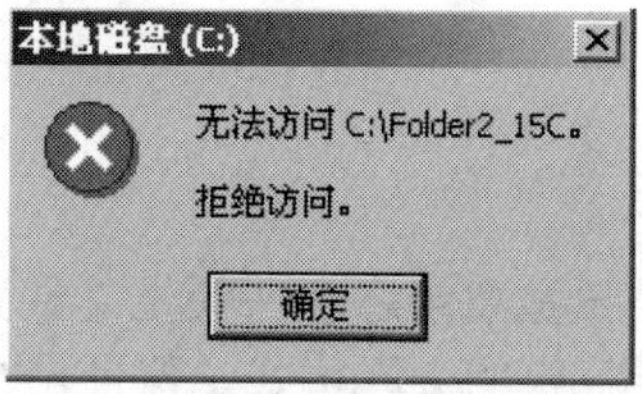

【样图 2-15E】

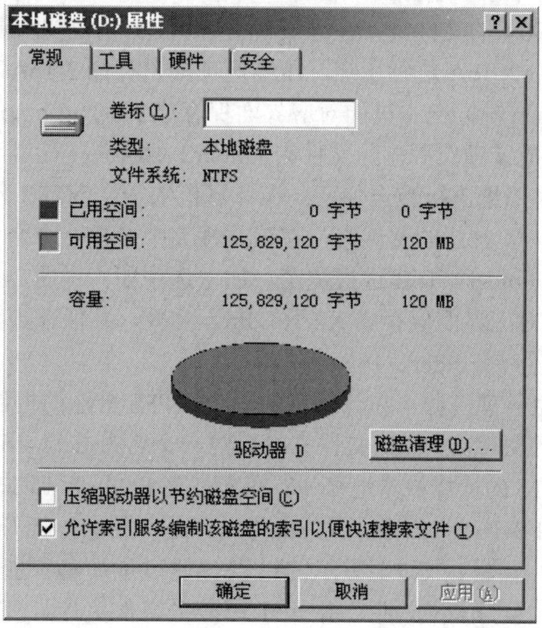

2.16 第 16 题

【操作要求】

完成下列操作，并将操作结果按要求保存在考生文件夹中。

1. **确定 NTFS 分区**：查看计算机的分区格式，保证至少有一个分区的格式为 NTFS。如果所有分区都不是 NTFS，那么将其中的一个分区转化为 NTFS 格式。
2. **使用 NTFS 文件系统压缩数据**：在计算机的一个 NTFS 分区的根目录下，新建一个名为 Folder2_16A 的文件夹，在该文件夹中新建一个名为 fiel2_16A 的文本文档。对文件夹 Folder2_16A 进行压缩，压缩选项如“样图 2-16A”所示，通过屏幕截图（按 Print Screen 键）把本机的对应界面保存成 X2-16A.bmp 文件，并保存到考生文件夹中。完成该操作后删除文件夹 Folder2_16A。
3. **使用 NTFS 文件系统进行数据加密**：在计算机的一个 NTFS 分区的根目录下，新建一个名为 Folder2_16B 的文件夹，在该文件夹中新建一个名为 fiel2_16B 的文本文档。对文件夹 Folder2_16B 进行加密，加密选项如“样图 2-16B”所示，通过屏幕截图把本机的对应界面保存成 X2-16B.bmp 文件，并保存到考生文件夹中。完成该操作后删除文件夹 Folder2_16B。
4. **使用 NTFS 权限管理资源**：在计算机的一个 NTFS 分区的根目录下，新建一个名为 Folder2_16C 的文件夹，在该文件夹中新建一个名为 fiel2_16C 的文本文档。创建一个名为 user2_16 的计算机本地账号，在文件夹 Folder2_16C 中对该用户赋权限，权限表如“样图 2-16C”所示，用 user2_16 用户登录，打开文件夹 Folder2_16C，系统会报如“样图 2-16D”所示的错误，通过屏幕截图把对应的系统报错的界面保存成 X2-16C.bmp 文件，并保存到考生文件夹中。完成该操作后删除文件夹 Folder2_16C。
5. **使用 NTFS 文件系统实现磁盘配额**：在 NTFS 分区上为用户 user2_16 设置磁盘配额，给该用户分配 130K 空间，以 user2_16 身份登录，查看该分区的属性，如“样图 2-16E”所示，通过屏幕截图把对应的界面保存成 X2-16D.bmp 文件，并保存到考生文件夹中。

【样图 2-16A】

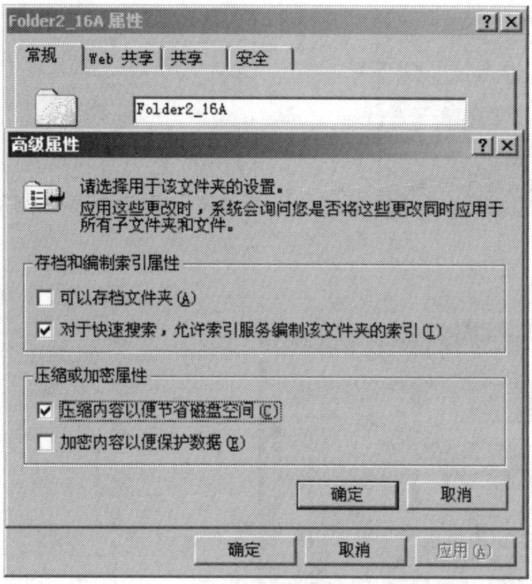

【样图 2-16B】

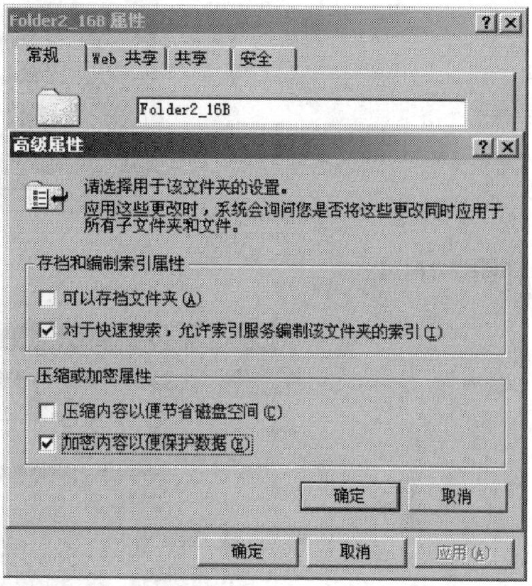

【样图 2-16C】

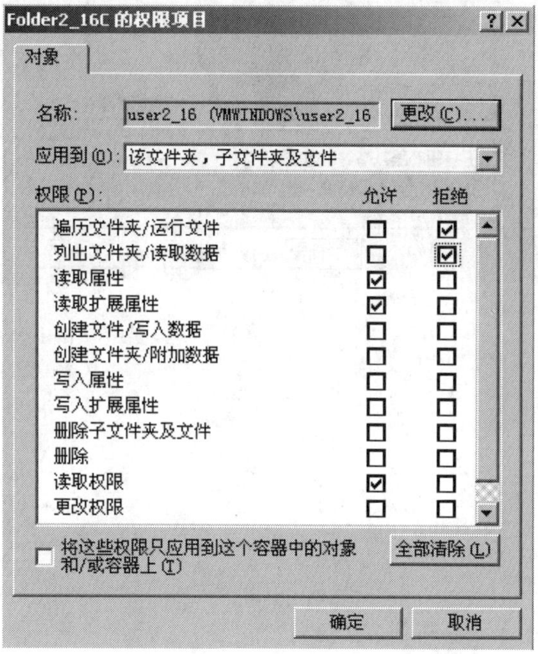

【样图 2-16D】

【样图 2-16E】

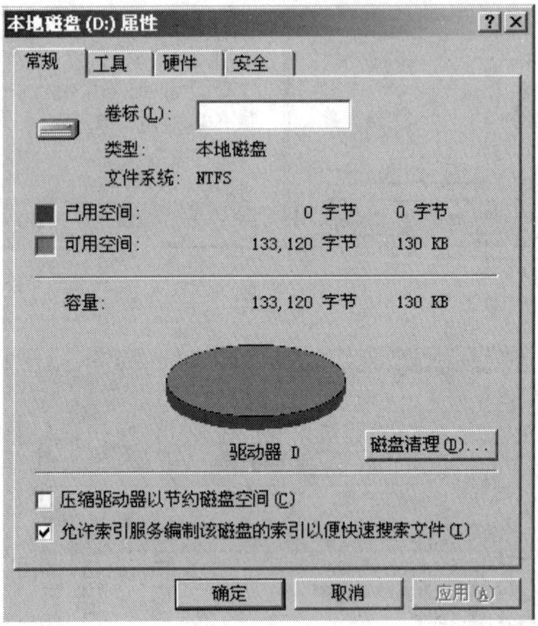

2.17 第 17 题

【操作要求】

完成下列操作，并将操作结果按要求保存在考生文件夹中。

1. **确定 NTFS 分区**：查看计算机的分区格式，保证至少有一个分区的格式为 NTFS。如果所有分区都不是 NTFS，那么将其中的一个分区转化为 NTFS 格式。
2. **使用 NTFS 文件系统压缩数据**：在计算机的一个 NTFS 分区的根目录下，新建一个名为 Folder2_17A 的文件夹，在该文件夹中新建一个名为 fiel2_17A 的文本文档。对文件夹 Folder2_17A 进行压缩，压缩选项如“样图 2-17A”所示，通过屏幕截图（按 Print Screen 键）把本机的对应界面保存成 X2-17A.bmp 文件，并保存到考生文件夹中。完成该操作后删除文件夹 Folder2_17A。
3. **使用 NTFS 文件系统进行数据加密**：在计算机的一个 NTFS 分区的根目录下，新建一个名为 Folder2_17B 的文件夹，在该文件夹中新建一个名为 fiel2_17B 的文本文档。对文件夹 Folder2_17B 进行加密，加密选项如“样图 2-17B”所示，通过屏幕截图把本机的对应界面保存成 X2-17B.bmp 文件，并保存到考生文件夹中。完成该操作后删除文件夹 Folder2_17B。
4. **使用 NTFS 权限管理资源**：在计算机的一个 NTFS 分区的根目录下，新建一个名为 Folder2_17C 的文件夹，在该文件夹中新建一个名为 fiel2_17C 的文本文档。创建一个名为 user2_17 的计算机本地账号，在文件夹 Folder2_17C 中对该用户赋权限，权限表如“样图 2-17C”所示，用 user2_17 用户登录，打开文件夹 Folder2_17C，新建一个文件夹，系统会报如“样图 2-17D”所示的错误，通过屏幕截图把对应的系统报错的界面保存成 X2-17C.bmp 文件，并保存到考生文件夹中。完成该操作后删除文件夹 Folder2_17C。
5. **使用 NTFS 文件系统实现磁盘配额**：在 NTFS 分区上为用户 user2_17 设置磁盘配额，给该用户分配 140K 空间，以 user2_17 身份登录，查看该分区的属性，如“样图 2-17E”所示，通过屏幕截图把对应的界面保存成 X2-17D.bmp 文件，并保存到考生文件夹中。

【样图 2-17A】

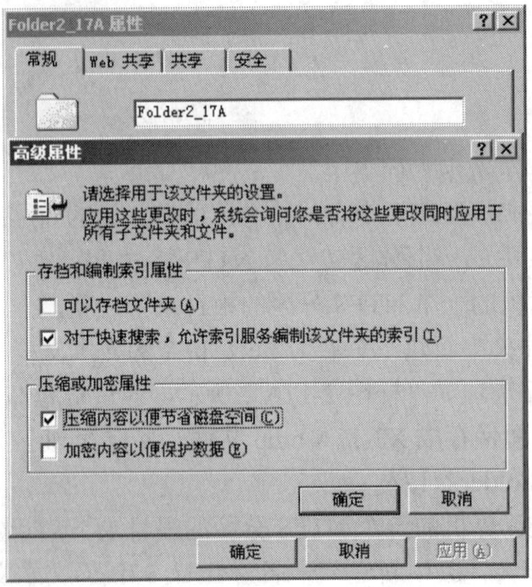

【样图 2-17B】

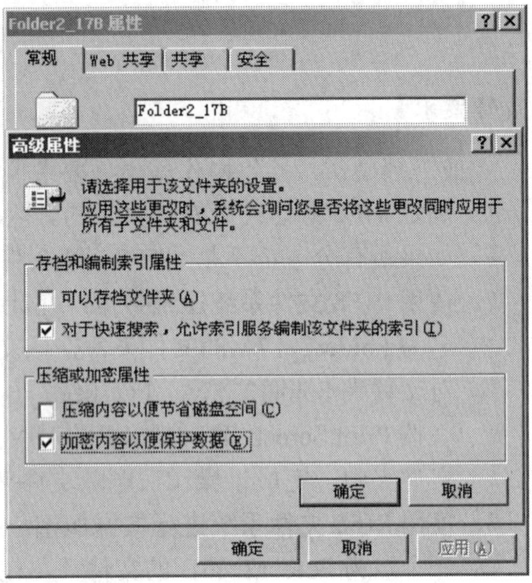

【样图 2-17C】

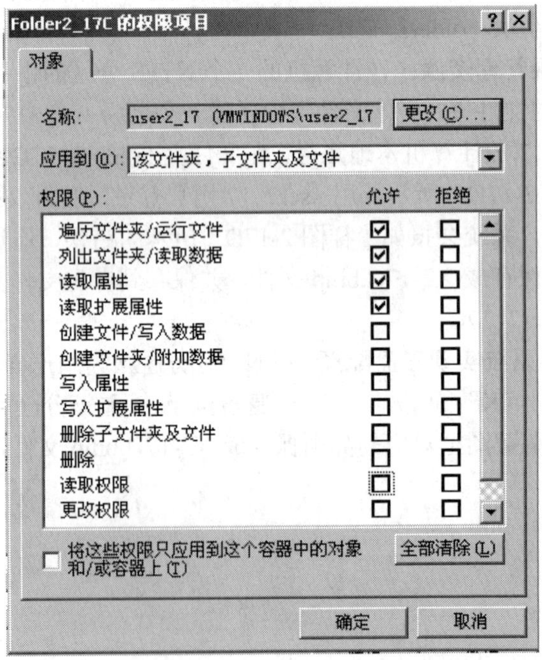

【样图 2-17D】

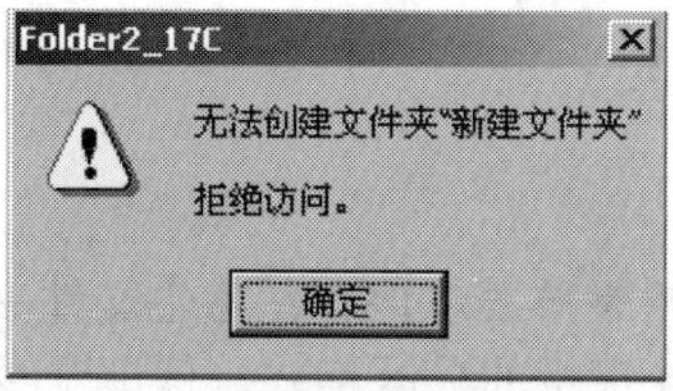

【样图 2-17E】

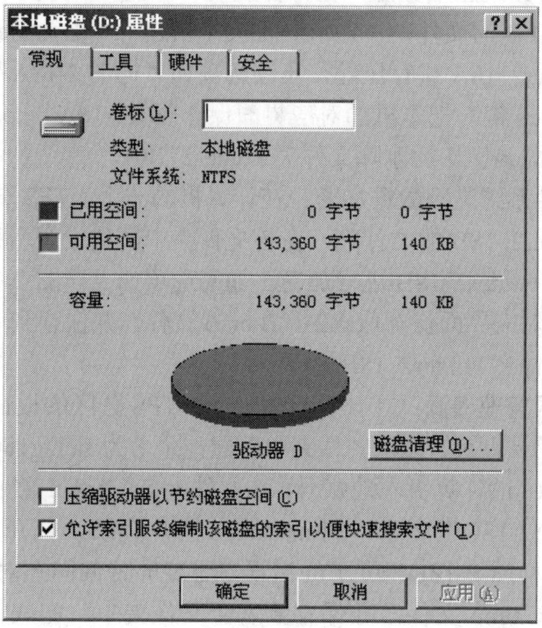

2.18 第 18 题

【操作要求】

完成下列操作，并将操作结果按要求保存在考生文件夹中。

1. **确定 NTFS 分区**：查看计算机的分区格式，保证至少有一个分区的格式为 NTFS。如果所有分区都不是 NTFS，那么将其中的一个分区转化为 NTFS 格式。
2. **使用 NTFS 文件系统压缩数据**：在计算机的一个 NTFS 分区的根目录下，新建一个名为 Folder2_18A 的文件夹，在该文件夹中新建一个名为 fiel2_18A 的文本文档。对文件夹 Folder2_18A 进行压缩，压缩选项如“样图 2-18A”所示，通过屏幕截图（按 Print Screen 键）把本机的对应界面保存成 X2-18A.bmp 文件，并保存到考生文件夹中。完成该操作后删除文件夹 Folder2_18A。
3. **使用 NTFS 文件系统进行数据加密**：在计算机的一个 NTFS 分区的根目录下，新建一个名为 Folder2_18B 的文件夹，在该文件夹中新建一个名为 fiel2_18B 的文本文档。对文件夹 Folder2_18B 进行加密，加密选项如“样图 2-18B”所示，通过屏幕截图把本机的对应界面保存成 X2-18B.bmp 文件，并保存到考生文件夹中。完成该操作后删除文件夹 Folder2_18B。
4. **使用 NTFS 权限管理资源**：在计算机的一个 NTFS 分区的根目录下，新建一个名为 Folder2_18C 的文件夹，在该文件夹中新建一个名为 fiel2_18C 的文本文档。创建一个名为 user2_18 的计算机本地账号，在文件夹 Folder2_18C 中对该用户赋权限，权限表如“样图 2-18C”所示，用 user2_18 用户登录，打开文件夹 Folder2_18C，系统会报如“样图 2-18D”所示的错误，通过屏幕截图把对应的系统报错的界面保存成 X2-18C.bmp 文件，并保存到考生文件夹中。完成该操作后删除文件夹 Folder2_18C。
5. **使用 NTFS 文件系统实现磁盘配额**：在 NTFS 分区上为用户 user2_18 设置磁盘配额，给该用户分配 150M 空间，以 user2_18 身份登录，查看该分区的属性，如“样图 2-18E”所示，通过屏幕截图把对应的界面保存成 X2-18D.bmp 文件，并保存到考生文件夹中。

【样图 2-18A】

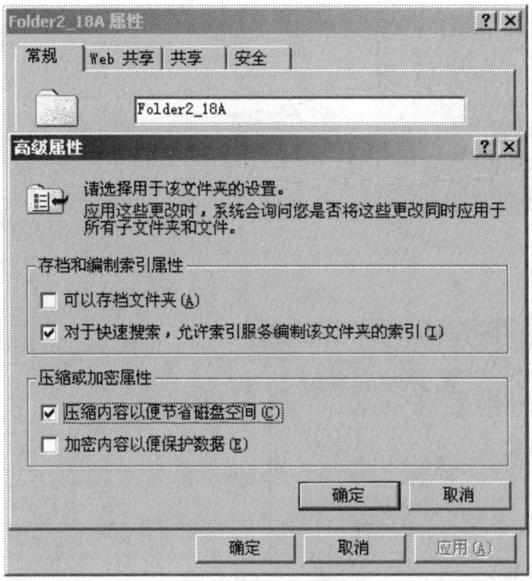

【样图 2-18B】

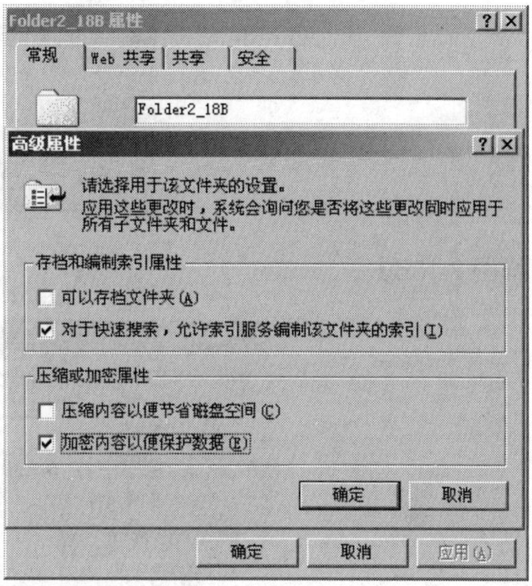

【样图 2-18C】

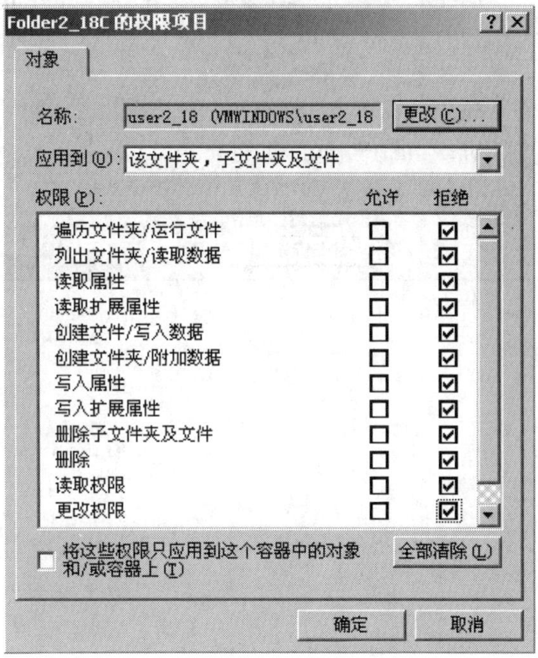

【样图 2-18D】

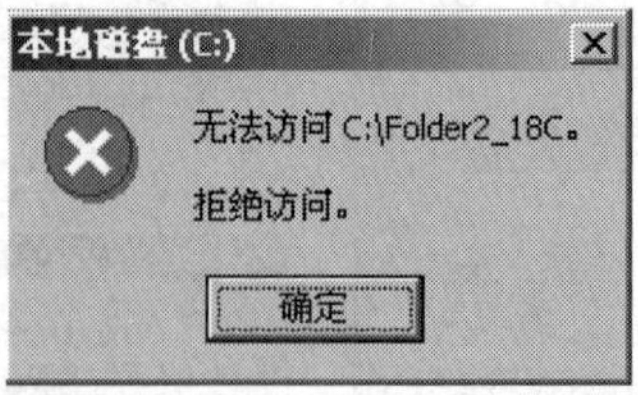

【样图 2-18E】

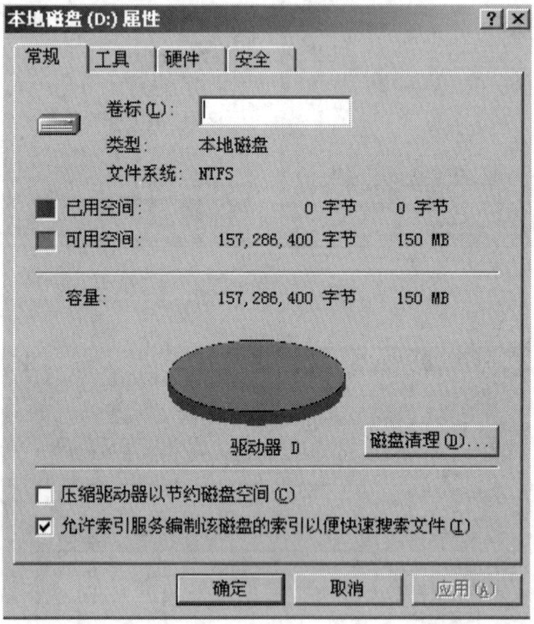

2.19　第 19 题

【操作要求】

完成下列操作，并将操作结果按要求保存在考生文件夹中。

1. **确定 NTFS 分区**：查看计算机的分区格式，保证至少有一个分区的格式为 NTFS。如果所有分区都不是 NTFS，那么将其中的一个分区转化为 NTFS 格式。
2. **使用 NTFS 文件系统压缩数据**：在计算机的一个 NTFS 分区的根目录下，新建一个名为 Folder2_19A 的文件夹，在该文件夹中新建一个名为 fiel2_19A 的文本文档。对文件夹 Folder2_19A 进行压缩，压缩选项如“样图 2-19A”所示，通过屏幕截图（按 Print Screen 键）把本机的对应界面保存成 X2-19A.bmp 文件，并保存到考生文件夹中。完成该操作后删除文件夹 Folder2_19A。
3. **使用 NTFS 文件系统进行数据加密**：在计算机的一个 NTFS 分区的根目录下，新建一个名为 Folder2_19B 的文件夹，在该文件夹中新建一个名为 fiel2_19B 的文本文档。对文件夹 Folder2_19B 进行加密，加密选项如“样图 2-19B”所示，通过屏幕截图把本机的对应界面保存成 X2-19B.bmp 文件，并保存到考生文件夹中。完成该操作后删除文件夹 Folder2_19B。
4. **使用 NTFS 权限管理资源**：在计算机的一个 NTFS 分区的根目录下，新建一个名为 Folder2_19C 的文件夹，在该文件夹中新建一个名为 fiel2_19C 的写字板文档。创建一个名为 user2_19 的计算机本地账号，在文件夹 Folder2_19C 中对该用户赋权限，权限表如“样图 2-19C”所示，用 user2_19 用户登录，打开文件夹 Folder2_19C 中的写字板文档，写入一些数据，保存，此时系统会报如“样图 2-19D”所示的错误，通过屏幕截图把对应的系统报错的界面保存成 X2-19C.bmp 文件，并保存到考生文件夹中。完成该操作后删除文件夹 Folder2_19C。
5. **使用 NTFS 文件系统实现磁盘配额**：在 NTFS 分区上为用户 user2_19 设置磁盘配额，给该用户分配 160K 空间，以 user2_19 身份登录，查看该分区的属性，如“样图 2-19E”所示，通过屏幕截图把对应的界面保存成 X2-19D.bmp 文件，并保存到考生文件夹中。

【样图 2-19A】

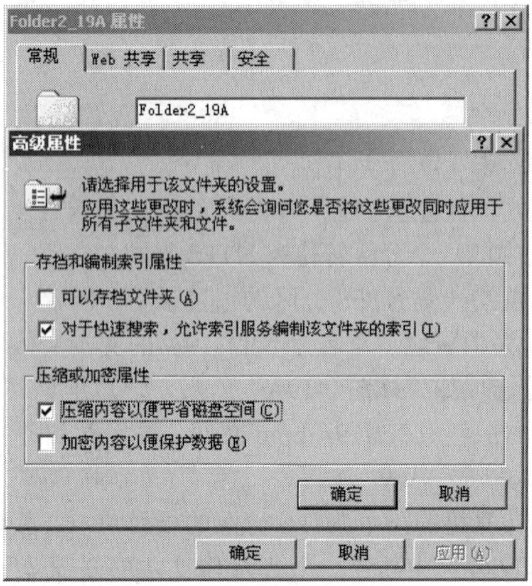

【样图 2-19B】

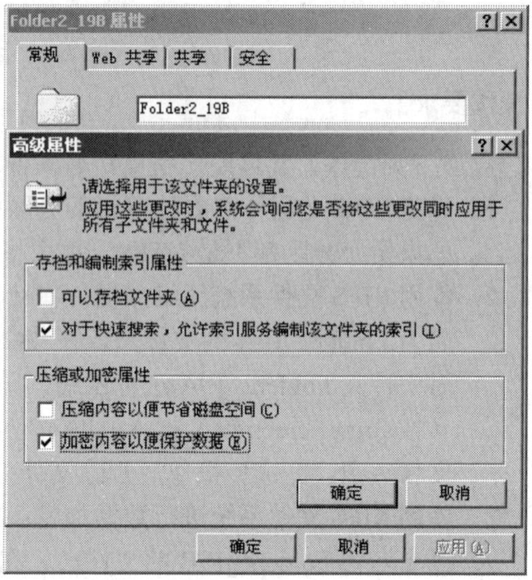

【样图 2-19C】

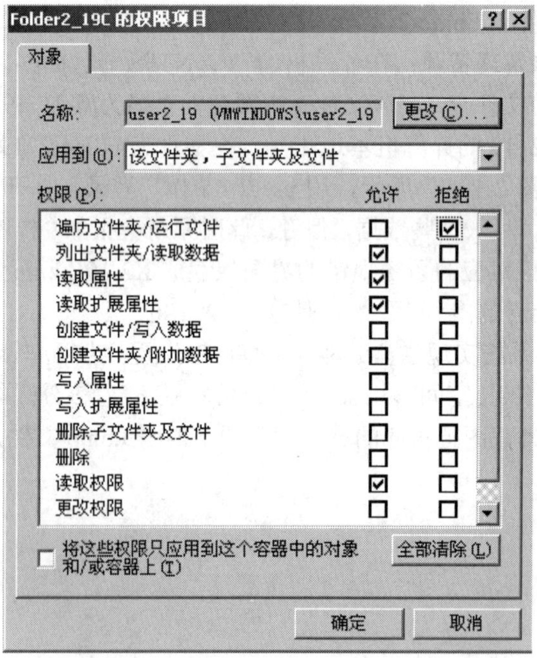

【样图 2-19D】

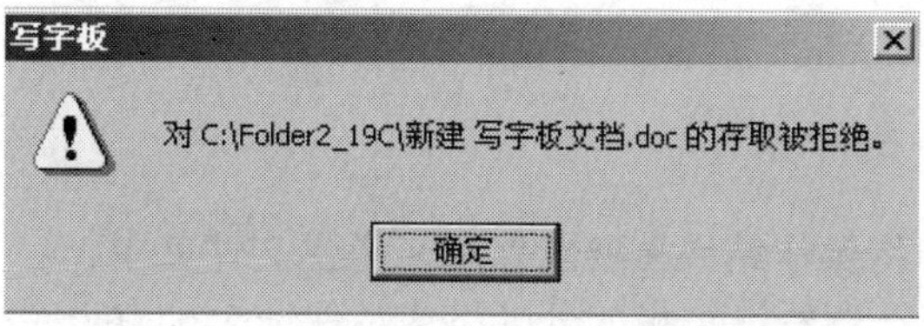

【样图 2-19E】

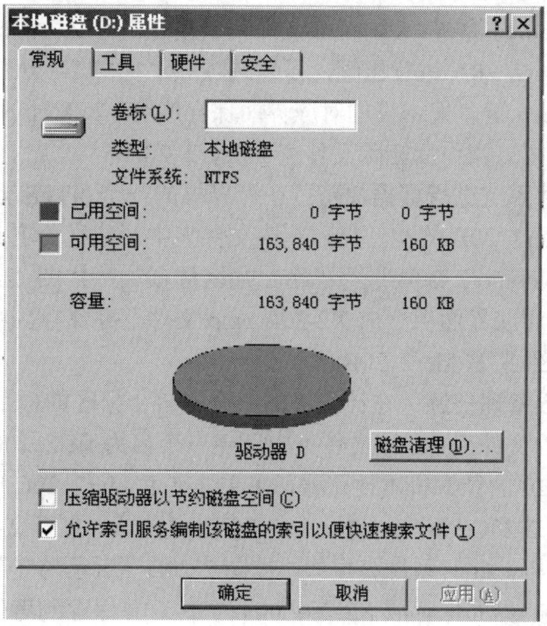

2.20 第 20 题

【操作要求】

完成下列操作，并将操作结果按要求保存在考生文件夹中。

1. **确定 NTFS 分区**：查看计算机的分区格式，保证至少有一个分区的格式为 NTFS。如果所有分区都不是 NTFS，那么将其中的一个分区转化为 NTFS 格式。
2. **使用 NTFS 文件系统压缩数据**：在计算机的一个 NTFS 分区的根目录下，新建一个名为 Folder2_20A 的文件夹，在该文件夹中新建一个名为 fiel2_20A 的文本文档。对文件夹 Folder2_20A 进行压缩，压缩选项如“样图 2-20A”所示，通过屏幕截图（按 Print Screen 键）把本机的对应界面保存成 X2-20A.bmp 文件，并保存到考生文件夹中。完成该操作后删除文件夹 Folder2_20A。
3. **使用 NTFS 文件系统进行数据加密**：在计算机的一个 NTFS 分区的根目录下，新建一个名为 Folder2_20B 的文件夹，在该文件夹中新建一个名为 fiel2_20B 的文本文档。对文件夹 Folder2_20B 进行加密，加密选项如“样图 2-20B”所示，通过屏幕截图把本机的对应界面保存成 X2-20B.bmp 文件，并保存到考生文件夹中。完成该操作后删除文件夹 Folder2_20B。
4. **使用 NTFS 权限管理资源**：在计算机的一个 NTFS 分区的根目录下，新建一个名为 Folder2_20C 的文件夹，在该文件夹中新建一个名为 fiel2_20C 的文本文档。创建一个名为 user2_20 的计算机本地账号，在文件夹 Folder2_20C 中对该用户赋权限，权限表如“样图 2-20C”所示，用 user2_20 用户登录，打开文件夹 Folder2_20C，新建一个文本文档，此时系统会报如“样图 2-20D”所示的错误，通过屏幕截图把对应的系统报错的界面保存成 X2-20C.bmp 文件，并保存到考生文件夹中。完成该操作后删除文件夹 Folder2_20C。
5. **使用 NTFS 文件系统实现磁盘配额**：在 NTFS 分区上为用户 user2_20 设置磁盘配额，给该用户分配 200M 空间，以 user2_20 身份登录，查看该分区的属性，如“样图 2-20E”所示，通过屏幕截图把对应的界面保存成 X2-20D.bmp 文件，并保存到考生文件夹中。

【样图 2-20A】

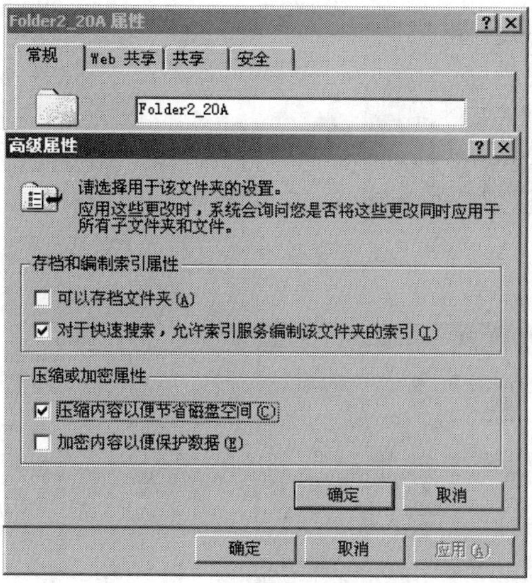

【样图 2-20B】

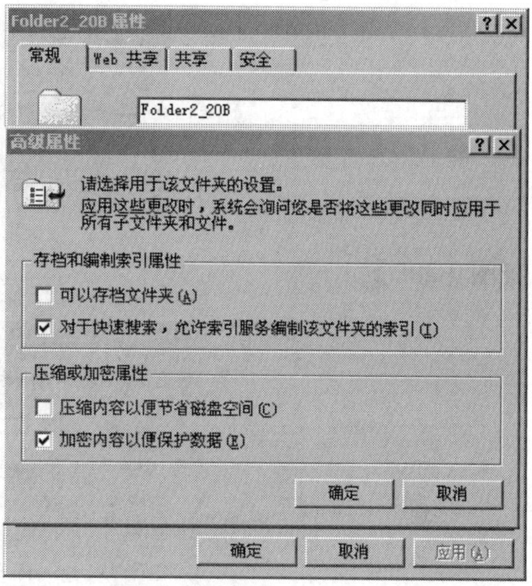

【样图 2-20C】

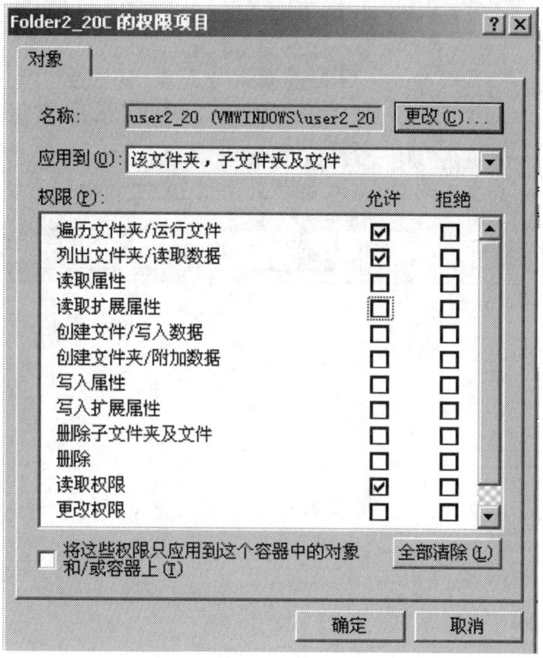

【样图 2-20D】

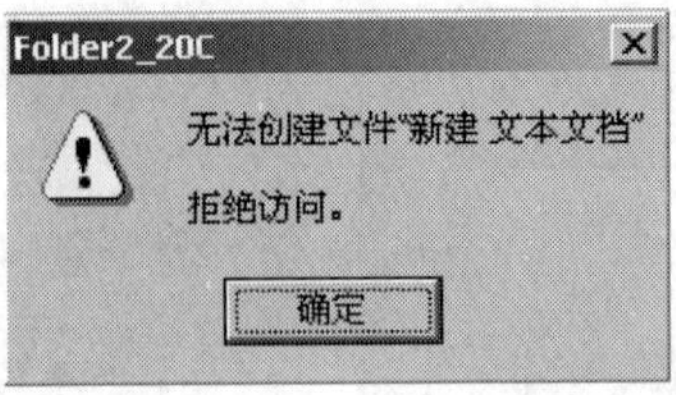

【样图 2-20E】

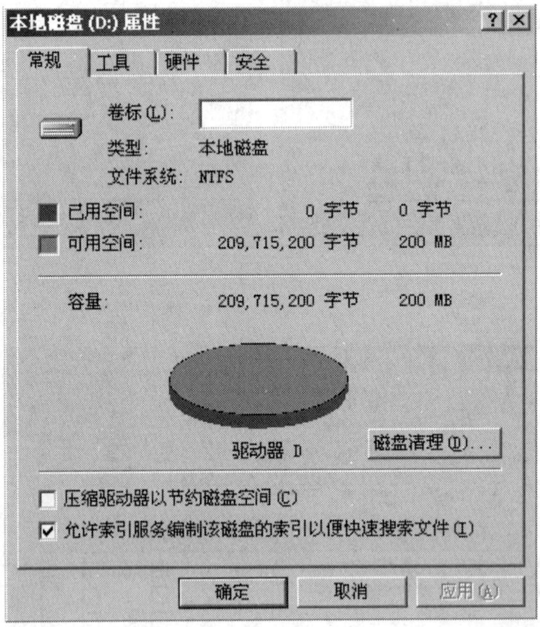

第三单元　管理 Windows 2000 的网络资源

3.1　第 1 题

【操作要求】

完成下列操作，并将操作结果按要求保存在考生文件夹中。

1. **实现映射网络驱动器**：在 C 盘根目录下创建一个名为 MapDriver3_1 的文件夹，将该文件夹共享。将该共享文件夹映射到所在计算机的 Z 盘，如“样图 3-01A”所示，通过屏幕截图（按 Print Screen 键）把本机的对应界面保存成 X3-01A.bmp 文件，并保存到考生文件夹中。
2. **实现分布式文件系统的根**：在 C 盘根目录下创建一个名为 DFSRoot3_1 的文件夹，将该文件夹共享，将该文件夹创建为 DFS 的根，并通过“检查状态”，如“样图 3-01B”所示。通过屏幕截图把对应的界面保存成 X3-01B.bmp 文件，并保存到考生文件夹中。
3. **完成分布式文件系统**：在 C 盘根目录下创建名为 DFSLink3_1 的文件夹，将该文件夹创建为相对 DFS 根的连接，并通过“检查状态”，如“样图 3-01C”所示。通过屏幕截图把对应的界面保存成 X3-01C.bmp 文件，并保存到考生文件夹中。

【样图 3-01A】

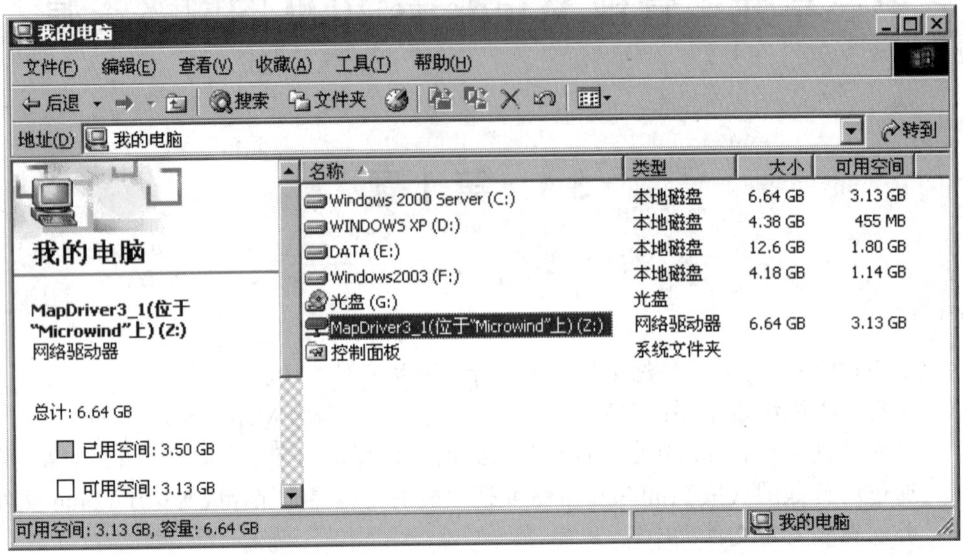

【样图 3-01B】

【样图 3-01C】

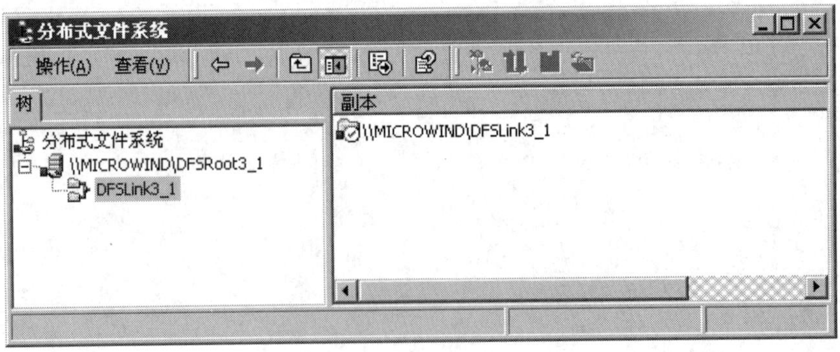

3.2　第 2 题

【操作要求】

完成下列操作，并将操作结果按要求保存在考生文件夹中。

1. **实现映射网络驱动器**：在 C 盘根目录下创建一个名为 MapDriver3_2 的文件夹，将该文件夹共享。将该共享文件夹映射到所在计算机的 Y 盘，如“样图 3-02A”所示，通过屏幕截图（按 Print Screen 键）把本机的对应界面保存成 X3-02A.bmp 文件，并保存到考生文件夹中。
2. **实现分布式文件系统的根**：在 C 盘根目录下创建一个名为 DFSRoot3_2 的文件夹，将该文件夹共享，将该文件夹创建为 DFS 的根，并通过“检查状态”，如“样图 3-02B”所示。通过屏幕截图把对应的界面保存成 X3-02B.bmp 文件，并保存到考生文件夹中。
3. **完成分布式文件系统**：在 C 盘根目录下创建名为 DFSLink3_2 的文件夹，将该文件夹创建为相对 DFS 根的连接，并通过“检查状态”，如“样图 3-02C”所示。通过屏幕截图把对应的界面保存成 X3-02C.bmp 文件，并保存到考生文件夹中。

【样图 3-02A】

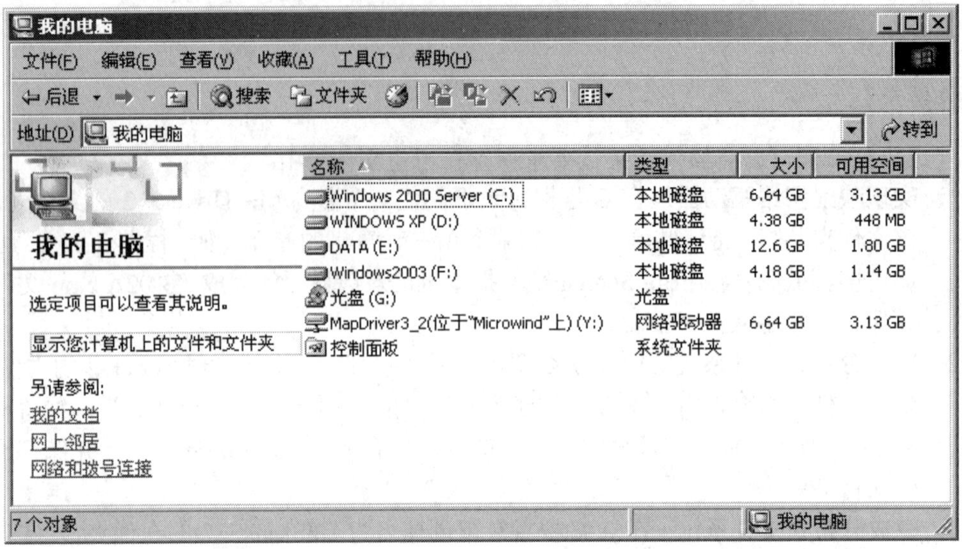

【样图 3-02B】

【样图 3-02C】

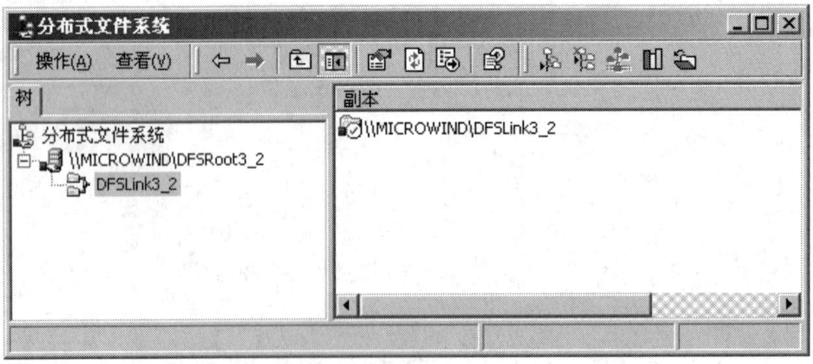

3.3　第 3 题

【操作要求】

完成下列操作，并将操作结果按要求保存在考生文件夹中。

1. **实现映射网络驱动器**：在 C 盘根目录下创建一个名为 MapDriver3_3 的文件夹，将该文件夹共享。将该共享文件夹映射到所在计算机的 X 盘，如“样图 3-03A”所示，通过屏幕截图（按 Print Screen 键）把本机的对应界面保存成 X3-03A.bmp 文件，并保存到考生文件夹中。
2. **实现分布式文件系统的根**：在 C 盘根目录下创建一个名为 DFSRoot3_3 的文件夹，将该文件夹共享，将该文件夹创建为 DFS 的根，并通过“检查状态”，如“样图 3-03B”所示。通过屏幕截图把对应的界面保存成 X3-03B.bmp 文件，并保存到考生文件夹中。
3. **完成分布式文件系统**：在 C 盘根目录下创建名为 DFSLink3_3 的文件夹，将该文件夹创建为相对 DFS 根的连接，并通过“检查状态”，如“样图 3-03C”所示。通过屏幕截图把对应的界面保存成 X3-03C.bmp 文件，并保存到考生文件夹中。

【样图 3-03A】

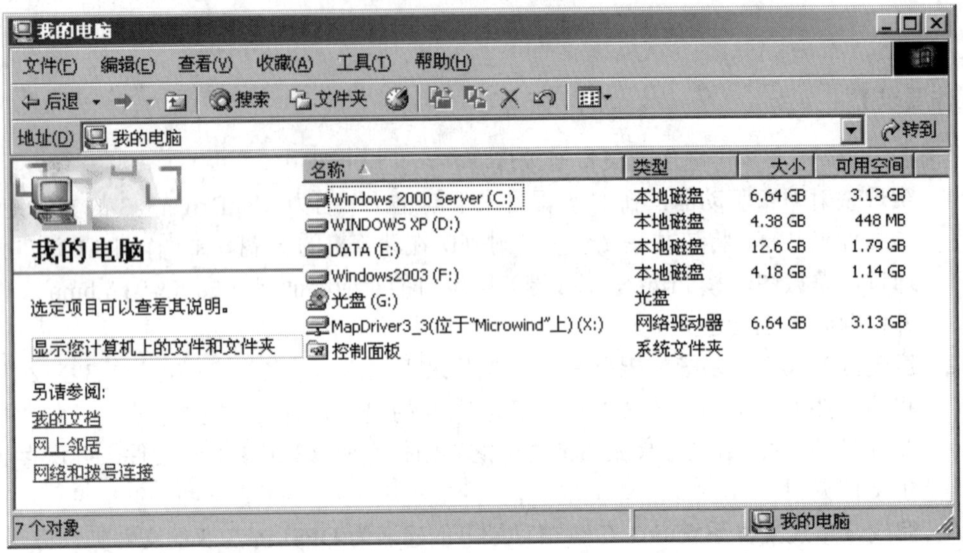

【样图 3-03B】

【样图 3-03C】

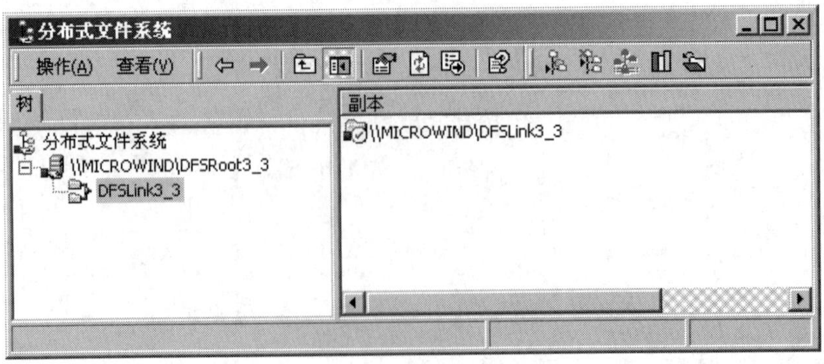

3.4　第 4 题

【操作要求】

完成下列操作，并将操作结果按要求保存在考生文件夹中。

1．**实现映射网络驱动器**：在 C 盘根目录下创建一个名为 MapDriver3_4 的文件夹，将该文件夹共享。将该共享文件夹映射到所在计算机的 H 盘，如“样图 3-04A”所示，通过屏幕截图（按 Print Screen 键）把本机的对应界面保存成 X3-04A.bmp 文件，并保存到考生文件夹中。

2．**实现分布式文件系统的根**：在 C 盘根目录下创建一个名为 DFSRoot3_4 的文件夹，将该文件夹共享，将该文件夹创建为 DFS 的根，并通过“检查状态”，如“样图 3-04B”所示。通过屏幕截图把对应的界面保存成 X3-04B.bmp 文件，并保存到考生文件夹中。

3．**完成分布式文件系统**：在 C 盘根目录下创建名为 DFSLink3_4 的文件夹，将该文件夹创建为相对 DFS 根的连接，并通过“检查状态”，如“样图 3-04C”所示。通过屏幕截图把对应的界面保存成 X3-04C.bmp 文件，并保存到考生文件夹中。

【样图 3-04A】

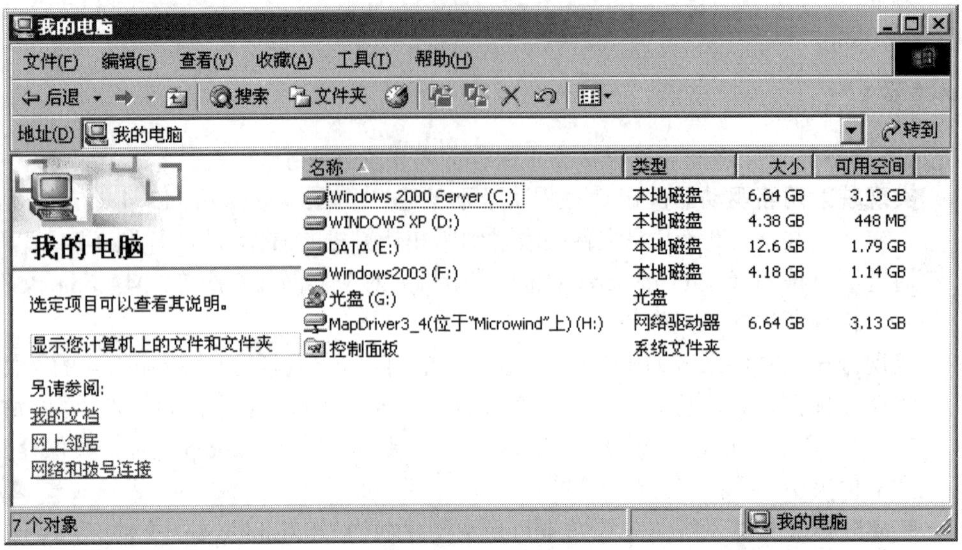

【样图 3-04B】

【样图 3-04C】

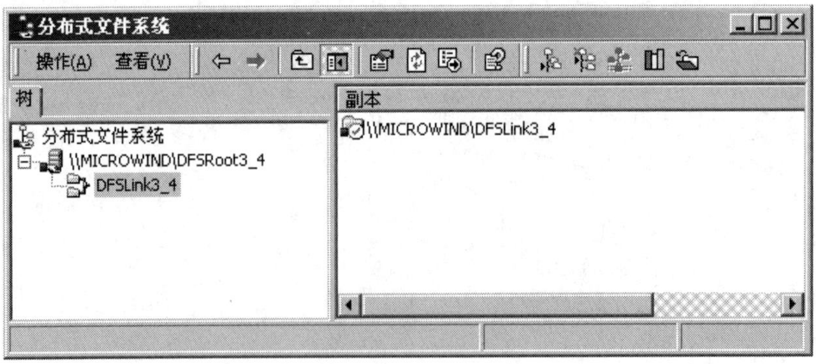

3.5　第 5 题

【操作要求】

完成下列操作，并将操作结果按要求保存在考生文件夹中。

1. **实现映射网络驱动器**：在 C 盘根目录下创建一个名为 MapDriver3_5 的文件夹，将该文件夹共享。将该共享文件夹映射到所在计算机的 I 盘，如“样图 3-05A”所示，通过屏幕截图（按 Print Screen 键）把本机的对应界面保存成 X3-05A.bmp 文件，并保存到考生文件夹中。
2. **实现分布式文件系统的根**：在 C 盘根目录下创建一个名为 DFSRoot3_5 的文件夹，将该文件夹共享，将该文件夹创建为 DFS 的根，并通过“检查状态”，如“样图 3-05B”所示。通过屏幕截图把对应的界面保存成 X3-05B.bmp 文件，并保存到考生文件夹中。
3. **完成分布式文件系统**：在 C 盘根目录下创建名为 DFSLink3_5 的文件夹，将该文件夹创建为相对 DFS 根的连接，并通过“检查状态”，如“样图 3-05C”所示。通过屏幕截图把对应的界面保存成 X3-05C.bmp 文件，并保存到考生文件夹中。

【样图 3-05A】

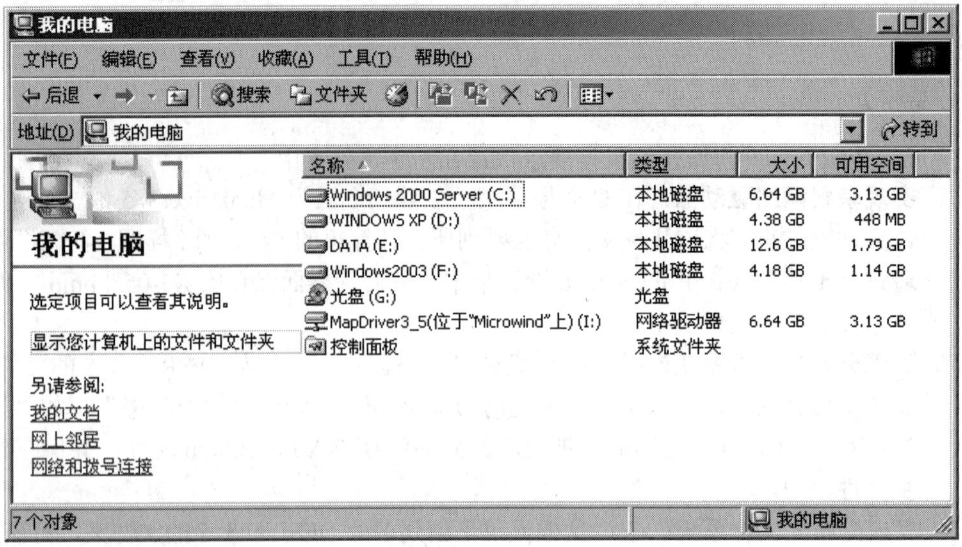

【样图 3-05B】

【样图 3-05C】

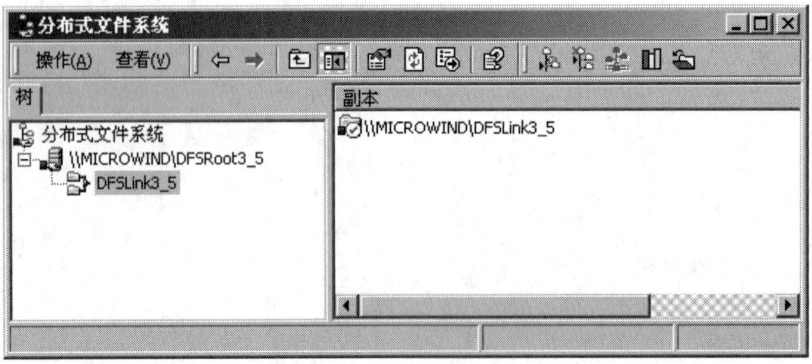

3.6　第 6 题

【操作要求】

完成下列操作，并将操作结果按要求保存在考生文件夹中。

1. **实现映射网络驱动器**：在 C 盘根目录下创建一个名为 MapDriver3_6 的文件夹，将该文件夹共享。将该共享文件夹映射到所在计算机的 J 盘，如“样图 3-06A”所示，通过屏幕截图（按 Print Screen 键）把本机的对应界面保存成 X3-06A.bmp 文件，并保存到考生文件夹中。
2. **实现分布式文件系统的根**：在 C 盘根目录下创建一个名为 DFSRoot3_6 的文件夹，将该文件夹共享，将该文件夹创建为 DFS 的根，并通过“检查状态”，如“样图 3-06B”所示。通过屏幕截图把对应的界面保存成 X3-06B.bmp 文件，并保存到考生文件夹中。
3. **完成分布式文件系统**：在 C 盘根目录下创建名为 DFSLink3_6 的文件夹，将该文件夹创建为相对 DFS 根的连接，并通过“检查状态”，如“样图 3-06C”所示。通过屏幕截图把对应的界面保存成 X3-06C.bmp 文件，并保存到考生文件夹中。

【样图 3-06A】

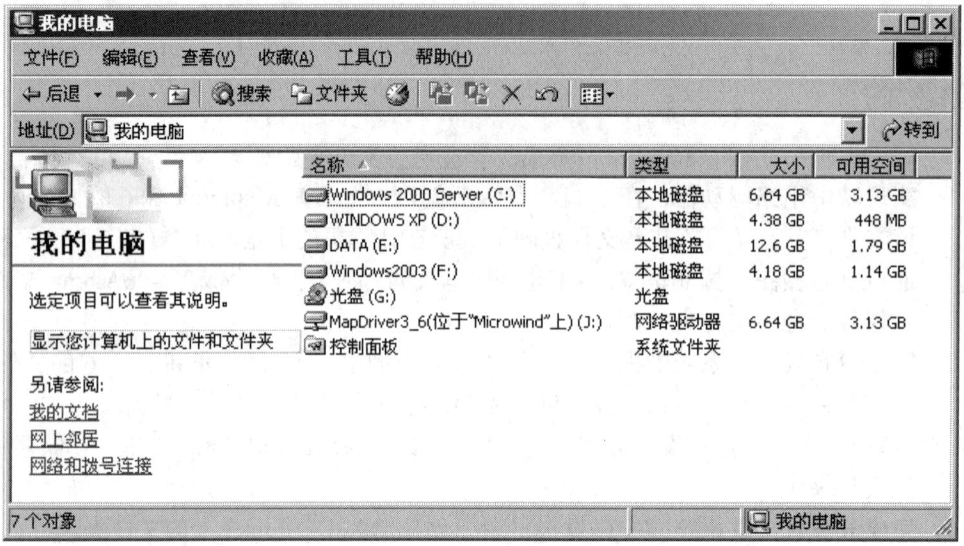

【样图 3-06B】

【样图 3-06C】

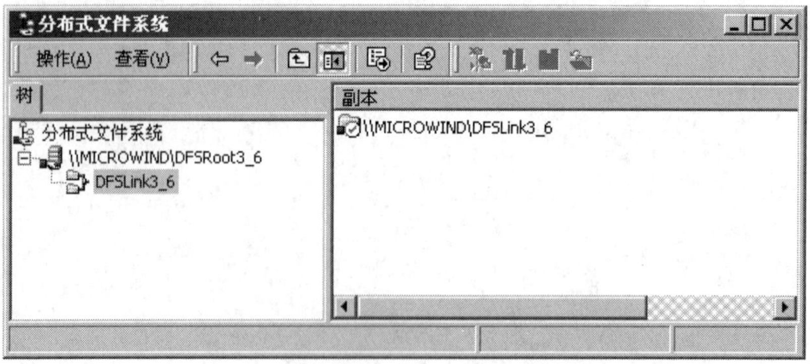

3.7　第 7 题

【操作要求】

完成下列操作，并将操作结果按要求保存在考生文件夹中。

1. **实现映射网络驱动器**：在 C 盘根目录下创建一个名为 MapDriver3_7 的文件夹，将该文件夹共享。将该共享文件夹映射到所在计算机的 K 盘，如“样图 3-07A”所示，通过屏幕截图（按 Print Screen 键）把本机的对应界面保存成 X3-07A.bmp 文件，并保存到考生文件夹中。
2. **实现分布式文件系统的根**：在 C 盘根目录下创建一个名为 DFSRoot3_7 的文件夹，将该文件夹共享，将该文件夹创建为 DFS 的根，并通过“检查状态”，如“样图 3-07B”所示。通过屏幕截图把对应的界面保存成 X3-07B.bmp 文件，并保存到考生文件夹中。
3. **完成分布式文件系统**：在 C 盘根目录下创建名为 DFSLink3_7 的文件夹，将该文件夹创建为相对 DFS 根的连接，并通过“检查状态”，如“样图 3-07C”所示。通过屏幕截图把对应的界面保存成 X3-07C.bmp 文件，并保存到考生文件夹中。

【样图 3-07A】

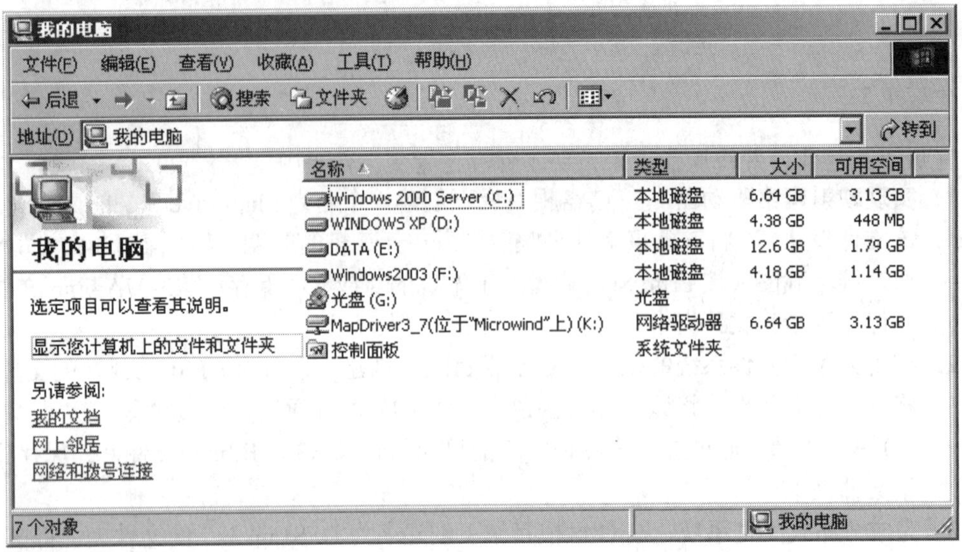

【样图 3-07B】

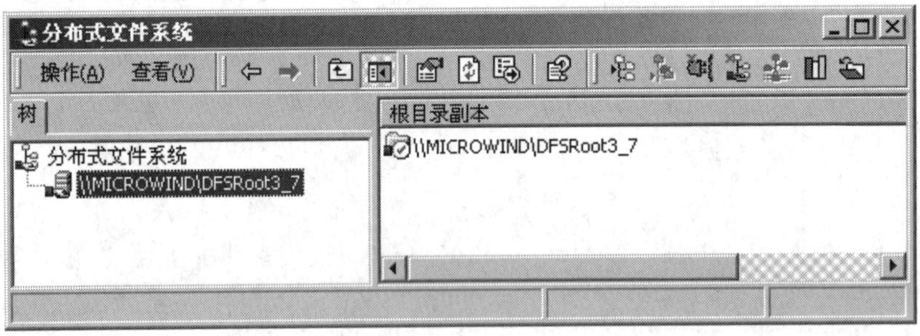

【样图 3-07C】

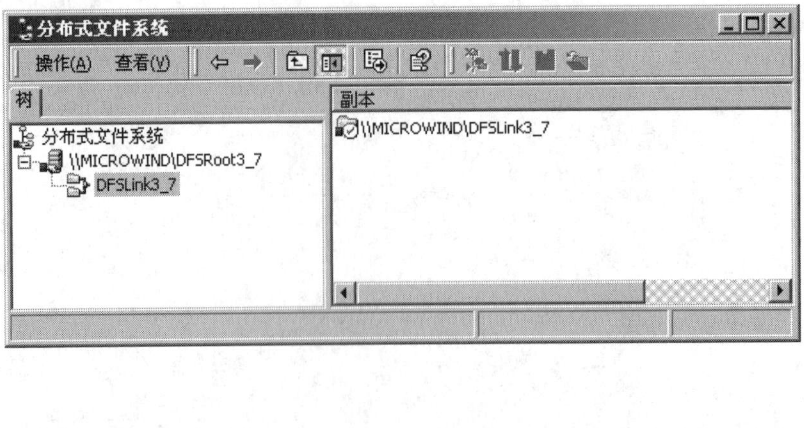

3.8　第 8 题

【操作要求】

完成下列操作，并将操作结果按要求保存在考生文件夹中。

1. **实现映射网络驱动器**：在 C 盘根目录下创建一个名为 MapDriver3_8 的文件夹，将该文件夹共享。将该共享文件夹映射到所在计算机的 L 盘，如“样图 3-08A”所示，通过屏幕截图（按 Print Screen 键）把本机的对应界面保存成 X3-08A.bmp 文件，并保存到考生文件夹中。
2. **实现分布式文件系统的根**：在 C 盘根目录下创建一个名为 DFSRoot3_8 的文件夹，将该文件夹共享，将该文件夹创建为 DFS 的根，并通过“检查状态”，如“样图 3-08B”所示。通过屏幕截图把对应的界面保存成 X3-08B.bmp 文件，并保存到考生文件夹中。
3. **完成分布式文件系统**：在 C 盘根目录下创建名为 DFSLink3_8 的文件夹，将该文件夹创建为相对 DFS 根的连接，并通过“检查状态”，如“样图 3-08C”所示。通过屏幕截图把对应的界面保存成 X3-08C.bmp 文件，并保存到考生文件夹中。

【样图 3-08A】

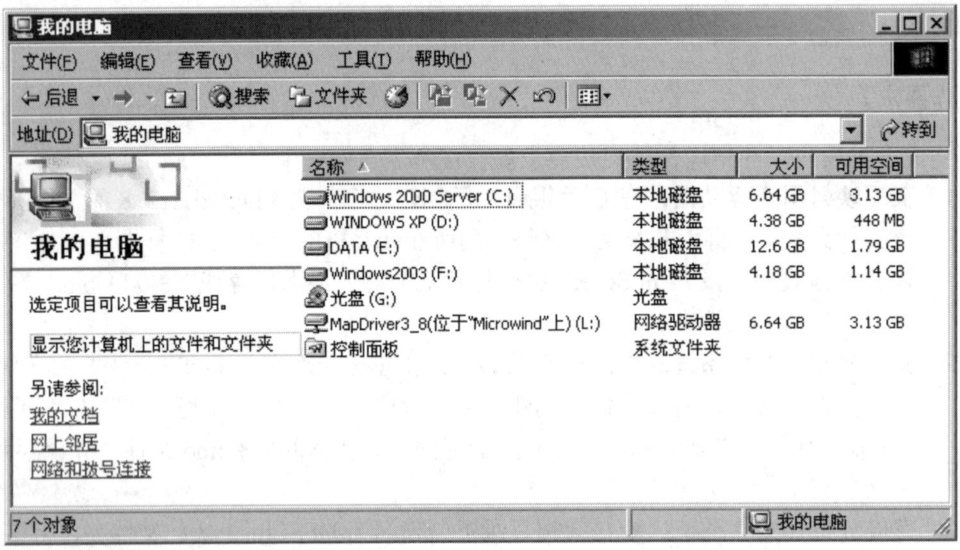

【样图 3-08B】

【样图 3-08C】

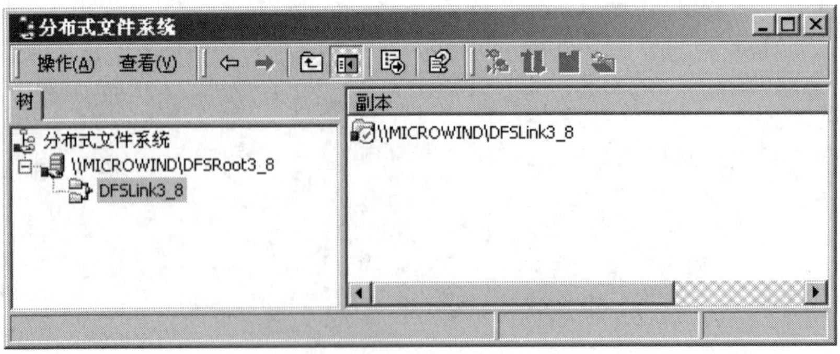

3.9　第 9 题

【操作要求】

完成下列操作，并将操作结果按要求保存在考生文件夹中。

1. **实现映射网络驱动器**：在 C 盘根目录下创建一个名为 MapDriver3_9 的文件夹，将该文件夹共享。将该共享文件夹映射到所在计算机的 M 盘，如“样图 3-09A”所示，通过屏幕截图（按 Print Screen 键）把本机的对应界面保存成 X3-09A.bmp 文件，并保存到考生文件夹中。
2. **实现分布式文件系统的根**：在 C 盘根目录下创建一个名为 DFSRoot3_9 的文件夹，将该文件夹共享，将该文件夹创建为 DFS 的根，并通过“检查状态”，如“样图 3-09B”所示。通过屏幕截图把对应的界面保存成 X3-09B.bmp 文件，并保存到考生文件夹中。
3. **完成分布式文件系统**：在 C 盘根目录下创建名为 DFSLink3_9 的文件夹，将该文件夹创建为相对 DFS 根的连接，并通过“检查状态”，如“样图 3-09C”所示。通过屏幕截图把对应的界面保存成 X3-09C.bmp 文件，并保存到考生文件夹中。

【样图 3-09A】

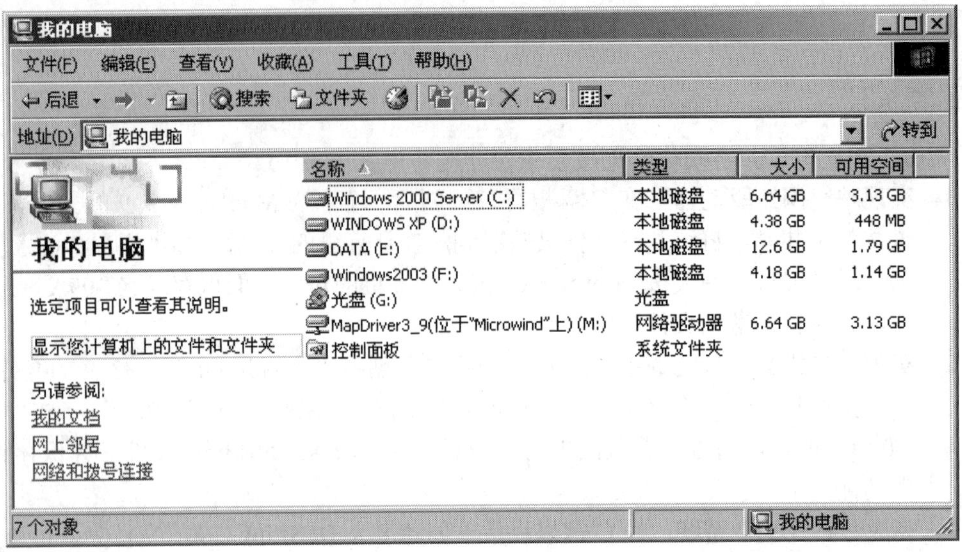

【样图 3-09B】

【样图 3-09C】

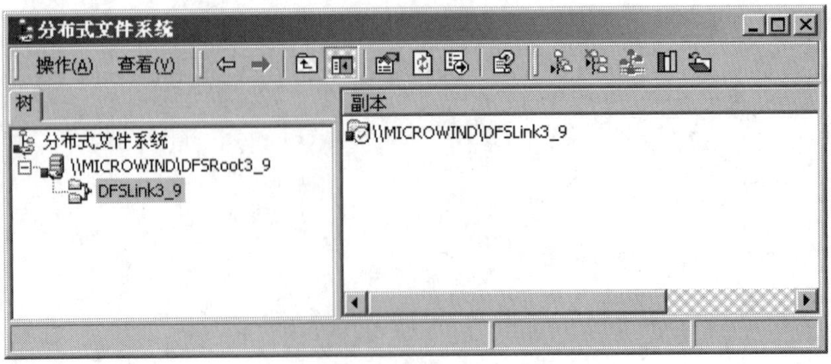

3.10　第 10 题

【操作要求】

完成下列操作，并将操作结果按要求保存在考生文件夹中。

1. **实现映射网络驱动器**：在 C 盘根目录下创建一个名为 MapDriver3_10 的文件夹，将该文件夹共享。将该共享文件夹映射到所在计算机的 N 盘，如“样图 3-10A”所示，通过屏幕截图（按 Print Screen 键）把本机的对应界面保存成 X3-10A.bmp 文件，并保存到考生文件夹中。
2. **实现分布式文件系统的根**：在 C 盘根目录下创建一个名为 DFSRoot3_10 的文件夹，将该文件夹共享，将该文件夹创建为 DFS 的根，并通过“检查状态”，如“样图 3-10B”所示。通过屏幕截图把对应的界面保存成 X3-10B.bmp 文件，并保存到考生文件夹中。
3. **完成分布式文件系统**：在 C 盘根目录下创建名为 DFSLink3_10 的文件夹，将该文件夹创建为相对 DFS 根的连接，并通过“检查状态”，如“样图 3-10C”所示。通过屏幕截图把对应的界面保存成 X3-10C.bmp 文件，并保存到考生文件夹中。

【样图 3-10A】

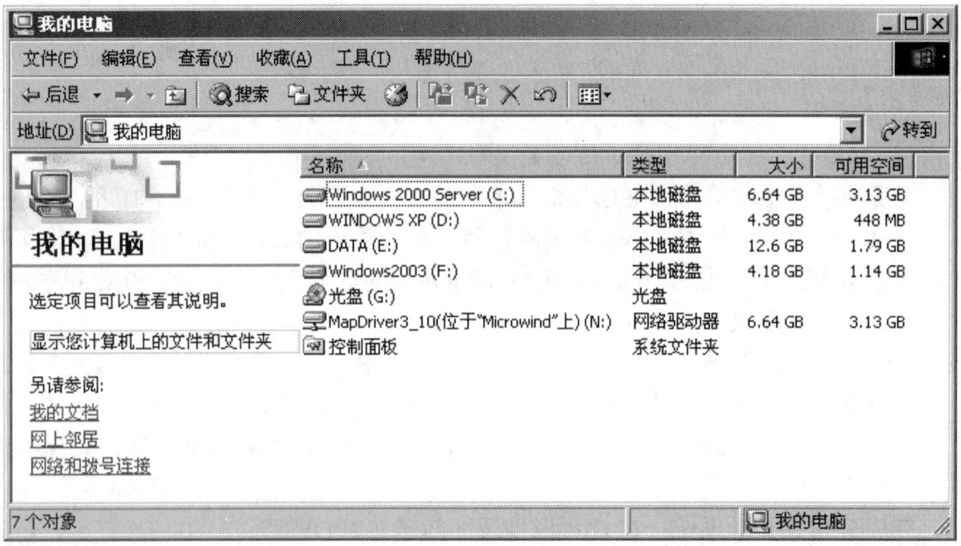

【样图 3-10B】

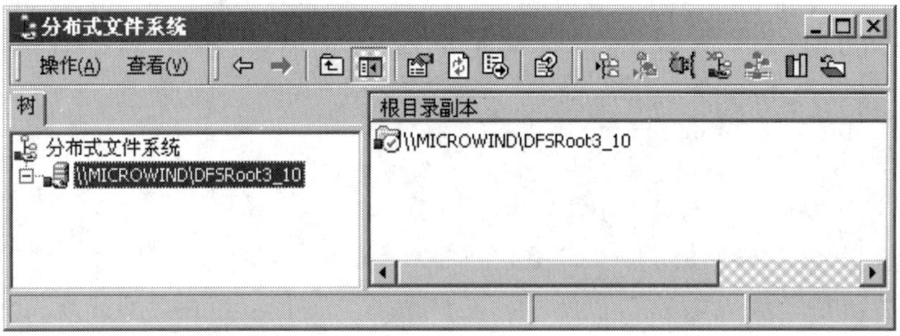

【样图 3-10C】

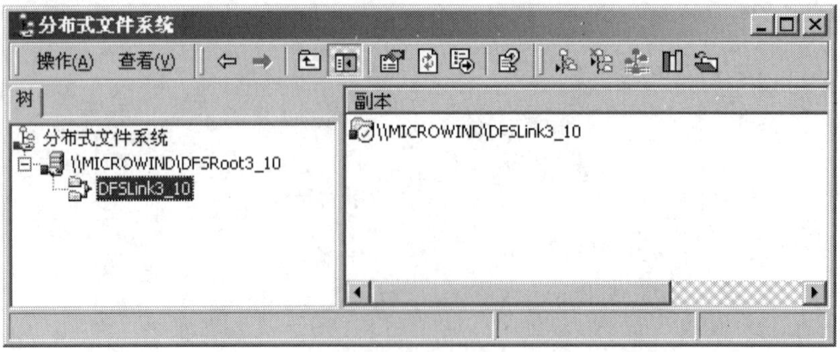

3.11　第 11 题

【操作要求】

完成下列操作，并将操作结果按要求保存在考生文件夹中。

1. **实现映射网络驱动器**：在 C 盘根目录下创建一个名为 MapDriver3_11 的文件夹，将该文件夹共享。将该共享文件夹映射到所在计算机的 O 盘，如“样图 3-11A”所示，通过屏幕截图（按 Print Screen 键）把本机的对应界面保存成 X3-11A.bmp 文件，并保存到考生文件夹中。
2. **实现分布式文件系统的根**：在 C 盘根目录下创建一个名为 DFSRoot3_11 的文件夹，将该文件夹共享，将该文件夹创建为 DFS 的根，并通过“检查状态”，如“样图 3-11B”所示。通过屏幕截图把对应的界面保存成 X3-11B.bmp 文件，并保存到考生文件夹中。
3. **完成分布式文件系统**：在 C 盘根目录下创建名为 DFSLink3_11 的文件夹，将该文件夹创建为相对 DFS 根的连接，并通过“检查状态”，如“样图 3-11C”所示。通过屏幕截图把对应的界面保存成 X3-11C.bmp 文件，并保存到考生文件夹中。

【样图 3-11A】

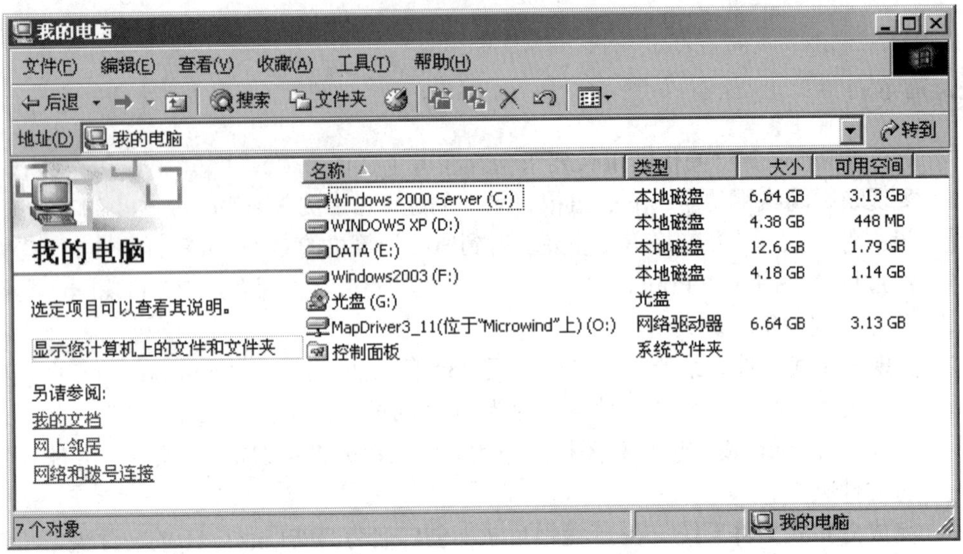

【样图 3-11B】

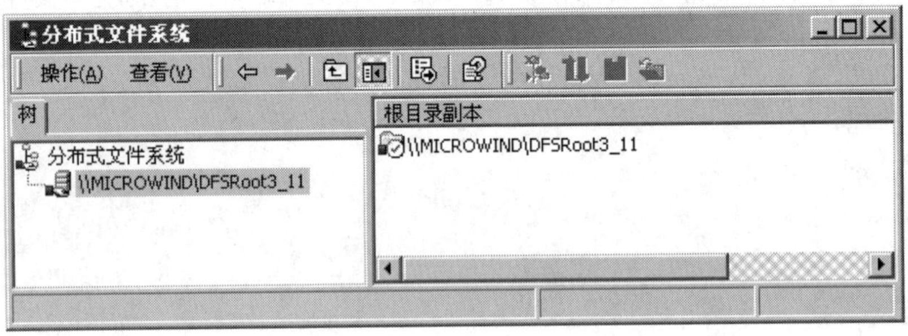

【样图 3-11C】

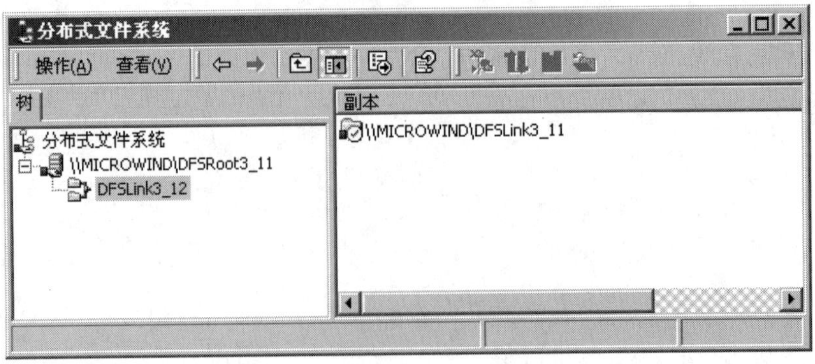

3.12 第 12 题

【操作要求】

完成下列操作，并将操作结果按要求保存在考生文件夹中。

1. **实现映射网络驱动器**：在 C 盘根目录下创建一个名为 MapDriver3_12 的文件夹，将该文件夹共享。将该共享文件夹映射到所在计算机的 P 盘，如“样图 3-12A”所示，通过屏幕截图（按 Print Screen 键）把本机的对应界面保存成 X3-12A.bmp 文件，并保存到考生文件夹中。
2. **实现分布式文件系统的根**：在 C 盘根目录下创建一个名为 DFSRoot3_12 的文件夹，将该文件夹共享，将该文件夹创建为 DFS 的根，并通过“检查状态”，如“样图 3-12B”所示。通过屏幕截图把对应的界面保存成 X3-12B.bmp 文件，并保存到考生文件夹中。
3. **完成分布式文件系统**：在 C 盘根目录下创建名为 DFSLink3_12 的文件夹，将该文件夹创建为相对 DFS 根的连接，并通过“检查状态”，如“样图 3-12C”所示。通过屏幕截图把对应的界面保存成 X3-12C.bmp 文件，并保存到考生文件夹中。

【样图 3-12A】

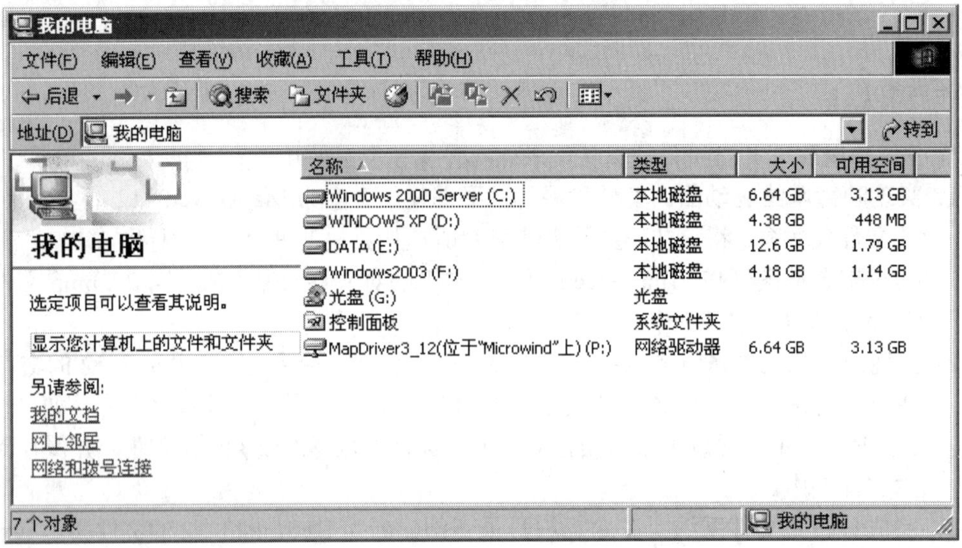

【样图 3-12B】

【样图 3-12C】

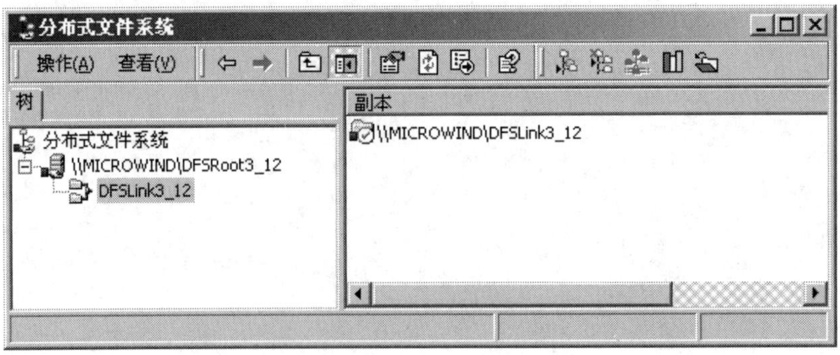

3.13　第 13 题

【操作要求】

完成下列操作，并将操作结果按要求保存在考生文件夹中。

1. **实现映射网络驱动器**：在 C 盘根目录下创建一个名为 MapDriver3_13 的文件夹，将该文件夹共享。将该共享文件夹映射到所在计算机的 Q 盘，如“样图 3-13A”所示，通过屏幕截图（按 Print Screen 键）把本机的对应界面保存成 X3-13A.bmp 文件，并保存到考生文件夹中。
2. **实现分布式文件系统的根**：在 C 盘根目录下创建一个名为 DFSRoot3_13 的文件夹，将该文件夹共享，将该文件夹创建为 DFS 的根，并通过“检查状态”，如“样图 3-13B”所示。通过屏幕截图把对应的界面保存成 X3-13.bmp 文件，并保存到考生文件夹中。
3. **完成分布式文件系统**：在 C 盘根目录下创建名为 DFSLink3_13 的文件夹，将该文件夹创建为相对 DFS 根的连接，并通过“检查状态”，如“样图 3-13C”所示。通过屏幕截图把对应的界面保存成 X3-13C.bmp 文件，并保存到考生文件夹中。

【样图 3-13A】

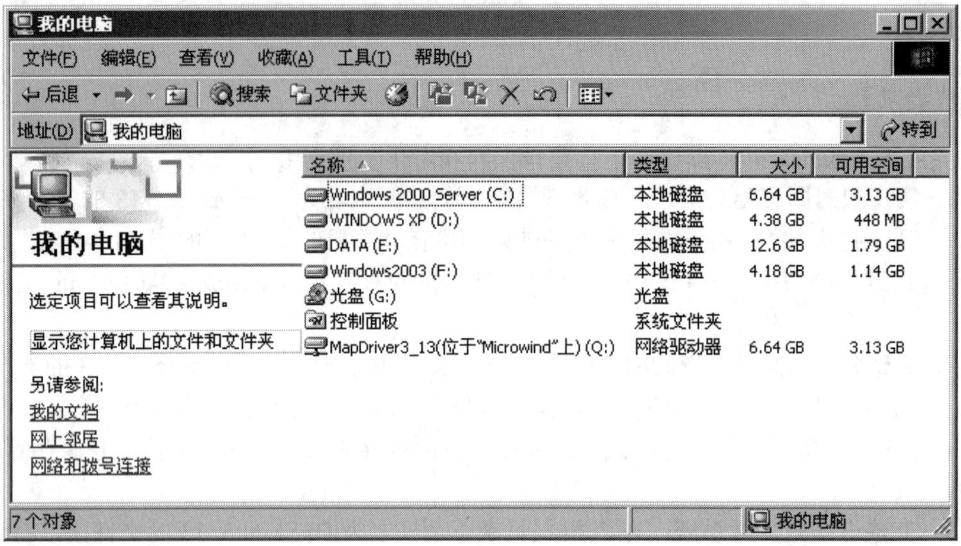

【样图 3-13B】

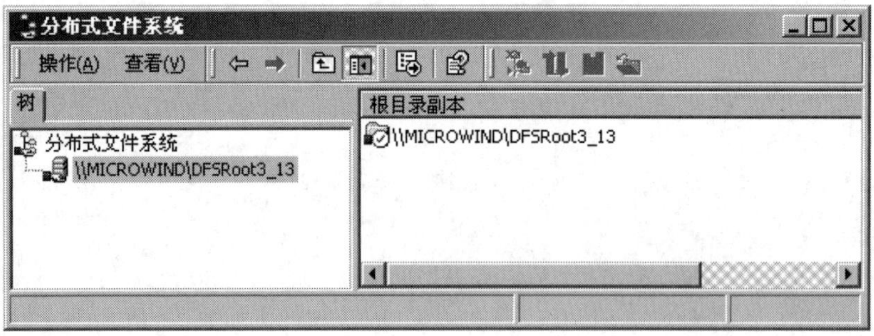

【样图 3-13C】

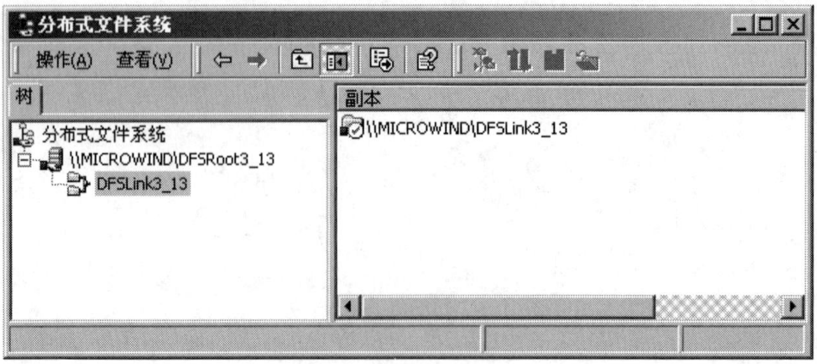

3.14　第 14 题

【操作要求】

完成下列操作，并将操作结果按要求保存在考生文件夹中。

1. **实现映射网络驱动器**：在 C 盘根目录下创建一个名为 MapDriver3_14 的文件夹，将该文件夹共享。将该共享文件夹映射到所在计算机的 R 盘，如“样图 3-14A”所示，通过屏幕截图（按 Print Screen 键）把本机的对应界面保存成 X3-14.bmp 文件，并保存到考生文件夹中。
2. **实现分布式文件系统的根**：在 C 盘根目录下创建一个名为 DFSRoot3_14 的文件夹，将该文件夹共享，将该文件夹创建为 DFS 的根，并通过“检查状态”，如“样图 3-14B”所示。通过屏幕截图把对应的界面保存成 X3-14B.bmp 文件，并保存到考生文件夹中。
3. **完成分布式文件系统**：在 C 盘根目录下创建名为 DFSLink3_14 的文件夹，将该文件夹创建为相对 DFS 根的连接，并通过“检查状态”，如“样图 3-14C”所示。通过屏幕截图把对应的界面保存成 X3-14.bmp 文件，并保存到考生文件夹中。

【样图 3-14A】

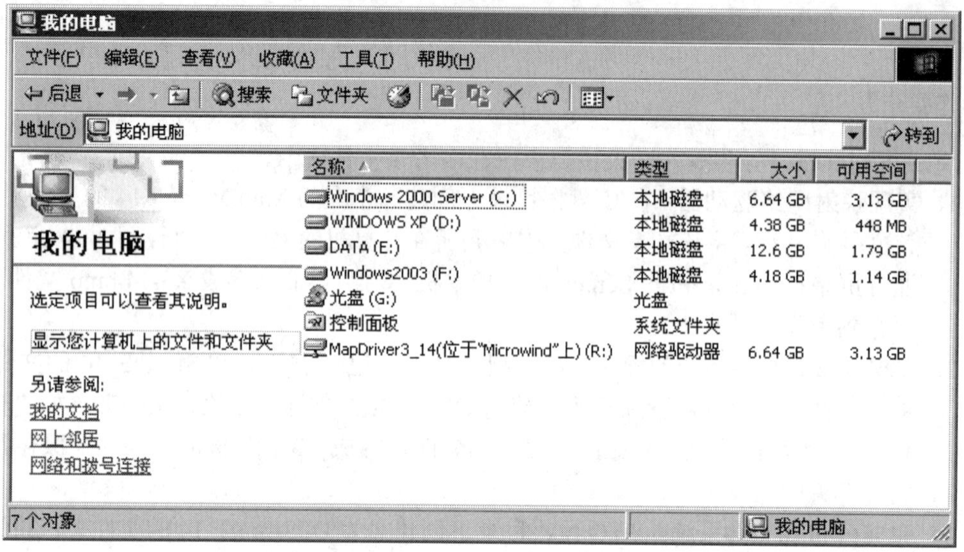

【样图 3-14B】

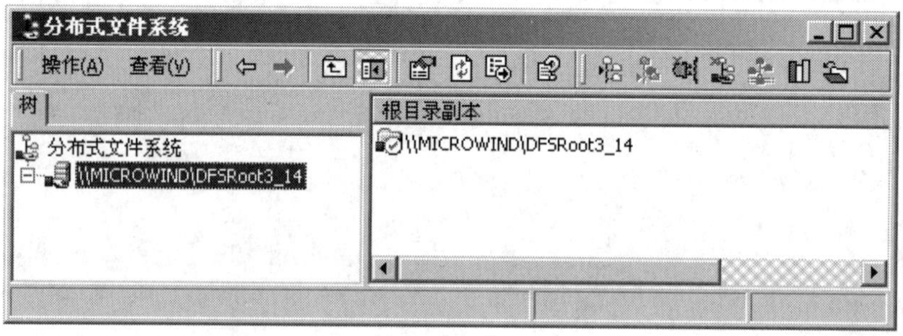

【样图 3-14C】

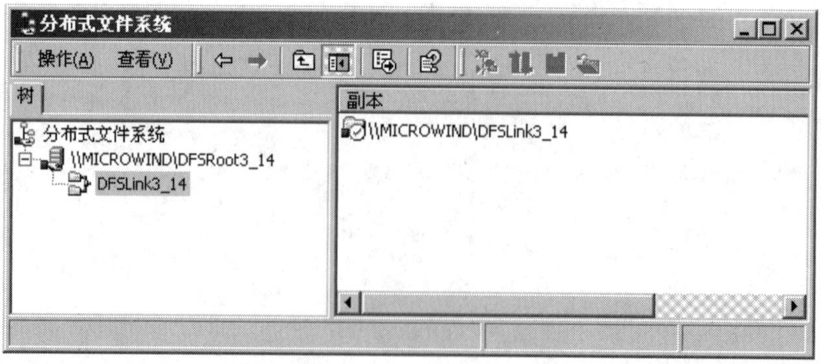

3.15 第 15 题

【操作要求】

完成下列操作，并将操作结果按要求保存在考生文件夹中。

1. **实现映射网络驱动器**：在 C 盘根目录下创建一个名为 MapDriver3_15 的文件夹，将该文件夹共享。将该共享文件夹映射到所在计算机的 S 盘，如“样图 3-15A”所示，通过屏幕截图（按 Print Screen 键）把本机的对应界面保存成 X3-15A.bmp 文件，并保存到考生文件夹中。
2. **实现分布式文件系统的根**：在 C 盘根目录下创建一个名为 DFSRoot3_15 的文件夹，将该文件夹共享，将该文件夹创建为 DFS 的根，并通过“检查状态”，如“样图 3-15B”所示。通过屏幕截图把对应的界面保存成 X3-15B.bmp 文件，并保存到考生文件夹中。
3. **完成分布式文件系统**：在 C 盘根目录下创建名为 DFSLink3_15 的文件夹，将该文件夹创建为相对 DFS 根的连接，并通过“检查状态”，如“样图 3-15C”所示。通过屏幕截图把对应的界面保存成 X3-15C.bmp 文件，并保存到考生文件夹中。

【样图 3-15A】

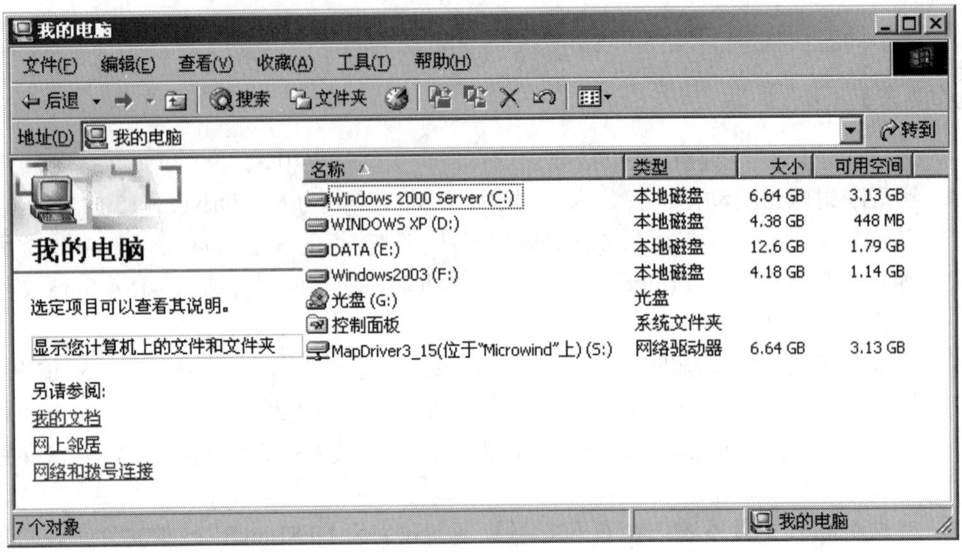

【样图 3-15B】

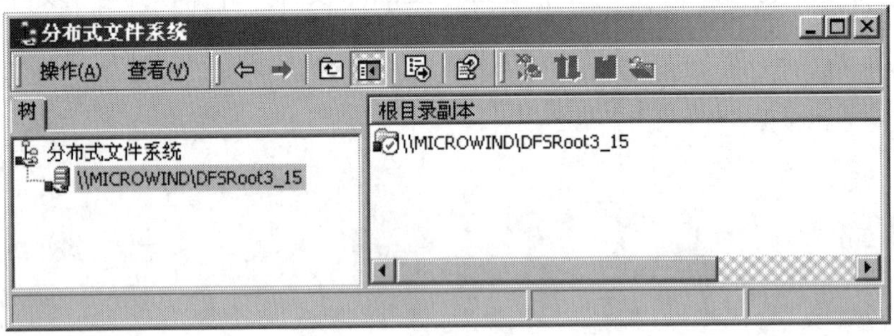

【样图 3-15C】

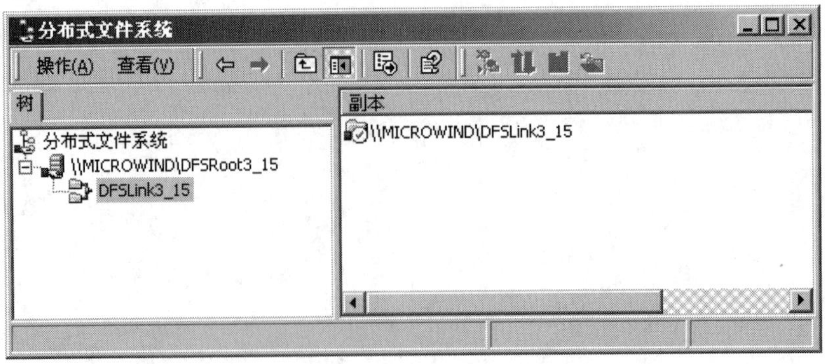

3.16　第 16 题

【操作要求】

完成下列操作，并将操作结果按要求保存在考生文件夹中。

1. **实现映射网络驱动器**：在 C 盘根目录下创建一个名为 MapDriver3_16 的文件夹，将该文件夹共享。将该共享文件夹映射到所在计算机的 T 盘，如“样图 3-16A”所示，通过屏幕截图（按 Print Screen 键）把本机的对应界面保存成 X3-16A.bmp 文件，并保存到考生文件夹中。
2. **实现分布式文件系统的根**：在 C 盘根目录下创建一个名为 DFSRoot3_16 的文件夹，将该文件夹共享，将该文件夹创建为 DFS 的根，并通过“检查状态”，如“样图 3-16B”所示。通过屏幕截图把对应的界面保存成 X3-16B.bmp 文件，并保存到考生文件夹中。
3. **完成分布式文件系统**：在 C 盘根目录下创建名为 DFSLink3_16 的文件夹，将该文件夹创建为相对 DFS 根的连接，并通过“检查状态”，如“样图 3-16C”所示。通过屏幕截图把对应的界面保存成 X3-16C.bmp 文件，并保存到考生文件夹中。

【样图 3-16A】

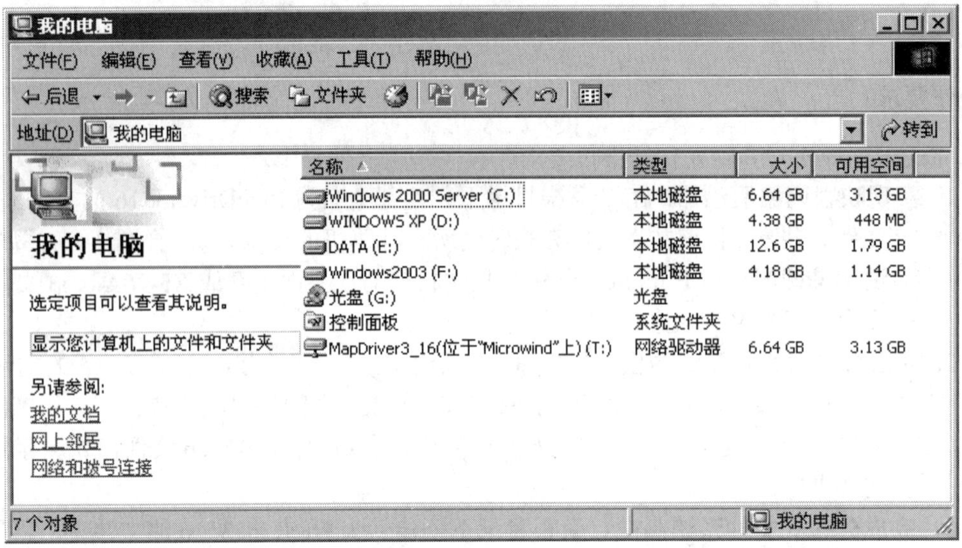

【样图 3-16B】

【样图 3-16C】

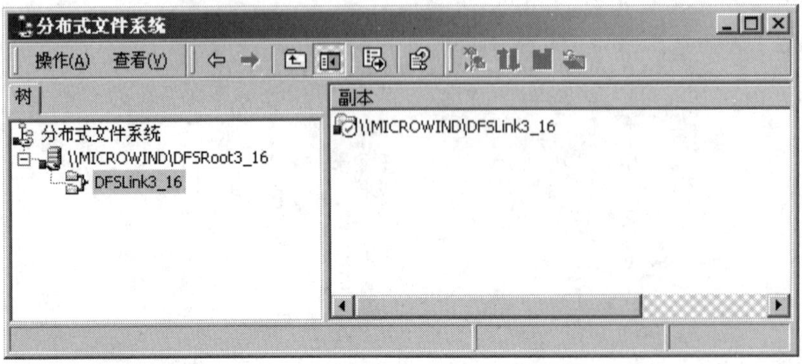

3.17　第 17 题

【操作要求】

完成下列操作，并将操作结果按要求保存在考生文件夹中。

1．**实现映射网络驱动器**：在 C 盘根目录下创建一个名为 MapDriver3_17 的文件夹，将该文件夹共享。将该共享文件夹映射到所在计算机的 U 盘，如“样图 3-17A”所示，通过屏幕截图（按 Print Screen 键）把本机的对应界面保存成 X3-17A.bmp 文件，并保存到考生文件夹中。

2．**实现分布式文件系统的根**：在 C 盘根目录下创建一个名为 DFSRoot3_17 的文件夹，将该文件夹共享，将该文件夹创建为 DFS 的根，并通过“检查状态”，如“样图 3-17B”所示。通过屏幕截图把对应的界面保存成 X3-17B.bmp 文件，并保存到考生文件夹中。

3．**完成分布式文件系统**：在 C 盘根目录下创建名为 DFSLink3_17 的文件夹，将该文件夹创建为相对 DFS 根的连接，并通过“检查状态”，如“样图 3-17C”所示。通过屏幕截图把对应的界面保存成 X3-17C.bmp 文件，并保存到考生文件夹中。

【样图 3-17A】

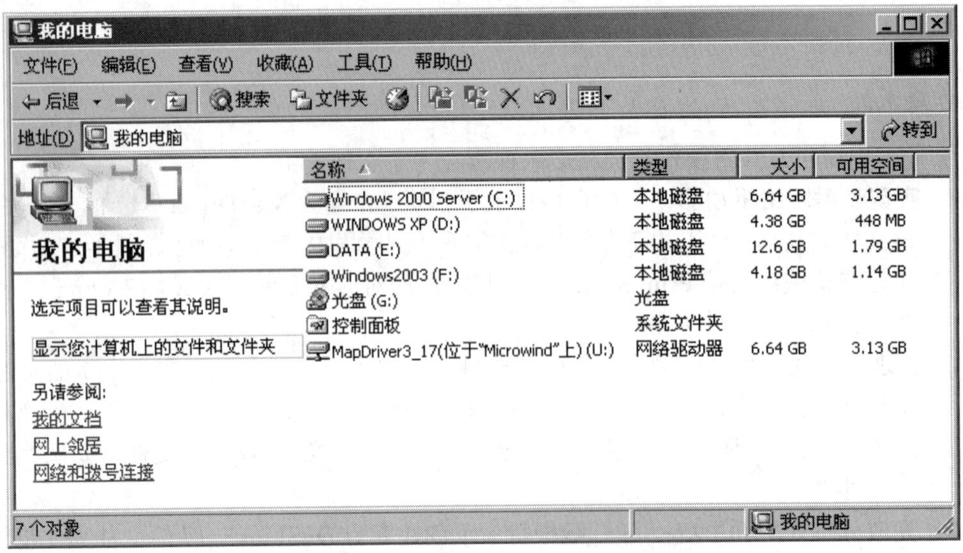

【样图 3-17B】

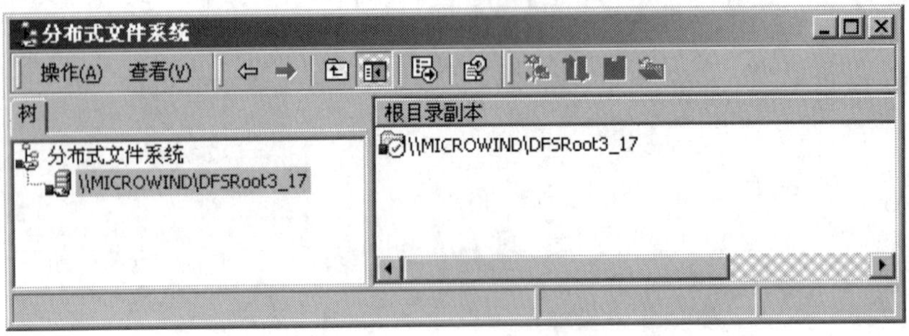

【样图 3-17C】

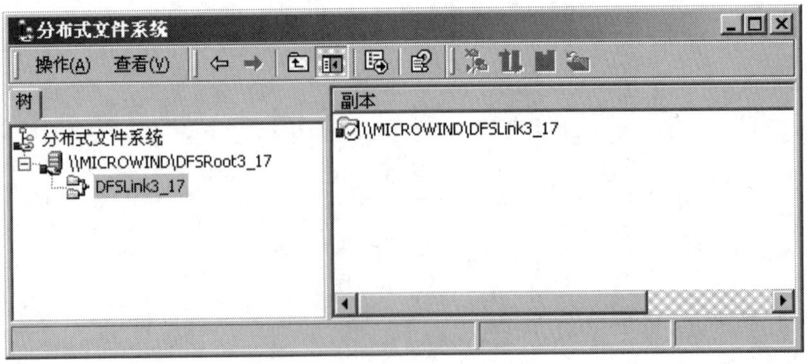

3.18　第 18 题

【操作要求】

完成下列操作，并将操作结果按要求保存在考生文件夹中。

1. **实现映射网络驱动器**：在 C 盘根目录下创建一个名为 MapDriver3_18 的文件夹，将该文件夹共享。将该共享文件夹映射到所在计算机的 V 盘，如“样图 3-18A”所示，通过屏幕截图（按 Print Screen 键）把本机的对应界面保存成 X3-18A.bmp 文件，并保存到考生文件夹中。
2. **实现分布式文件系统的根**：在 C 盘根目录下创建一个名为 DFSRoot3_18 的文件夹，将该文件夹共享，将该文件夹创建为 DFS 的根，并通过“检查状态”，如“样图 3-18B”所示。通过屏幕截图把对应的界面保存成 X3-18B.bmp 文件，并保存到考生文件夹中。
3. **完成分布式文件系统**：在 C 盘根目录下创建名为 DFSLink3_18 的文件夹，将该文件夹创建为相对 DFS 根的连接，并通过“检查状态”，如“样图 3-18C”所示。通过屏幕截图把对应的界面保存成 X3-18C.bmp 文件，并保存到考生文件夹中。

【样图 3-18A】

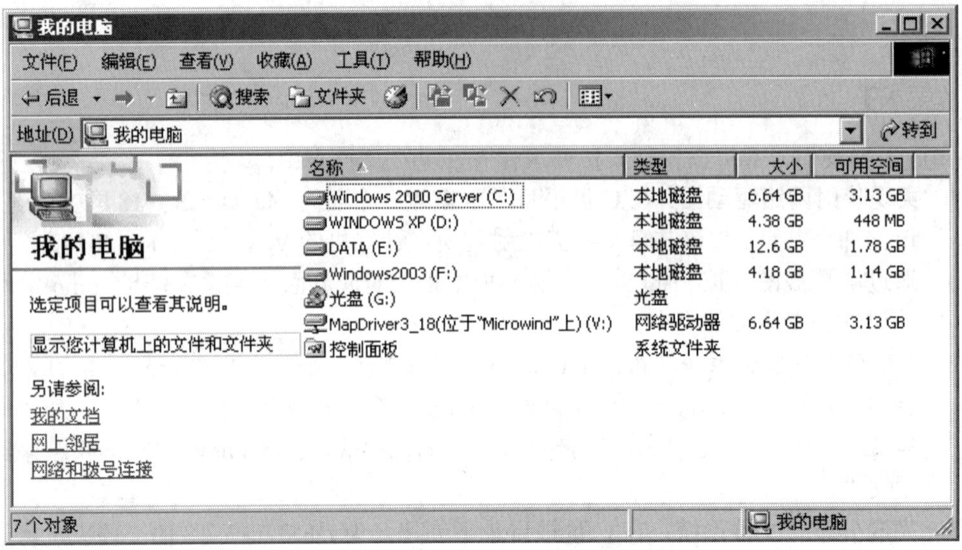

【样图 3-18B】

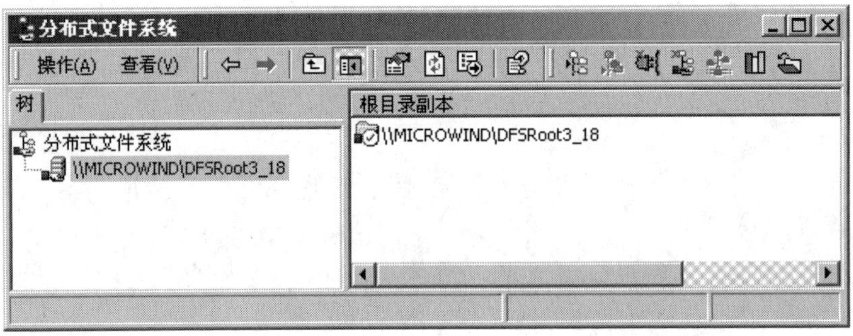

【样图 3-18C】

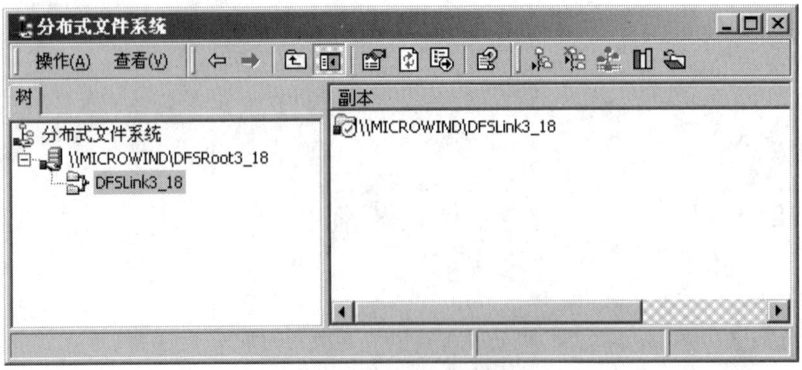

3.19　第 19 题

【操作要求】

完成下列操作，并将操作结果按要求保存在考生文件夹中。

1. **实现映射网络驱动器**：在 C 盘根目录下创建一个名为 MapDriver3_19 的文件夹，将该文件夹共享。将该共享文件夹映射到所在计算机的 W 盘，如“样图 3-19A”所示，通过屏幕截图（按 Print Screen 键）把本机的对应界面保存成 X3-19A.bmp 文件，并保存到考生文件夹中。
2. **实现分布式文件系统的根**：在 C 盘根目录下创建一个名为 DFSRoot3_19 的文件夹，将该文件夹共享，将该文件夹创建为 DFS 的根，并通过“检查状态”，如“样图 3-19B”所示。通过屏幕截图把对应的界面保存成 X3-19B.bmp 文件，并保存到考生文件夹中。
3. **完成分布式文件系统**：在 C 盘根目录下创建名为 DFSLink3_19 的文件夹，将该文件夹创建为相对 DFS 根的连接，并通过“检查状态”，如“样图 3-19C”所示。通过屏幕截图把对应的界面保存成 X3-19C.bmp 文件，并保存到考生文件夹中。

【样图 3-19A】

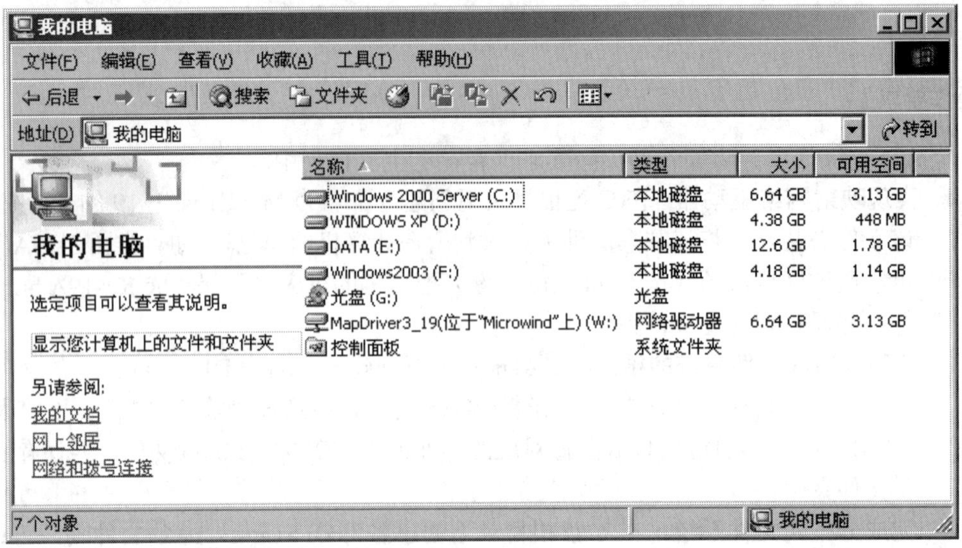

【样图 3-19B】

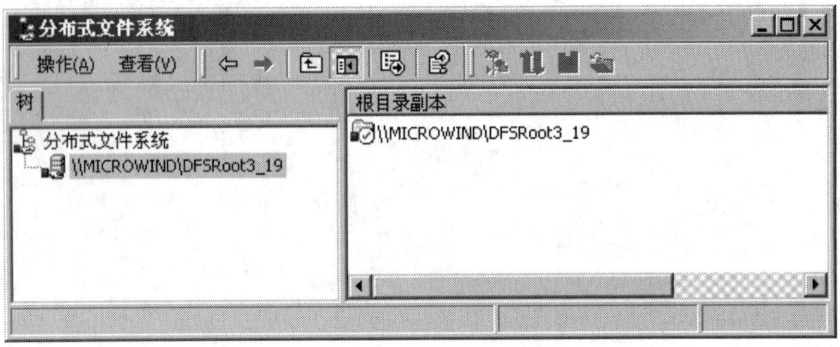

【样图 3-19C】

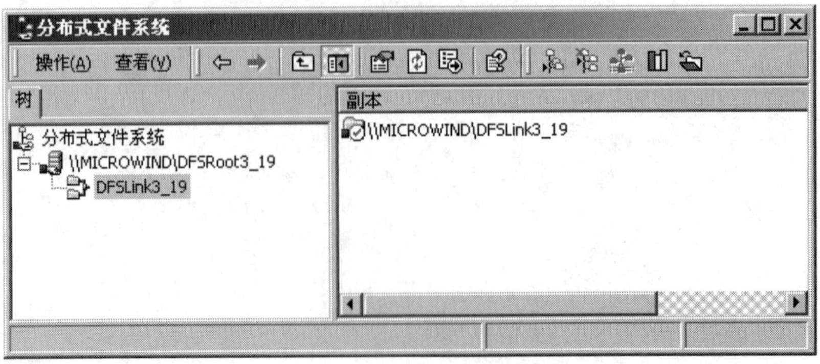

3.20　第 20 题

【操作要求】

完成下列操作，并将操作结果按要求保存在考生文件夹中。

1．**实现映射网络驱动器**：在 C 盘根目录下创建一个名为 MapDriver3_20 的文件夹，将该文件夹共享。将该共享文件夹映射到所在计算机的 X 盘，如“样图 3-20A”所示，通过屏幕截图（按 Print Screen 键）把本机的对应界面保存成 X3-20A.bmp 文件，并保存到考生文件夹中。

2．**实现分布式文件系统的根**：在 C 盘根目录下创建一个名为 DFSRoot3_20 的文件夹，将该文件夹共享，将该文件夹创建为 DFS 的根，并通过“检查状态”，如“样图 3-20B”所示。通过屏幕截图把对应的界面保存成 X3-20B.bmp 文件，并保存到考生文件夹中。

3．**完成分布式文件系统**：在 C 盘根目录下创建名为 DFSLink3_20 的文件夹，将该文件夹创建为相对 DFS 根的连接，并通过“检查状态”，如“样图 3-20C”所示。通过屏幕截图把对应的界面保存成 X3-20C.bmp 文件，并保存到考生文件夹中。

【样图 3-20A】

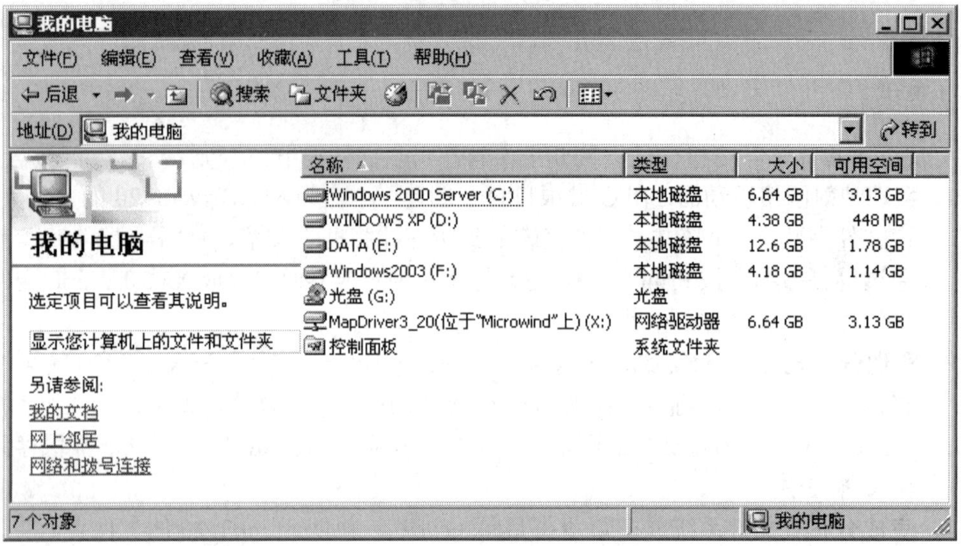

【样图 3-20B】

【样图 3-20C】

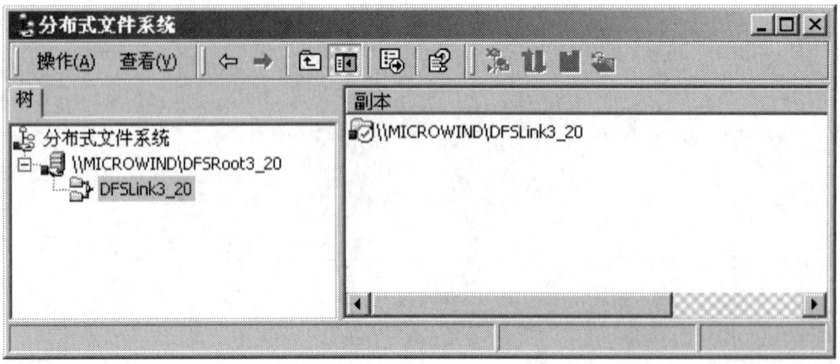

第四单元　监测 Windows 2000 系统性能

4.1　第 1 题

【操作要求】

完成下列操作，并将操作结果按要求保存在考生文件夹中。

1. **添加计数器日志**：使用“性能”工具监测系统当前部分性能参数，所监测的对象、计数器、数据采样间隔周期、日志存放地和日志文件名等信息如“样图 4-01A”所示，将产生的日志文件保存到考生文件夹中。
2. **查看系统性能**：用系统监视器查看上步设置的计数器日志，如“样图 4-01B”所示。通过屏幕截图（按 Print Screen 键）把对应的界面保存成 X4-01A.bmp 文件，并保存到考生文件夹中。
3. **用警报监视系统活动**：使用“性能”工具设置警报，警报的名字、警报设置的计数器、警报触发条件、数据采样间隔等信息如“样图 4-01C”所示，并设置将信息从网络发送到本计算机（用 IP 地址标识即可）。为警报的触发制造条件，警报触发后通过信使报出的信息如“样图 4-01D”所示，通过屏幕截图把对应的界面保存成 X4-01B.bmp 文件，并保存到考生文件夹中。

【样图 4-01A】

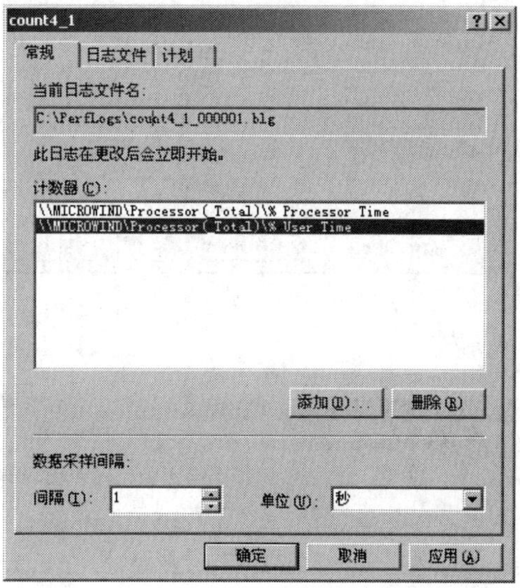

【样图 4-01B】

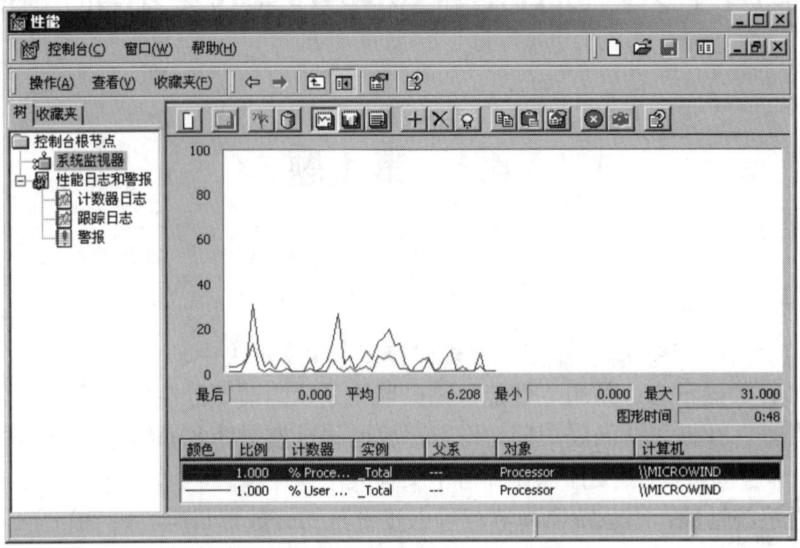

【样图 4-01C】

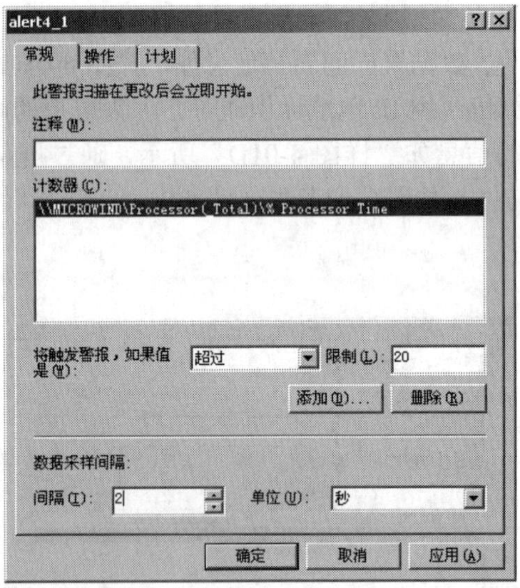

【样图 4-01D】

4.2　第 2 题

【操作要求】

完成下列操作，并将操作结果按要求保存在考生文件夹中。

1. **添加计数器日志**：使用“性能”工具监测系统当前部分性能参数，所监测的对象、计数器、数据采样间隔周期、日志存放地和日志文件名等信息如“样图 4-02A”所示，将产生的日志文件保存到考生文件夹中。
2. **查看系统性能**：用系统监视器查看上步设置的计数器日志，如“样图 4-02B”所示。通过屏幕截图（按 Print Screen 键）把对应的界面保存成 X4-02A.bmp 文件，并保存到考生文件夹中。
3. **用警报监视系统活动**：使用“性能”工具设置警报，警报的名字、警报设置的计数器、警报触发条件、数据采样间隔等信息如“样图 4-02C”所示，并设置将信息从网络发送到本计算机（用 IP 地址标识即可）。为警报的触发制造条件，警报触发后通过信使报出的信息如“样图 4-02D”所示，通过屏幕截图把对应的界面保存成 X4-02B.bmp 文件，并保存到考生文件夹中。

【样图 4-02A】

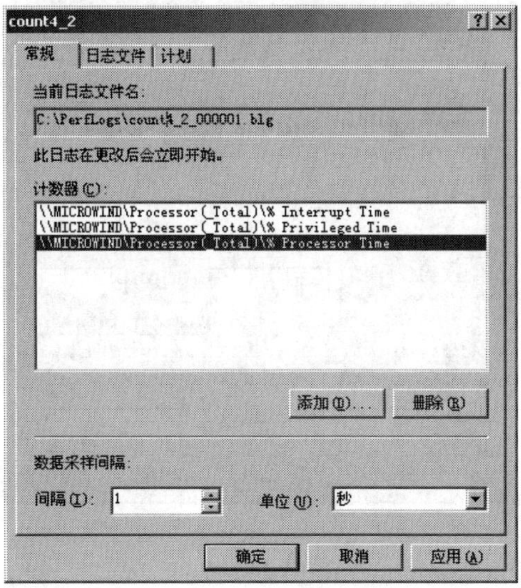

【样图 4-02B】

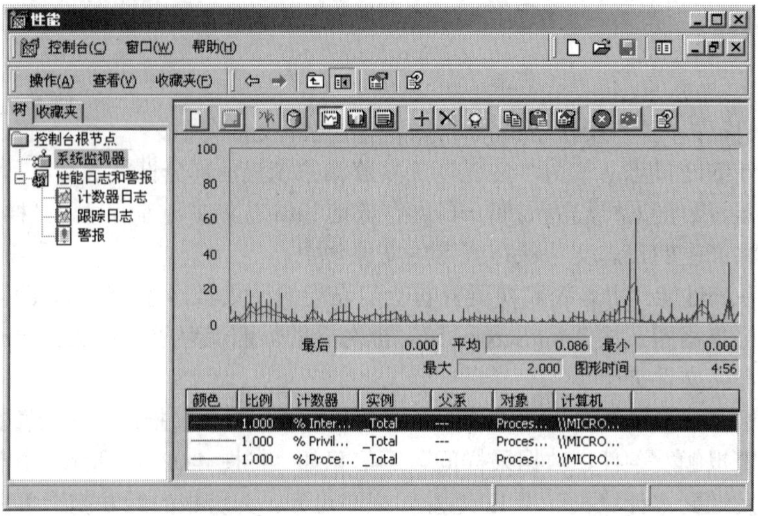

【样图 4-02C】

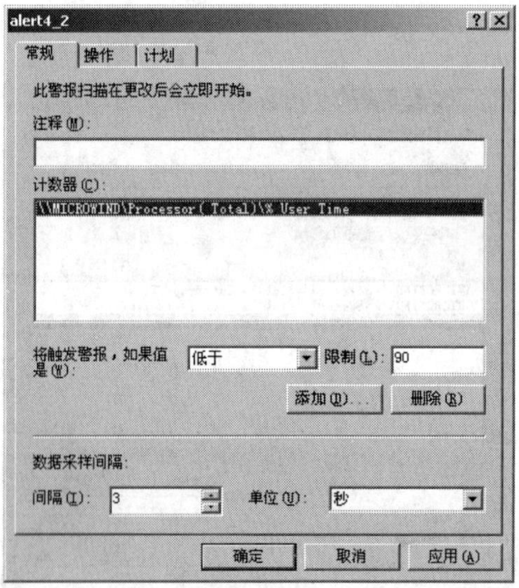

【样图 4-02D】

4.3　第 3 题

【操作要求】

完成下列操作，并将操作结果按要求保存在考生文件夹中。

1．**添加计数器日志**：使用“性能”工具监测系统当前部分性能参数，所监测的对象、计数器、数据采样间隔周期、日志存放地和日志文件名等信息如“样图 4-03A”所示，将产生的日志文件保存到考生文件夹中。

2．**查看系统性能**：用系统监视器查看上步设置的计数器日志，如“样图 4-03B”所示。通过屏幕截图（按 Print Screen 键）把对应的界面保存成 X4-03A.bmp 文件，并保存到考生文件夹中。

3．**用警报监视系统活动**：使用“性能”工具设置警报，警报的名字、警报设置的计数器、警报触发条件、数据采样间隔等信息如“样图 4-03C”所示，并设置将信息从网络发送到本计算机（用 IP 地址标识即可）。为警报的触发制造条件，警报触发后通过信使报出的信息如“样图 4-03D”所示，通过屏幕截图把对应的界面保存成 X4-03B.bmp 文件，并保存到考生文件夹中。

【样图 4-03A】

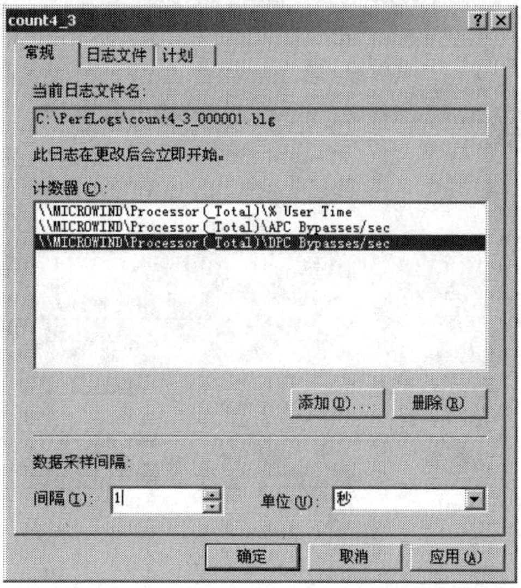

【样图 4-03B】

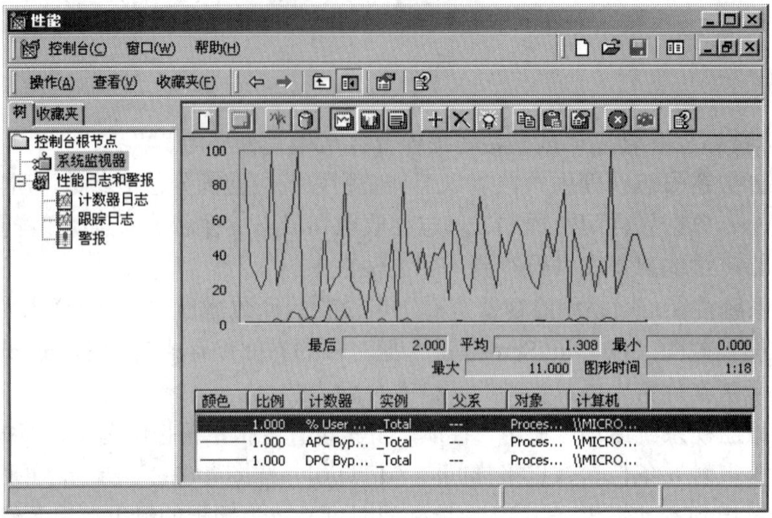

【样图 4-03C】

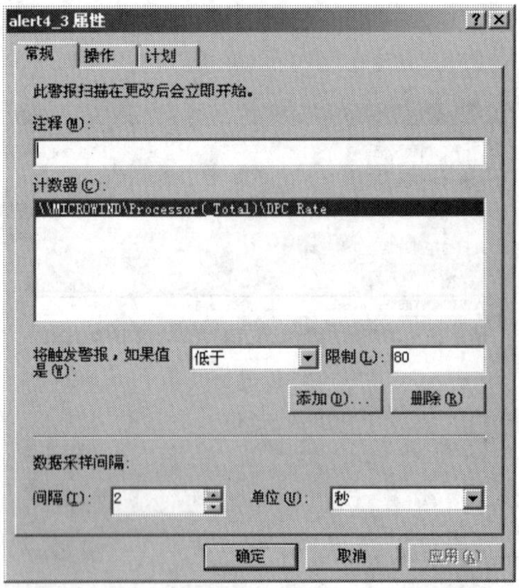

【样图 4-03D】

4.4　第 4 题

【操作要求】

完成下列操作，并将操作结果按要求保存在考生文件夹中。

1．**添加计数器日志**：使用“性能”工具监测系统当前部分性能参数，所监测的对象、计数器、数据采样间隔周期、日志存放地和日志文件名等信息如“样图 4-04A”所示，将产生的日志文件保存到考生文件夹中。

2．**查看系统性能**：用系统监视器查看上步设置的计数器日志，如“样图 4-04B”所示。通过屏幕截图（按 Print Screen 键）把对应的界面保存成 X4-04A.bmp 文件，并保存到考生文件夹中。

3．**用警报监视系统活动**：使用“性能”工具设置警报，警报的名字、警报设置的计数器、警报触发条件、数据采样间隔等信息如“样图 4-04C”所示，并设置将信息从网络发送到本计算机（用 IP 地址标识即可）。为警报的触发制造条件，警报触发后通过信使报出的信息如“样图 4-04D”所示，通过屏幕截图把对应的界面保存成 X4-04B.bmp 文件，并保存到考生文件夹中。

【样图 4-04A】

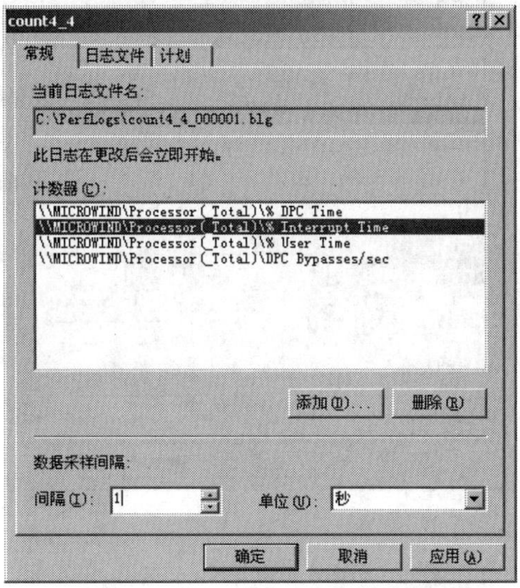

【样图 4-04B】

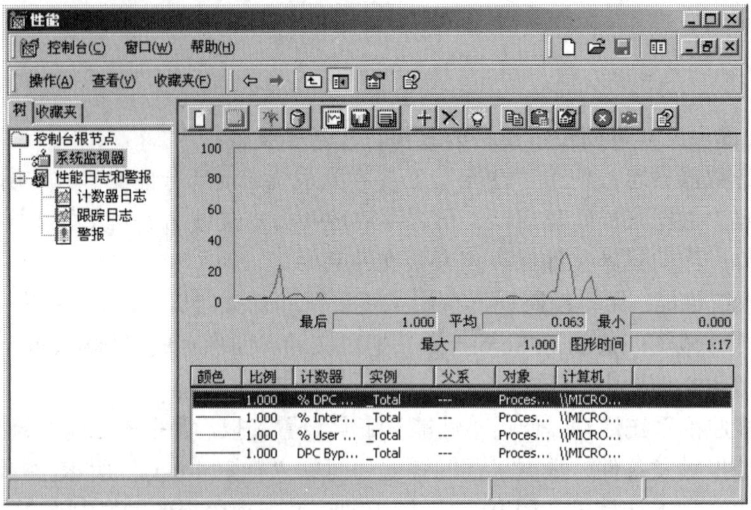

【样图 4-04C】

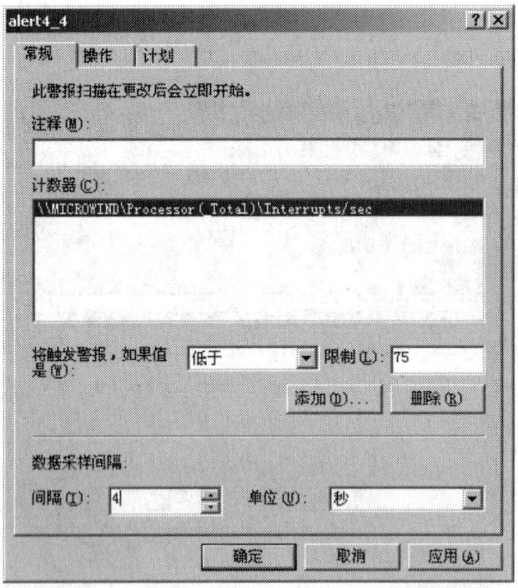

【样图 4-04D】

4.5　第 5 题

【操作要求】

完成下列操作，并将操作结果按要求保存在考生文件夹中。

1．**添加计数器日志**：使用“性能”工具监测系统当前部分性能参数，所监测的对象、计数器、数据采样间隔周期、日志存放地和日志文件名等信息如“样图 4-05A”所示，将产生的日志文件保存到考生文件夹中。

2．**查看系统性能**：用系统监视器查看上步设置的计数器日志，如“样图 4-05B”所示。通过屏幕截图（按 Print Screen 键）把对应的界面保存成 X4-05A.bmp 文件，并保存到考生文件夹中。

3．**用警报监视系统活动**：使用“性能”工具设置警报，警报的名字、警报设置的计数器、警报触发条件、数据采样间隔等信息如“样图 4-05C”所示，并设置将信息从网络发送到本计算机（用 IP 地址标识即可）。为警报的触发制造条件，警报触发后通过信使报出的信息如“样图 4-05D”所示，通过屏幕截图把对应的界面保存成 X4-05B.bmp 文件，并保存到考生文件夹中。

【样图 4-05A】

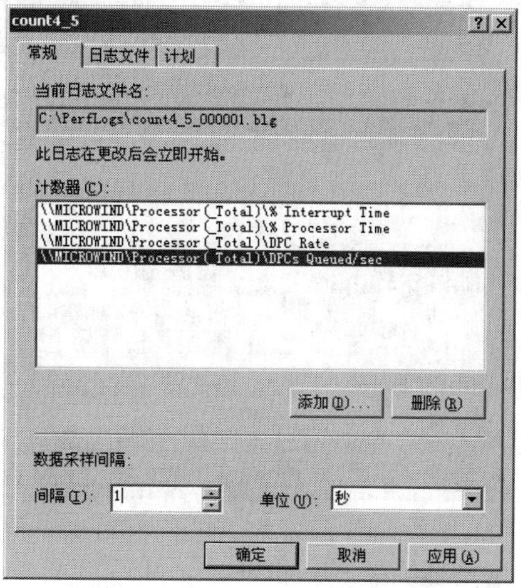

【样图 4-05B】

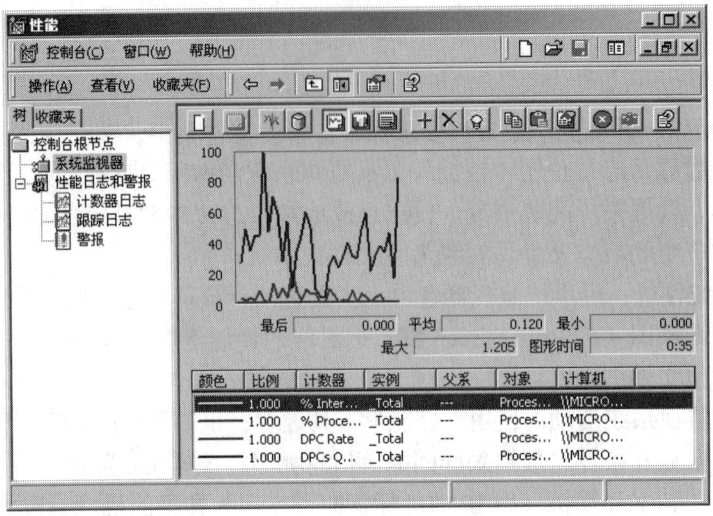

【样图 4-05C】

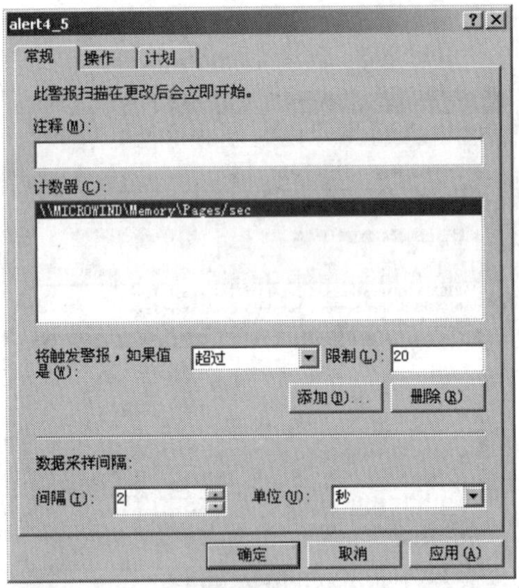

【样图 4-05D】

4.6　第 6 题

【操作要求】

完成下列操作，并将操作结果按要求保存在考生文件夹中。

1. **添加计数器日志：**使用“性能”工具监测系统当前部分性能参数，所监测的对象、计数器、数据采样间隔周期、日志存放地和日志文件名等信息如“样图 4-06A”所示，将产生的日志文件保存到考生文件夹中。
2. **查看系统性能：**用系统监视器查看上步设置的计数器日志，如“样图 4-06B”所示。通过屏幕截图（按 Print Screen 键）把对应的界面保存成 X4-06A.bmp 文件，并保存到考生文件夹中。
3. **用警报监视系统活动：**使用“性能”工具设置警报，警报的名字、警报设置的计数器、警报触发条件、数据采样间隔等信息如“样图 4-06C”所示，并设置将信息从网络发送到本计算机（用 IP 地址标识即可）。为警报的触发制造条件，警报触发后通过信使报出的信息如“样图 4-06D”所示，通过屏幕截图把对应的界面保存成 X4-06B.bmp 文件，并保存到考生文件夹中。

【样图 4-06A】

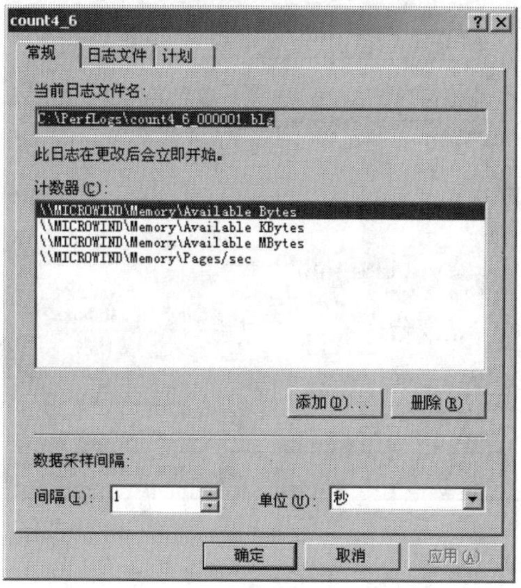

【样图 4-06B】

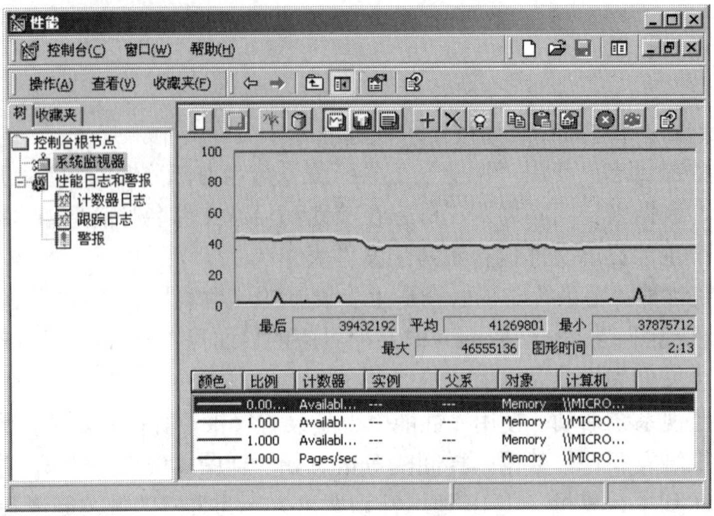

【样图 4-06C】

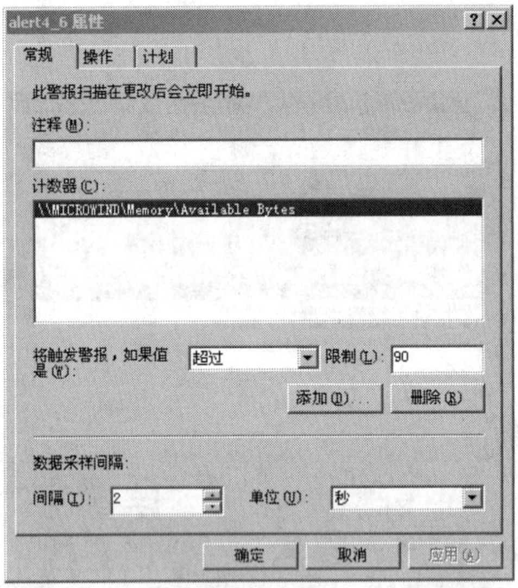

【样图 4-06D】

4.7　第 7 题

【操作要求】

完成下列操作，并将操作结果按要求保存在考生文件夹中。

1．**添加计数器日志**：使用“性能”工具监测系统当前部分性能参数，所监测的对象、计数器、数据采样间隔周期、日志存放地和日志文件名等信息如“样图 4-07A”所示，将产生的日志文件保存到考生文件夹中。

2．**查看系统性能**：用系统监视器查看上步设置的计数器日志，如“样图 4-07B”所示。通过屏幕截图（按 Print Screen 键）把对应的界面保存成 X4-07A.bmp 文件，并保存到考生文件夹中。

3．**用警报监视系统活动**：使用“性能”工具设置警报，警报的名字、警报设置的计数器、警报触发条件、数据采样间隔等信息如“样图 4-07C”所示，并设置将信息从网络发送到本计算机（用 IP 地址标识即可）。为警报的触发制造条件，警报触发后通过信使报出的信息如“样图 4-07D”所示，通过屏幕截图把对应的界面保存成 X4-07B.bmp 文件，并保存到考生文件夹中。

【样图 4-07A】

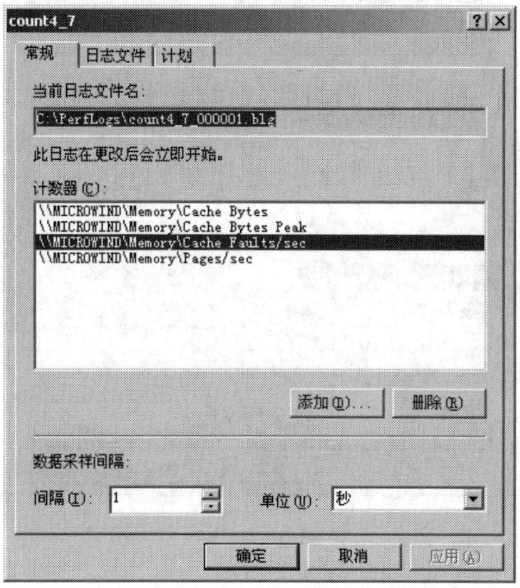

【样图 4-07B】

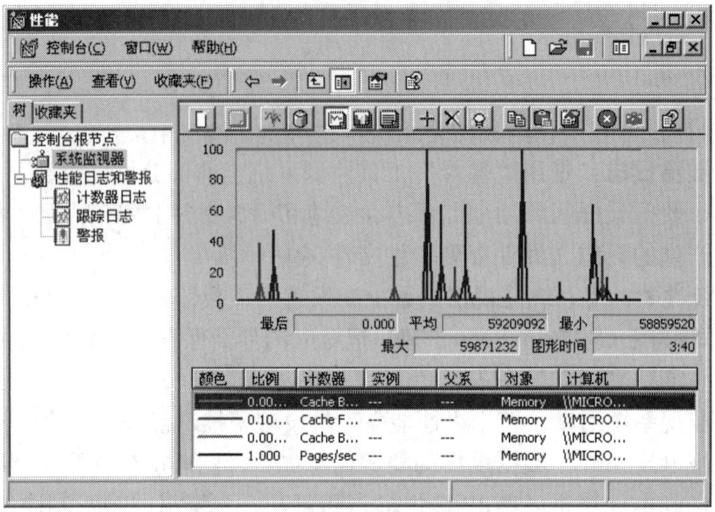

【样图 4-07C】

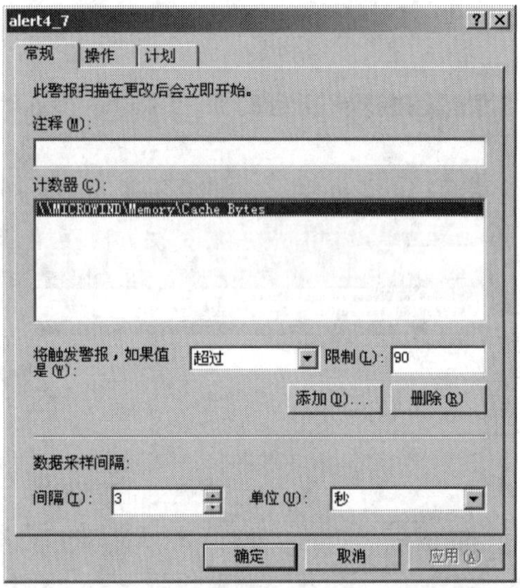

【样图 4-07D】

4.8　第 8 题

【操作要求】

完成下列操作，并将操作结果按要求保存在考生文件夹中。

1. **添加计数器日志**：使用“性能”工具监测系统当前部分性能参数，所监测的对象、计数器、数据采样间隔周期、日志存放地和日志文件名等信息如“样图 4-08A”所示，将产生的日志文件保存到考生文件夹中。
2. **查看系统性能**：用系统监视器查看上步设置的计数器日志，如“样图 4-08B”所示。通过屏幕截图（按 Print Screen 键）把对应的界面保存成 X4-08A.bmp 文件，并保存到考生文件夹中。
3. **用警报监视系统活动**：使用“性能”工具设置警报，警报的名字、警报设置的计数器、警报触发条件、数据采样间隔等信息如“样图 4-08C”所示，并设置将信息从网络发送到本计算机（用 IP 地址标识即可）。为警报的触发制造条件，警报触发后通过信使报出的信息如“样图 4-08D”所示，通过屏幕截图把对应的界面保存成 X4-08B.bmp 文件，并保存到考生文件夹中。

【样图 4-08A】

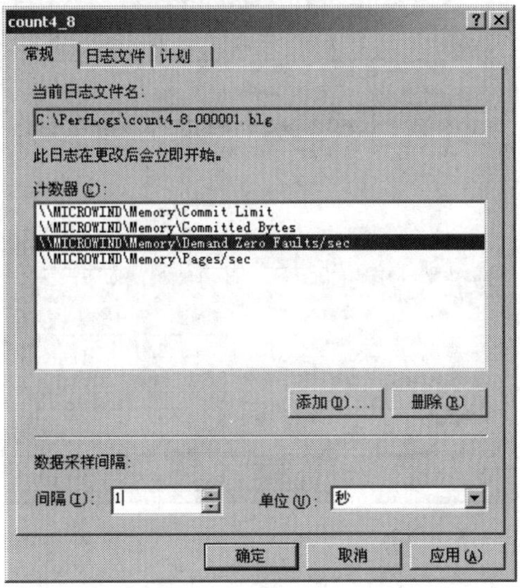

【样图 4-08B】

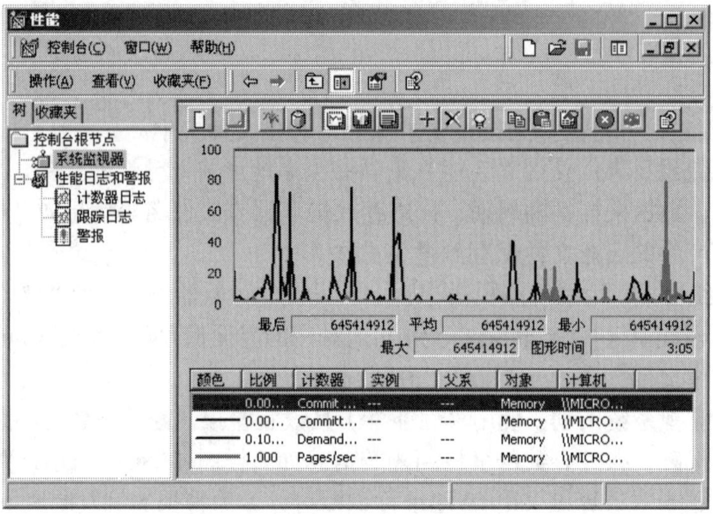

【样图 4-08C】

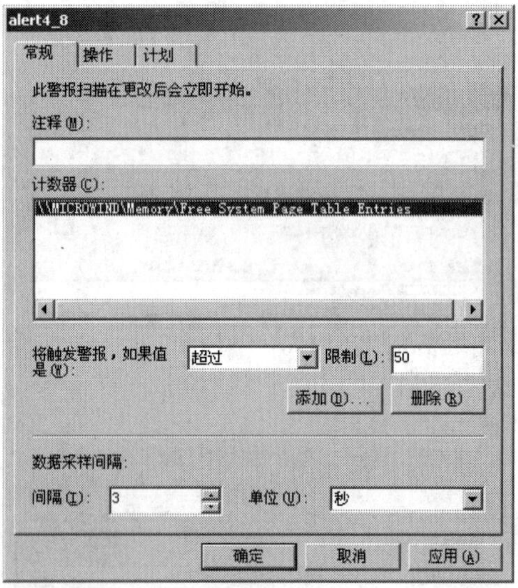

【样图 4-08D】

4.9　第 9 题

【操作要求】

完成下列操作，并将操作结果按要求保存在考生文件夹中。

1. **添加计数器日志**：使用“性能”工具监测系统当前部分性能参数，所监测的对象、计数器、数据采样间隔周期、日志存放地和日志文件名等信息如“样图 4-09A”所示，将产生的日志文件保存到考生文件夹中。
2. **查看系统性能**：用系统监视器查看上步设置的计数器日志，如“样图 4-09B”所示。通过屏幕截图（按 Print Screen 键）把对应的界面保存成 X4-09A.bmp 文件，并保存到考生文件夹中。
3. **用警报监视系统活动**：使用“性能”工具设置警报，警报的名字、警报设置的计数器、警报触发条件、数据采样间隔等信息如“样图 4-09C”所示，并设置将信息从网络发送到本计算机（用 IP 地址标识即可）。为警报的触发制造条件，警报触发后通过信使报出的信息如“样图 4-09D”所示，通过屏幕截图把对应的界面保存成 X4-09B.bmp 文件，并保存到考生文件夹中。

【样图 4-09A】

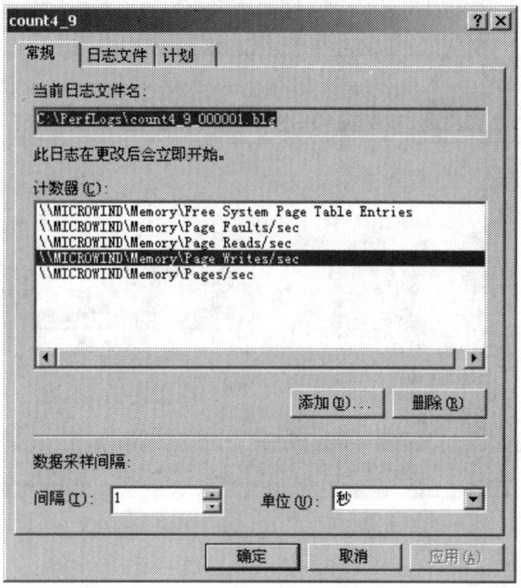

【样图 4-09B】

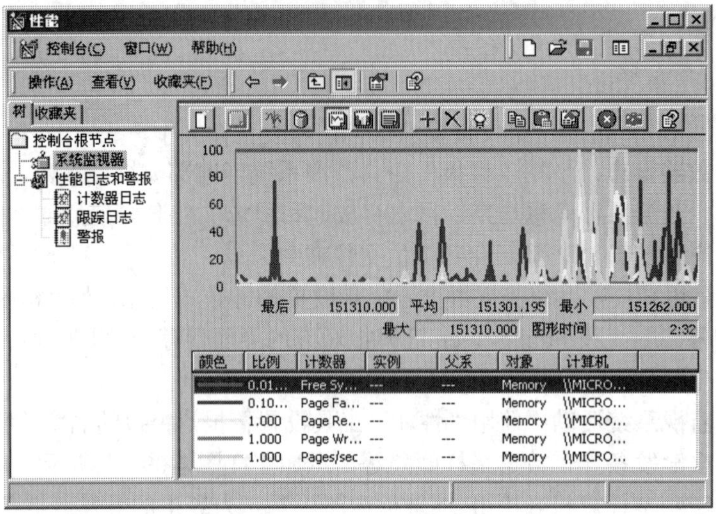

【样图 4-09C】

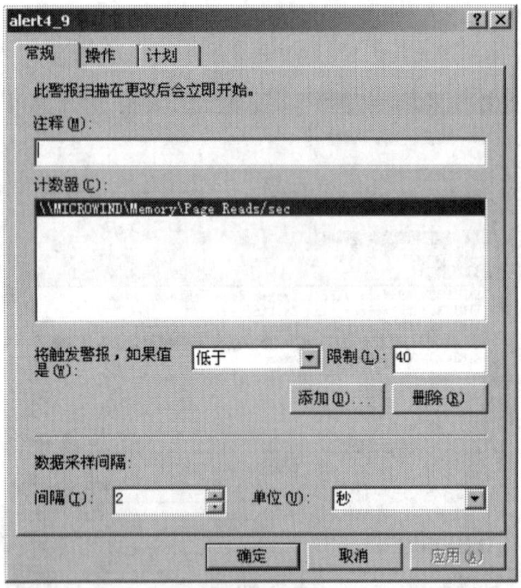

【样图 4-09D】

4.10　第 10 题

【操作要求】

完成下列操作，并将操作结果按要求保存在考生文件夹中。

1. **添加计数器日志**：使用“性能”工具监测系统当前部分性能参数，所监测的对象、计数器、数据采样间隔周期、日志存放地和日志文件名等信息如“样图 4-10A”所示，将产生的日志文件保存到考生文件夹中。
2. **查看系统性能**：用系统监视器查看上步设置的计数器日志，如“样图 4-10B”所示。通过屏幕截图（按 Print Screen 键）把对应的界面保存成 X4-10A.bmp 文件，并保存到考生文件夹中。
3. **用警报监视系统活动**：使用“性能”工具设置警报，警报的名字、警报设置的计数器、警报触发条件、数据采样间隔等信息如“样图 4-10C”所示，并设置将信息从网络发送到本计算机（用 IP 地址标识即可）。为警报的触发制造条件，警报触发后通过信使报出的信息如“样图 4-10D”所示，通过屏幕截图把对应的界面保存成 X4-10B.bmp 文件，并保存到考生文件夹中。

【样图 4-10A】

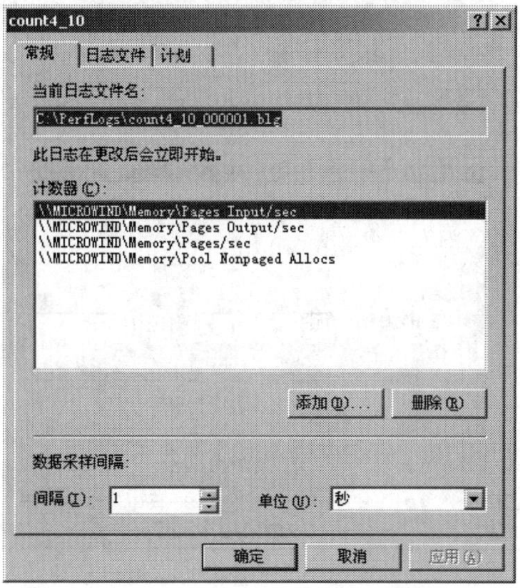

【样图 4-10B】

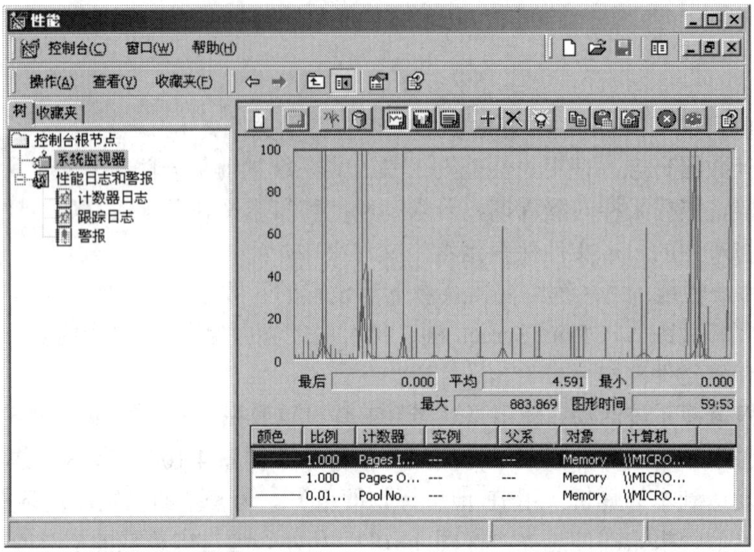

【样图 4-10C】

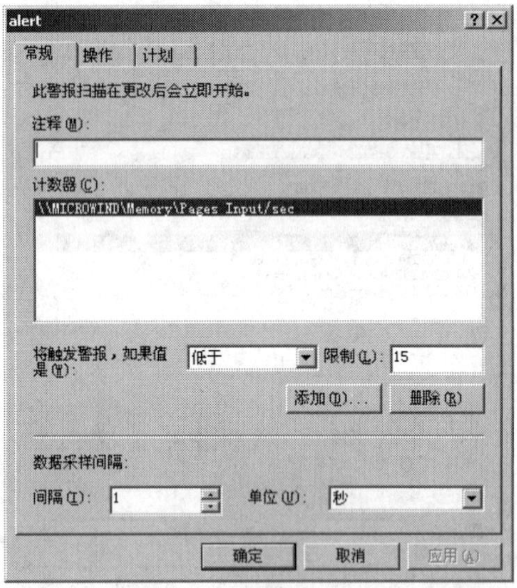

【样图 4-10D】

4.11　第 11 题

【操作要求】

完成下列操作，并将操作结果按要求保存在考生文件夹中。

1. **添加计数器日志**：使用“性能”工具监测系统当前部分性能参数，所监测的对象、计数器、数据采样间隔周期、日志存放地和日志文件名等信息如“样图 4-11A”所示，将产生的日志文件保存到考生文件夹中。
2. **查看系统性能**：用系统监视器查看上步设置的计数器日志，如“样图 4-11B”所示。通过屏幕截图（按 Print Screen 键）把对应的界面保存成 X4-11A.bmp 文件，并保存到考生文件夹中。
3. **用警报监视系统活动**：使用“性能”工具设置警报，警报的名字、警报设置的计数器、警报触发条件、数据采样间隔等信息如“样图 4-11C”所示，并设置将信息从网络发送到本计算机（用 IP 地址标识即可）。为警报的触发制造条件，警报触发后通过信使报出的信息如“样图 4-11D”所示，通过屏幕截图把对应的界面保存成 X4-11B.bmp 文件，并保存到考生文件夹中。

【样图 4-11A】

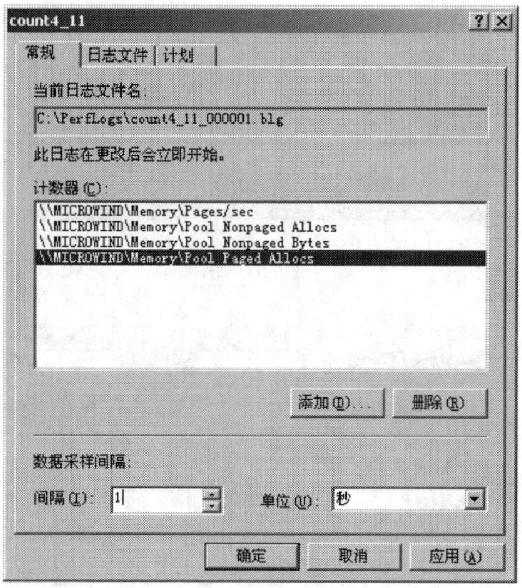

【样图 4-11B】

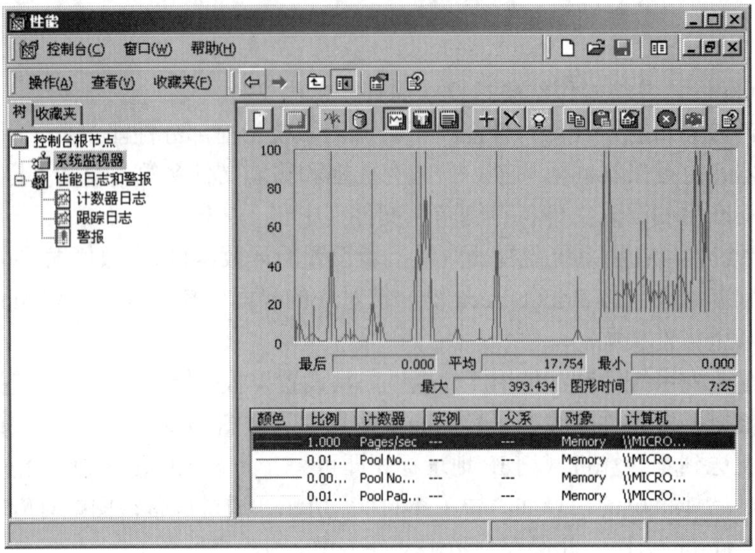

【样图 4-11C】

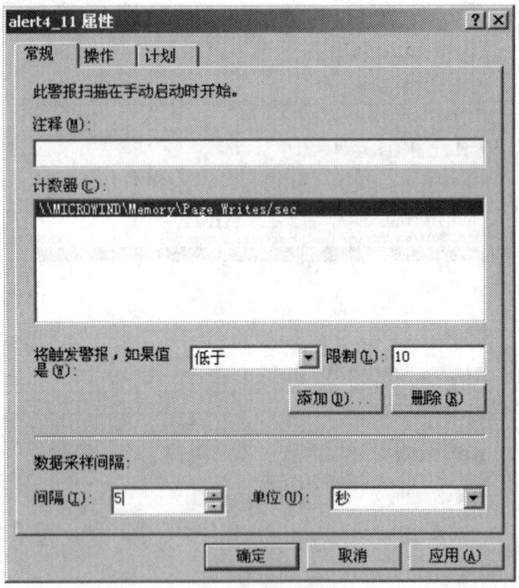

【样图 4-11D】

4.12　第 12 题

【操作要求】

完成下列操作，并将操作结果按要求保存在考生文件夹中。

1. **添加计数器日志**：使用"性能"工具监测系统当前部分性能参数，所监测的对象、计数器、数据采样间隔周期、日志存放地和日志文件名等信息如"样图 4-12A"所示，将产生的日志文件保存到考生文件夹中。
2. **查看系统性能**：用系统监视器查看上步设置的计数器日志，如"样图 4-12B"所示。通过屏幕截图（按 Print Screen 键）把对应的界面保存成 X4-12A.bmp 文件，并保存到考生文件夹中。
3. **用警报监视系统活动**：使用"性能"工具设置警报，警报的名字、警报设置的计数器、警报触发条件、数据采样间隔等信息如"样图 4-12C"所示，并设置将信息从网络发送到本计算机（用 IP 地址标识即可）。为警报的触发制造条件，警报触发后通过信使报出的信息如"样图 4-12D"所示，通过屏幕截图把对应的界面保存成 X4-12B.bmp 文件，并保存到考生文件夹中。

【样图 4-12A】

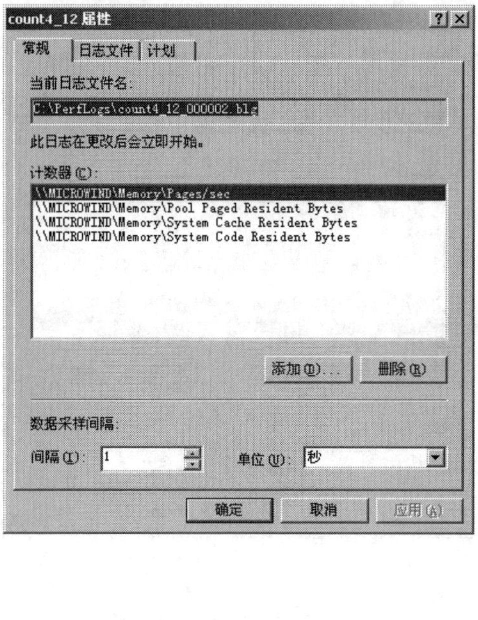

【样图 4-12B】

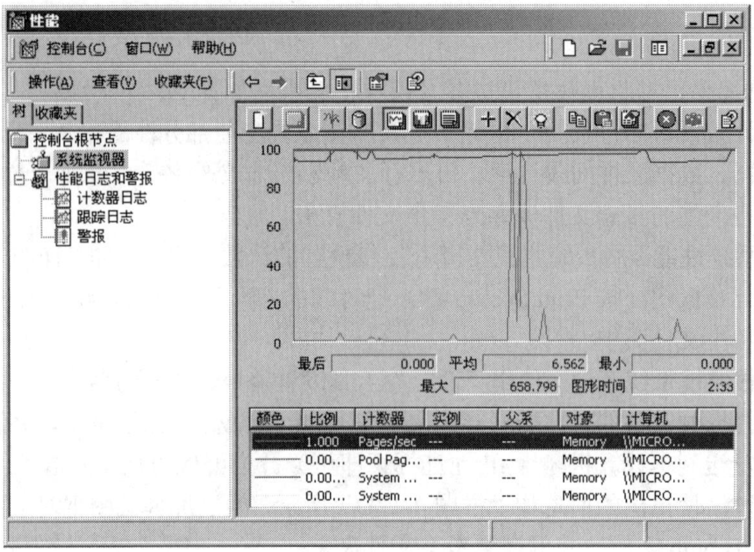

【样图 4-12C】

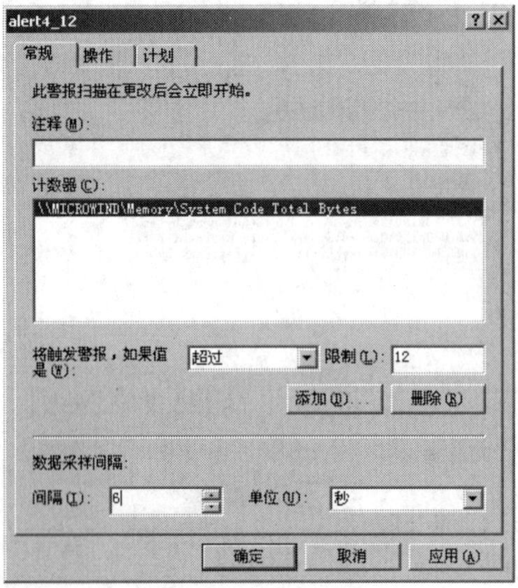

【样图 4-12D】

4.13　第 13 题

【操作要求】

完成下列操作，并将操作结果按要求保存在考生文件夹中。

1. **添加计数器日志**：使用“性能”工具监测系统当前部分性能参数，所监测的对象、计数器、数据采样间隔周期、日志存放地和日志文件名等信息如“样图 4-13A”所示，将产生的日志文件保存到考生文件夹中。
2. **查看系统性能**：用系统监视器查看上步设置的计数器日志，如“样图 4-13B”所示。通过屏幕截图（按 Print Screen 键）把对应的界面保存成 X4-13A.bmp 文件，并保存到考生文件夹中。
3. **用警报监视系统活动**：使用“性能”工具设置警报，警报的名字、警报设置的计数器、警报触发条件、数据采样间隔等信息如“样图 4-13C”所示，并设置将信息从网络发送到本计算机（用 IP 地址标识即可）。为警报的触发制造条件，警报触发后通过信使报出的信息如“样图 4-13D”所示，通过屏幕截图把对应的界面保存成 X4-13B.bmp 文件，并保存到考生文件夹中。

【样图 4-13A】

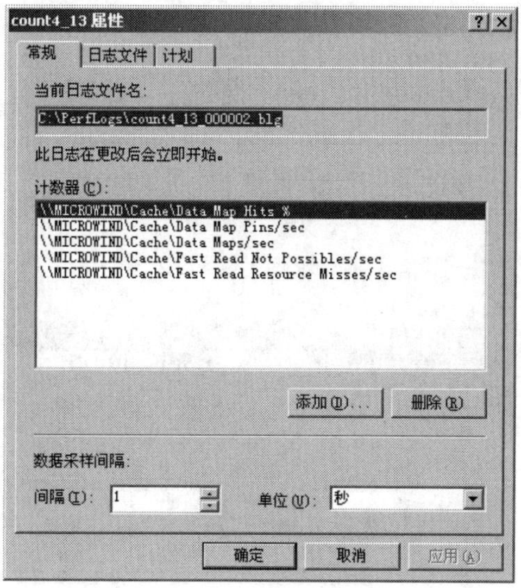

【样图 4-13B】

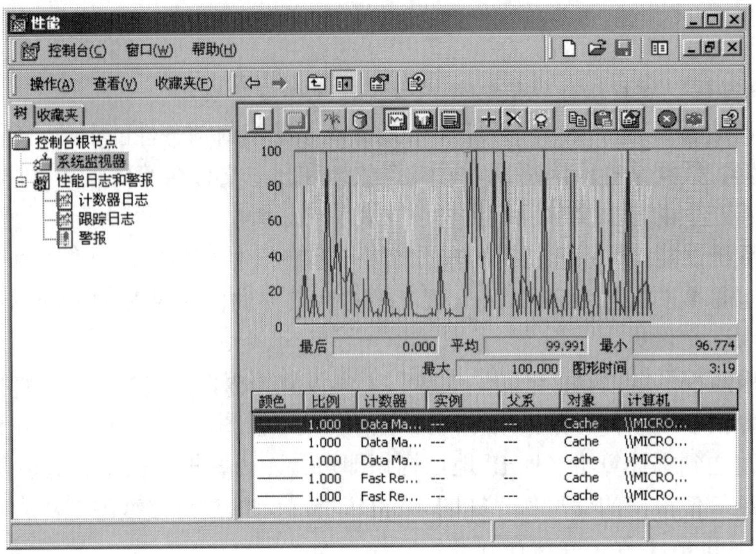

【样图 4-13C】

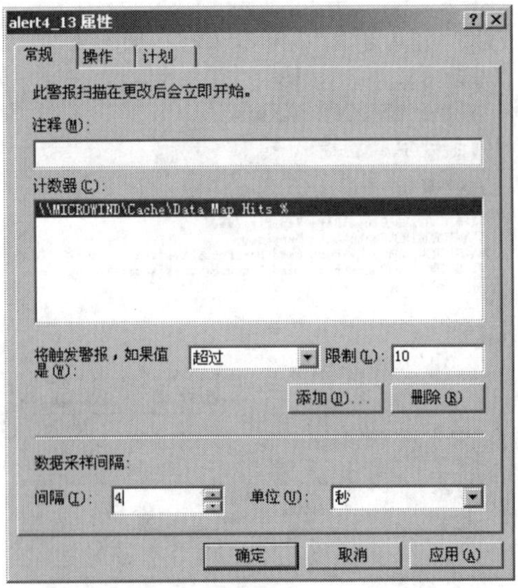

【样图 4-13D】

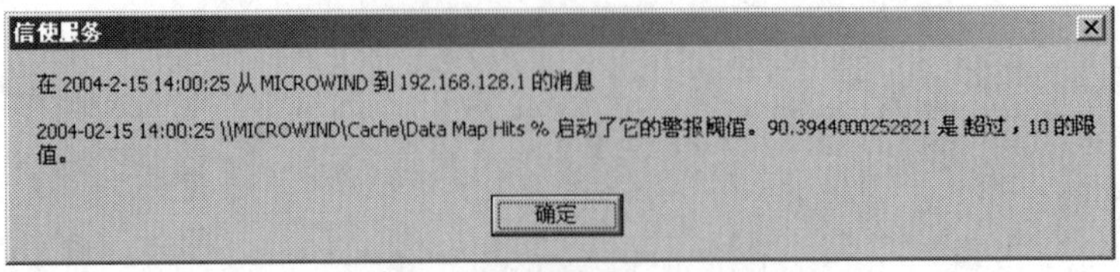

4.14　第 14 题

【操作要求】

完成下列操作，并将操作结果按要求保存在考生文件夹中。

1. **添加计数器日志**：使用"性能"工具监测系统当前部分性能参数，所监测的对象、计数器、数据采样间隔周期、日志存放地和日志文件名等信息如"样图 4-14A"所示，将产生的日志文件保存到考生文件夹中。
2. **查看系统性能**：用系统监视器查看上步设置的计数器日志，如"样图 4-14B"所示。通过屏幕截图（按 Print Screen 键）把对应的界面保存成 X4-14A.bmp 文件，并保存到考生文件夹中。
3. **用警报监视系统活动**：使用"性能"工具设置警报，警报的名字、警报设置的计数器、警报触发条件、数据采样间隔等信息如"样图 4-14C"所示，并设置将信息从网络发送到本计算机（用 IP 地址标识即可）。为警报的触发制造条件，警报触发后通过信使报出的信息如"样图 4-14D"所示，通过屏幕截图把对应的界面保存成 X4-14B.bmp 文件，并保存到考生文件夹中。

【样图 4-14A】

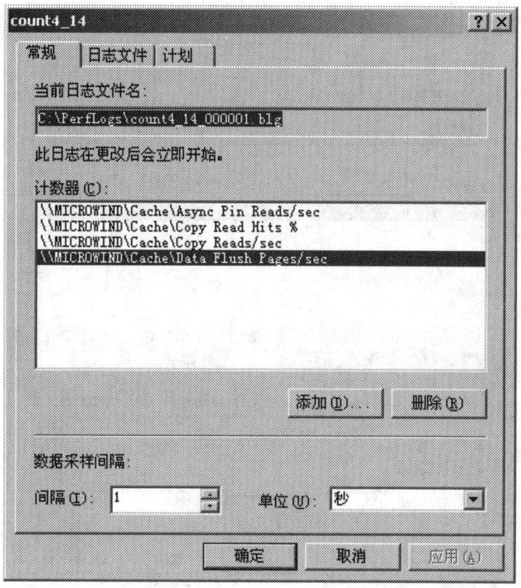

【样图 4-14B】

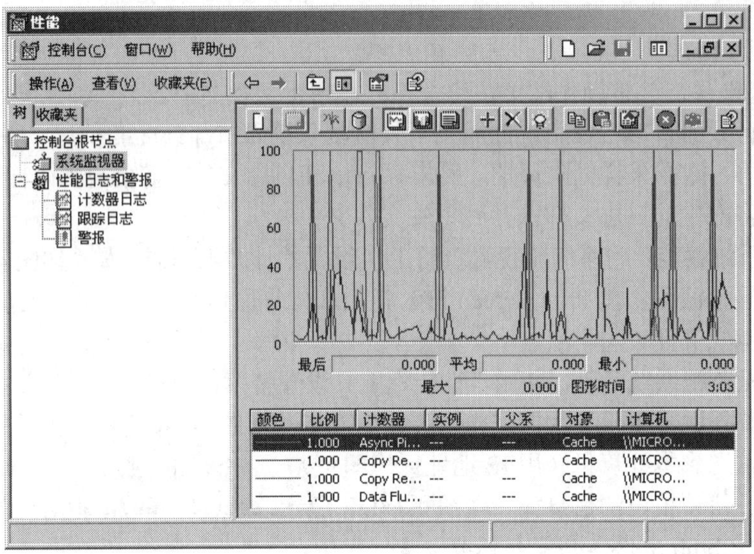

【样图 4-14C】

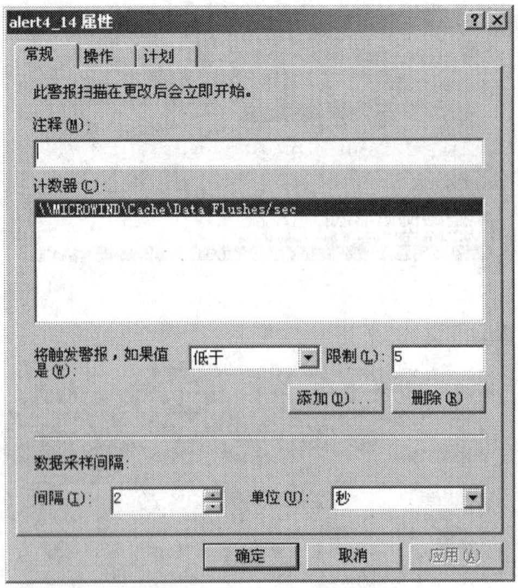

【样图 4-14D】

4.15　第 15 题

【操作要求】

完成下列操作，并将操作结果按要求保存在考生文件夹中。

1. **添加计数器日志**：使用“性能”工具监测系统当前部分性能参数，所监测的对象、计数器、数据采样间隔周期、日志存放地和日志文件名等信息如“样图 4-15A”所示，将产生的日志文件保存到考生文件夹中。
2. **查看系统性能**：用系统监视器查看上步设置的计数器日志，如“样图 4-15B”所示。通过屏幕截图（按 Print Screen 键）把对应的界面保存成 X4-15A.bmp 文件，并保存到考生文件夹中。
3. **用警报监视系统活动**：使用“性能”工具设置警报，警报的名字、警报设置的计数器、警报触发条件、数据采样间隔等信息如“样图 4-15C”所示，并设置将信息从网络发送到本计算机（用 IP 地址标识即可）。为警报的触发制造条件，警报触发后通过信使报出的信息如“样图 4-15D”所示，通过屏幕截图把对应的界面保存成 X4-15B.bmp 文件，并保存到考生文件夹中。

【样图 4-15A】

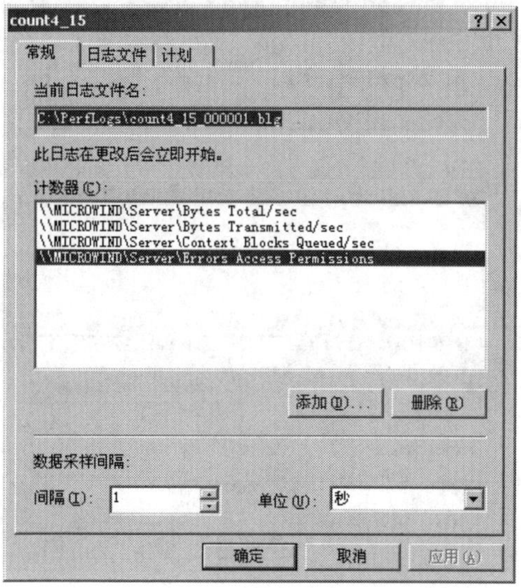

【样图 4-15B】

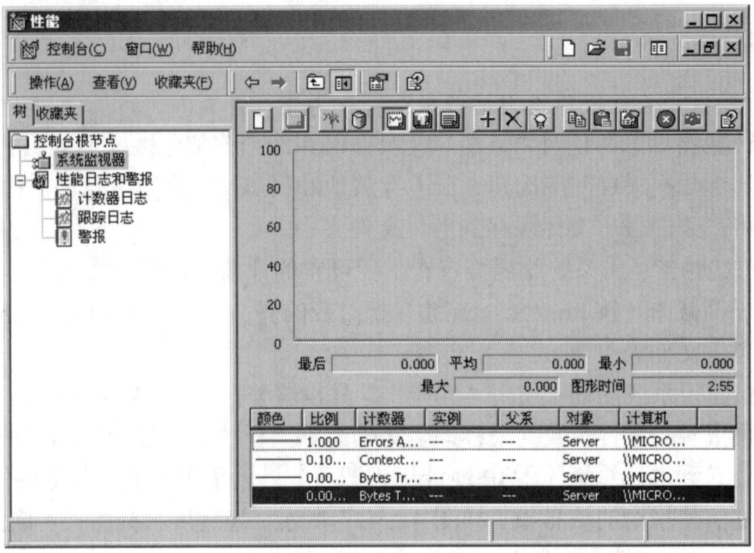

【样图 4-15C】

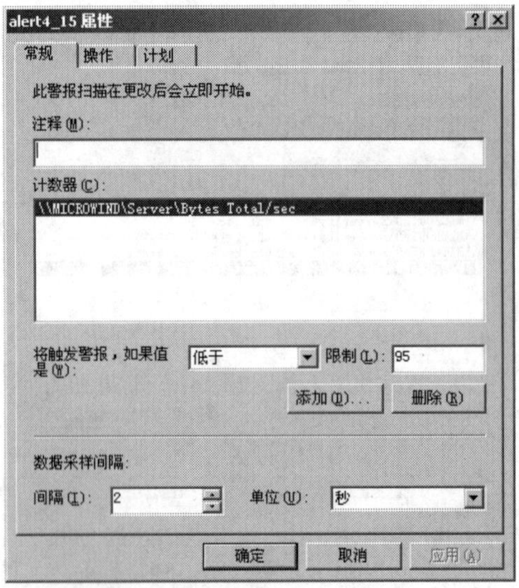

【样图 4-15D】

4.16　第 16 题

【操作要求】

完成下列操作，并将操作结果按要求保存在考生文件夹中。

1. **添加计数器日志：**使用“性能”工具监测系统当前部分性能参数，所监测的对象、计数器、数据采样间隔周期、日志存放地和日志文件名等信息如“样图 4-16A”所示，将产生的日志文件保存到考生文件夹中。
2. **查看系统性能：**用系统监视器查看上步设置的计数器日志，如“样图 4-16B”所示。通过屏幕截图（按 Print Screen 键）把对应的界面保存成 X4-16A.bmp 文件，并保存到考生文件夹中。
3. **用警报监视系统活动：**使用“性能”工具设置警报，警报的名字、警报设置的计数器、警报触发条件、数据采样间隔等信息如“样图 4-16C”所示，并设置将信息从网络发送到本计算机（用 IP 地址标识即可）。为警报的触发制造条件，警报触发后通过信使报出的信息如“样图 4-16D”所示，通过屏幕截图把对应的界面保存成 X4-16B.bmp 文件，并保存到考生文件夹中。

【样图 4-16A】

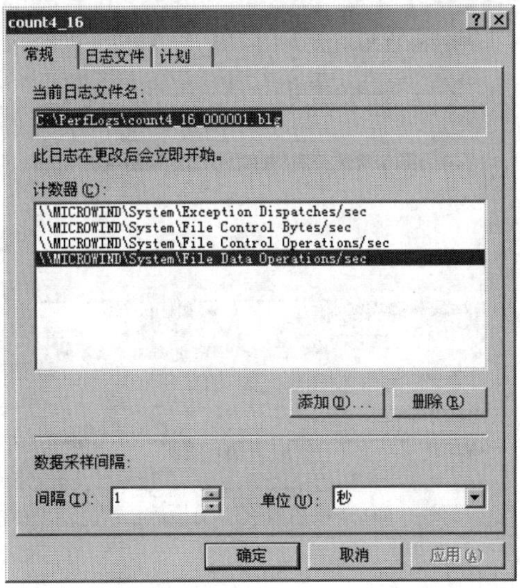

【样图 4-16B】

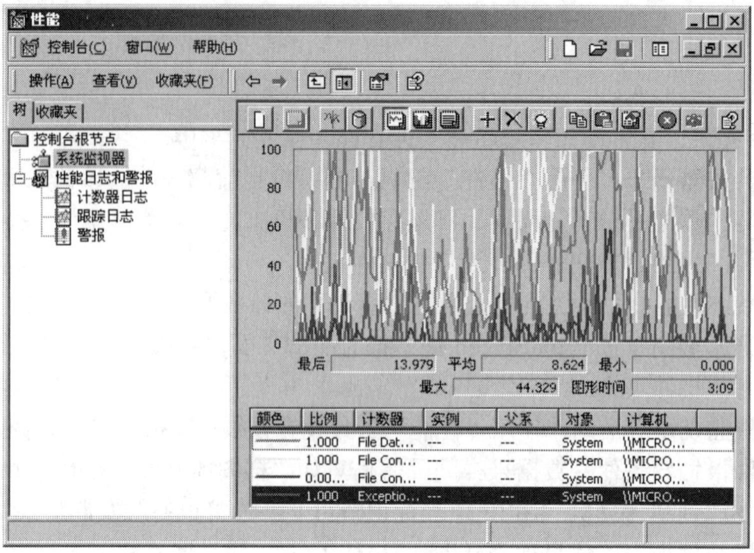

【样图 4-16C】

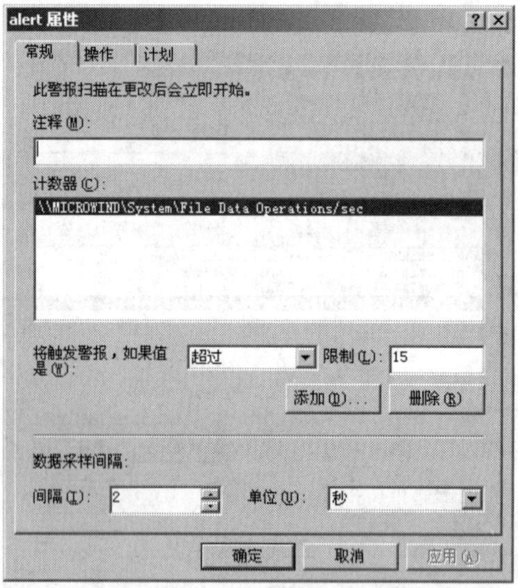

【样图 4-16D】

4.17　第 17 题

【操作要求】

完成下列操作，并将操作结果按要求保存在考生文件夹中。

1. **添加计数器日志**：使用“性能”工具监测系统当前部分性能参数，所监测的对象、计数器、数据采样间隔周期、日志存放地和日志文件名等信息如“样图 4-17A”所示，将产生的日志文件保存到考生文件夹中。
2. **查看系统性能**：用系统监视器查看上步设置的计数器日志，如“样图 4-17B”所示。通过屏幕截图（按 Print Screen 键）把对应的界面保存成 X4-17A.bmp 文件，并保存到考生文件夹中。
3. **用警报监视系统活动**：使用“性能”工具设置警报，警报的名字、警报设置的计数器、警报触发条件、数据采样间隔等信息如“样图 4-17C”所示，并设置将信息从网络发送到本计算机（用 IP 地址标识即可）。为警报的触发制造条件，警报触发后通过信使报出的信息如“样图 4-17D”所示，通过屏幕截图把对应的界面保存成 X4-17B.bmp 文件，并保存到考生文件夹中。

【样图 4-17A】

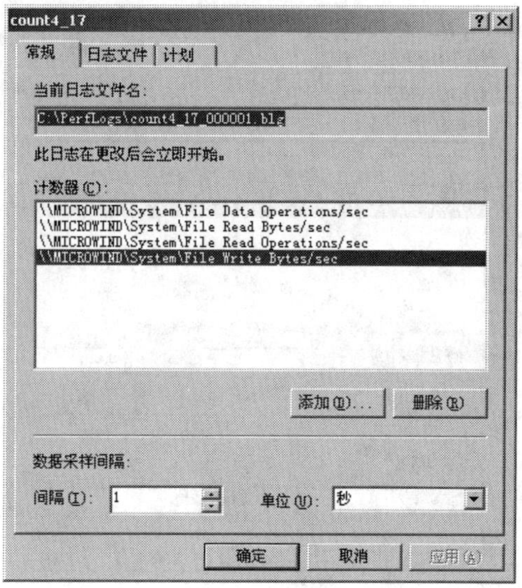

【样图 4-17B】

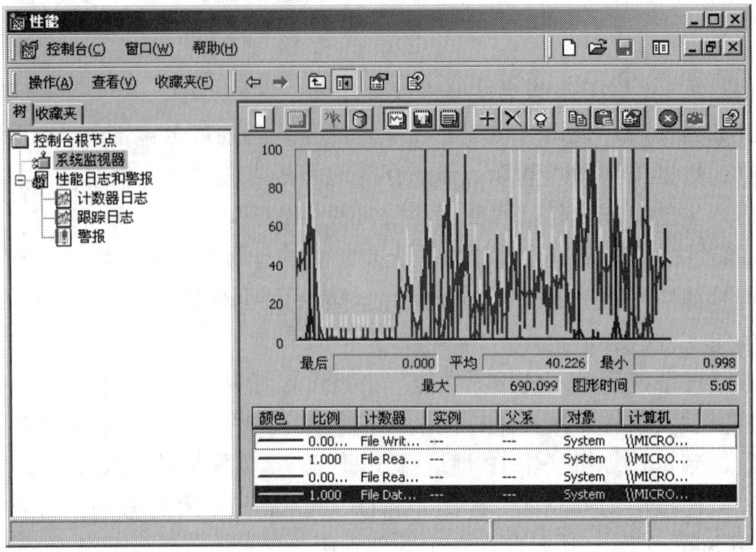

【样图 4-17C】

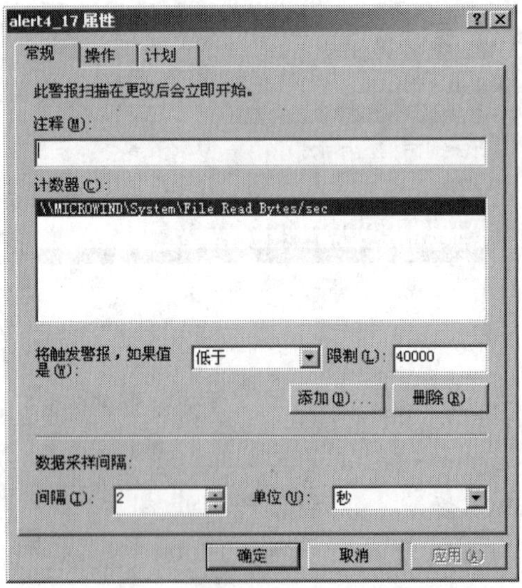

【样图 4-17D】

4.18　第 18 题

【操作要求】

完成下列操作，并将操作结果按要求保存在考生文件夹中。

1. **添加计数器日志**：使用“性能”工具监测系统当前部分性能参数，所监测的对象、计数器、数据采样间隔周期、日志存放地和日志文件名等信息如“样图 4-18A”所示，将产生的日志文件保存到考生文件夹中。
2. **查看系统性能**：用系统监视器查看上步设置的计数器日志，如“样图 4-18B”所示。通过屏幕截图（按 Print Screen 键）把对应的界面保存成 X4-18A.bmp 文件，并保存到考生文件夹中。
3. **用警报监视系统活动**：使用“性能”工具设置警报，警报的名字、警报设置的计数器、警报触发条件、数据采样间隔等信息如“样图 4-18C”所示，并设置将信息从网络发送到本计算机（用 IP 地址标识即可）。为警报的触发制造条件，警报触发后通过信使报出的信息如“样图 4-18D”所示，通过屏幕截图把对应的界面保存成 X4-18B.bmp 文件，并保存到考生文件夹中。

【样图 4-18A】

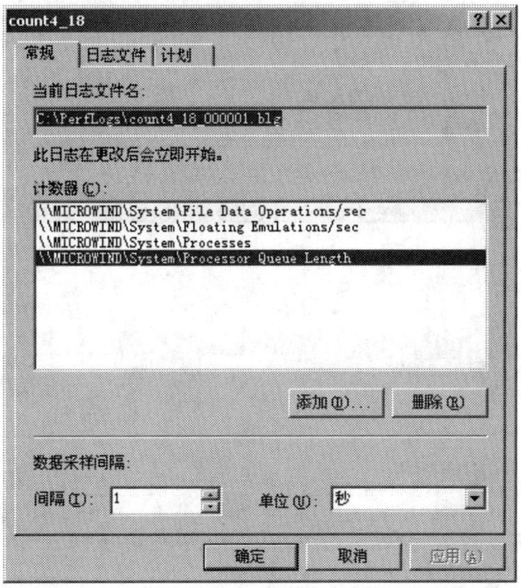

【样图 4-18B】

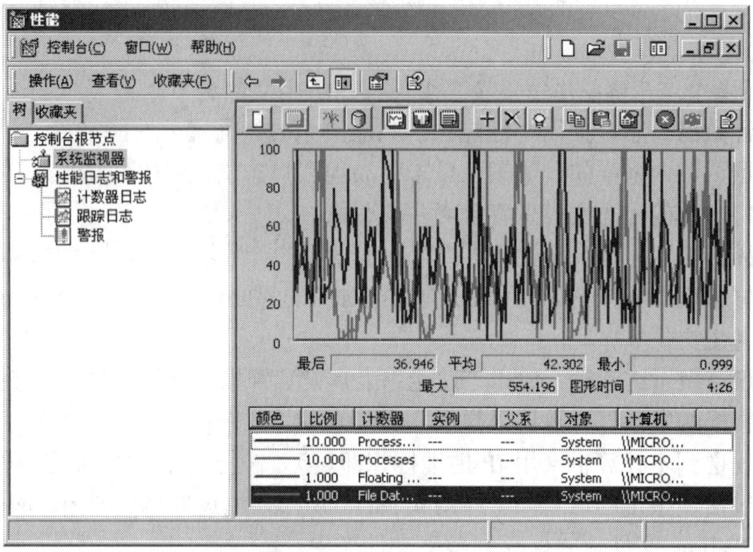

【样图 4-18C】

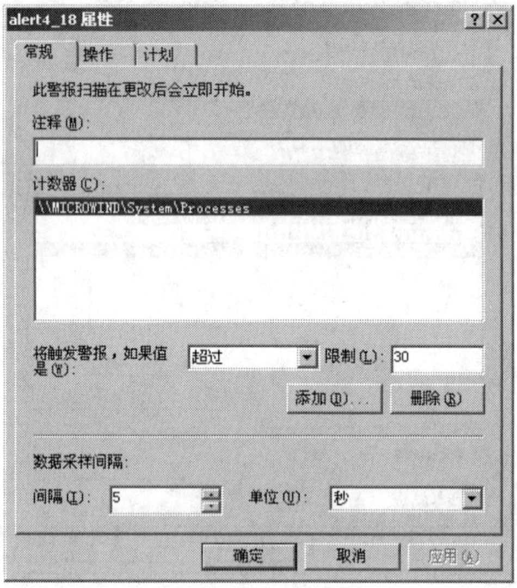

【样图 4-18D】

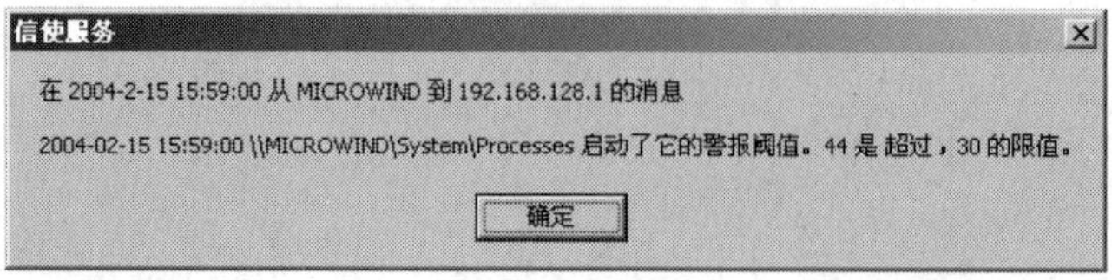

4.19　第 19 题

【操作要求】

完成下列操作，并将操作结果按要求保存在考生文件夹中。

1. **添加计数器日志**：使用“性能”工具监测系统当前部分性能参数，所监测的对象、计数器、数据采样间隔周期、日志存放地和日志文件名等信息如“样图 4-19A”所示，将产生的日志文件保存到考生文件夹中。
2. **查看系统性能**：用系统监视器查看上步设置的计数器日志，如“样图 4-19B”所示。通过屏幕截图（按 Print Screen 键）把对应的界面保存成 X4-19A.bmp 文件，并保存到考生文件夹中。
3. **用警报监视系统活动**：使用“性能”工具设置警报，警报的名字、警报设置的计数器、警报触发条件、数据采样间隔等信息如“样图 4-19C”所示，并设置将信息从网络发送到本计算机（用 IP 地址标识即可）。为警报的触发制造条件，警报触发后通过信使报出的信息如“样图 4-19D”所示，通过屏幕截图把对应的界面保存成 X4-19B.bmp 文件，并保存到考生文件夹中。

【样图 4-19A】

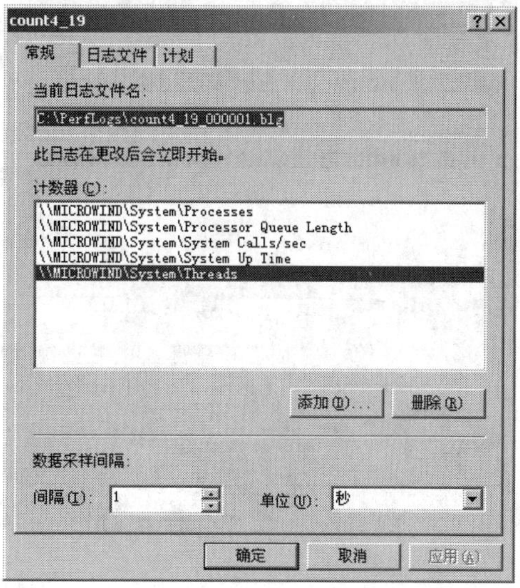

【样图 4-19B】

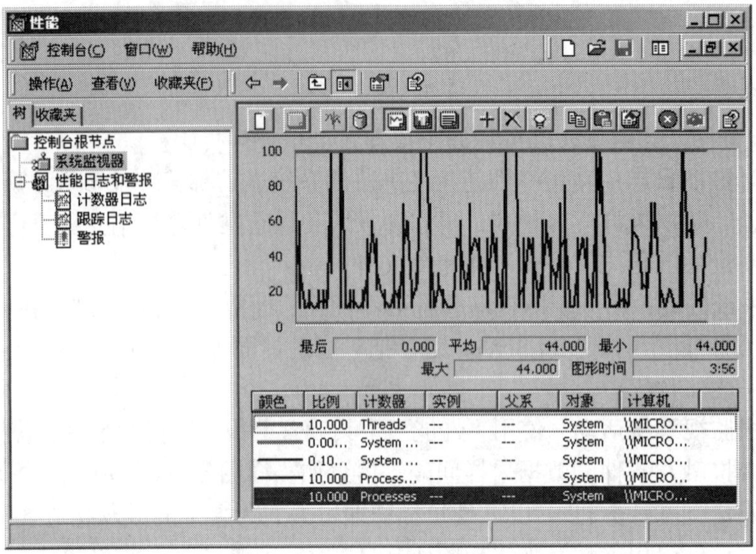

【样图 4-19C】

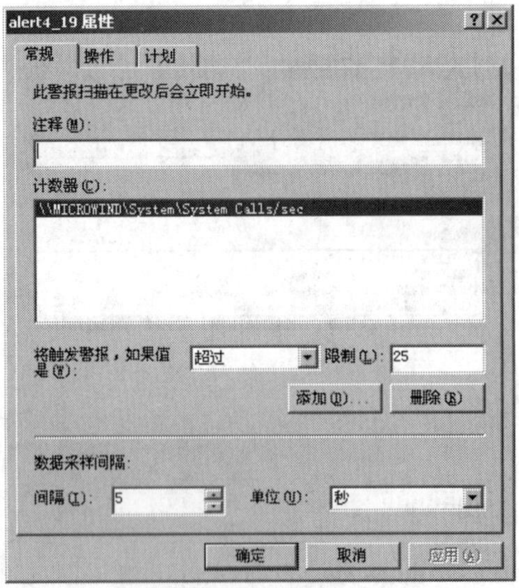

【样图 4-19D】

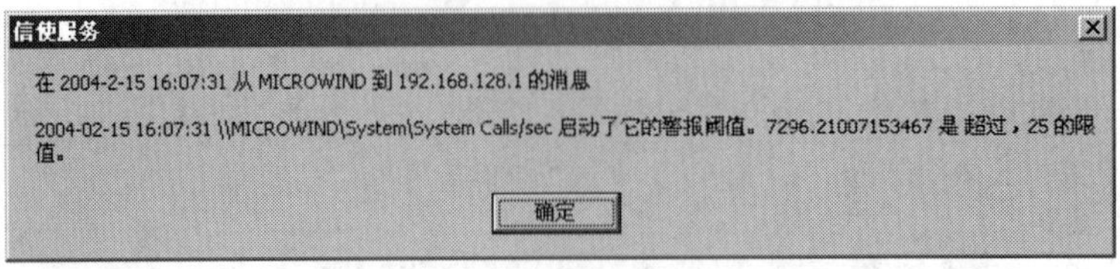

4.20　第 20 题

【操作要求】

完成下列操作，并将操作结果按要求保存在考生文件夹中。

1. **添加计数器日志**：使用“性能”工具监测系统当前部分性能参数，所监测的对象、计数器、数据采样间隔周期、日志存放地和日志文件名等信息如“样图 4-20A”所示，将产生的日志文件保存到考生文件夹中。
2. **查看系统性能**：用系统监视器查看上步设置的计数器日志，如“样图 4-20B”所示。通过屏幕截图（按 Print Screen 键）把对应的界面保存成 X4-20A.bmp 文件，并保存到考生文件夹中。
3. **用警报监视系统活动**：使用“性能”工具设置警报，警报的名字、警报设置的计数器、警报触发条件、数据采样间隔等信息如“样图 4-20C”所示，并设置将信息从网络发送到本计算机（用 IP 地址标识即可）。为警报的触发制造条件，警报触发后通过信使报出的信息如“样图 4-20D”所示，通过屏幕截图把对应的界面保存成 X4-20B.bmp 文件，并保存到考生文件夹中。

【样图 4-20A】

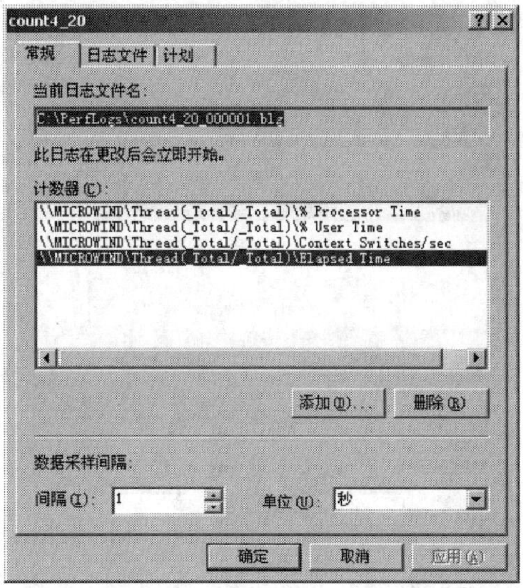

【样图 4-20B】

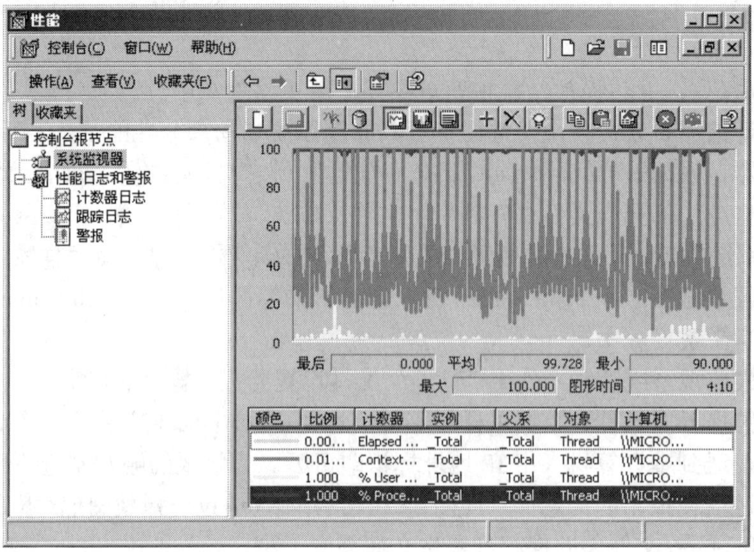

【样图 4-20C】

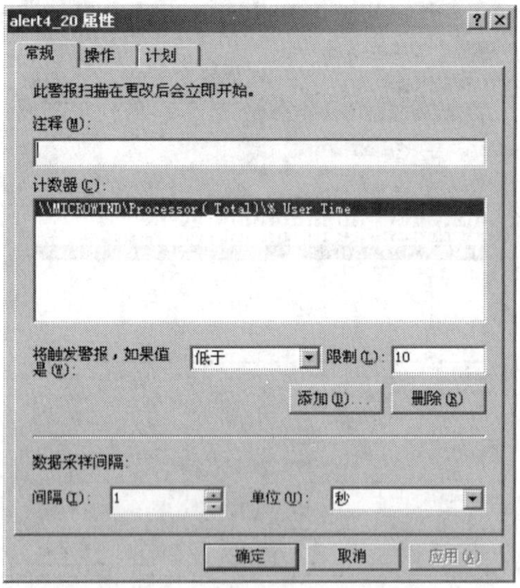

【样图 4-20D】

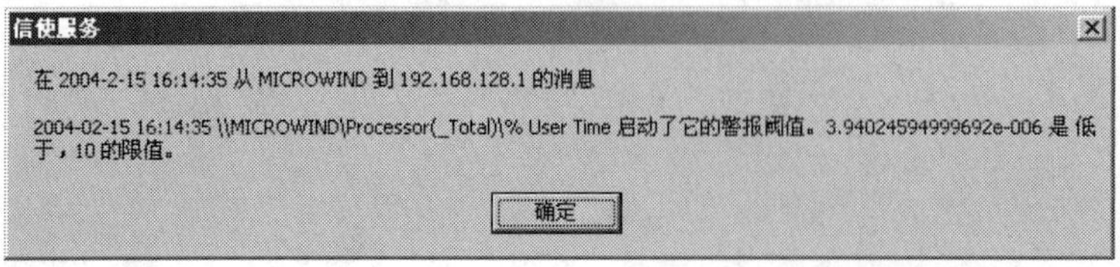

第五单元　配置 Windows 2000 DHCP 服务

5.1　第 1 题

【操作要求】

完成下列操作，并将操作结果按要求保存在考生文件夹中。

1. **检验 DHCP 服务是否安装成功**：检验 DHCP 服务是否安装成功，如果没有安装，就手动安装 DHCP 服务。
2. **创建 DHCP 作用域**：打开 DHCP 服务，创建一个新的 DHCP 作用域，作用域的名字、作用域范围、排除范围如“样图 5-01A”所示。通过屏幕截图（按 Print Screen 键）把对应的界面保存成 X5-01A.bmp 文件，并保存到考生文件夹中。
3. **创建 DHCP 保留作用域**：创建一个 DHCP 保留作用域，该保留作用域的名字、作用范围如“样图 5-01B”所示。通过屏幕截图把对应的界面保存成 X5-01B.bmp 文件，并保存到考生文件夹中。
4. **配置 DHCP 作用域选项**：对 DHCP 作用域选项进行配置，配置结果如“样图 5-01C”所示。通过屏幕截图把对应的界面保存成 X5-01C.bmp 文件，并保存到考生文件夹中。
5. **配置用户类**：对本机配置 DHCP 用户类，配置结果如“样图 5-01D”所示。通过屏幕截图把对应的界面保存成 X5-01D.bmp 文件，并保存到考生文件夹中。

【样图 5-01A】

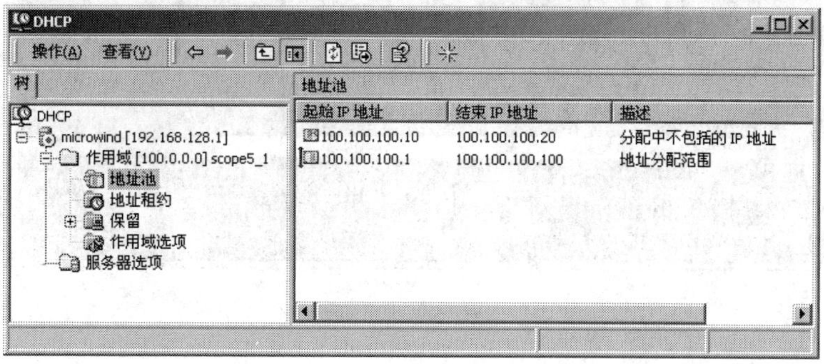

【样图 5-01B】

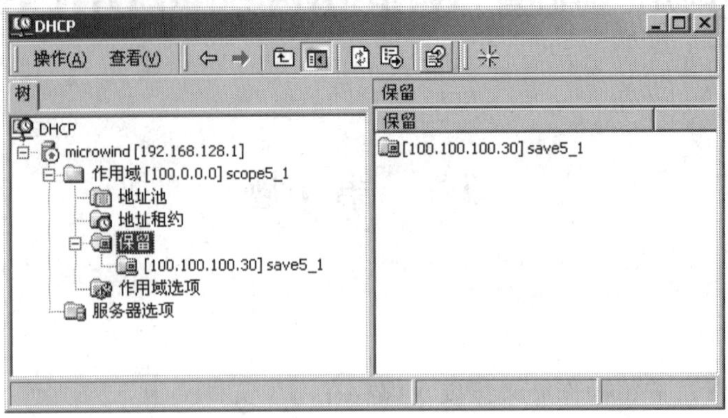

【样图 5-01C】

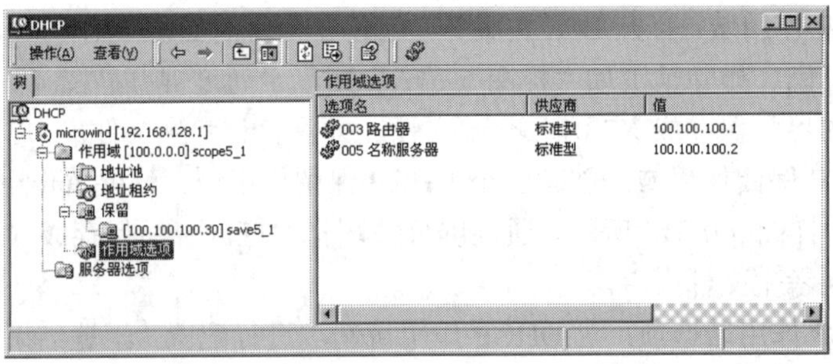

【样图 5-01D】

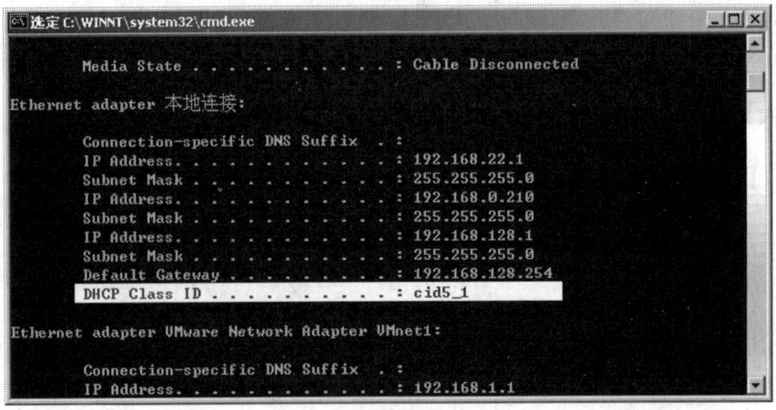

5.2 第 2 题

【操作要求】

完成下列操作，并将操作结果按要求保存在考生文件夹中。

1. **检验 DHCP 服务是否安装成功**：检验 DHCP 服务是否安装成功，如果没有安装，就手动安装 DHCP 服务。
2. **创建 DHCP 作用域**：打开 DHCP 服务，创建一个新的 DHCP 作用域，作用域的名字、作用域范围、排除范围如“样图 5-02A”所示。通过屏幕截图（按 Print Screen 键）把对应的界面保存成 X5-02A.bmp 文件，并保存到考生文件夹中。
3. **创建 DHCP 保留作用域**：创建一个 DHCP 保留作用域，该保留作用域的名字、作用范围如“样图 5-02B”所示。通过屏幕截图把对应的界面保存成 X5-02B.bmp 文件，并保存到考生文件夹中。
4. **配置 DHCP 作用域选项**：对 DHCP 作用域选项进行配置，配置结果如“样图 5-02C”所示。通过屏幕截图把对应的界面保存成 X5-02C.bmp 文件，并保存到考生文件夹中。
5. **配置用户类**：对本机配置 DHCP 用户类，配置结果如“样图 5-02D”所示。通过屏幕截图把对应的界面保存成 X5-02D.bmp 文件，并保存到考生文件夹中。

【样图 5-02A】

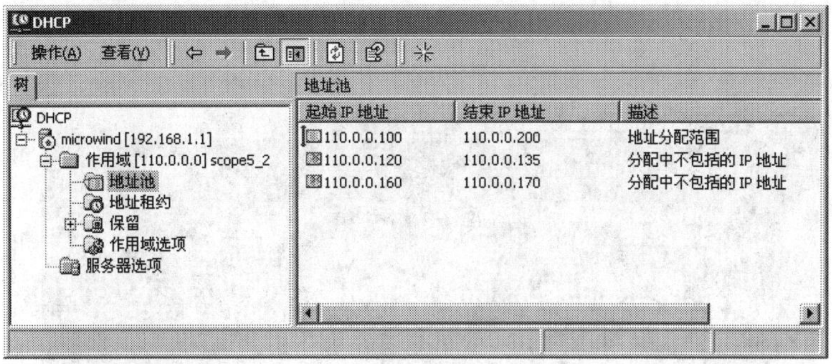

【样图 5-02B】

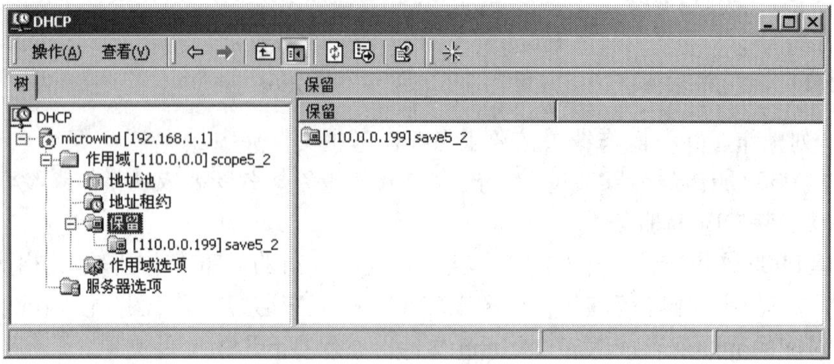

【样图 5-02C】

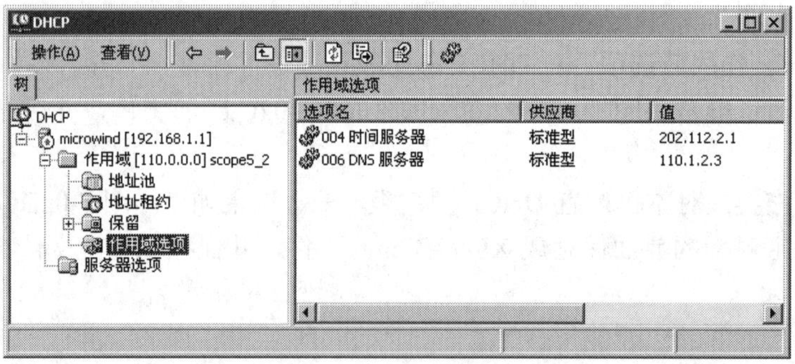

【样图 5-02D】

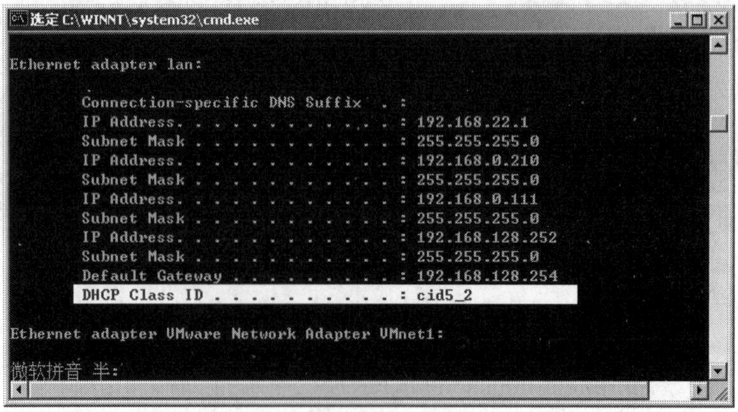

5.3　第 3 题

【操作要求】

完成下列操作，并将操作结果按要求保存在考生文件夹中。

1. **检验 DHCP 服务是否安装成功**：检验 DHCP 服务是否安装成功，如果没有安装，就手动安装 DHCP 服务。
2. **创建 DHCP 作用域**：打开 DHCP 服务，创建一个新的 DHCP 作用域，作用域的名字、作用域范围、排除范围如“样图 5-03A”所示。通过屏幕截图（按 Print Screen 键）把对应的界面保存成 X5-03A.bmp 文件，并保存到考生文件夹中。
3. **创建 DHCP 保留作用域**：创建一个 DHCP 保留作用域，该保留作用域的名字、作用范围如“样图 5-03B”所示。通过屏幕截图把对应的界面保存成 X5-03B.bmp 文件，并保存到考生文件夹中。
4. **配置 DHCP 作用域选项**：对 DHCP 作用域选项进行配置，配置结果如“样图 5-03C”所示。通过屏幕截图把对应的界面保存成 X5-03C.bmp 文件，并保存到考生文件夹中。
5. **配置用户类**：对本机配置 DHCP 用户类，配置结果如“样图 5-03D”所示。通过屏幕截图把对应的界面保存成 X5-03D.bmp 文件，并保存到考生文件夹中。

【样图 5-03A】

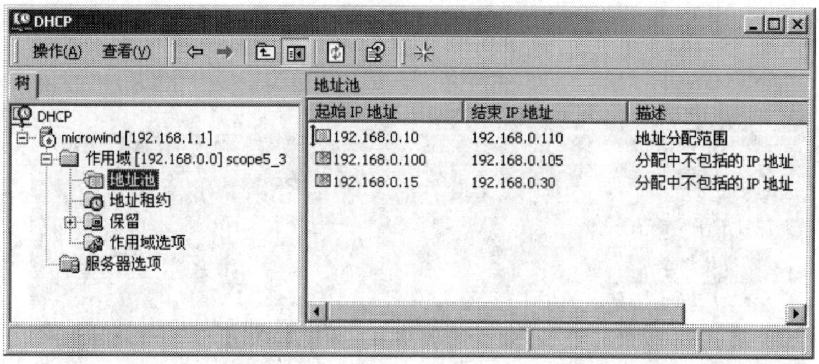

【样图 5-03B】

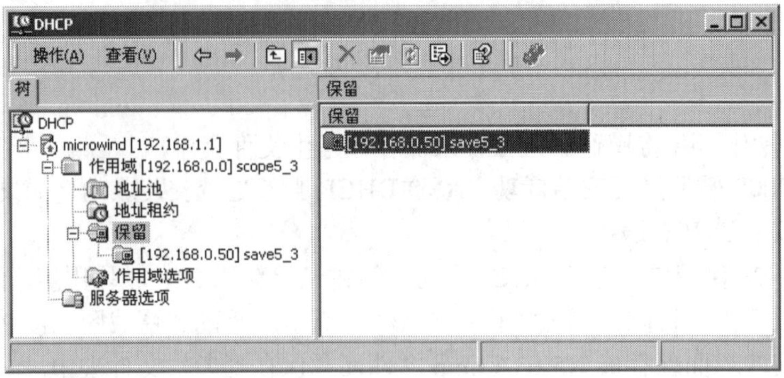

【样图 5-03C】

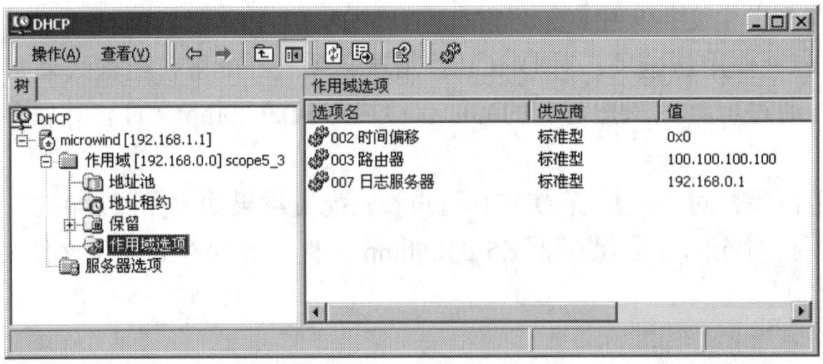

【样图 5-03D】

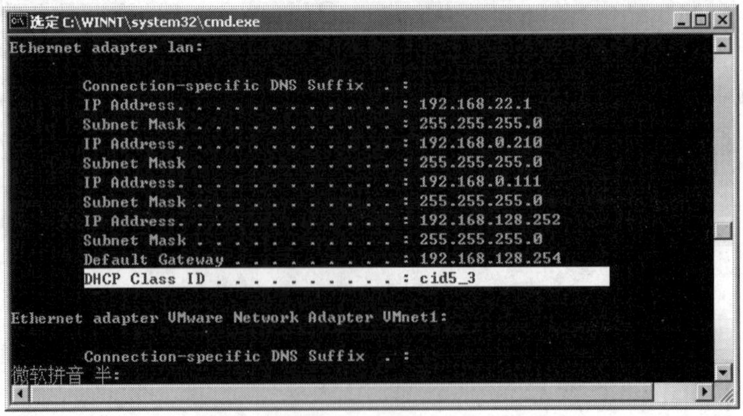

5.4 第 4 题

【操作要求】

完成下列操作，并将操作结果按要求保存在考生文件夹中。

1. **检验 DHCP 服务是否安装成功**：检验 DHCP 服务是否安装成功，如果没有安装，就手动安装 DHCP 服务。
2. **创建 DHCP 作用域**：打开 DHCP 服务，创建一个新的 DHCP 作用域，作用域的名字、作用域范围、排除范围如“样图 5-04A”所示。通过屏幕截图（按 Print Screen 键）把对应的界面保存成 X5-04A.bmp 文件，并保存到考生文件夹中。
3. **创建 DHCP 保留作用域**：创建一个 DHCP 保留作用域，该保留作用域的名字、作用范围如“样图 5-04B”所示。通过屏幕截图把对应的界面保存成 X5-04B.bmp 文件，并保存到考生文件夹中。
4. **配置 DHCP 作用域选项**：对 DHCP 作用域选项进行配置，配置结果如“样图 5-04C”所示。通过屏幕截图把对应的界面保存成 X5-04C.bmp 文件，并保存到考生文件夹中。
5. **配置用户类**：对本机配置 DHCP 用户类，配置结果如“样图 5-04D”所示。通过屏幕截图把对应的界面保存成 X5-04D.bmp 文件，并保存到考生文件夹中。

【样图 5-04A】

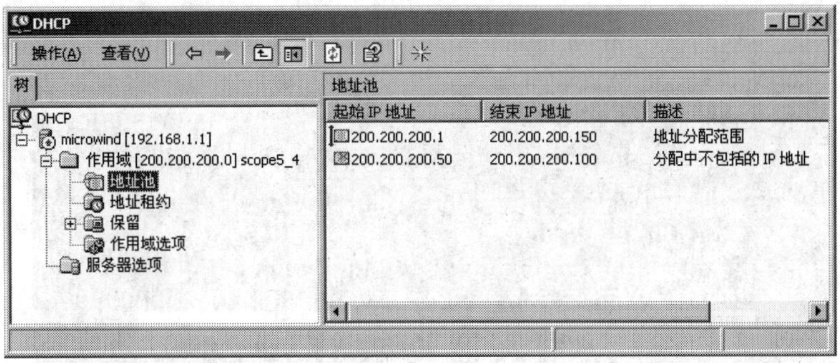

【样图 5-04B】

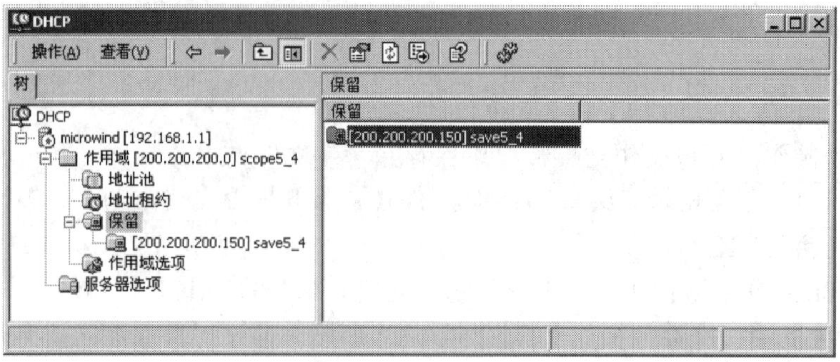

【样图 5-04C】

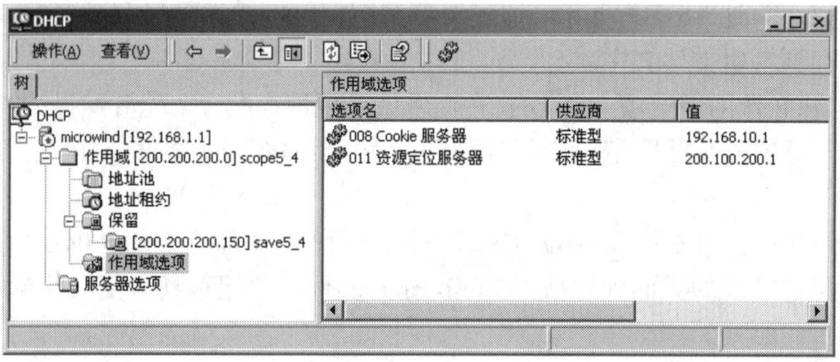

【样图 5-04D】

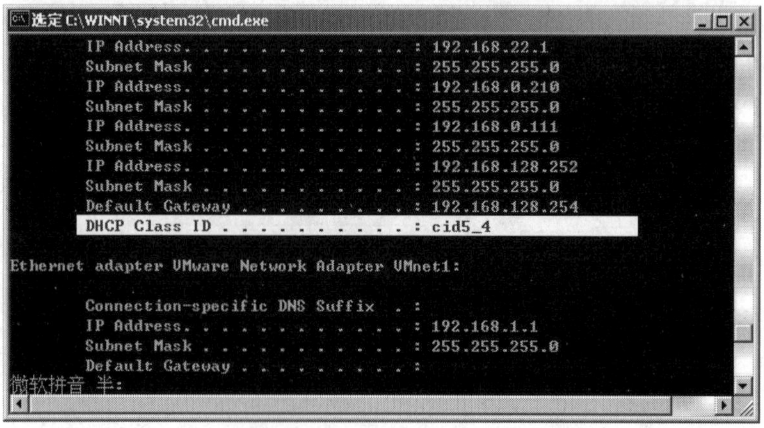

5.5　第 5 题

【操作要求】

完成下列操作，并将操作结果按要求保存在考生文件夹中。

1. **检验 DHCP 服务是否安装成功**：检验 DHCP 服务是否安装成功，如果没有安装，就手动安装 DHCP 服务。
2. **创建 DHCP 作用域**：打开 DHCP 服务，创建一个新的 DHCP 作用域，作用域的名字、作用域范围、排除范围如“样图 5-05A”所示。通过屏幕截图（按 Print Screen 键）把对应的界面保存成 X5-05A.bmp 文件，并保存到考生文件夹中。
3. **创建 DHCP 保留作用域**：创建一个 DHCP 保留作用域，该保留作用域的名字、作用范围如“样图 5-05B”所示。通过屏幕截图把对应的界面保存成 X5-05B.bmp 文件，并保存到考生文件夹中。
4. **配置 DHCP 作用域选项**：对 DHCP 作用域选项进行配置，配置结果如“样图 5-05C”所示。通过屏幕截图把对应的界面保存成 X5-05C.bmp 文件，并保存到考生文件夹中。
5. **配置用户类**：对本机配置 DHCP 用户类，配置结果如“样图 5-05D”所示。通过屏幕截图把对应的界面保存成 X5-05D.bmp 文件，并保存到考生文件夹中。

【样图 5-05A】

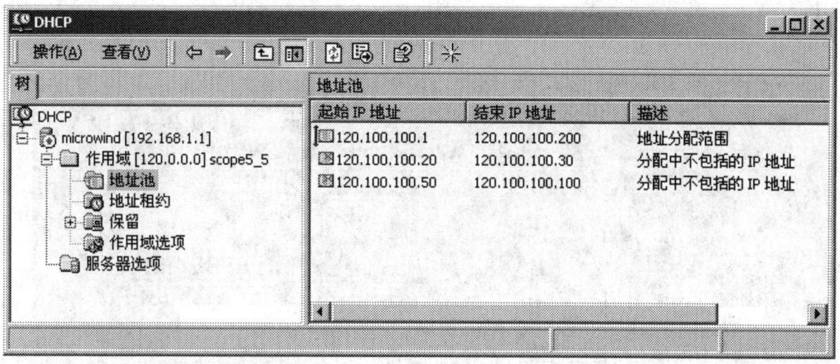

【样图 5-05B】

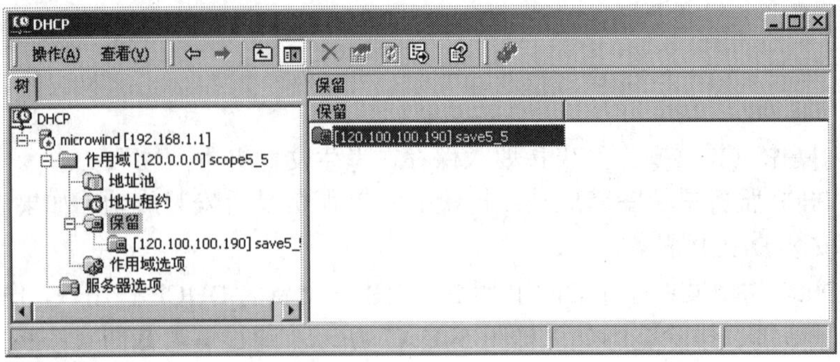

【样图 5-05C】

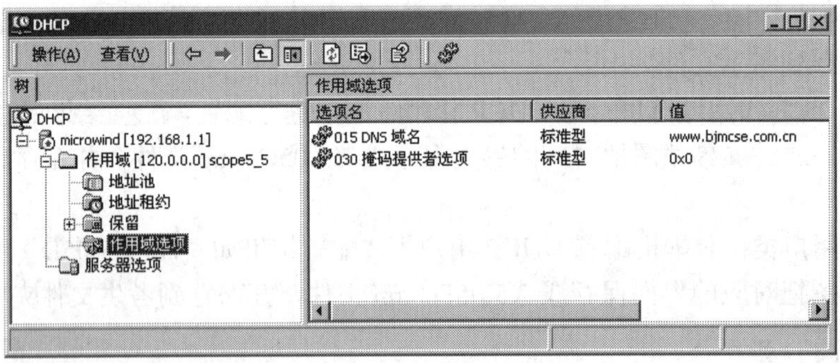

【样图 5-05D】

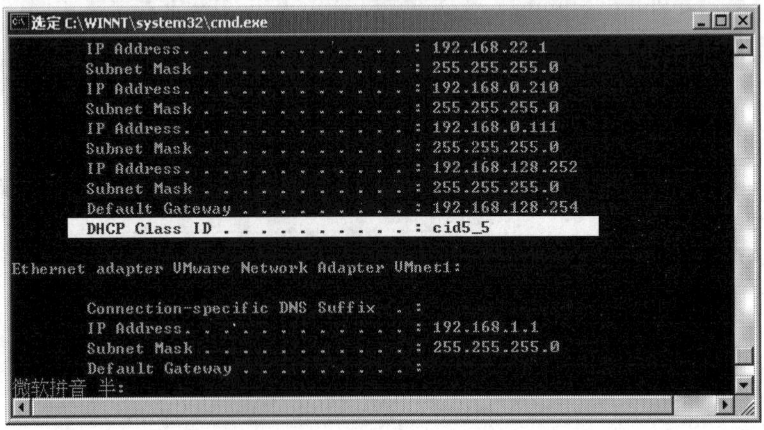

5.6　第 6 题

【操作要求】

完成下列操作，并将操作结果按要求保存在考生文件夹中。

1. **检验 DHCP 服务是否安装成功**：检验 DHCP 服务是否安装成功，如果没有安装，就手动安装 DHCP 服务。
2. **创建 DHCP 作用域**：打开 DHCP 服务，创建一个新的 DHCP 作用域，作用域的名字、作用域范围、排除范围如“样图 5-06A”所示。通过屏幕截图（按 Print Screen 键）把对应的界面保存成 X5-06A.bmp 文件，并保存到考生文件夹中。
3. **创建 DHCP 保留作用域**：创建一个 DHCP 保留作用域，该保留作用域的名字、作用范围如“样图 5-06B”所示。通过屏幕截图把对应的界面保存成 X5-06B.bmp 文件，并保存到考生文件夹中。
4. **配置 DHCP 作用域选项**：对 DHCP 作用域选项进行配置，配置结果如“样图 5-06C”所示。通过屏幕截图把对应的界面保存成 X5-06C.bmp 文件，并保存到考生文件夹中。
5. **配置用户类**：对本机配置 DHCP 用户类，配置结果如“样图 5-06D”所示。通过屏幕截图把对应的界面保存成 X5-06D.bmp 文件，并保存到考生文件夹中。

【样图 5-06A】

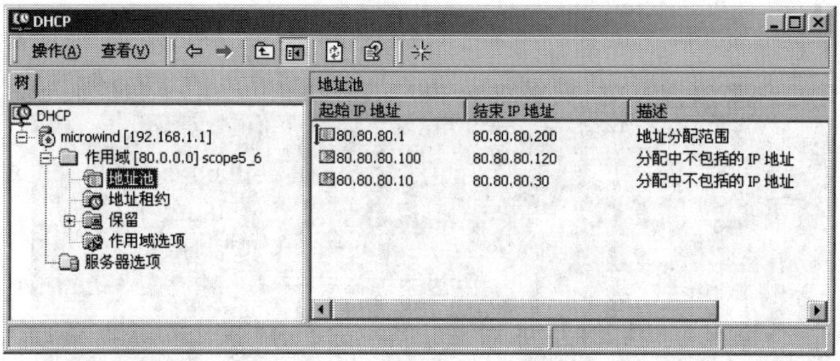

【样图 5-06B】

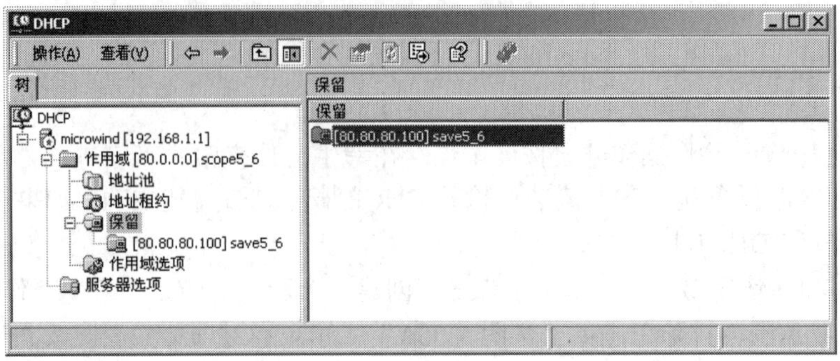

【样图 5-06C】

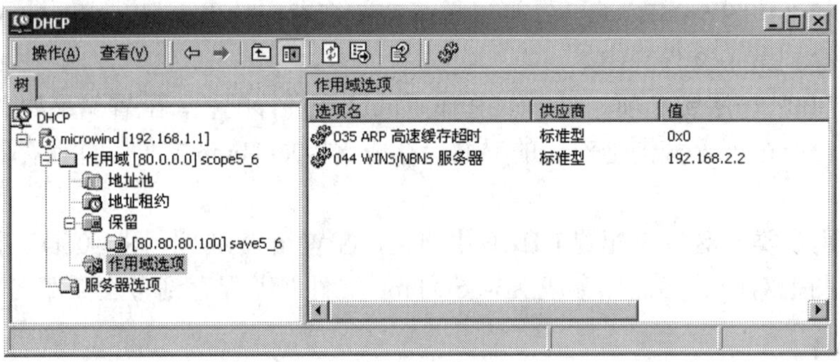

【样图 5-06D】

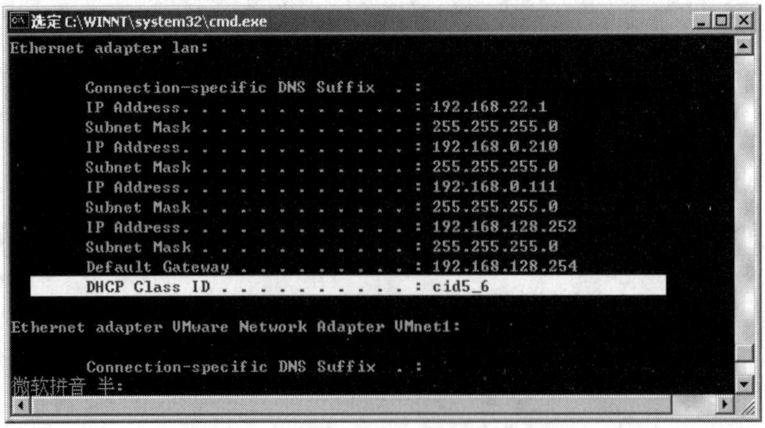

5.7　第 7 题

【操作要求】

完成下列操作，并将操作结果按要求保存在考生文件夹中。

1. **检验 DHCP 服务是否安装成功**：检验 DHCP 服务是否安装成功，如果没有安装，就手动安装 DHCP 服务。
2. **创建 DHCP 作用域**：打开 DHCP 服务，创建一个新的 DHCP 作用域，作用域的名字、作用域范围、排除范围如“样图 5-07A”所示。通过屏幕截图（按 Print Screen 键）把对应的界面保存成 X5-07A.bmp 文件，并保存到考生文件夹中。
3. **创建 DHCP 保留作用域**：创建一个 DHCP 保留作用域，该保留作用域的名字、作用范围如“样图 5-07B”所示。通过屏幕截图把对应的界面保存成 X5-07B.bmp 文件，并保存到考生文件夹中。
4. **配置 DHCP 作用域选项**：对 DHCP 作用域选项进行配置，配置结果如“样图 5-07C”所示。通过屏幕截图把对应的界面保存成 X5-07C.bmp 文件，并保存到考生文件夹中。
5. **配置用户类**：对本机配置 DHCP 用户类，配置结果如“样图 5-07D”所示。通过屏幕截图把对应的界面保存成 X5-07D.bmp 文件，并保存到考生文件夹中。

【样图 5-07A】

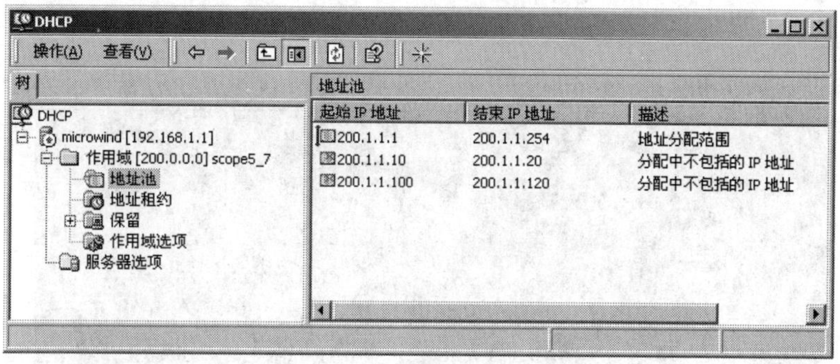

【样图 5-07B】

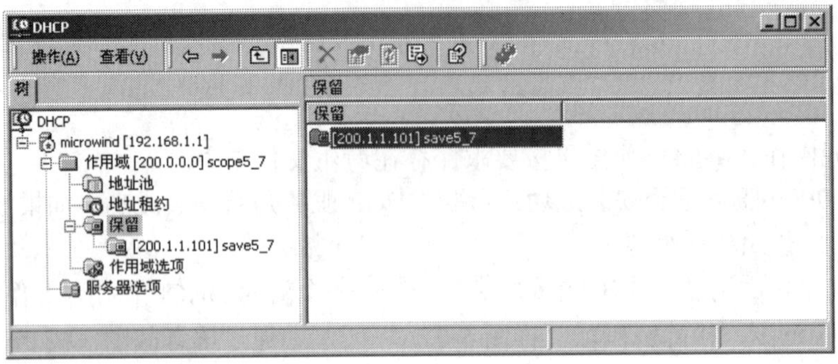

【样图 5-07C】

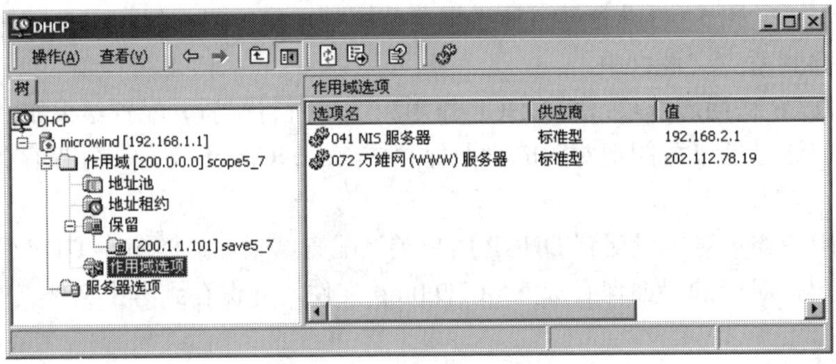

【样图 5-07D】

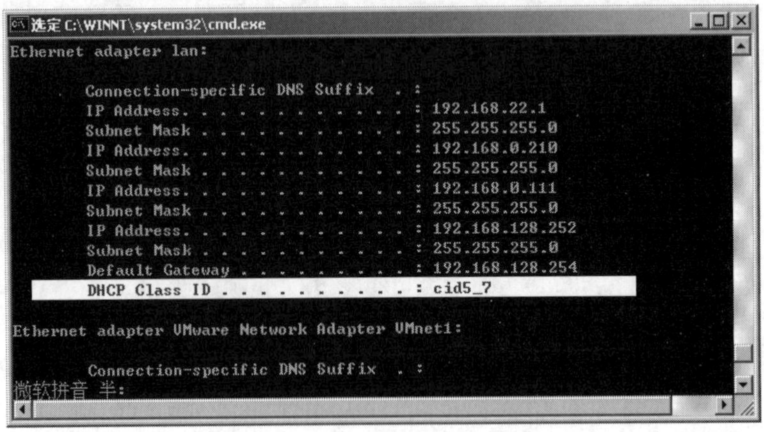

5.8 第 8 题

【操作要求】

完成下列操作，并将操作结果按要求保存在考生文件夹中。

1. **检验 DHCP 服务是否安装成功**：检验 DHCP 服务是否安装成功，如果没有安装，就手动安装 DHCP 服务。
2. **创建 DHCP 作用域**：打开 DHCP 服务，创建一个新的 DHCP 作用域，作用域的名字、作用域范围、排除范围如“样图 5-08A”所示。通过屏幕截图（按 Print Screen 键）把对应的界面保存成 X5-08A.bmp 文件，并保存到考生文件夹中。
3. **创建 DHCP 保留作用域**：创建一个 DHCP 保留作用域，该保留作用域的名字、作用范围如“样图 5-08B”所示。通过屏幕截图把对应的界面保存成 X5-08B.bmp 文件，并保存到考生文件夹中。
4. **配置 DHCP 作用域选项**：对 DHCP 作用域选项进行配置，配置结果如“样图 5-08C”所示。通过屏幕截图把对应的界面保存成 X5-08C.bmp 文件，并保存到考生文件夹中。
5. **配置用户类**：对本机配置 DHCP 用户类，配置结果如“样图 5-08D”所示。通过屏幕截图把对应的界面保存成 X5-08D.bmp 文件，并保存到考生文件夹中。

【样图 5-08A】

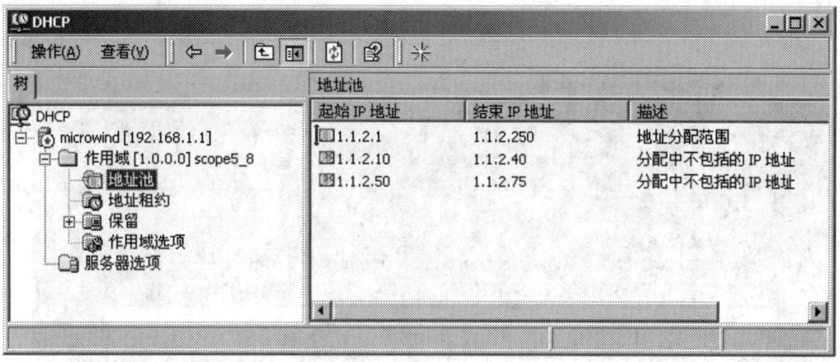

【样图 5-08B】

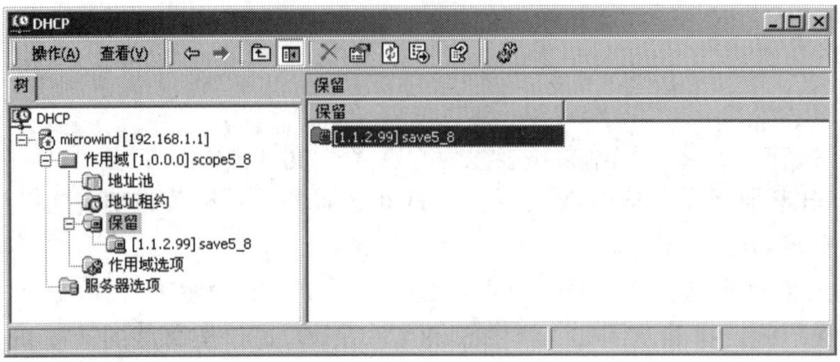

【样图 5-08C】

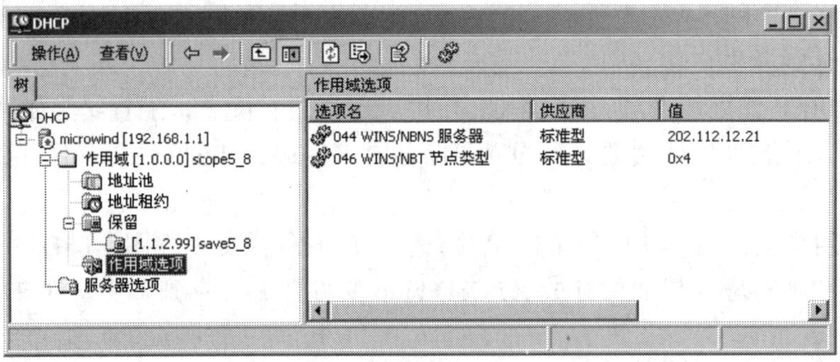

【样图 5-08D】

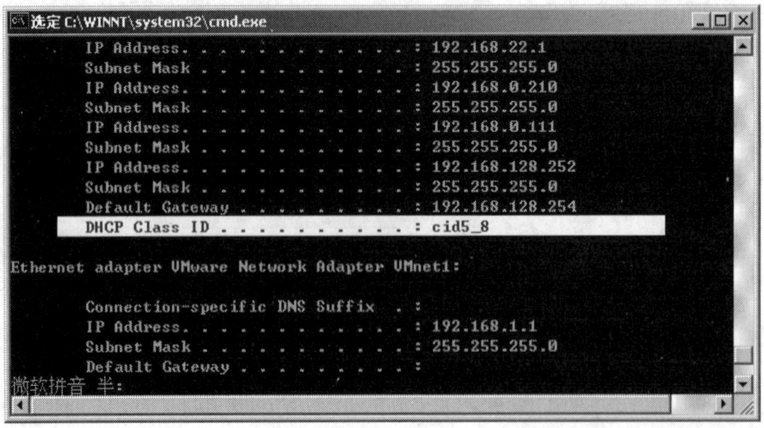

5.9 第 9 题

【操作要求】

完成下列操作，并将操作结果按要求保存在考生文件夹中。

1. **检验 DHCP 服务是否安装成功**：检验 DHCP 服务是否安装成功，如果没有安装，就手动安装 DHCP 服务。
2. **创建 DHCP 作用域**：打开 DHCP 服务，创建一个新的 DHCP 作用域，作用域的名字、作用域范围、排除范围如“样图 5-09A”所示。通过屏幕截图（按 Print Screen 键）把对应的界面保存成 X5-09A.bmp 文件，并保存到考生文件夹中。
3. **创建 DHCP 保留作用域**：创建一个 DHCP 保留作用域，该保留作用域的名字、作用范围如“样图 5-09B”所示。通过屏幕截图把对应的界面保存成 X5-09B.bmp 文件，并保存到考生文件夹中。
4. **配置 DHCP 作用域选项**：对 DHCP 作用域选项进行配置，配置结果如“样图 5-09C”所示。通过屏幕截图把对应的界面保存成 X5-09C.bmp 文件，并保存到考生文件夹中。
5. **配置用户类**：对本机配置 DHCP 用户类，配置结果如“样图 5-09D”所示。通过屏幕截图把对应的界面保存成 X5-09D.bmp 文件，并保存到考生文件夹中。

【样图 5-09A】

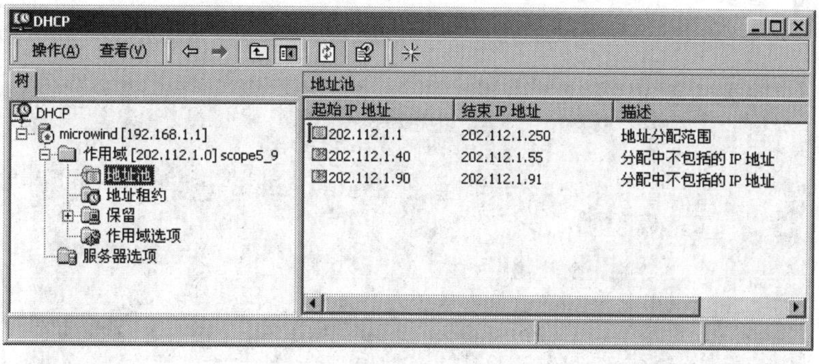

【样图 5-09B】

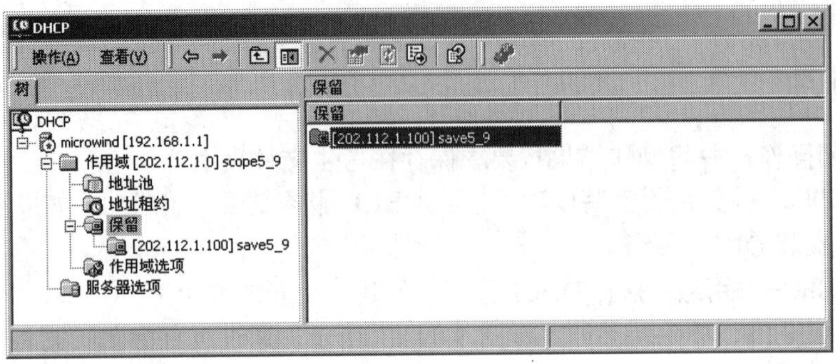

【样图 5-09C】

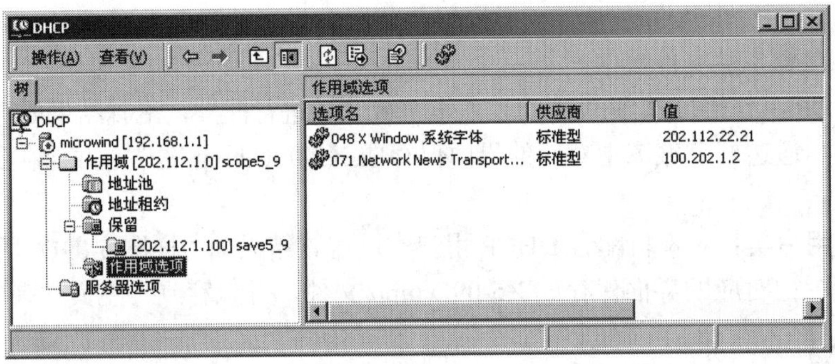

【样图 5-09D】

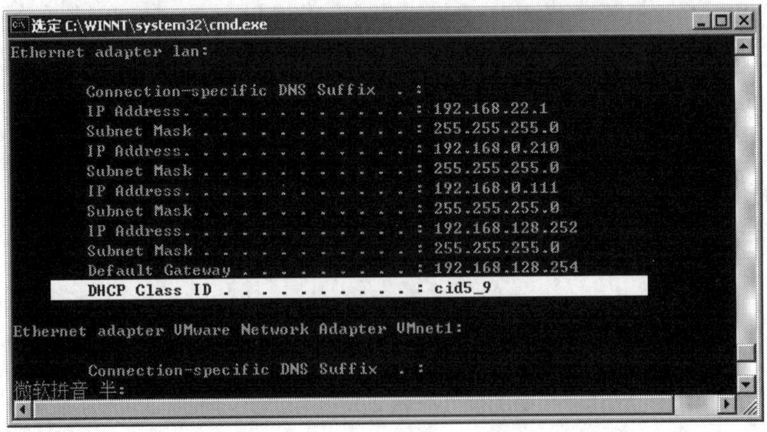

5.10 第 10 题

【操作要求】

完成下列操作，并将操作结果按要求保存在考生文件夹中。

1. **检验 DHCP 服务是否安装成功**：检验 DHCP 服务是否安装成功，如果没有安装，就手动安装 DHCP 服务。
2. **创建 DHCP 作用域**：打开 DHCP 服务，创建一个新的 DHCP 作用域，作用域的名字、作用域范围、排除范围如“样图 5-10A”所示。通过屏幕截图（按 Print Screen 键）把对应的界面保存成 X5-10A.bmp 文件，并保存到考生文件夹中。
3. **创建 DHCP 保留作用域**：创建一个 DHCP 保留作用域，该保留作用域的名字、作用范围如“样图 5-10B”所示。通过屏幕截图把对应的界面保存成 X5-10B.bmp 文件，并保存到考生文件夹中。
4. **配置 DHCP 作用域选项**：对 DHCP 作用域选项进行配置，配置结果如“样图 5-10C”所示。通过屏幕截图把对应的界面保存成 X5-10C.bmp 文件，并保存到考生文件夹中。
5. **配置用户类**：对本机配置 DHCP 用户类，配置结果如“样图 5-10D”所示。通过屏幕截图把对应的界面保存成 X5-10D.bmp 文件，并保存到考生文件夹中。

【样图 5-10A】

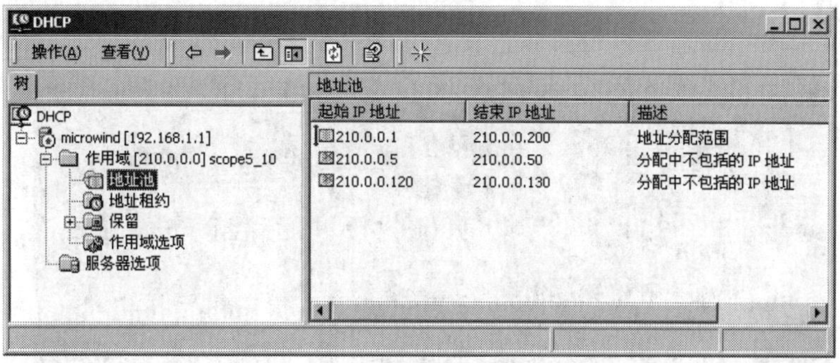

【样图 5-10B】

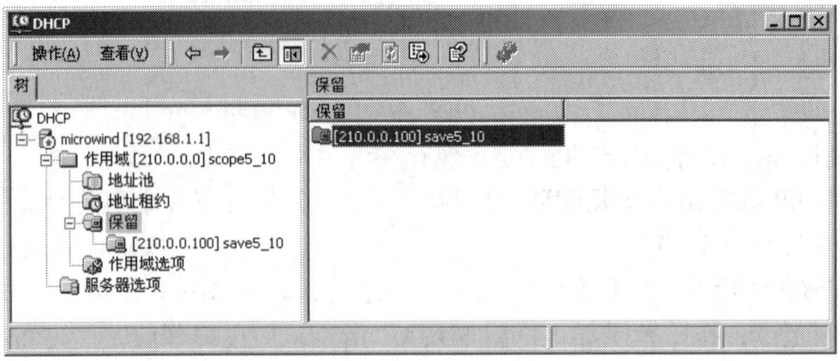

【样图 5-10C】

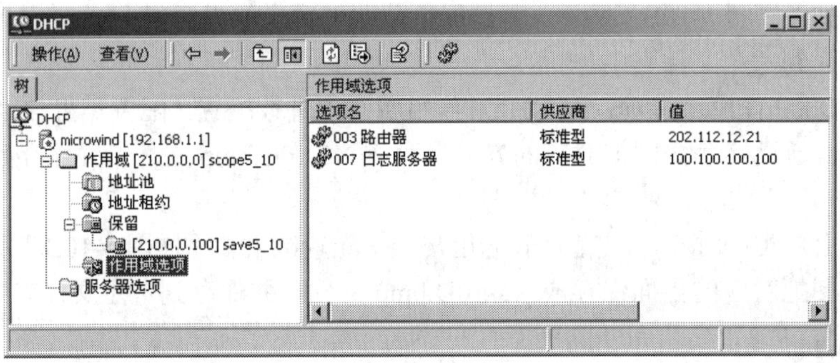

【样图 5-10D】

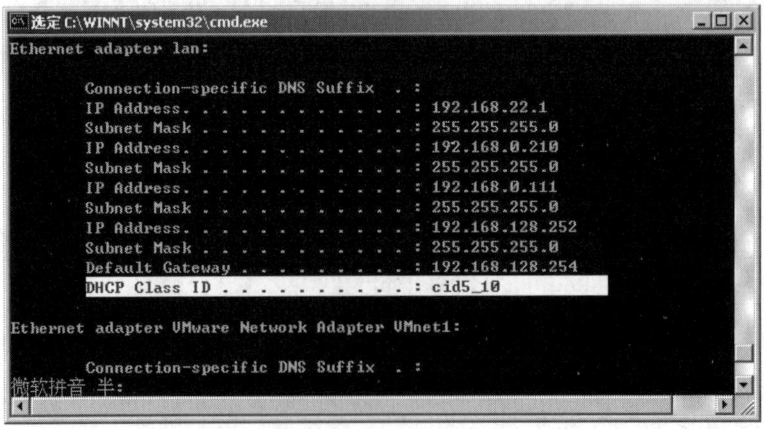

5.11 第 11 题

【操作要求】

完成下列操作，并将操作结果按要求保存在考生文件夹中。

1. **检验 DHCP 服务是否安装成功**：检验 DHCP 服务是否安装成功，如果没有安装，就手动安装 DHCP 服务。
2. **创建 DHCP 作用域**：打开 DHCP 服务，创建一个新的 DHCP 作用域，作用域的名字、作用域范围、排除范围如“样图 5-11A”所示。通过屏幕截图（按 Print Screen 键）把对应的界面保存成 X5-11A.bmp 文件，并保存到考生文件夹中。
3. **创建 DHCP 保留作用域**：创建一个 DHCP 保留作用域，该保留作用域的名字、作用范围如“样图 5-11B”所示。通过屏幕截图把对应的界面保存成 X5-11B.bmp 文件，并保存到考生文件夹中。
4. **配置 DHCP 作用域选项**：对 DHCP 作用域选项进行配置，配置结果如“样图 5-11C”所示。通过屏幕截图把对应的界面保存成 X5-11C.bmp 文件，并保存到考生文件夹中。
5. **配置用户类**：对本机配置 DHCP 用户类，配置结果如“样图 5-11D”所示。通过屏幕截图把对应的界面保存成 X5-11D.bmp 文件，并保存到考生文件夹中。

【样图 5-11A】

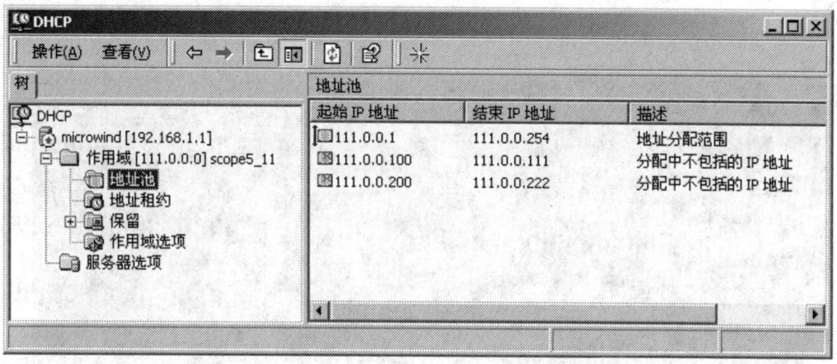

【样图 5-11B】

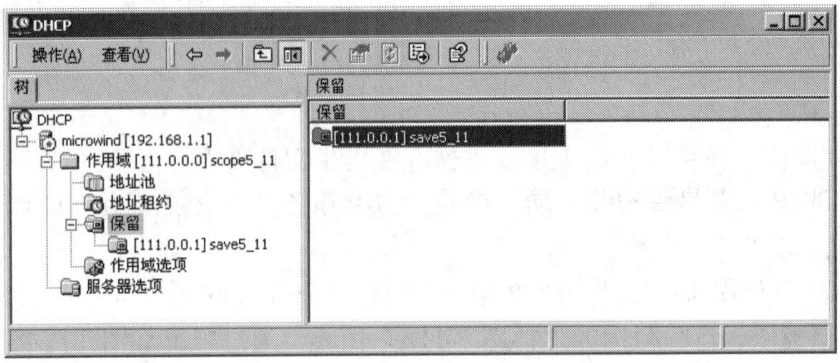

【样图 5-11C】

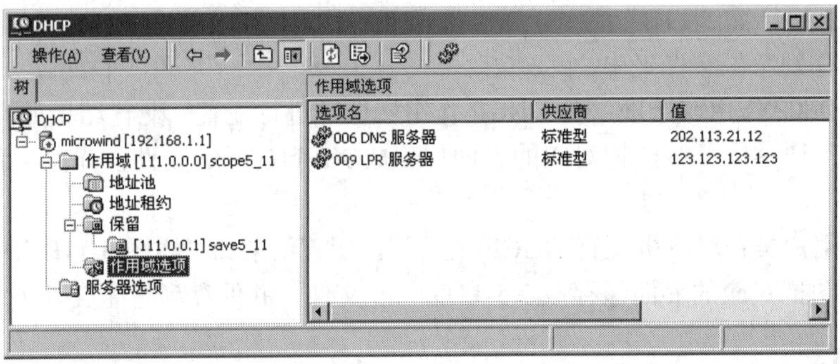

【样图 5-11D】

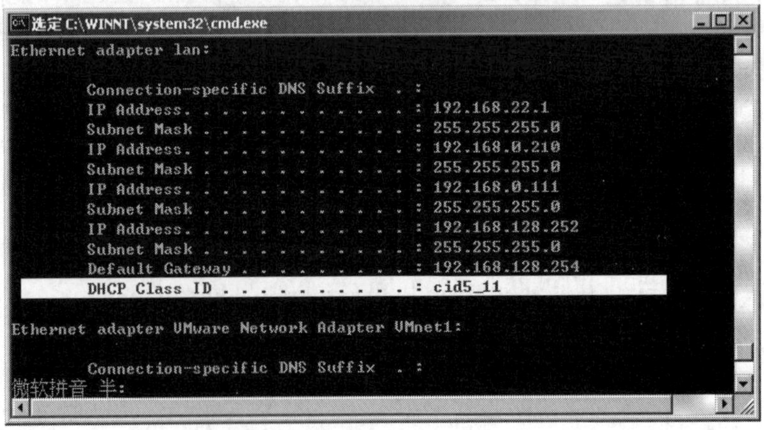

5.12 第 12 题

【操作要求】

完成下列操作，并将操作结果按要求保存在考生文件夹中。

1. **检验 DHCP 服务是否安装成功**：检验 DHCP 服务是否安装成功，如果没有安装，就手动安装 DHCP 服务。
2. **创建 DHCP 作用域**：打开 DHCP 服务，创建一个新的 DHCP 作用域，作用域的名字、作用域范围、排除范围如“样图 5-12A”所示。通过屏幕截图（按 Print Screen 键）把对应的界面保存成 X5-12A.bmp 文件，并保存到考生文件夹中。
3. **创建 DHCP 保留作用域**：创建一个 DHCP 保留作用域，该保留作用域的名字、作用范围如“样图 5-12B”所示。通过屏幕截图把对应的界面保存成 X5-12B.bmp 文件，并保存到考生文件夹中。
4. **配置 DHCP 作用域选项**：对 DHCP 作用域选项进行配置，配置结果如“样图 5-12C”所示。通过屏幕截图把对应的界面保存成 X5-12C.bmp 文件，并保存到考生文件夹中。
5. **配置用户类**：对本机配置 DHCP 用户类，配置结果如“样图 5-12D”所示。通过屏幕截图把对应的界面保存成 X5-12D.bmp 文件，并保存到考生文件夹中。

【样图 5-12A】

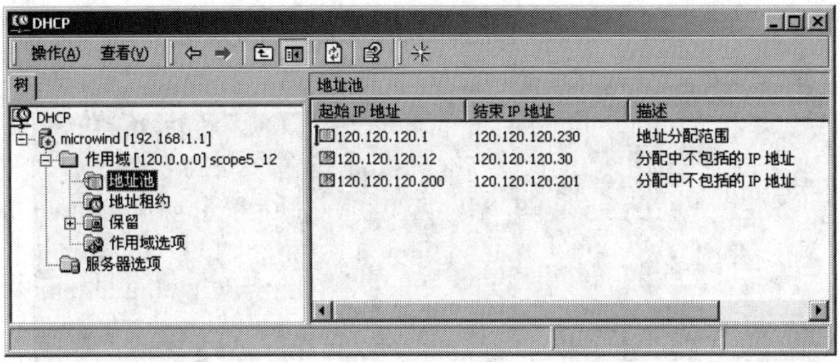

【样图 5-12B】

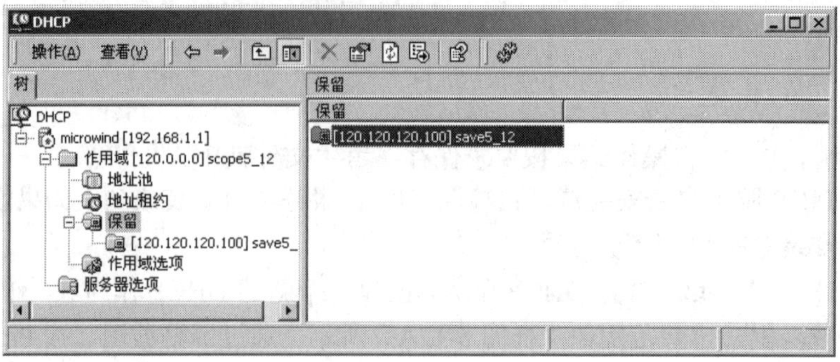

【样图 5-12C】

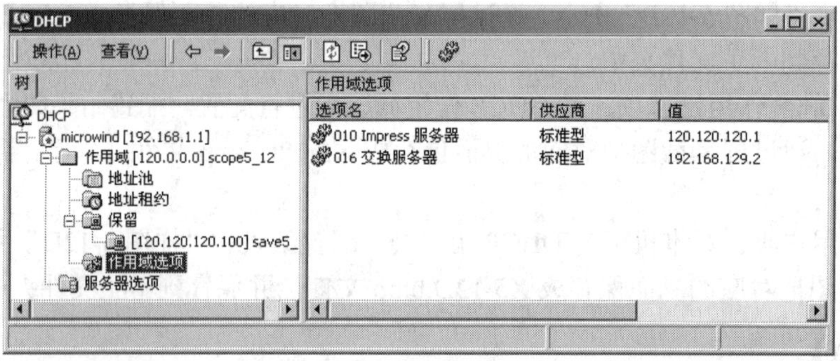

【样图 5-12D】

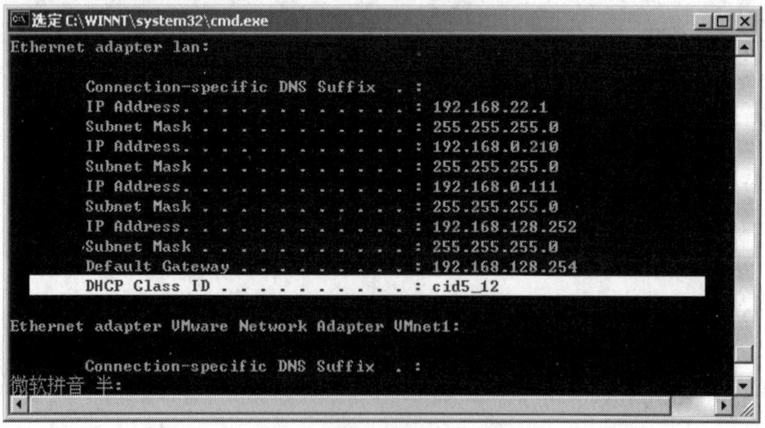

5.13 第 13 题

【操作要求】

完成下列操作，并将操作结果按要求保存在考生文件夹中。

1. **检验 DHCP 服务是否安装成功**：检验 DHCP 服务是否安装成功，如果没有安装，就手动安装 DHCP 服务。
2. **创建 DHCP 作用域**：打开 DHCP 服务，创建一个新的 DHCP 作用域，作用域的名字、作用域范围、排除范围如“样图 5-13A”所示。通过屏幕截图（按 Print Screen 键）把对应的界面保存成 X5-13A.bmp 文件，并保存到考生文件夹中。
3. **创建 DHCP 保留作用域**：创建一个 DHCP 保留作用域，该保留作用域的名字、作用范围如“样图 5-13B”所示。通过屏幕截图把对应的界面保存成 X5-13B.bmp 文件，并保存到考生文件夹中。
4. **配置 DHCP 作用域选项**：对 DHCP 作用域选项进行配置，配置结果如“样图 5-13C”所示。通过屏幕截图把对应的界面保存成 X5-13C.bmp 文件，并保存到考生文件夹中。
5. **配置用户类**：对本机配置 DHCP 用户类，配置结果如“样图 5-13D”所示。通过屏幕截图把对应的界面保存成 X5-13D.bmp 文件，并保存到考生文件夹中。

【样图 5-13A】

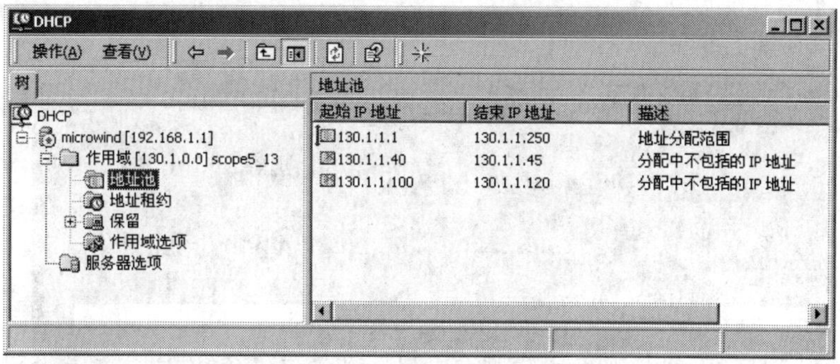

【样图 5-13B】

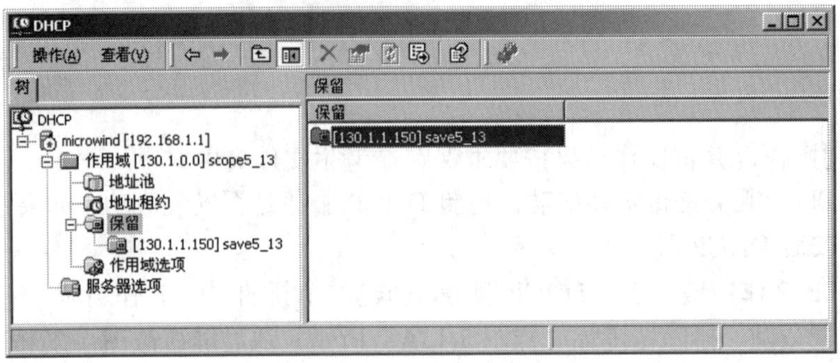

【样图 5-13C】

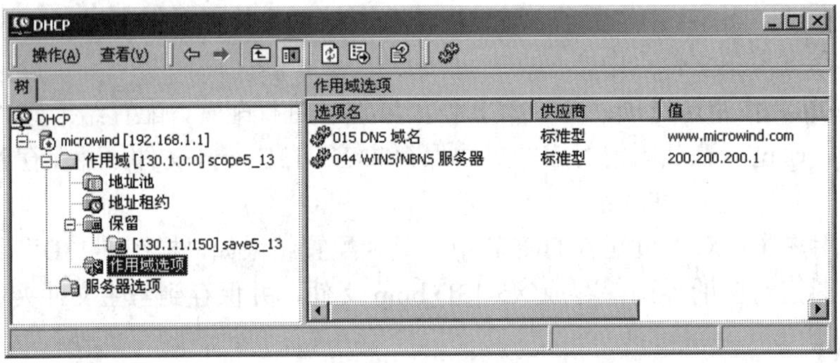

【样图 5-13D】

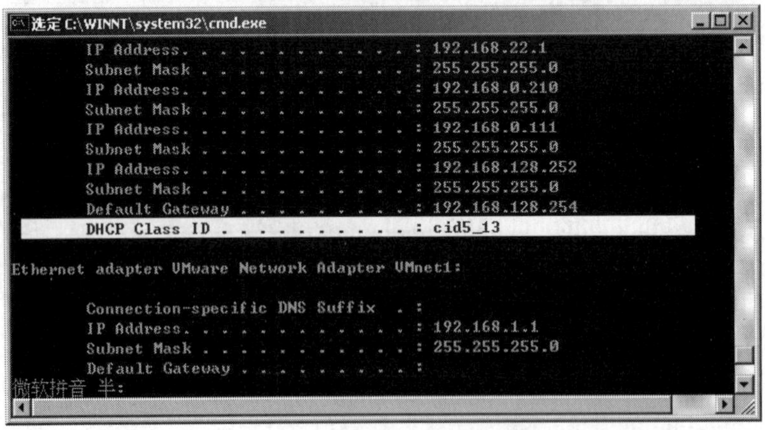

5.14 第 14 题

【操作要求】

完成下列操作，并将操作结果按要求保存在考生文件夹中。

1. **检验 DHCP 服务是否安装成功**：检验 DHCP 服务是否安装成功，如果没有安装，就手动安装 DHCP 服务。
2. **创建 DHCP 作用域**：打开 DHCP 服务，创建一个新的 DHCP 作用域，作用域的名字、作用域范围、排除范围如“样图 5-14A”所示。通过屏幕截图（按 Print Screen 键）把对应的界面保存成 X5-14A.bmp 文件，并保存到考生文件夹中。
3. **创建 DHCP 保留作用域**：创建一个 DHCP 保留作用域，该保留作用域的名字、作用范围如“样图 5-14B”所示。通过屏幕截图把对应的界面保存成 X5-14B.bmp 文件，并保存到考生文件夹中。
4. **配置 DHCP 作用域选项**：对 DHCP 作用域选项进行配置，配置结果如“样图 5-14C”所示。通过屏幕截图把对应的界面保存成 X5-14C.bmp 文件，并保存到考生文件夹中。
5. **配置用户类**：对本机配置 DHCP 用户类，配置结果如“样图 5-14D”所示。通过屏幕截图把对应的界面保存成 X5-14D.bmp 文件，并保存到考生文件夹中。

【样图 5-14A】

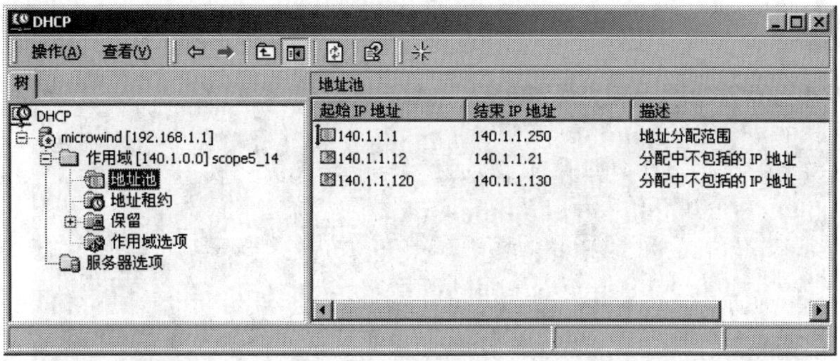

【样图 5-14B】

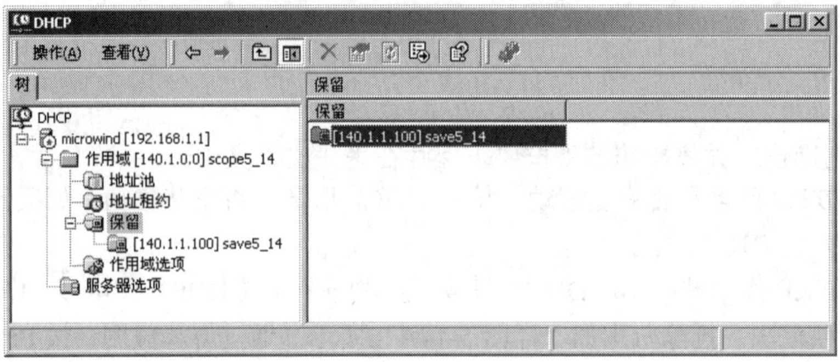

【样图 5-14C】

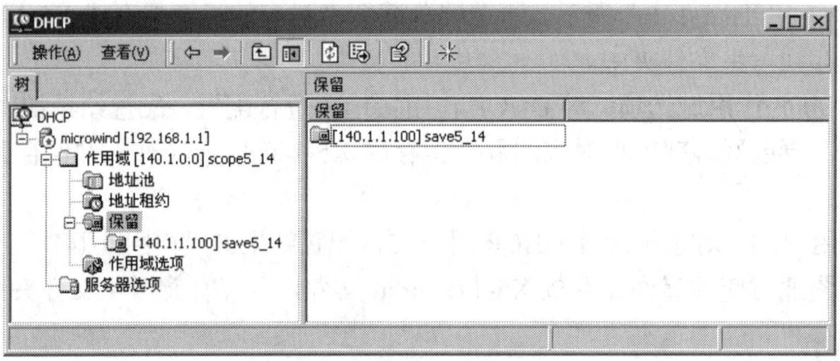

【样图 5-14D】

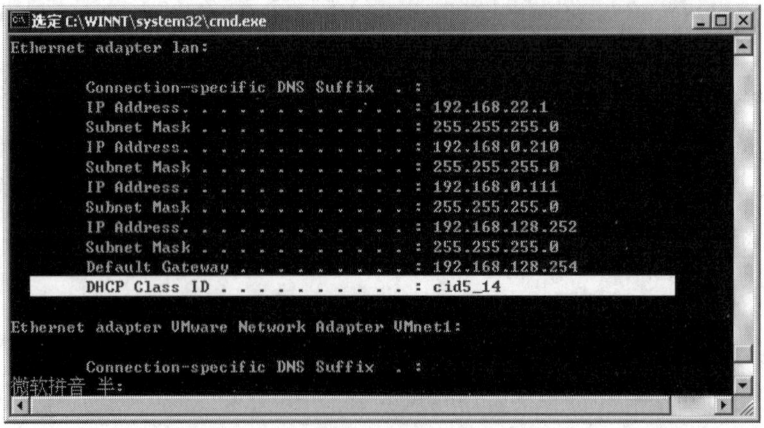

5.15　第 15 题

【操作要求】

完成下列操作，并将操作结果按要求保存在考生文件夹中。

1. **检验 DHCP 服务是否安装成功**：检验 DHCP 服务是否安装成功，如果没有安装，就手动安装 DHCP 服务。
2. **创建 DHCP 作用域**：打开 DHCP 服务，创建一个新的 DHCP 作用域，作用域的名字、作用域范围、排除范围如“样图 5-15A”所示。通过屏幕截图（按 Print Screen 键）把对应的界面保存成 X5-15A.bmp 文件，并保存到考生文件夹中。
3. **创建 DHCP 保留作用域**：创建一个 DHCP 保留作用域，该保留作用域的名字、作用范围如“样图 5-15B”所示。通过屏幕截图把对应的界面保存成 X5-15B.bmp 文件，并保存到考生文件夹中。
4. **配置 DHCP 作用域选项**：对 DHCP 作用域选项进行配置，配置结果如“样图 5-15C”所示。通过屏幕截图把对应的界面保存成 X5-15C.bmp 文件，并保存到考生文件夹中。
5. **配置用户类**：对本机配置 DHCP 用户类，配置结果如“样图 5-15D”所示。通过屏幕截图把对应的界面保存成 X5-15D.bmp 文件，并保存到考生文件夹中。

【样图 5-15A】

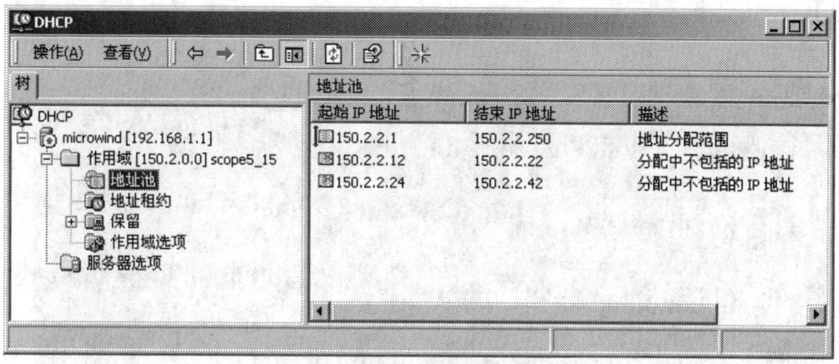

【样图 5-15B】

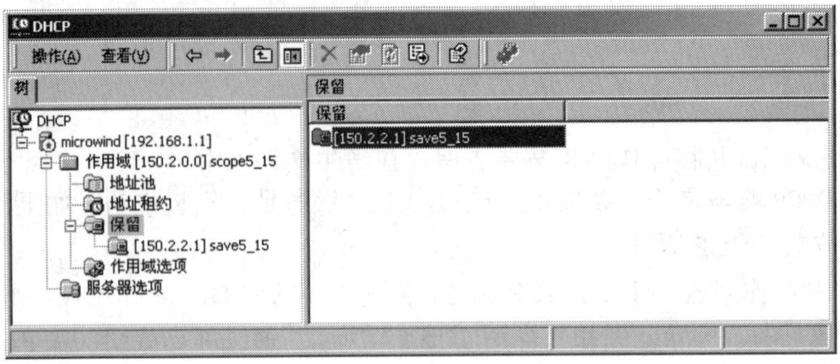

【样图 5-15C】

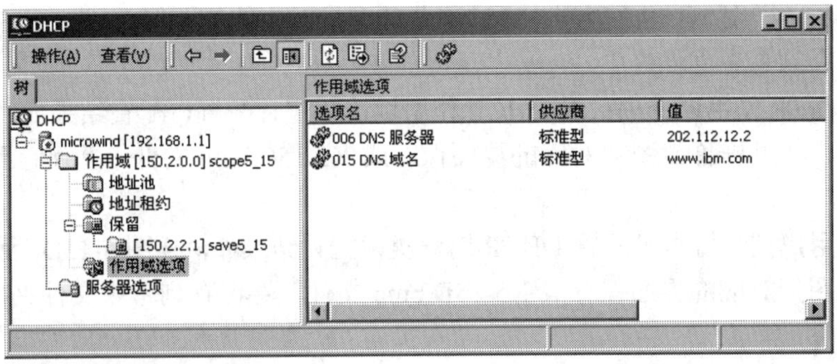

【样图 5-15D】

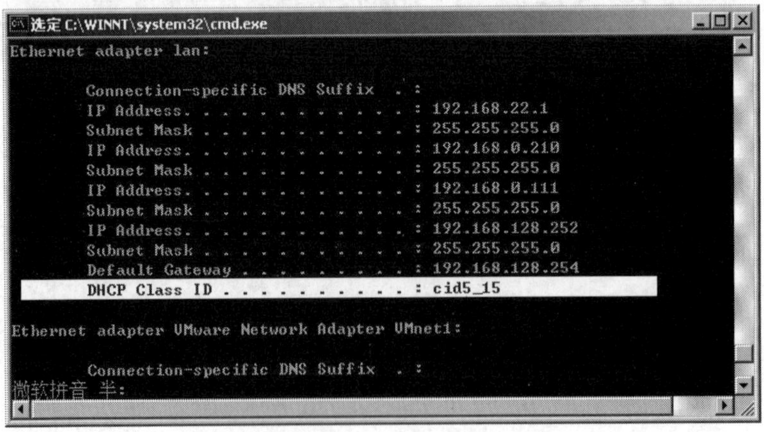

5.16 第 16 题

【操作要求】

完成下列操作，并将操作结果按要求保存在考生文件夹中。

1. **检验 DHCP 服务是否安装成功**：检验 DHCP 服务是否安装成功，如果没有安装，就手动安装 DHCP 服务。
2. **创建 DHCP 作用域**：打开 DHCP 服务，创建一个新的 DHCP 作用域，作用域的名字、作用域范围、排除范围如“样图 5-16A”所示。通过屏幕截图（按 Print Screen 键）把对应的界面保存成 X5-16A.bmp 文件，并保存到考生文件夹中。
3. **创建 DHCP 保留作用域**：创建一个 DHCP 保留作用域，该保留作用域的名字、作用范围如“样图 5-16B”所示。通过屏幕截图把对应的界面保存成 X5-16B.bmp 文件，并保存到考生文件夹中。
4. **配置 DHCP 作用域选项**：对 DHCP 作用域选项进行配置，配置结果如“样图 5-16C”所示。通过屏幕截图把对应的界面保存成 X5-16C.bmp 文件，并保存到考生文件夹中。
5. **配置用户类**：对本机配置 DHCP 用户类，配置结果如“样图 5-16D”所示。通过屏幕截图把对应的界面保存成 X5-16D.bmp 文件，并保存到考生文件夹中。

【样图 5-16A】

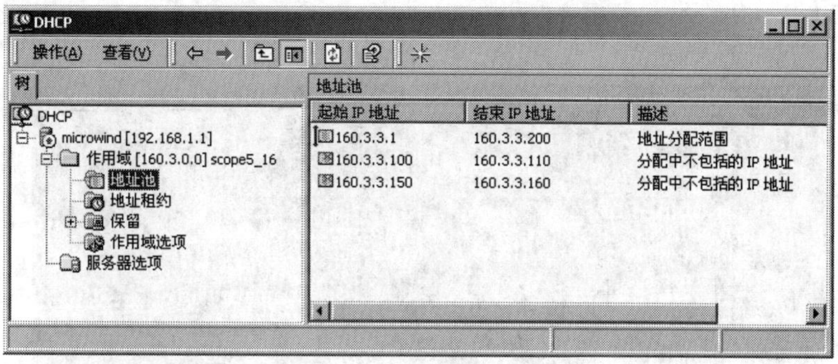

【样图 5-16B】

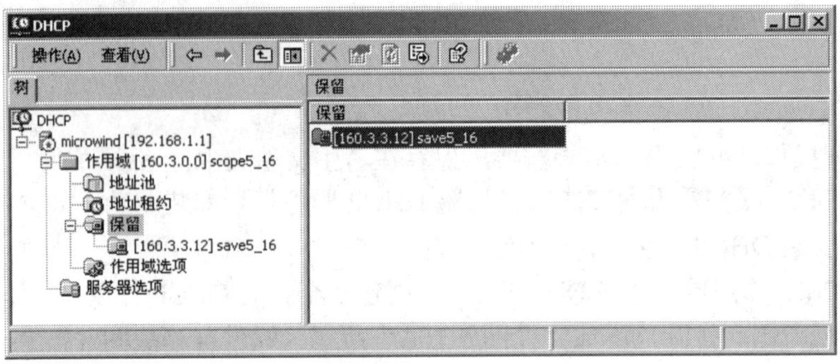

【样图 5-16C】

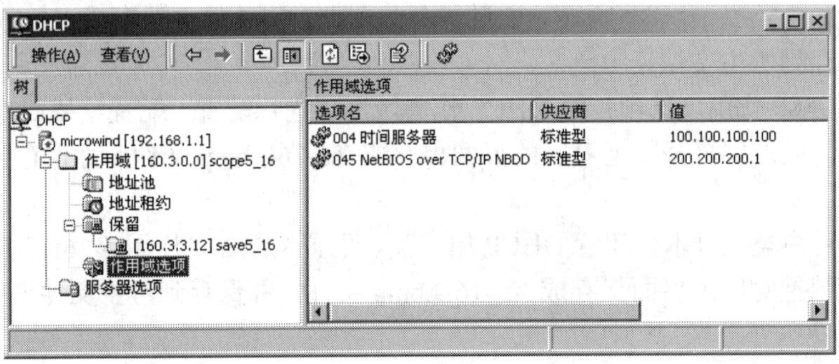

【样图 5-16D】

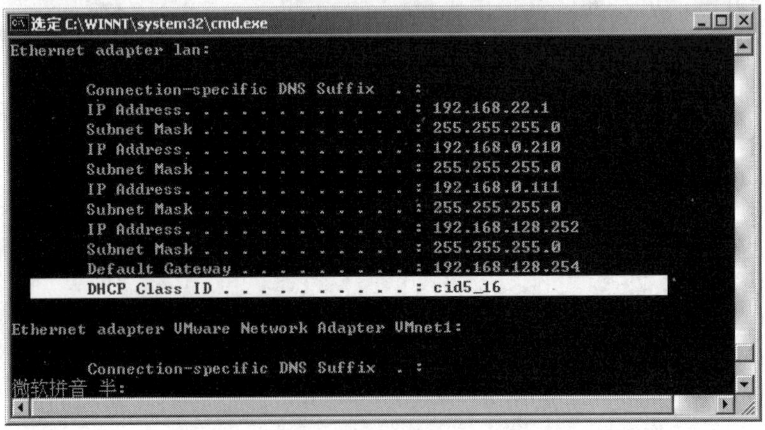

5.17 第 17 题

【操作要求】

完成下列操作，并将操作结果按要求保存在考生文件夹中。

1. **检验 DHCP 服务是否安装成功**：检验 DHCP 服务是否安装成功，如果没有安装，就手动安装 DHCP 服务。
2. **创建 DHCP 作用域**：打开 DHCP 服务，创建一个新的 DHCP 作用域，作用域的名字、作用域范围、排除范围如“样图 5-17A”所示。通过屏幕截图（按 Print Screen 键）把对应的界面保存成 X5-17A.bmp 文件，并保存到考生文件夹中。
3. **创建 DHCP 保留作用域**：创建一个 DHCP 保留作用域，该保留作用域的名字、作用范围如“样图 5-17B”所示。通过屏幕截图把对应的界面保存成 X5-17B.bmp 文件，并保存到考生文件夹中。
4. **配置 DHCP 作用域选项**：对 DHCP 作用域选项进行配置，配置结果如“样图 5-17C”所示。通过屏幕截图把对应的界面保存成 X5-17C.bmp 文件，并保存到考生文件夹中。
5. **配置用户类**：对本机配置 DHCP 用户类，配置结果如“样图 5-17D”所示。通过屏幕截图把对应的界面保存成 X5-17D.bmp 文件，并保存到考生文件夹中。

【样图 5-17A】

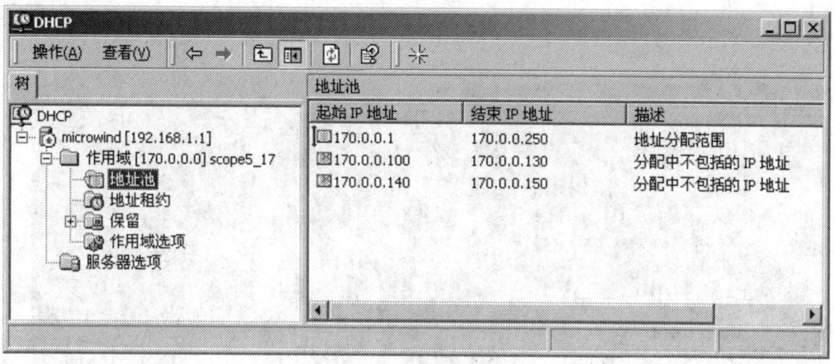

【样图 5-17B】

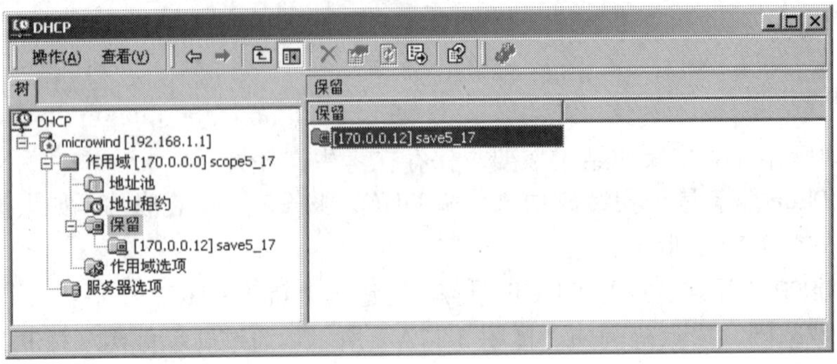

【样图 5-17C】

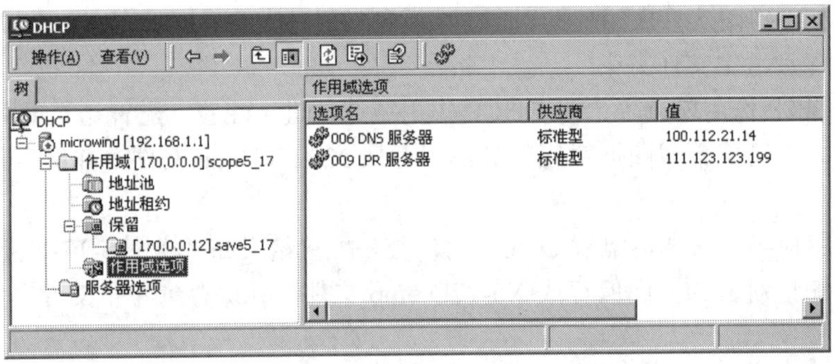

【样图 5-17D】

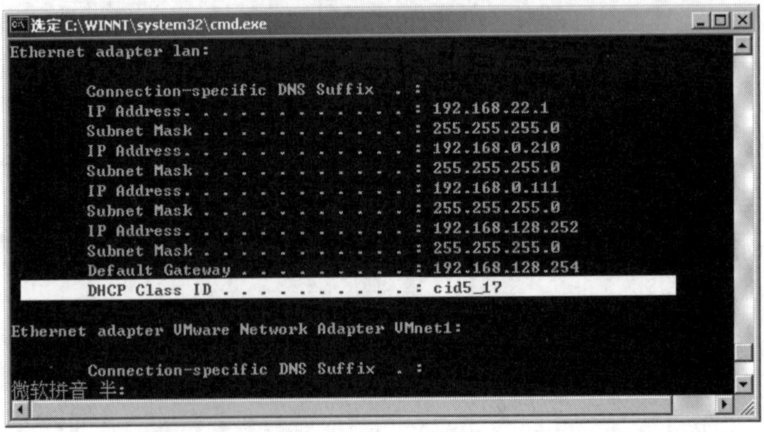

5.18　第 18 题

【操作要求】

完成下列操作，并将操作结果按要求保存在考生文件夹中。

1. **检验 DHCP 服务是否安装成功**：检验 DHCP 服务是否安装成功，如果没有安装，就手动安装 DHCP 服务。
2. **创建 DHCP 作用域**：打开 DHCP 服务，创建一个新的 DHCP 作用域，作用域的名字、作用域范围、排除范围如“样图 5-18A”所示。通过屏幕截图（按 Print Screen 键）把对应的界面保存成 X5-18A.bmp 文件，并保存到考生文件夹中。
3. **创建 DHCP 保留作用域**：创建一个 DHCP 保留作用域，该保留作用域的名字、作用范围如“样图 5-18B”所示。通过屏幕截图把对应的界面保存成 X5-18B.bmp 文件，并保存到考生文件夹中。
4. **配置 DHCP 作用域选项**：对 DHCP 作用域选项进行配置，配置结果如“样图 5-18C”所示。通过屏幕截图把对应的界面保存成 X5-18C.bmp 文件，并保存到考生文件夹中。
5. **配置用户类**：对本机配置 DHCP 用户类，配置结果如“样图 5-18D”所示。通过屏幕截图把对应的界面保存成 X5-18D.bmp 文件，并保存到考生文件夹中。

【样图 5-18A】

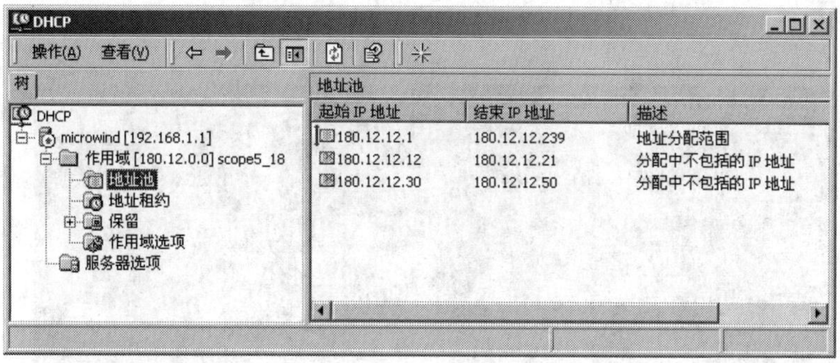

【样图 5-18B】

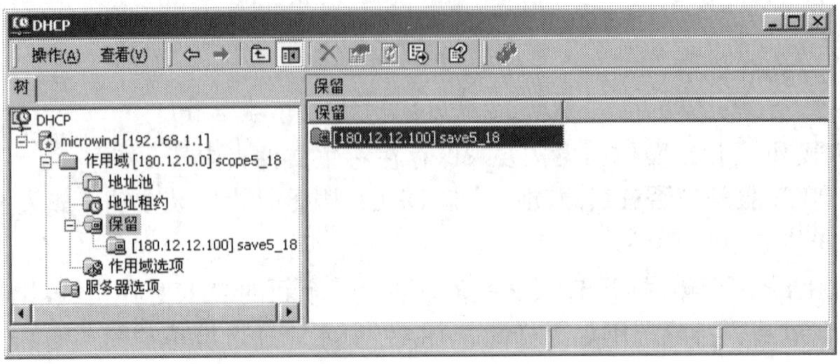

【样图 5-18C】

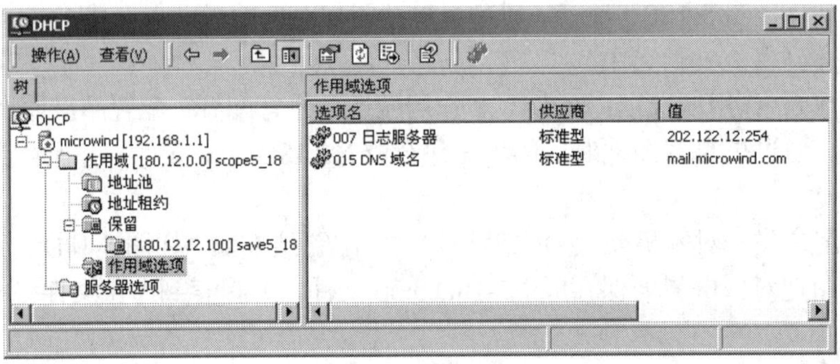

【样图 5-18D】

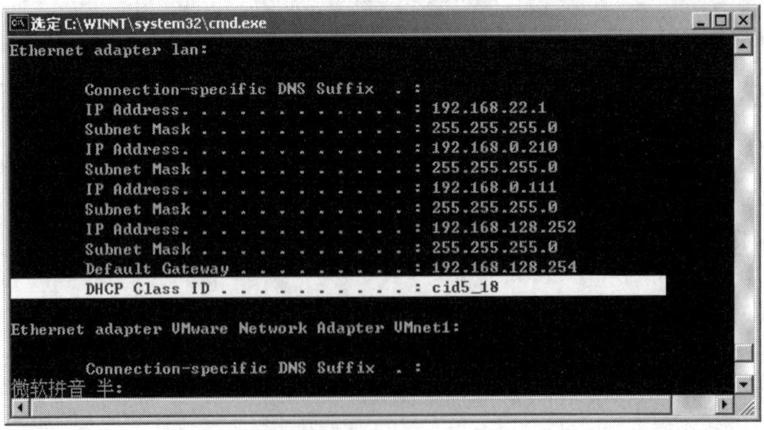

5.19　第 19 题

【操作要求】

完成下列操作，并将操作结果按要求保存在考生文件夹中。

1. **检验 DHCP 服务是否安装成功**：检验 DHCP 服务是否安装成功，如果没有安装，就手动安装 DHCP 服务。
2. **创建 DHCP 作用域**：打开 DHCP 服务，创建一个新的 DHCP 作用域，作用域的名字、作用域范围、排除范围如“样图 5-19A”所示。通过屏幕截图（按 Print Screen 键）把对应的界面保存成 X5-19A.bmp 文件，并保存到考生文件夹中。
3. **创建 DHCP 保留作用域**：创建一个 DHCP 保留作用域，该保留作用域的名字、作用范围如“样图 5-19B”所示。通过屏幕截图把对应的界面保存成 X5-19B.bmp 文件，并保存到考生文件夹中。
4. **配置 DHCP 作用域选项**：对 DHCP 作用域选项进行配置，配置结果如“样图 5-19C”所示。通过屏幕截图把对应的界面保存成 X5-19C.bmp 文件，并保存到考生文件夹中。
5. **配置用户类**：对本机配置 DHCP 用户类，配置结果如“样图 5-19D”所示。通过屏幕截图把对应的界面保存成 X5-19D.bmp 文件，并保存到考生文件夹中。

【样图 5-19A】

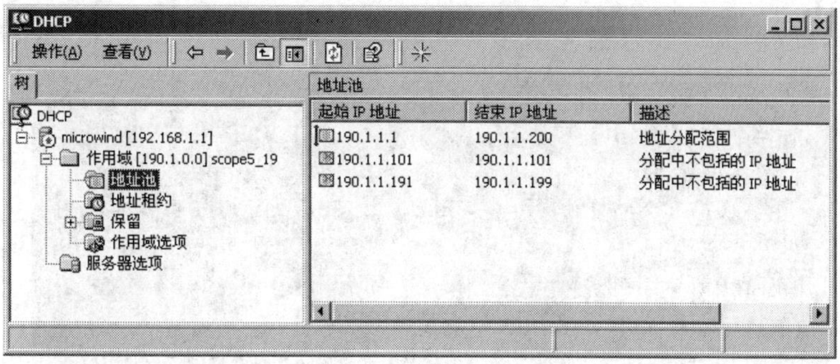

【样图 5-19B】

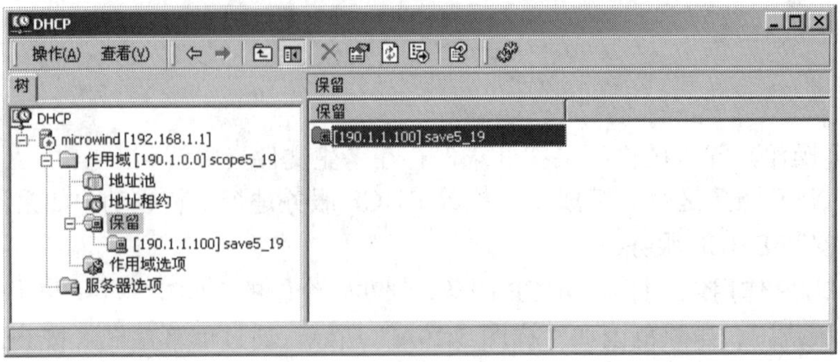

【样图 5-19C】

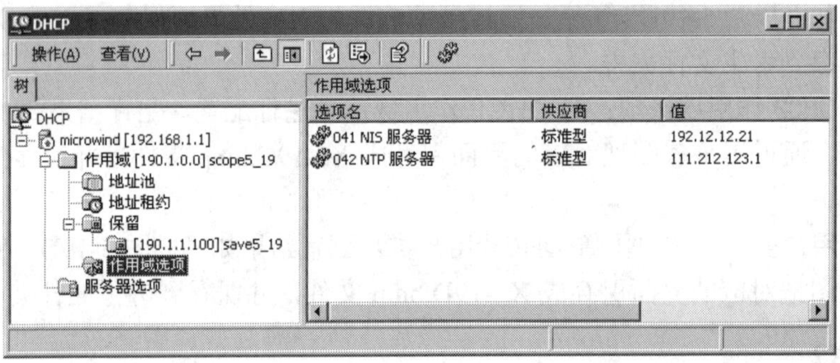

【样图 5-19D】

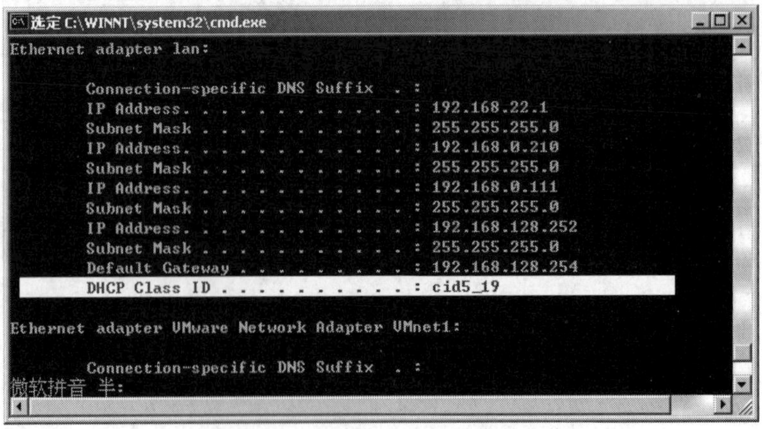

5.20　第 20 题

【操作要求】

完成下列操作，并将操作结果按要求保存在考生文件夹中。

1. **检验 DHCP 服务是否安装成功**：检验 DHCP 服务是否安装成功，如果没有安装，就手动安装 DHCP 服务。
2. **创建 DHCP 作用域**：打开 DHCP 服务，创建一个新的 DHCP 作用域，作用域的名字、作用域范围、排除范围如“样图 5-20A”所示。通过屏幕截图（按 Print Screen 键）把对应的界面保存成 X5-20A.bmp 文件，并保存到考生文件夹中。
3. **创建 DHCP 保留作用域**：创建一个 DHCP 保留作用域，该保留作用域的名字、作用范围如“样图 5-20B”所示。通过屏幕截图把对应的界面保存成 X5-20B.bmp 文件，并保存到考生文件夹中。
4. **配置 DHCP 作用域选项**：对 DHCP 作用域选项进行配置，配置结果如“样图 5-20C”所示。通过屏幕截图把对应的界面保存成 X5-20C.bmp 文件，并保存到考生文件夹中。
5. **配置用户类**：对本机配置 DHCP 用户类，配置结果如“样图 5-20D”所示。通过屏幕截图把对应的界面保存成 X5-20D.bmp 文件，并保存到考生文件夹中。

【样图 5-20A】

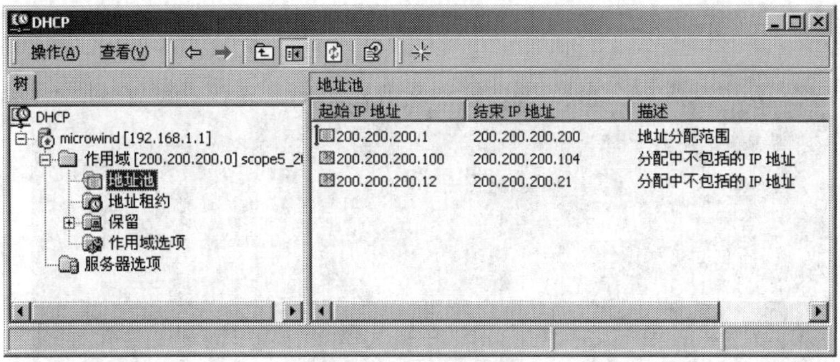

【样图 5-20B】

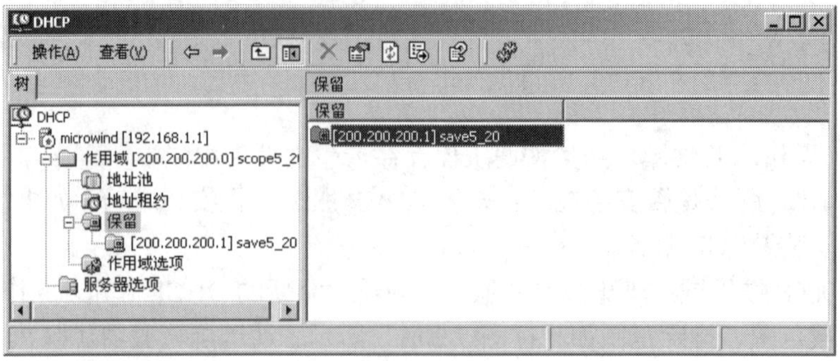

【样图 5-20C】

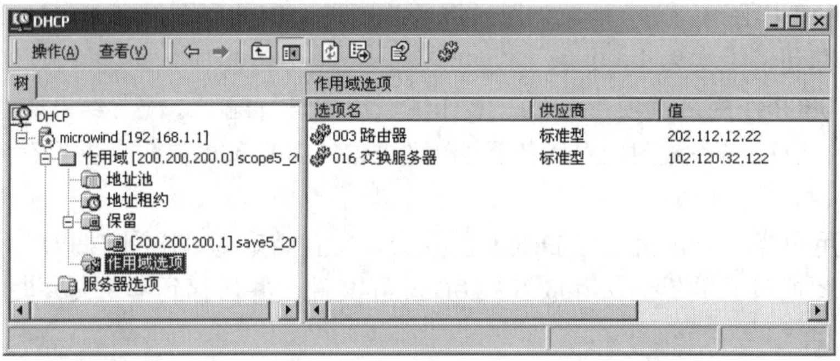

【样图 5-20D】

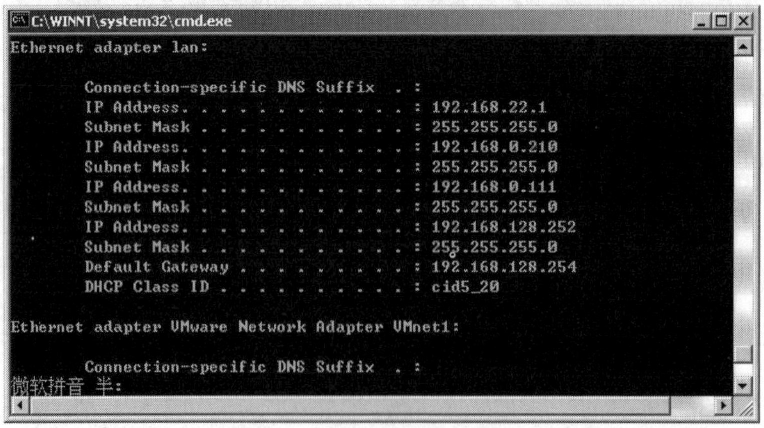

第六单元　配置 Windows 2000 DNS 服务

6.1　第 1 题

【操作要求】

完成下列操作，并将操作结果按要求保存在考生文件夹中。

1. **检验 DNS 服务是否安装成功**：检验 DNS 服务是否安装成功，如果没有安装，就手动安装 DNS 服务。
2. **创建 DNS 正向搜索区域**：打开 DNS 服务，创建一个新的 DNS 正向搜索区域，类型为标准主要区域，区域名为 testdns6_1.com。通过屏幕截图（按 Print Screen 键）把对应的界面保存成 X6-01A.bmp 文件，并保存到考生文件夹中。
3. **创建 DNS 主机记录**：创建一个 DNS 主机记录，该主机的名字及其 IP 地址如“样图 6-01A”所示。通过屏幕截图把对应的界面保存成 X6-01B.bmp 文件，并保存到考生文件夹中。
4. **创建 DNS 别名记录**：创建一个 DNS 别名记录，该别名记录的名字及其对应的主机记录如“样图 6-01B”所示。通过屏幕截图把对应的界面保存成 X6-01C.bmp 文件，并保存到考生文件夹中。
5. **创建 DNS 反向搜索区域**：创建一个 DNS 反向搜索区域，类型为标准主要区域，该反向记录的网络 ID 如“样图 6-01C”所示。通过屏幕截图把对应的界面保存成 X6-01D.bmp 文件，并保存到考生文件夹中。
6. **创建 DNS 指针记录**：创建一个 DNS 指针记录，该反向记录的网络 ID 如“样图 6-01C”所示。通过屏幕截图把对应的界面保存成 X6-01E.bmp 文件，并保存到考生文件夹中。
7. **验证 DNS 正向搜索记录创建成功**：使用 nslookup 命令检验 DNS 正向搜索记录创建成功，可以进行正确解析，如“样图 6-01D”所示。通过屏幕截图把对应的界面保存成 X6-01F.bmp 文件，并保存到考生文件夹中。
8. **验证 DNS 别名记录创建成功**：使用 nslookup 命令检验 DNS 别名记录创建成功，可以进行正确解析，如“样图 6-01E”所示。通过屏幕截图把对应的界面保存成 X6-01G.bmp 文件，并保存到考生文件夹中。

【样图 6-01A】

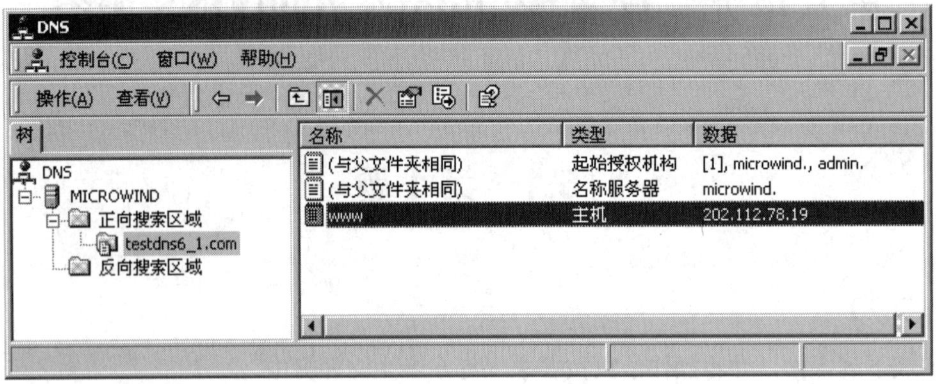

【样图 6-01B】

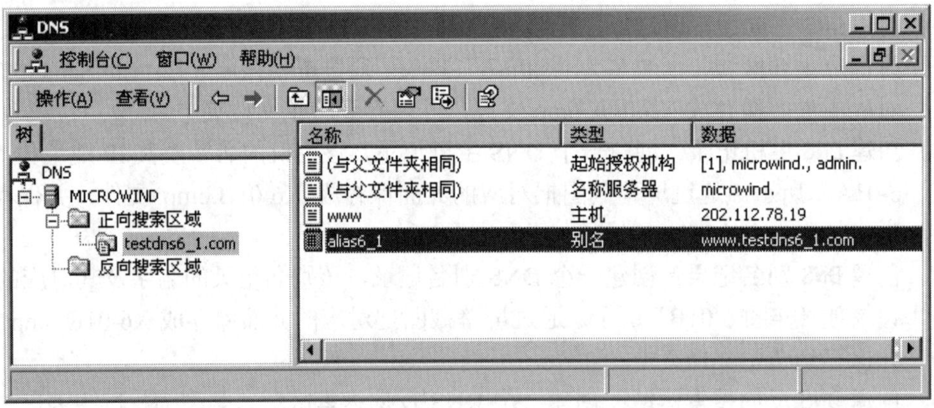

【样图 6-01C】

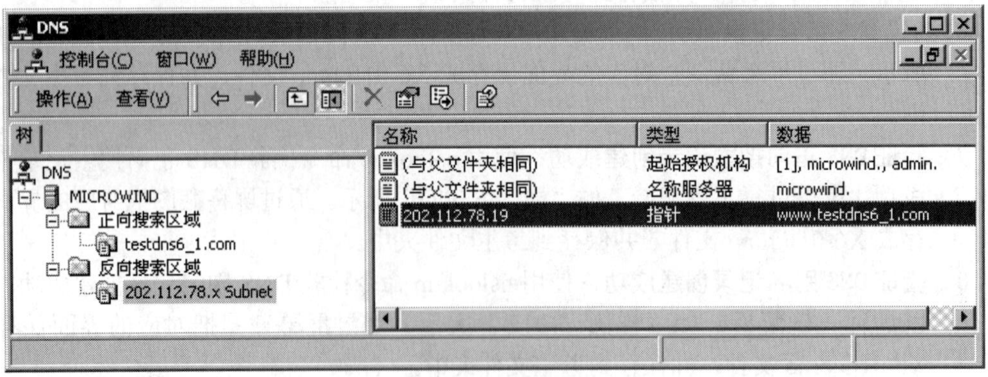

【样图 6-01D】

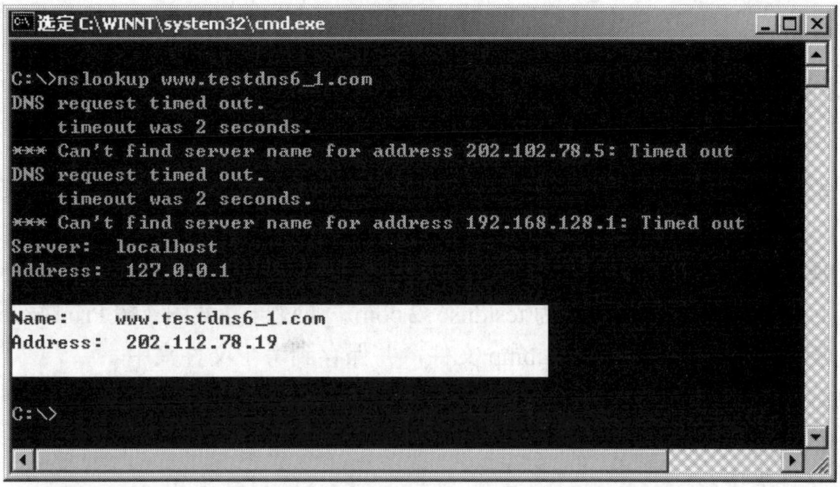

【样图 6-01E】

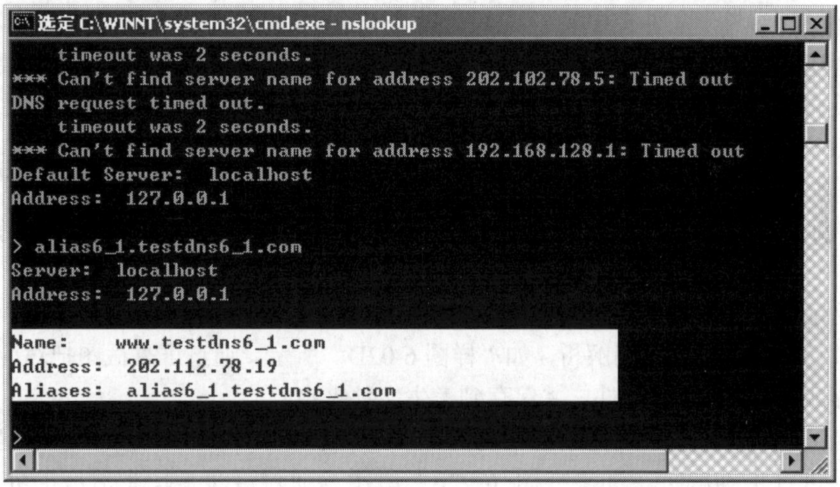

6.2 第 2 题

【操作要求】

完成下列操作，并将操作结果按要求保存在考生文件夹中。

1. **检验 DNS 服务是否安装成功**：检验 DNS 服务是否安装成功，如果没有安装，就手动安装 DNS 服务。
2. **创建 DNS 正向搜索区域**：打开 DNS 服务，创建一个新的 DNS 正向搜索区域，类型为标准主要区域，区域名为 testdns6_2.com。通过屏幕截图（按 Print Screen 键）把对应的界面保存成 X6-02A.bmp 文件，并保存到考生文件夹中。
3. **创建 DNS 主机记录**：创建一个 DNS 主机记录，该主机的名字及其 IP 地址如“样图 6-02A”所示。通过屏幕截图把对应的界面保存成 X6-02B.bmp 文件，并保存到考生文件夹中。
4. **创建 DNS 别名记录**：创建一个 DNS 别名记录，该别名记录的名字及其对应的主机记录如“样图 6-02B”所示。通过屏幕截图把对应的界面保存成 X6-02C.bmp 文件，并保存到考生文件夹中。
5. **创建 DNS 反向搜索区域**：创建一个 DNS 反向搜索区域，类型为标准主要区域，该反向记录的网络 ID 如“样图 6-02C”所示。通过屏幕截图把对应的界面保存成 X6-02D.bmp 文件，并保存到考生文件夹中。
6. **创建 DNS 指针记录**：创建一个 DNS 指针记录，该反向记录的网络 ID 如“样图 6-02C”所示。通过屏幕截图把对应的界面保存成 X6-02E.bmp 文件，并保存到考生文件夹中。
7. **验证 DNS 正向搜索记录创建成功**：使用 nslookup 命令检验 DNS 正向搜索记录创建成功，可以进行正确解析，如“样图 6-02D”所示。通过屏幕截图把对应的界面保存成 X6-02F.bmp 文件，并保存到考生文件夹中。
8. **验证 DNS 别名记录创建成功**：使用 nslookup 命令检验 DNS 别名记录创建成功，可以进行正确解析，如“样图 6-02E”所示。通过屏幕截图把对应的界面保存成 X6-02G.bmp 文件，并保存到考生文件夹中。

【样图 6-02A】

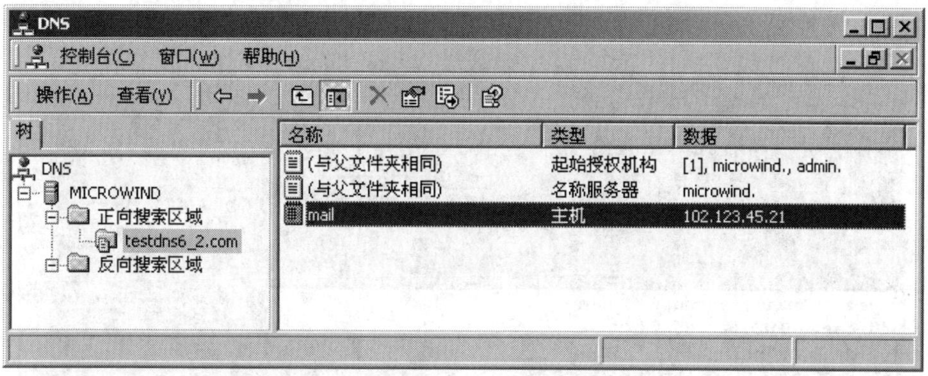

【样图 6-02B】

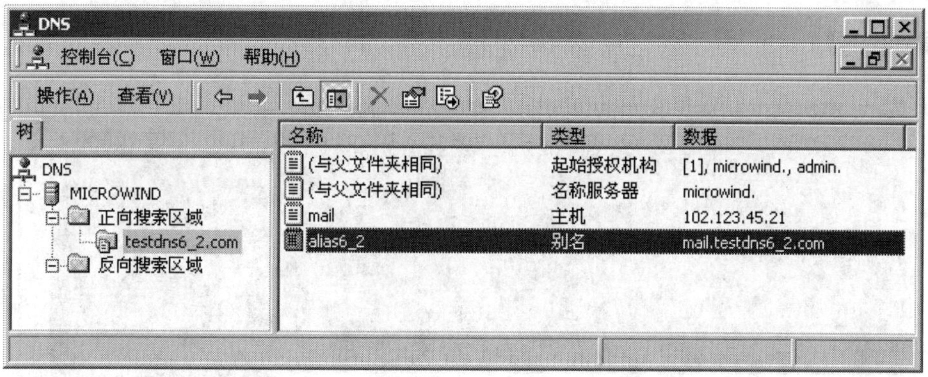

【样图 6-02C】

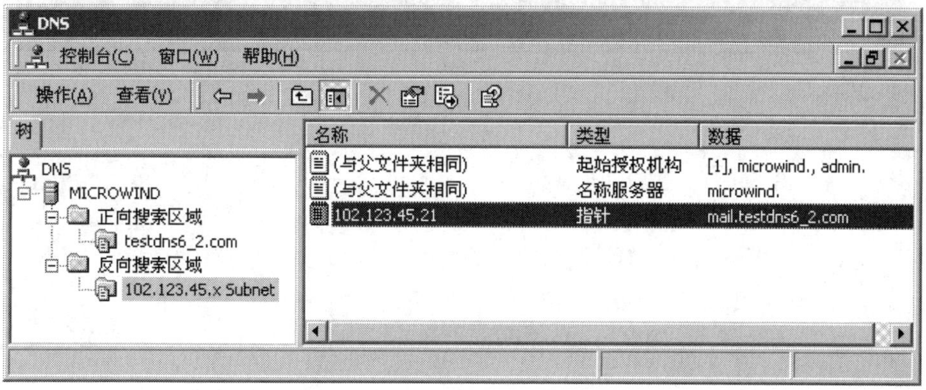

【样图 6-02D】

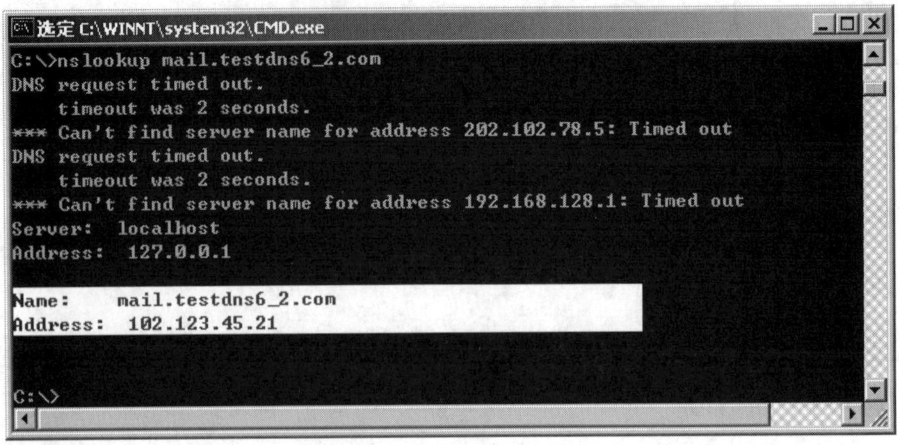

【样图 6-02E】

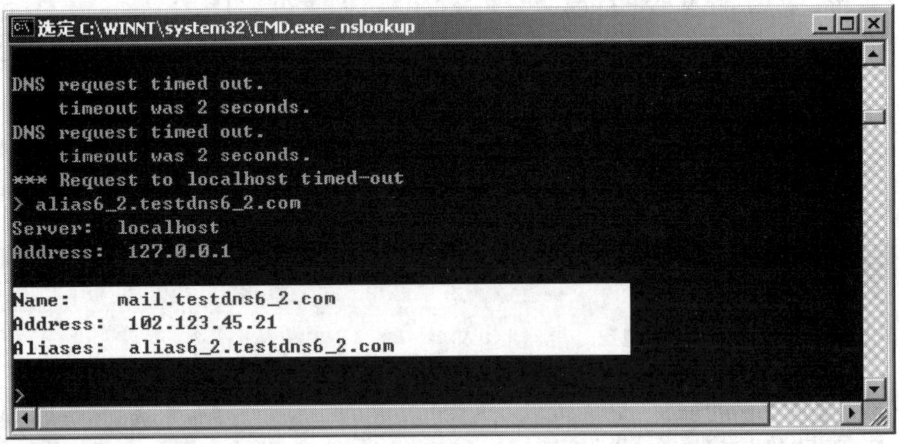

6.3　第 3 题

【操作要求】

完成下列操作，并将操作结果按要求保存在考生文件夹中。

1. **检验 DNS 服务是否安装成功**：检验 DNS 服务是否安装成功，如果没有安装，就手动安装 DNS 服务。
2. **创建 DNS 正向搜索区域**：打开 DNS 服务，创建一个新的 DNS 正向搜索区域，类型为标准主要区域，区域名为 testdns6_3.com。通过屏幕截图（按 Print Screen 键）把对应的界面保存成 X6-03A.bmp 文件，并保存到考生文件夹中。
3. **创建 DNS 主机记录**：创建一个 DNS 主机记录，该主机的名字及其 IP 地址如“样图 6-03A”所示。通过屏幕截图把对应的界面保存成 X6-03B.bmp 文件，并保存到考生文件夹中。
4. **创建 DNS 别名记录**：创建一个 DNS 别名记录，该别名记录的名字及其对应的主机记录如“样图 6-03B”所示。通过屏幕截图把对应的界面保存成 X6-03C.bmp 文件，并保存到考生文件夹中。
5. **创建 DNS 反向搜索区域**：创建一个 DNS 反向搜索区域，类型为标准主要区域，该反向记录的网络 ID 如“样图 6-03C”所示。通过屏幕截图把对应的界面保存成 X6-03D.bmp 文件，并保存到考生文件夹中。
6. **创建 DNS 指针记录**：创建一个 DNS 指针记录，该反向记录的网络 ID 如“样图 6-03C”所示。通过屏幕截图把对应的界面保存成 X6-03E.bmp 文件，并保存到考生文件夹中。
7. **验证 DNS 正向搜索记录创建成功**：使用 nslookup 命令检验 DNS 正向搜索记录创建成功，可以进行正确解析，如“样图 6-03D”所示。通过屏幕截图把对应的界面保存成 X6-03F.bmp 文件，并保存到考生文件夹中。
8. **验证 DNS 别名记录创建成功**：使用 nslookup 命令检验 DNS 别名记录创建成功，可以进行正确解析，如“样图 6-03E”所示。通过屏幕截图把对应的界面保存成 X6-03G.bmp 文件，并保存到考生文件夹中。

【样图 6-03A】

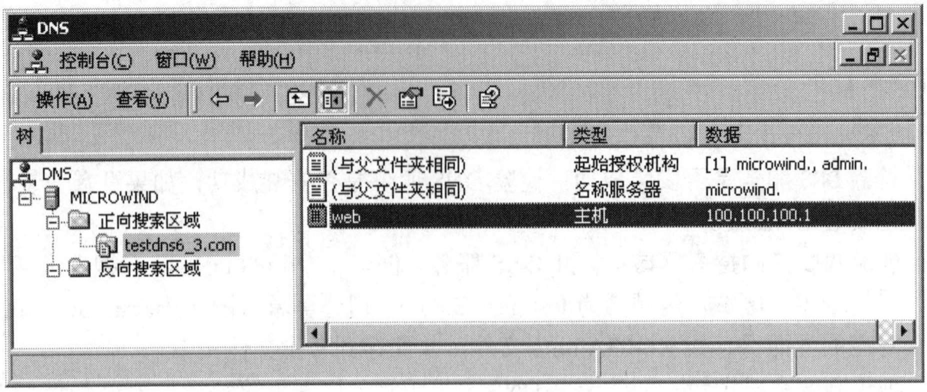

【样图 6-03B】

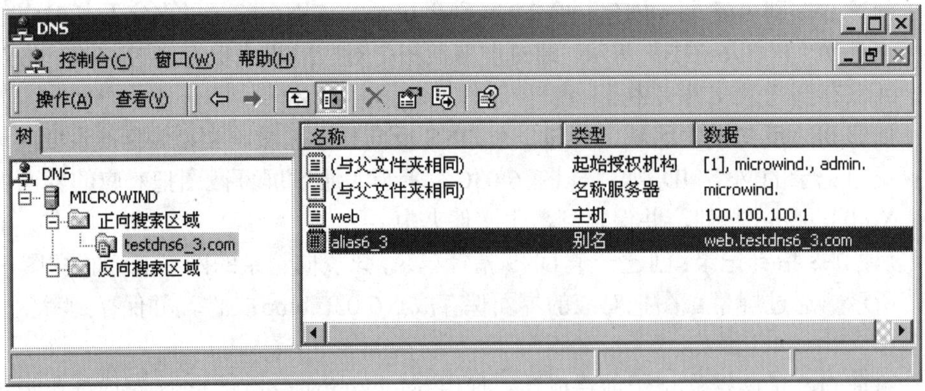

【样图 6-03C】

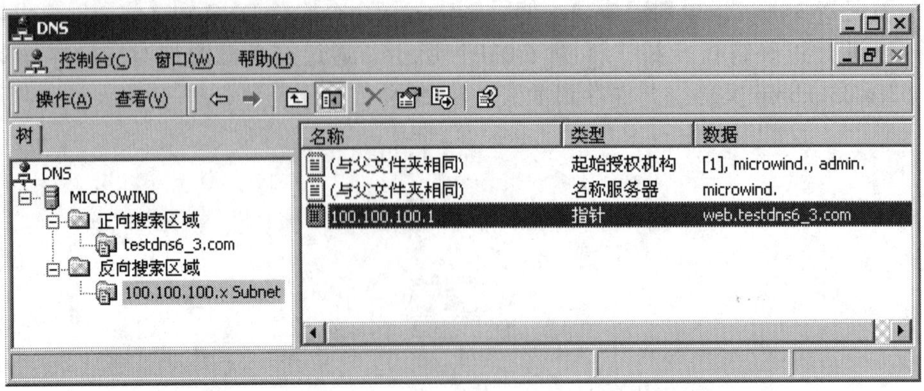

【样图 6-03D】

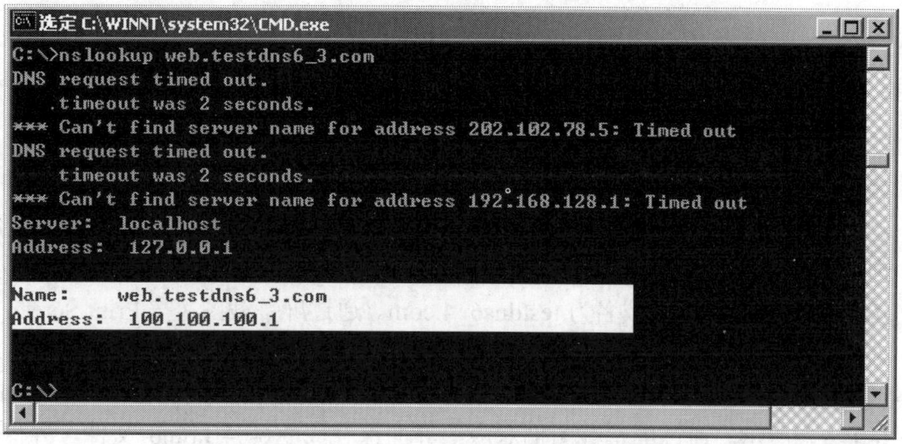

【样图 6-03E】

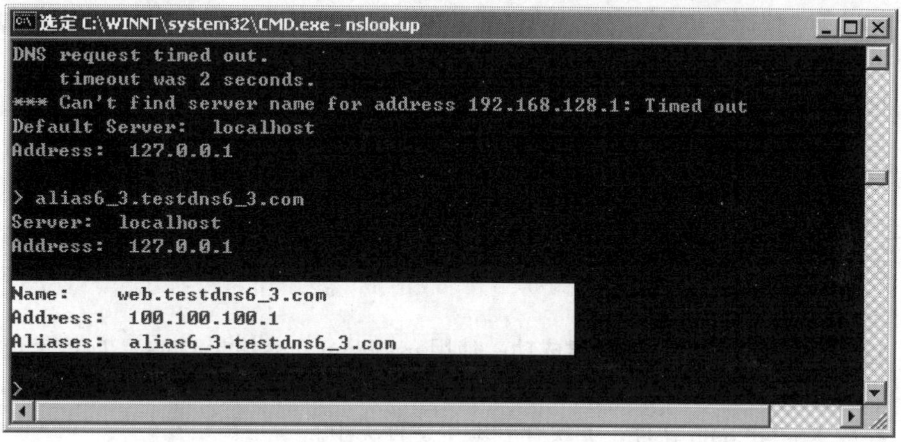

6.4 第 4 题

【操作要求】

完成下列操作，并将操作结果按要求保存在考生文件夹中。

1. **检验 DNS 服务是否安装成功**：检验 DNS 服务是否安装成功，如果没有安装，就手动安装 DNS 服务。
2. **创建 DNS 正向搜索区域**：打开 DNS 服务，创建一个新的 DNS 正向搜索区域，类型为标准主要区域，区域名为 testdns6_4.com。通过屏幕截图（按 Print Screen 键）把对应的界面保存成 X6-04A.bmp 文件，并保存到考生文件夹中。
3. **创建 DNS 主机记录**：创建一个 DNS 主机记录，该主机的名字及其 IP 地址如“样图 6-04A”所示。通过屏幕截图把对应的界面保存成 X6-04B.bmp 文件，并保存到考生文件夹中。
4. **创建 DNS 别名记录**：创建一个 DNS 别名记录，该别名记录的名字及其对应的主机记录如“样图 6-04B”所示。通过屏幕截图把对应的界面保存成 X6-04C.bmp 文件，并保存到考生文件夹中。
5. **创建 DNS 反向搜索区域**：创建一个 DNS 反向搜索区域，类型为标准主要区域，该反向记录的网络 ID 如“样图 6-04C”所示。通过屏幕截图把对应的界面保存成 X6-04D.bmp 文件，并保存到考生文件夹中。
6. **创建 DNS 指针记录**：创建一个 DNS 指针记录，该反向记录的网络 ID 如“样图 6-04C”所示。通过屏幕截图把对应的界面保存成 X6-04E.bmp 文件，并保存到考生文件夹中。
7. **验证 DNS 正向搜索记录创建成功**：使用 nslookup 命令检验 DNS 正向搜索记录创建成功，可以进行正确解析，如“样图 6-04D”所示。通过屏幕截图把对应的界面保存成 X6-04F.bmp 文件，并保存到考生文件夹中。
8. **验证 DNS 别名记录创建成功**：使用 nslookup 命令检验 DNS 别名记录创建成功，可以进行正确解析，如“样图 6-04E”所示。通过屏幕截图把对应的界面保存成 X6-04G.bmp 文件，并保存到考生文件夹中。

【样图 6-04A】

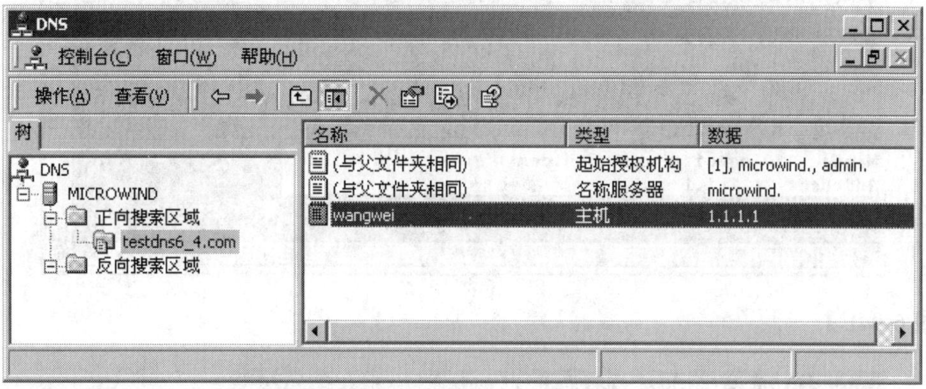

【样图 6-04B】

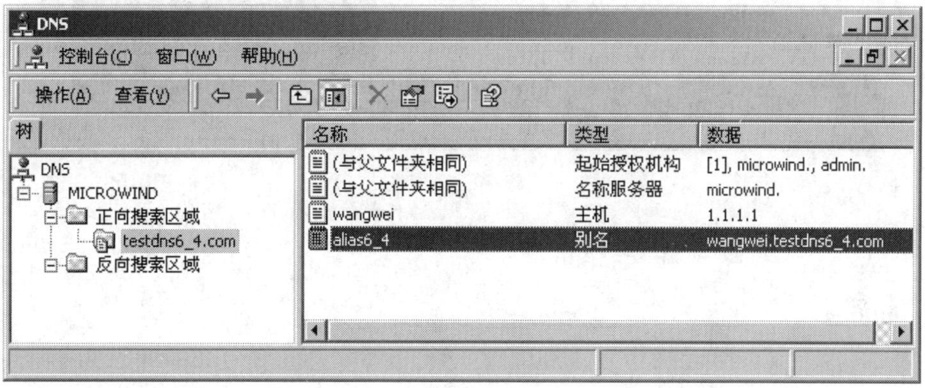

【样图 6-04C】

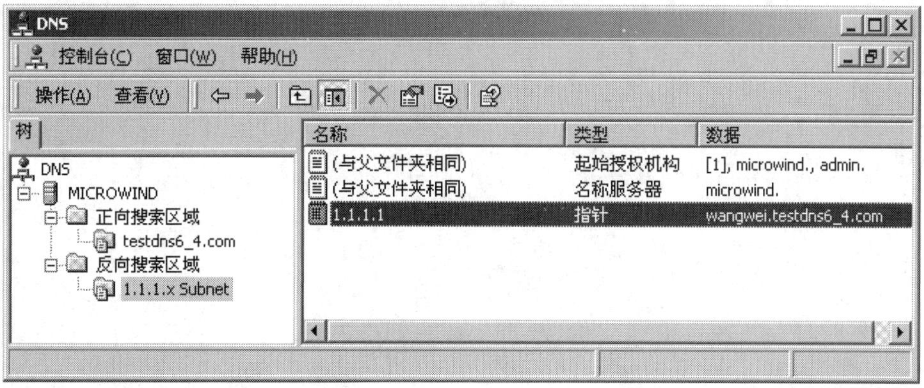

【样图 6-04D】

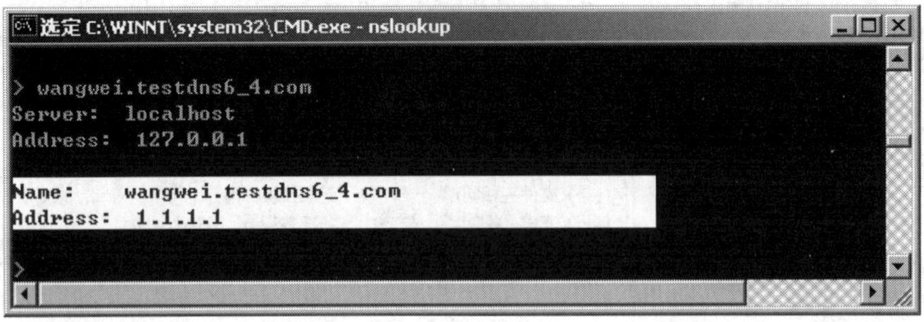

【样图 6-04E】

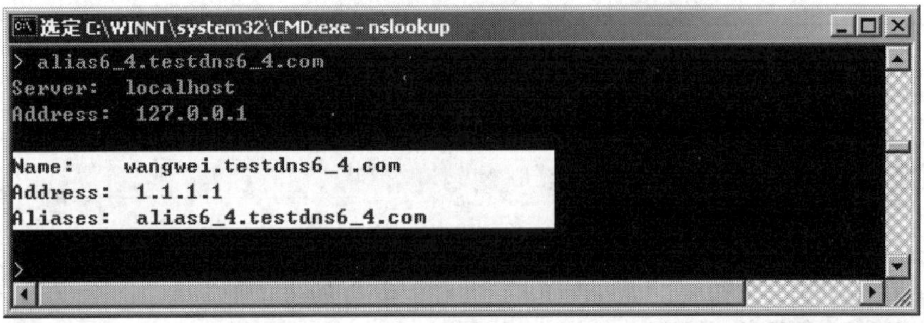

6.5　第 5 题

【操作要求】

完成下列操作，并将操作结果按要求保存在考生文件夹中。

1. **检验 DNS 服务是否安装成功**：检验 DNS 服务是否安装成功，如果没有安装，就手动安装 DNS 服务。
2. **创建 DNS 正向搜索区域**：打开 DNS 服务，创建一个新的 DNS 正向搜索区域，类型为标准主要区域，区域名为 testdns6_5.com。通过屏幕截图（按 Print Screen 键）把对应的界面保存成 X6-05A.bmp 文件，并保存到考生文件夹中。
3. **创建 DNS 主机记录**：创建一个 DNS 主机记录，该主机的名字及其 IP 地址如“样图 6-05A”所示。通过屏幕截图把对应的界面保存成 X6-05B.bmp 文件，并保存到考生文件夹中。
4. **创建 DNS 别名记录**：创建一个 DNS 别名记录，该别名记录的名字及其对应的主机记录如“样图 6-05B”所示。通过屏幕截图把对应的界面保存成 X6-05C.bmp 文件，并保存到考生文件夹中。
5. **创建 DNS 反向搜索区域**：创建一个 DNS 反向搜索区域，类型为标准主要区域，该反向记录的网络 ID 如“样图 6-05C”所示。通过屏幕截图把对应的界面保存成 X6-05D.bmp 文件，并保存到考生文件夹中。
6. **创建 DNS 指针记录**：创建一个 DNS 指针记录，该反向记录的网络 ID 如“样图 6-05C”所示。通过屏幕截图把对应的界面保存成 X6-05E.bmp 文件，并保存到考生文件夹中。
7. **验证 DNS 正向搜索记录创建成功**：使用 nslookup 命令检验 DNS 正向搜索记录创建成功，可以进行正确解析，如“样图 6-05D”所示。通过屏幕截图把对应的界面保存成 X6-05F.bmp 文件，并保存到考生文件夹中。
8. **验证 DNS 别名记录创建成功**：使用 nslookup 命令检验 DNS 别名记录创建成功，可以进行正确解析，如“样图 6-05E”所示。通过屏幕截图把对应的界面保存成 X6-05G.bmp 文件，并保存到考生文件夹中。

【样图 6-05A】

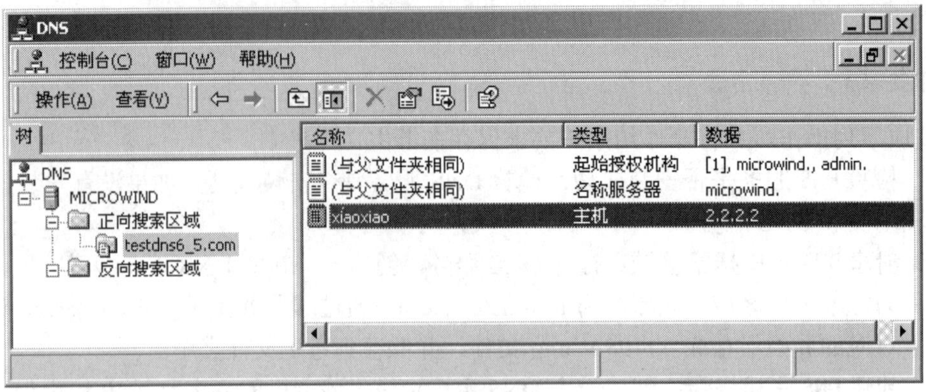

【样图 6-05B】

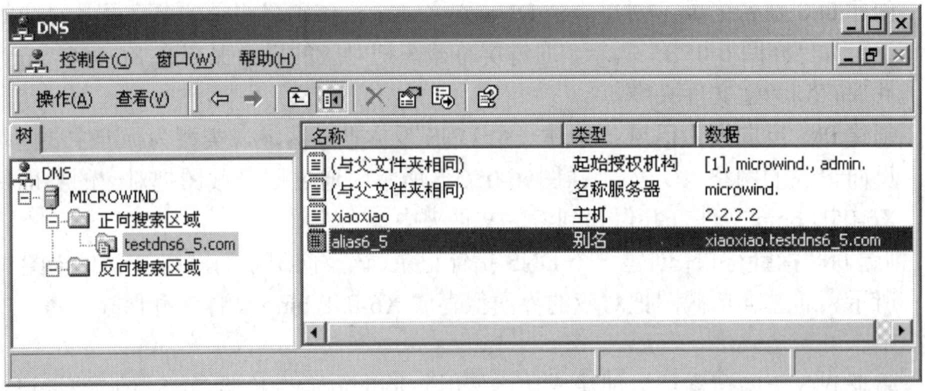

【样图 6-05C】

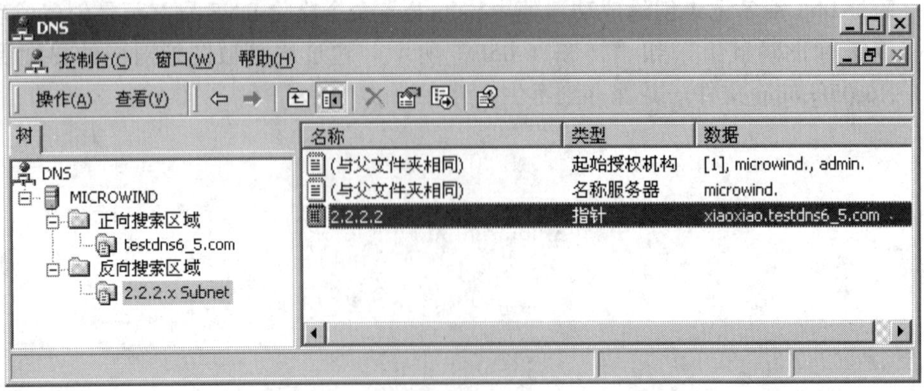

【样图 6-05D】

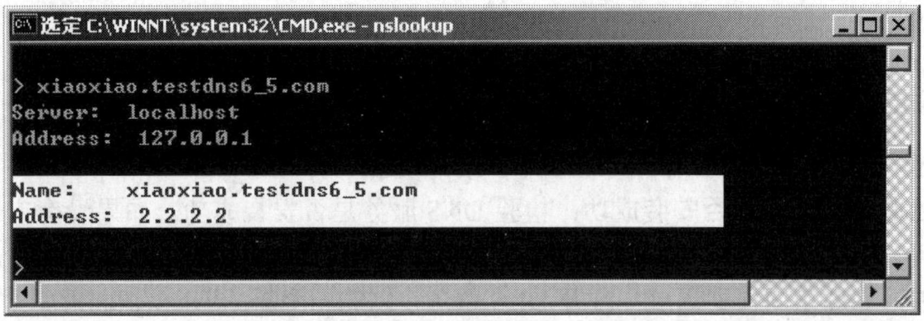

【样图 6-05E】

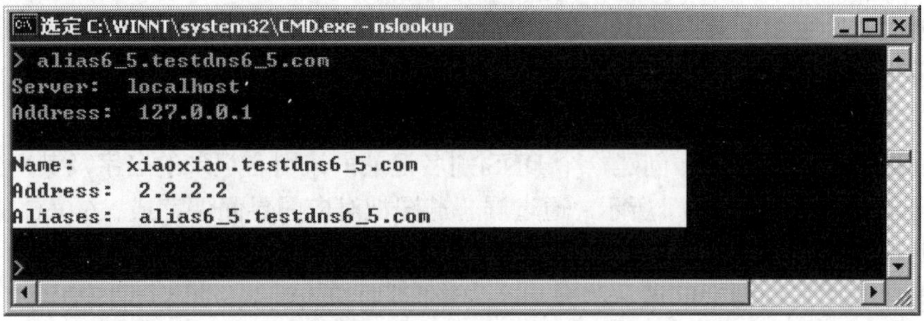

6.6 第6题

【操作要求】

完成下列操作，并将操作结果按要求保存在考生文件夹中。

1. **检验 DNS 服务是否安装成功**：检验 DNS 服务是否安装成功，如果没有安装，就手动安装 DNS 服务。
2. **创建 DNS 正向搜索区域**：打开 DNS 服务，创建一个新的 DNS 正向搜索区域，类型为标准主要区域，区域名为 testdns6_6.com。通过屏幕截图（按 Print Screen 键）把对应的界面保存成 X6-06A.bmp 文件，并保存到考生文件夹中。
3. **创建 DNS 主机记录**：创建一个 DNS 主机记录，该主机的名字及其 IP 地址如“样图 6-06A”所示。通过屏幕截图把对应的界面保存成 X6-06B.bmp 文件，并保存到考生文件夹中。
4. **创建 DNS 别名记录**：创建一个 DNS 别名记录，该别名记录的名字及其对应的主机记录如“样图 6-06B”所示。通过屏幕截图把对应的界面保存成 X6-06C.bmp 文件，并保存到考生文件夹中。
5. **创建 DNS 反向搜索区域**：创建一个 DNS 反向搜索区域，类型为标准主要区域，该反向记录的网络 ID 如“样图 6-06C”所示。通过屏幕截图把对应的界面保存成 X6-06D.bmp 文件，并保存到考生文件夹中。
6. **创建 DNS 指针记录**：创建一个 DNS 指针记录，该反向记录的网络 ID 如“样图 6-06C”所示。通过屏幕截图把对应的界面保存成 X6-06E.bmp 文件，并保存到考生文件夹中。
7. **验证 DNS 正向搜索记录创建成功**：使用 nslookup 命令检验 DNS 正向搜索记录创建成功，可以进行正确解析，如“样图 6-06D”所示。通过屏幕截图把对应的界面保存成 X6-06F.bmp 文件，并保存到考生文件夹中。
8. **验证 DNS 别名记录创建成功**：使用 nslookup 命令检验 DNS 别名记录创建成功，可以进行正确解析，如“样图 6-06E”所示。通过屏幕截图把对应的界面保存成 X6-06G.bmp 文件，并保存到考生文件夹中。

【样图 6-06A】

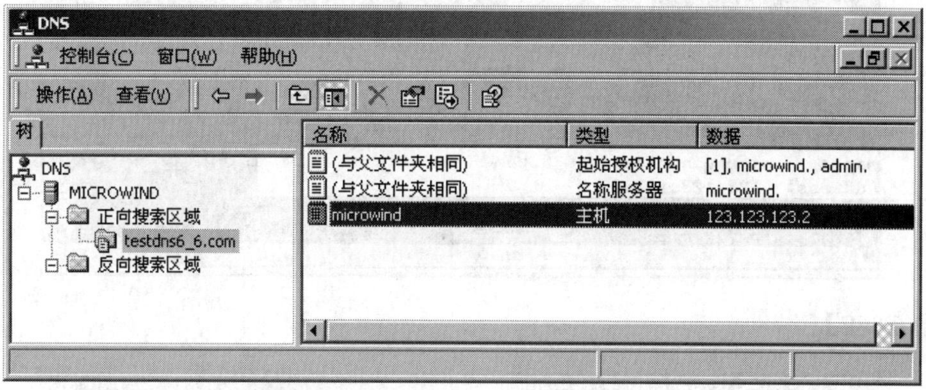

【样图 6-06B】

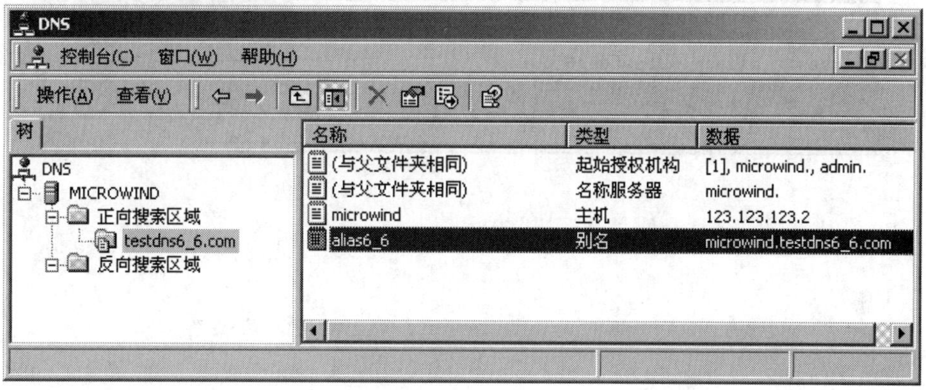

【样图 6-06C】

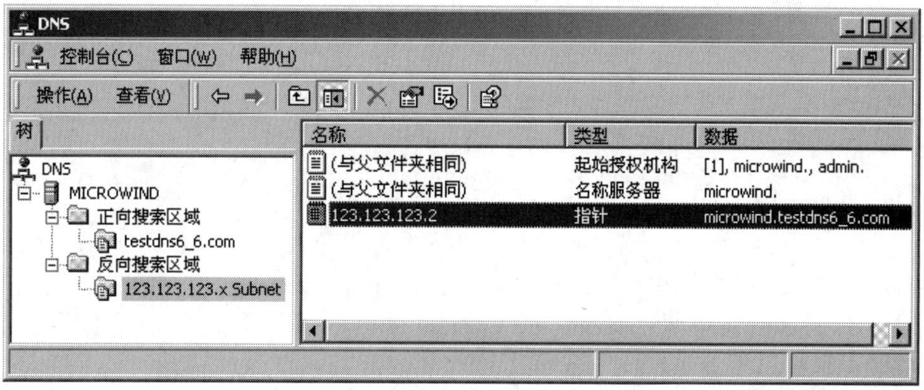

【样图 6-06D】

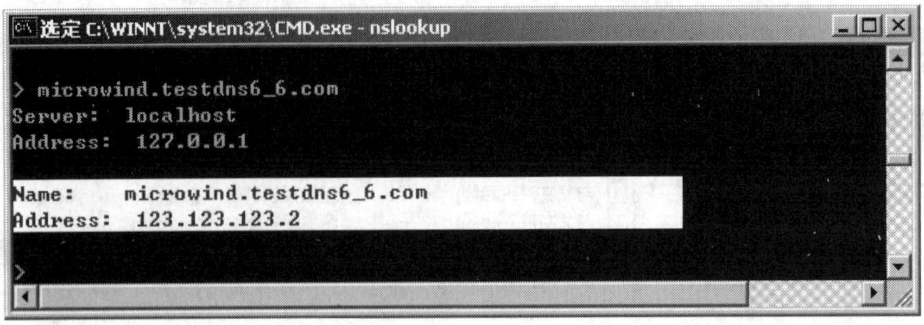

【样图 6-06E】

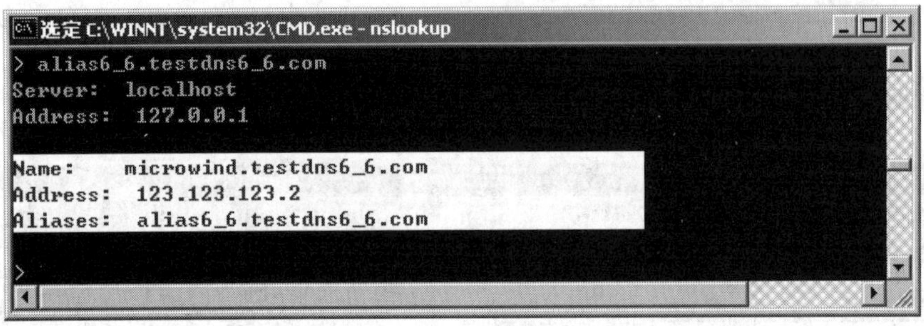

6.7　第 7 题

【操作要求】

完成下列操作，并将操作结果按要求保存在考生文件夹中。

1. **检验 DNS 服务是否安装成功**：检验 DNS 服务是否安装成功，如果没有安装，就手动安装 DNS 服务。
2. **创建 DNS 正向搜索区域**：打开 DNS 服务，创建一个新的 DNS 正向搜索区域，类型为标准主要区域，区域名为 testdns6_7.com。通过屏幕截图（按 Print Screen 键）把对应的界面保存成 X6-07A.bmp 文件，并保存到考生文件夹中。
3. **创建 DNS 主机记录**：创建一个 DNS 主机记录，该主机的名字及其 IP 地址如“样图 6-07A”所示。通过屏幕截图把对应的界面保存成 X6-07B.bmp 文件，并保存到考生文件夹中。
4. **创建 DNS 别名记录**：创建一个 DNS 别名记录，该别名记录的名字及其对应的主机记录如“样图 6-07B”所示。通过屏幕截图把对应的界面保存成 X6-07C.bmp 文件，并保存到考生文件夹中。
5. **创建 DNS 反向搜索区域**：创建一个 DNS 反向搜索区域，类型为标准主要区域，该反向记录的网络 ID 如“样图 6-07C”所示。通过屏幕截图把对应的界面保存成 X6-07D.bmp 文件，并保存到考生文件夹中。
6. **创建 DNS 指针记录**：创建一个 DNS 指针记录，该反向记录的网络 ID 如“样图 6-07C”所示。通过屏幕截图把对应的界面保存成 X6-07E.bmp 文件，并保存到考生文件夹中。
7. **验证 DNS 正向搜索记录创建成功**：使用 nslookup 命令检验 DNS 正向搜索记录创建成功，可以进行正确解析，如“样图 6-07D”所示。通过屏幕截图把对应的界面保存成 X6-07F.bmp 文件，并保存到考生文件夹中。
8. **验证 DNS 别名记录创建成功**：使用 nslookup 命令检验 DNS 别名记录创建成功，可以进行正确解析，如“样图 6-07E”所示。通过屏幕截图把对应的界面保存成 X6-07G.bmp 文件，并保存到考生文件夹中。

【样图 6-07A】

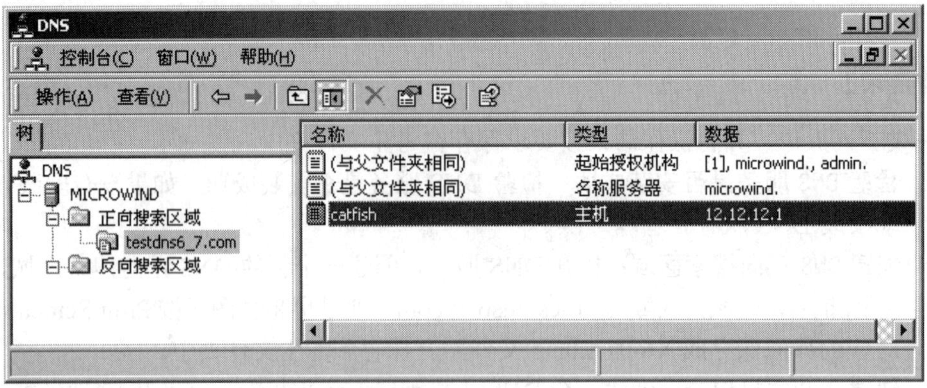

【样图 6-07B】

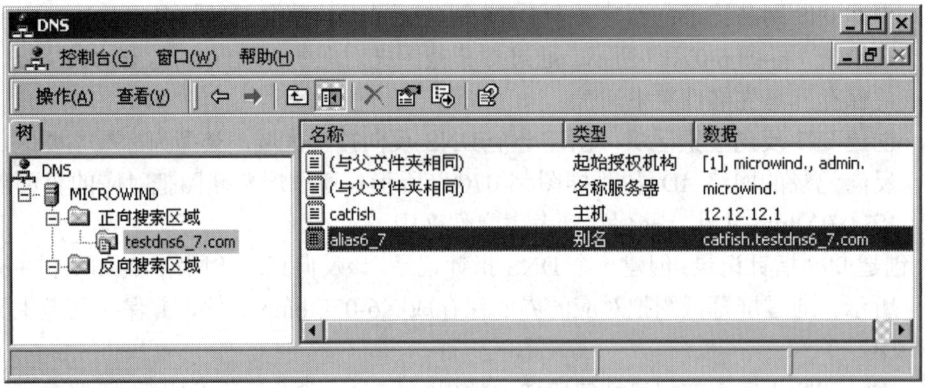

【样图 6-07C】

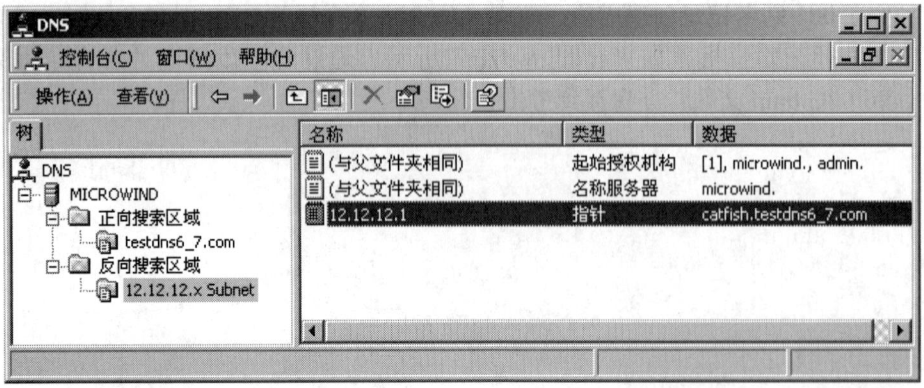

【样图 6-07D】

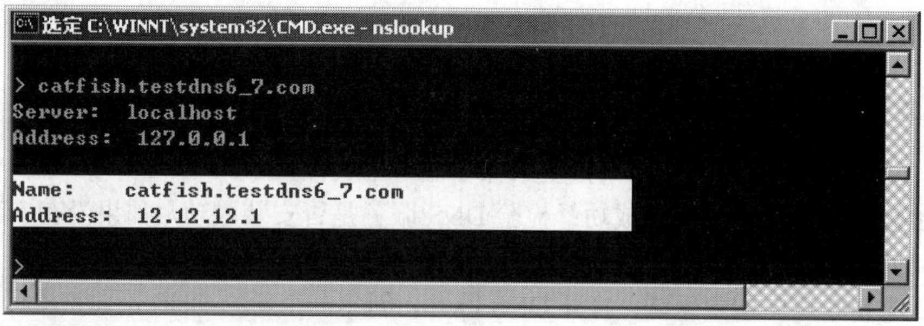

【样图 6-07E】

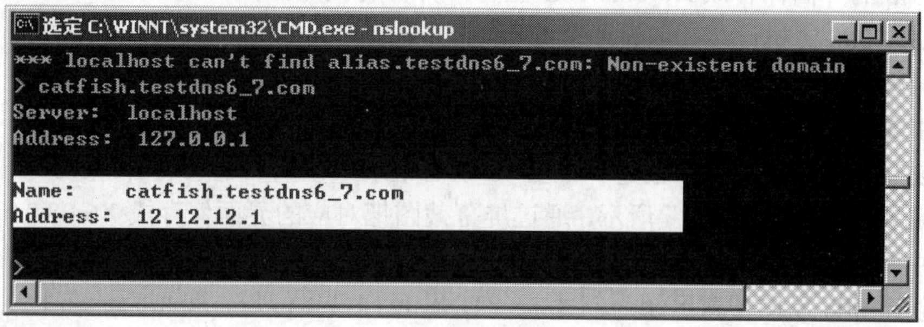

6.8 第 8 题

【操作要求】

完成下列操作，并将操作结果按要求保存在考生文件夹中。

1. **检验 DNS 服务是否安装成功**：检验 DNS 服务是否安装成功，如果没有安装，就手动安装 DNS 服务。
2. **创建 DNS 正向搜索区域**：打开 DNS 服务，创建一个新的 DNS 正向搜索区域，类型为标准主要区域，区域名为 testdns6_8.com。通过屏幕截图（按 Print Screen 键）把对应的界面保存成 X6-08A.bmp 文件，并保存到考生文件夹中。
3. **创建 DNS 主机记录**：创建一个 DNS 主机记录，该主机的名字及其 IP 地址如“样图 6-08A”所示。通过屏幕截图把对应的界面保存成 X6-08B.bmp 文件，并保存到考生文件夹中。
4. **创建 DNS 别名记录**：创建一个 DNS 别名记录，该别名记录的名字及其对应的主机记录如“样图 6-08B”所示。通过屏幕截图把对应的界面保存成 X6-08C.bmp 文件，并保存到考生文件夹中。
5. **创建 DNS 反向搜索区域**：创建一个 DNS 反向搜索区域，类型为标准主要区域，该反向记录的网络 ID 如“样图 6-08C”所示。通过屏幕截图把对应的界面保存成 X6-08D.bmp 文件，并保存到考生文件夹中。
6. **创建 DNS 指针记录**：创建一个 DNS 指针记录，该反向记录的网络 ID 如“样图 6-08C”所示。通过屏幕截图把对应的界面保存成 X6-08E.bmp 文件，并保存到考生文件夹中。
7. **验证 DNS 正向搜索记录创建成功**：使用 nslookup 命令检验 DNS 正向搜索记录创建成功，可以进行正确解析，如“样图 6-08D”所示。通过屏幕截图把对应的界面保存成 X6-08F.bmp 文件，并保存到考生文件夹中。
8. **验证 DNS 别名记录创建成功**：使用 nslookup 命令检验 DNS 别名记录创建成功，可以进行正确解析，如“样图 6-08E”所示。通过屏幕截图把对应的界面保存成 X6-08G.bmp 文件，并保存到考生文件夹中。

【样图 6-08A】

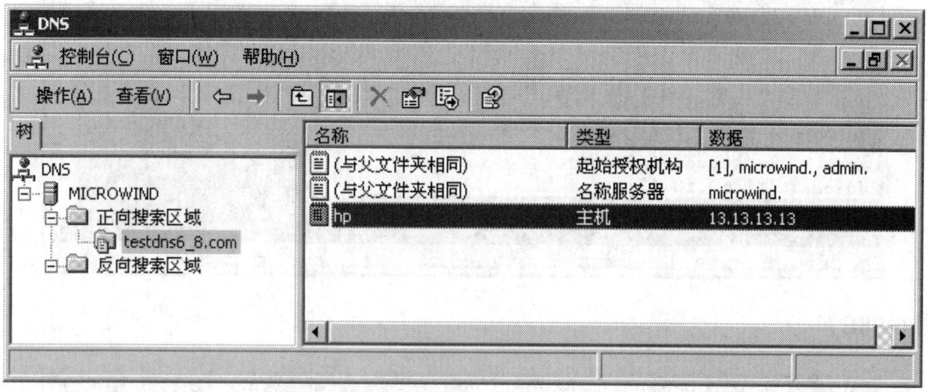

【样图 6-08B】

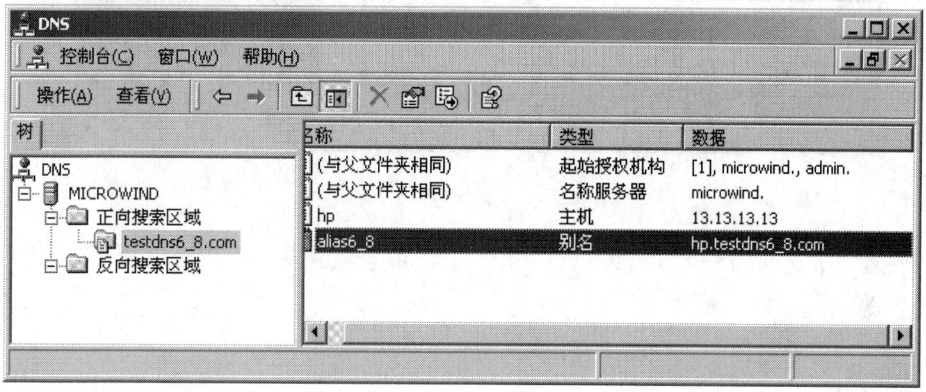

【样图 6-08C】

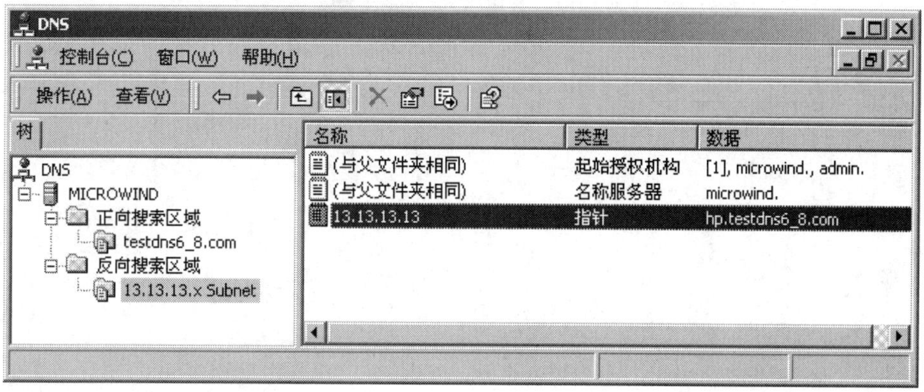

【样图 6-08D】

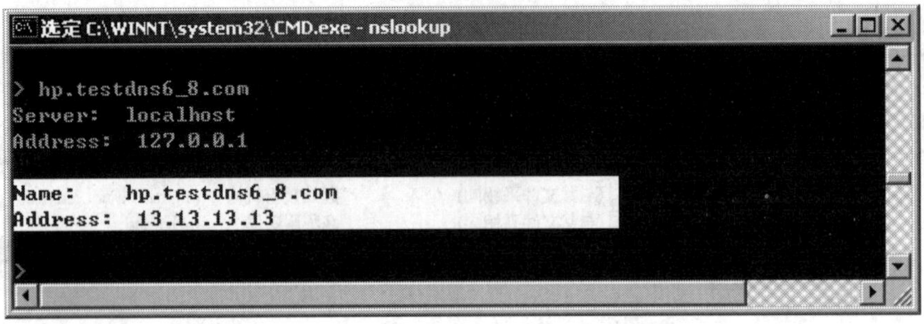

【样图 6-08E】

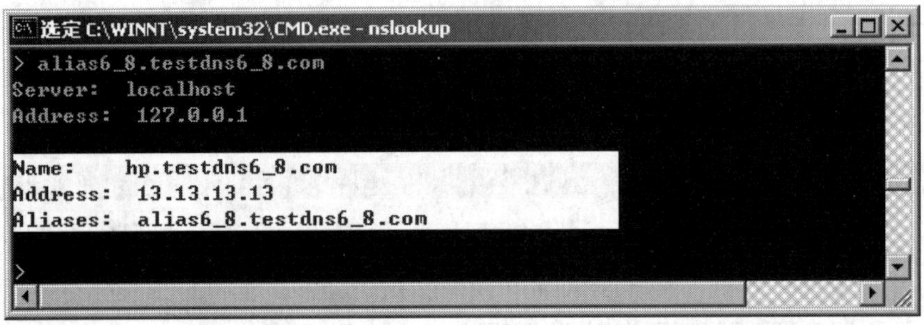

6.9　第 9 题

【操作要求】

完成下列操作，并将操作结果按要求保存在考生文件夹中。

1. **检验 DNS 服务是否安装成功**：检验 DNS 服务是否安装成功，如果没有安装，就手动安装 DNS 服务。
2. **创建 DNS 正向搜索区域**：打开 DNS 服务，创建一个新的 DNS 正向搜索区域，类型为标准主要区域，区域名为 testdns6_9.com。通过屏幕截图（按 Print Screen 键）把对应的界面保存成 X6-09A.bmp 文件，并保存到考生文件夹中。
3. **创建 DNS 主机记录**：创建一个 DNS 主机记录，该主机的名字及其 IP 地址如“样图 6-09A”所示。通过屏幕截图把对应的界面保存成 X6-09B.bmp 文件，并保存到考生文件夹中。
4. **创建 DNS 别名记录**：创建一个 DNS 别名记录，该别名记录的名字及其对应的主机记录如“样图 6-09B”所示。通过屏幕截图把对应的界面保存成 X6-09C.bmp 文件，并保存到考生文件夹中。
5. **创建 DNS 反向搜索区域**：创建一个 DNS 反向搜索区域，类型为标准主要区域，该反向记录的网络 ID 如“样图 6-09C”所示。通过屏幕截图把对应的界面保存成 X6-09D.bmp 文件，并保存到考生文件夹中。
6. **创建 DNS 指针记录**：创建一个 DNS 指针记录，该反向记录的网络 ID 如“样图 6-09C”所示。通过屏幕截图把对应的界面保存成 X6-09E.bmp 文件，并保存到考生文件夹中。
7. **验证 DNS 正向搜索记录创建成功**：使用 nslookup 命令检验 DNS 正向搜索记录创建成功，可以进行正确解析，如“样图 6-09D”所示。通过屏幕截图把对应的界面保存成 X6-09F.bmp 文件，并保存到考生文件夹中。
8. **验证 DNS 别名记录创建成功**：使用 nslookup 命令检验 DNS 别名记录创建成功，可以进行正确解析，如“样图 6-09E”所示。通过屏幕截图把对应的界面保存成 X6-09G.bmp 文件，并保存到考生文件夹中。

【样图 6-09A】

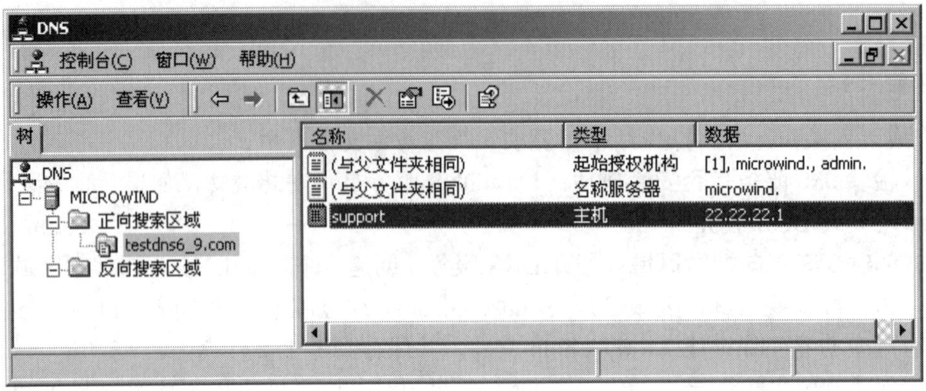

【样图 6-09B】

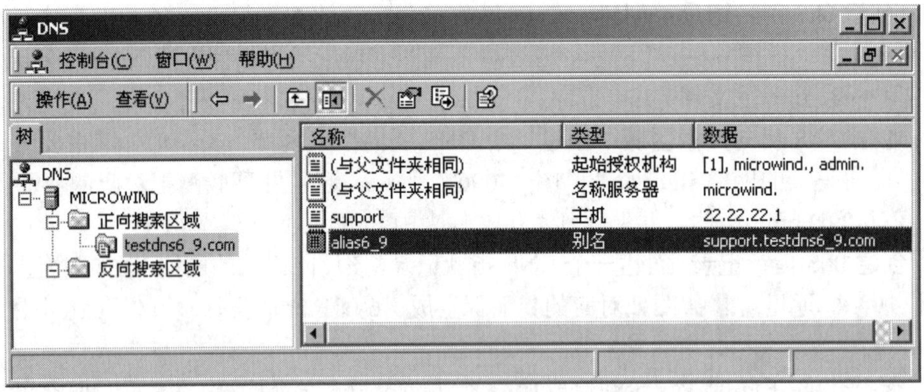

【样图 6-09C】

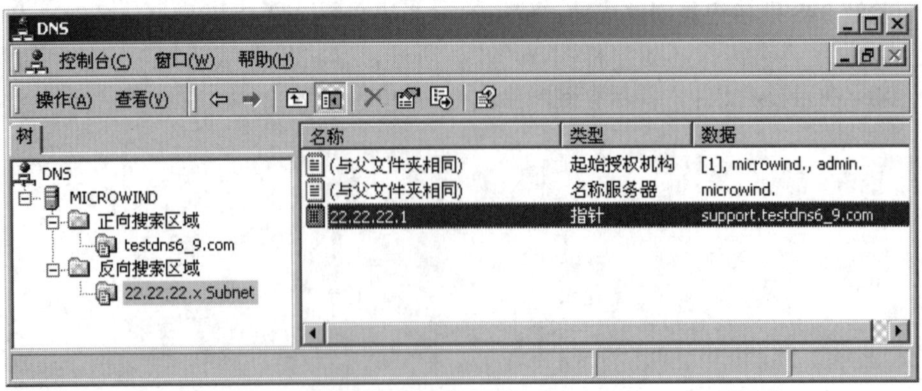

【样图 6-09D】

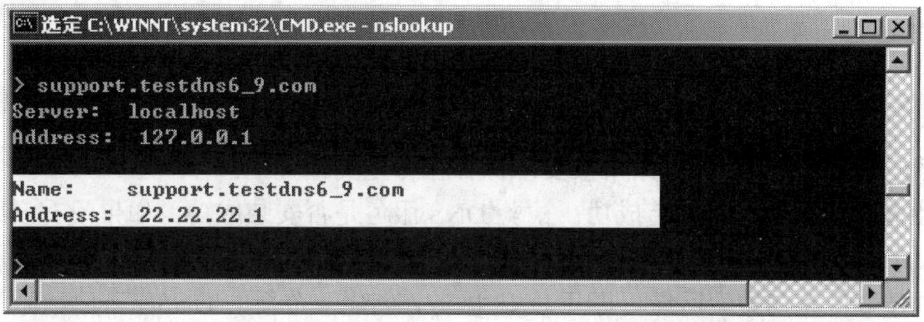

【样图 6-09E】

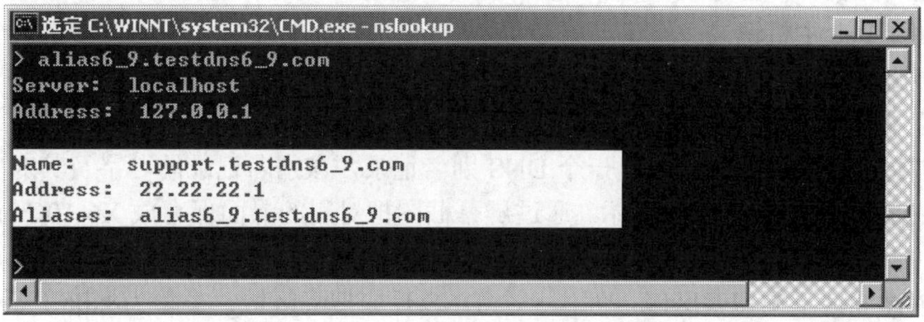

6.10 第 10 题

【操作要求】

完成下列操作，并将操作结果按要求保存在考生文件夹中。

1. **检验 DNS 服务是否安装成功**：检验 DNS 服务是否安装成功，如果没有安装，就手动安装 DNS 服务。
2. **创建 DNS 正向搜索区域**：打开 DNS 服务，创建一个新的 DNS 正向搜索区域，类型为标准主要区域，区域名为 testdns6_10.com。通过屏幕截图（按 Print Screen 键）把对应的界面保存成 X6-10A.bmp 文件，并保存到考生文件夹中。
3. **创建 DNS 主机记录**：创建一个 DNS 主机记录，该主机的名字及其 IP 地址如“样图 6-10A”所示。通过屏幕截图把对应的界面保存成 X6-10B.bmp 文件，并保存到考生文件夹中。
4. **创建 DNS 别名记录**：创建一个 DNS 别名记录，该别名记录的名字及其对应的主机记录如“样图 6-10B”所示。通过屏幕截图把对应的界面保存成 X6-10C.bmp 文件，并保存到考生文件夹中。
5. **创建 DNS 反向搜索区域**：创建一个 DNS 反向搜索区域，类型为标准主要区域，该反向记录的网络 ID 如“样图 6-10C”所示。通过屏幕截图把对应的界面保存成 X6-10D.bmp 文件，并保存到考生文件夹中。
6. **创建 DNS 指针记录**：创建一个 DNS 指针记录，该反向记录的网络 ID 如“样图 6-10C”所示。通过屏幕截图把对应的界面保存成 X6-10E.bmp 文件，并保存到考生文件夹中。
7. **验证 DNS 正向搜索记录创建成功**：使用 nslookup 命令检验 DNS 正向搜索记录创建成功，可以进行正确解析，如“样图 6-10D”所示。通过屏幕截图把对应的界面保存成 X6-10F.bmp 文件，并保存到考生文件夹中。
8. **验证 DNS 别名记录创建成功**：使用 nslookup 命令检验 DNS 别名记录创建成功，可以进行正确解析，如“样图 6-10E”所示。通过屏幕截图把对应的界面保存成 X6-10G.bmp 文件，并保存到考生文件夹中。

【样图 6-10A】

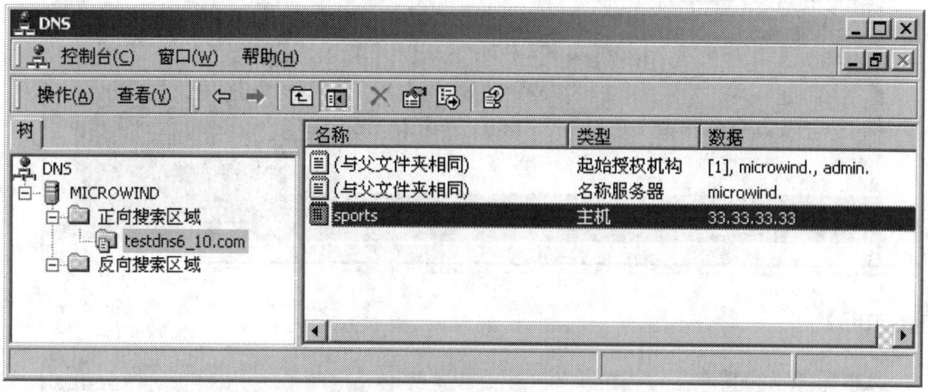

【样图 6-10B】

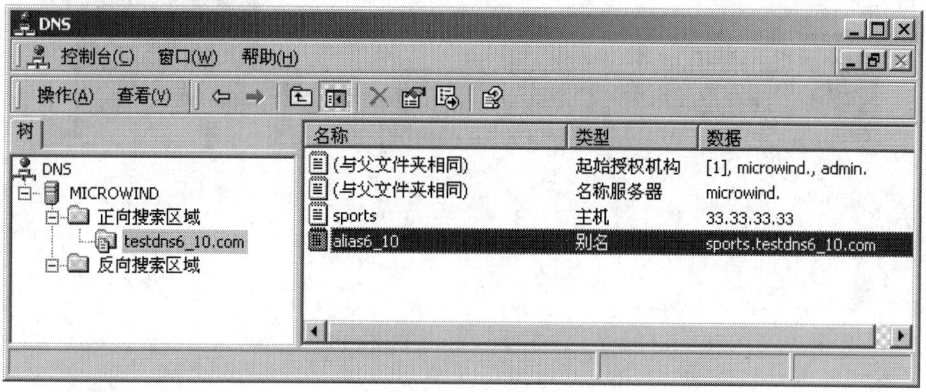

【样图 6-10C】

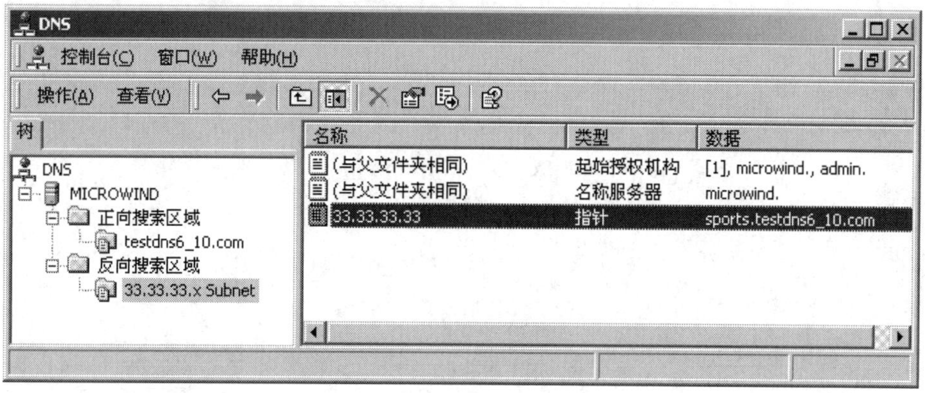

【样图 6-10D】

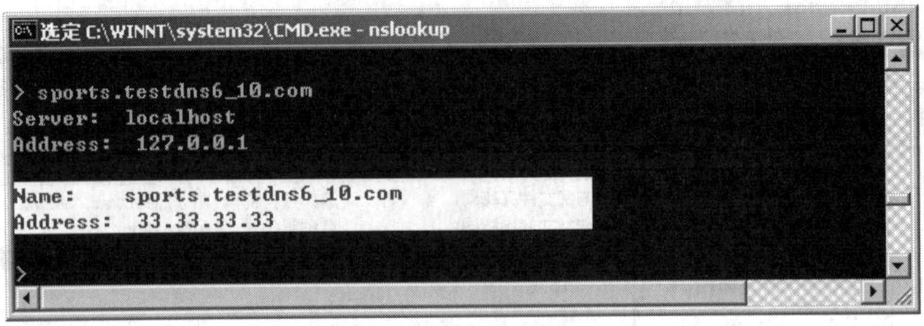

【样图 6-10E】

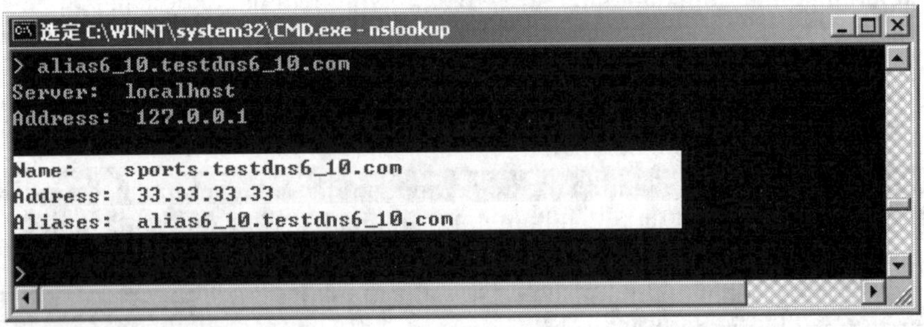

6.11　第 11 题

【操作要求】

完成下列操作，并将操作结果按要求保存在考生文件夹中。

1. **检验 DNS 服务是否安装成功**：检验 DNS 服务是否安装成功，如果没有安装，就手动安装 DNS 服务。
2. **创建 DNS 正向搜索区域**：打开 DNS 服务，创建一个新的 DNS 正向搜索区域，类型为标准主要区域，区域名为 testdns6_11.com。通过屏幕截图（按 Print Screen 键）把对应的界面保存成 X6-11A.bmp 文件，并保存到考生文件夹中。
3. **创建 DNS 主机记录**：创建一个 DNS 主机记录，该主机的名字及其 IP 地址如“样图 6-11A”所示。通过屏幕截图把对应的界面保存成 X6-11B.bmp 文件，并保存到考生文件夹中。
4. **创建 DNS 别名记录**：创建一个 DNS 别名记录，该别名记录的名字及其对应的主机记录如“样图 6-11B”所示。通过屏幕截图把对应的界面保存成 X6-11C.bmp 文件，并保存到考生文件夹中。
5. **创建 DNS 反向搜索区域**：创建一个 DNS 反向搜索区域，类型为标准主要区域，该反向记录的网络 ID 如“样图 6-11C”所示。通过屏幕截图把对应的界面保存成 X6-11D.bmp 文件，并保存到考生文件夹中。
6. **创建 DNS 指针记录**：创建一个 DNS 指针记录，该反向记录的网络 ID 如“样图 6-11C”所示。通过屏幕截图把对应的界面保存成 X6-11E.bmp 文件，并保存到考生文件夹中。
7. **验证 DNS 正向搜索记录创建成功**：使用 nslookup 命令检验 DNS 正向搜索记录创建成功，可以进行正确解析，如“样图 6-11D”所示。通过屏幕截图把对应的界面保存成 X6-11F.bmp 文件，并保存到考生文件夹中。
8. **验证 DNS 别名记录创建成功**：使用 nslookup 命令检验 DNS 别名记录创建成功，可以进行正确解析，如“样图 6-11E”所示。通过屏幕截图把对应的界面保存成 X6-11G.bmp 文件，并保存到考生文件夹中。

【样图 6-11A】

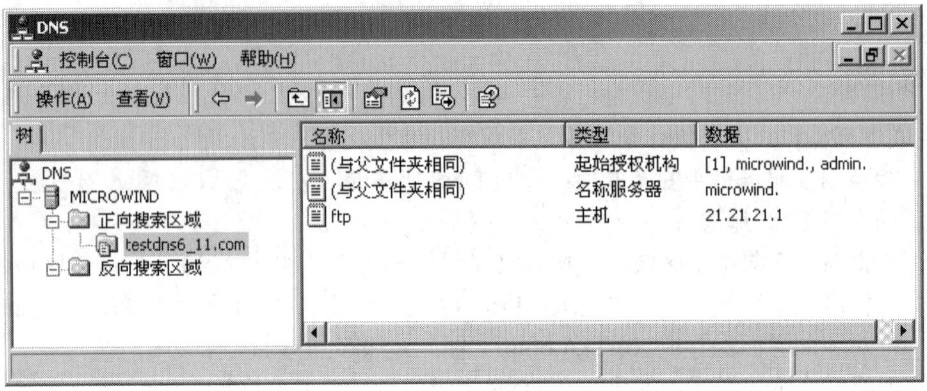

【样图 6-11B】

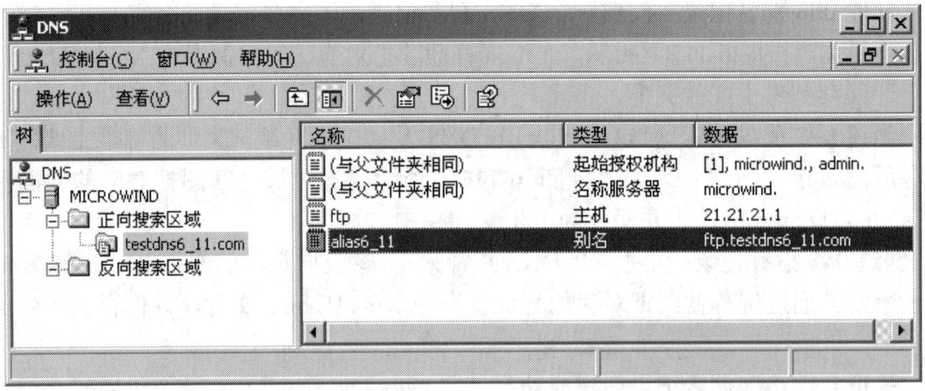

【样图 6-11C】

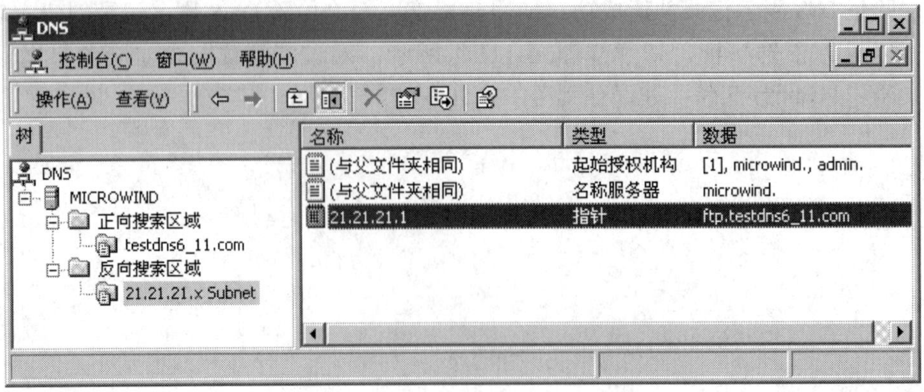

【样图 6-11D】

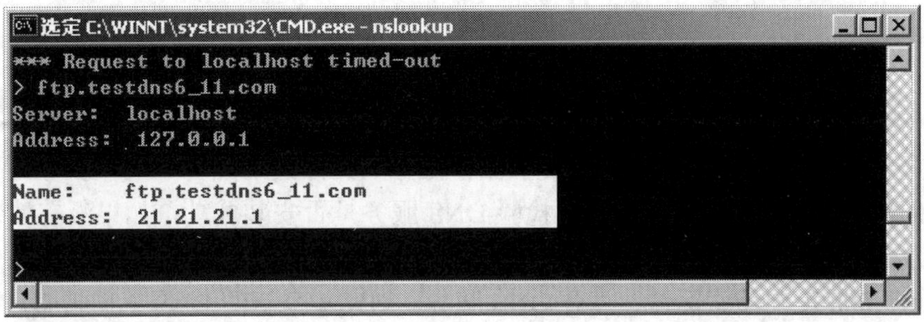

【样图 6-11E】

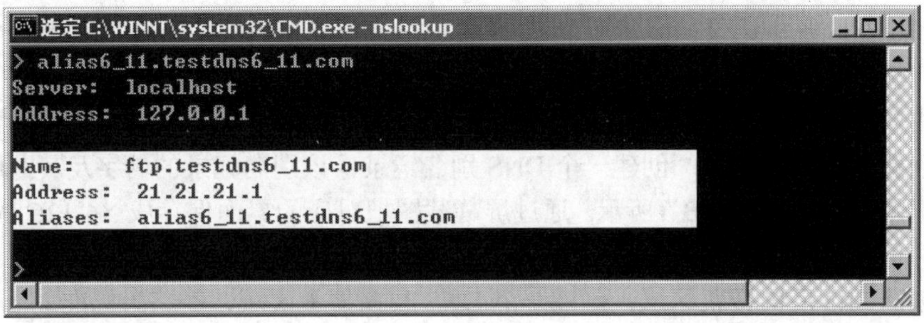

6.12 第 12 题

【操作要求】

完成下列操作，并将操作结果按要求保存在考生文件夹中。

1. **检验 DNS 服务是否安装成功**：检验 DNS 服务是否安装成功，如果没有安装，就手动安装 DNS 服务。
2. **创建 DNS 正向搜索区域**：打开 DNS 服务，创建一个新的 DNS 正向搜索区域，类型为标准主要区域，区域名为 testdns6_12.com。通过屏幕截图（按 Print Screen 键）把对应的界面保存成 X6-12A.bmp 文件，并保存到考生文件夹中。
3. **创建 DNS 主机记录**：创建一个 DNS 主机记录，该主机的名字及其 IP 地址如“样图 6-12A”所示。通过屏幕截图把对应的界面保存成 X6-12B.bmp 文件，并保存到考生文件夹中。
4. **创建 DNS 别名记录**：创建一个 DNS 别名记录，该别名记录的名字及其对应的主机记录如“样图 6-12B”所示。通过屏幕截图把对应的界面保存成 X6-12C.bmp 文件，并保存到考生文件夹中。
5. **创建 DNS 反向搜索区域**：创建一个 DNS 反向搜索区域，类型为标准主要区域，该反向记录的网络 ID 如“样图 6-12C”所示。通过屏幕截图把对应的界面保存成 X6-12D.bmp 文件，并保存到考生文件夹中。
6. **创建 DNS 指针记录**：创建一个 DNS 指针记录，该反向记录的网络 ID 如“样图 6-12C”所示。通过屏幕截图把对应的界面保存成 X6-12E.bmp 文件，并保存到考生文件夹中。
7. **验证 DNS 正向搜索记录创建成功**：使用 nslookup 命令检验 DNS 正向搜索记录创建成功，可以进行正确解析，如“样图 6-12D”所示。通过屏幕截图把对应的界面保存成 X6-12F.bmp 文件，并保存到考生文件夹中。
8. **验证 DNS 别名记录创建成功**：使用 nslookup 命令检验 DNS 别名记录创建成功，可以进行正确解析，如“样图 6-12E”所示。通过屏幕截图把对应的界面保存成 X6-12G.bmp 文件，并保存到考生文件夹中。

【样图 6-12A】

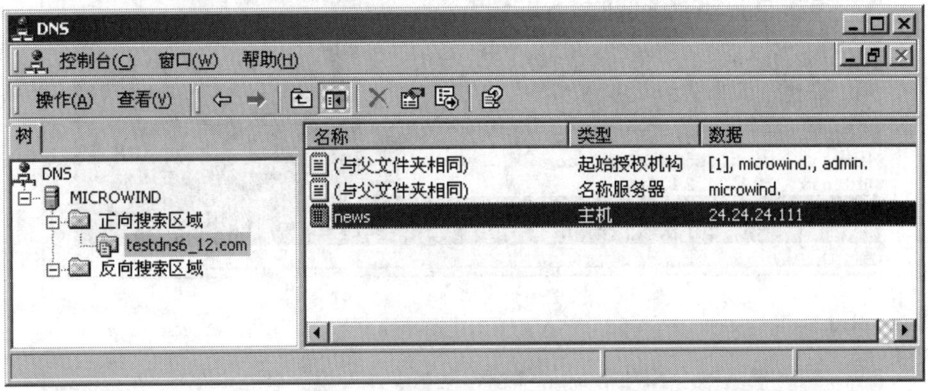

【样图 6-12B】

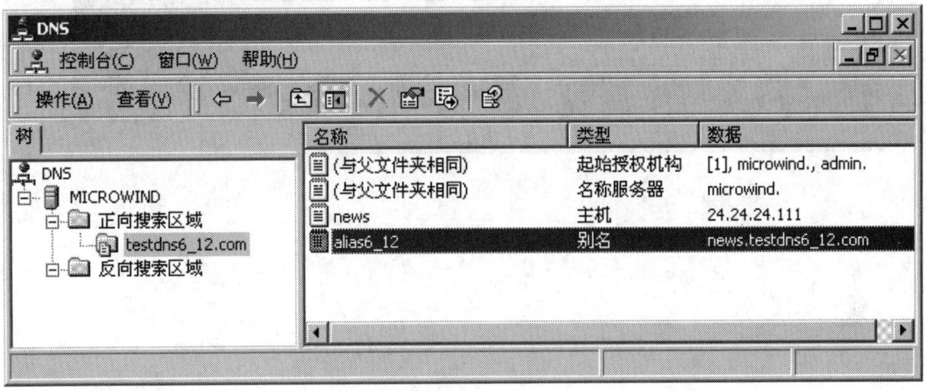

【样图 6-12C】

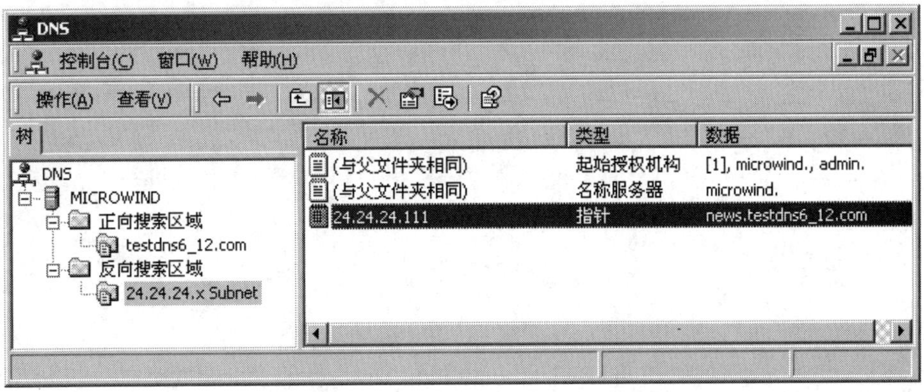

【样图 6-12D】

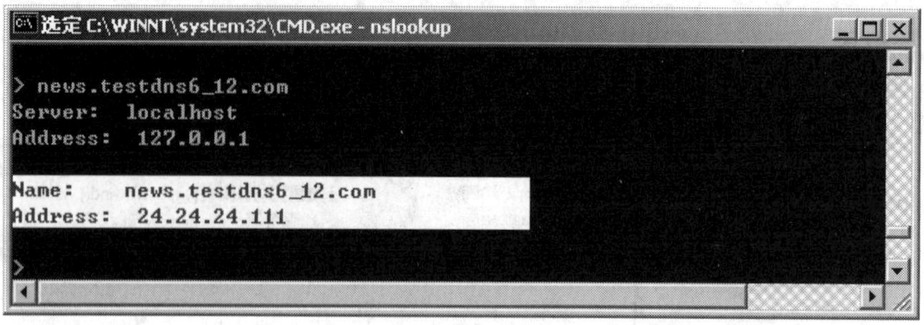

【样图 6-12E】

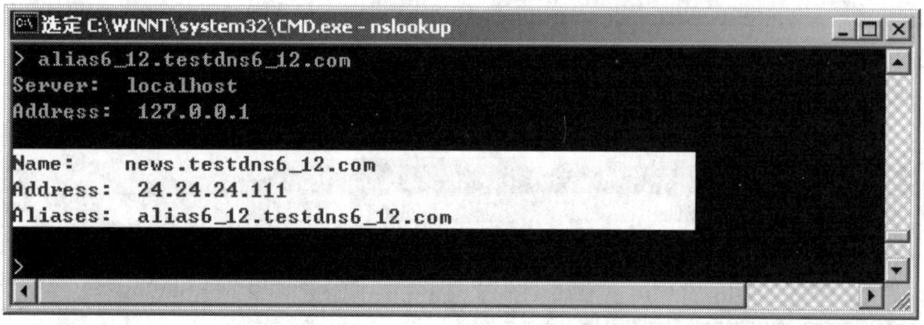

6.13　第 13 题

【操作要求】

完成下列操作，并将操作结果按要求保存在考生文件夹中。

1. **检验 DNS 服务是否安装成功**：检验 DNS 服务是否安装成功，如果没有安装，就手动安装 DNS 服务。
2. **创建 DNS 正向搜索区域**：打开 DNS 服务，创建一个新的 DNS 正向搜索区域，类型为标准主要区域，区域名为 testdns6_13.com。通过屏幕截图（按 Print Screen 键）把对应的界面保存成 X6-13A.bmp 文件，并保存到考生文件夹中。
3. **创建 DNS 主机记录**：创建一个 DNS 主机记录，该主机的名字及其 IP 地址如“样图 6-13A”所示。通过屏幕截图把对应的界面保存成 X6-13B.bmp 文件，并保存到考生文件夹中。
4. **创建 DNS 别名记录**：创建一个 DNS 别名记录，该别名记录的名字及其对应的主机记录如“样图 6-13B”所示。通过屏幕截图把对应的界面保存成 X6-13C.bmp 文件，并保存到考生文件夹中。
5. **创建 DNS 反向搜索区域**：创建一个 DNS 反向搜索区域，类型为标准主要区域，该反向记录的网络 ID 如“样图 6-13C”所示。通过屏幕截图把对应的界面保存成 X6-13D.bmp 文件，并保存到考生文件夹中。
6. **创建 DNS 指针记录**：创建一个 DNS 指针记录，该反向记录的网络 ID 如“样图 6-13C”所示。通过屏幕截图把对应的界面保存成 X6-13E.bmp 文件，并保存到考生文件夹中。
7. **验证 DNS 正向搜索记录创建成功**：使用 nslookup 命令检验 DNS 正向搜索记录创建成功，可以进行正确解析，如“样图 6-13D”所示。通过屏幕截图把对应的界面保存成 X6-13F.bmp 文件，并保存到考生文件夹中。
8. **验证 DNS 别名记录创建成功**：使用 nslookup 命令检验 DNS 别名记录创建成功，可以进行正确解析，如“样图 6-13E”所示。通过屏幕截图把对应的界面保存成 X6-13G.bmp 文件，并保存到考生文件夹中。

【样图 6-13A】

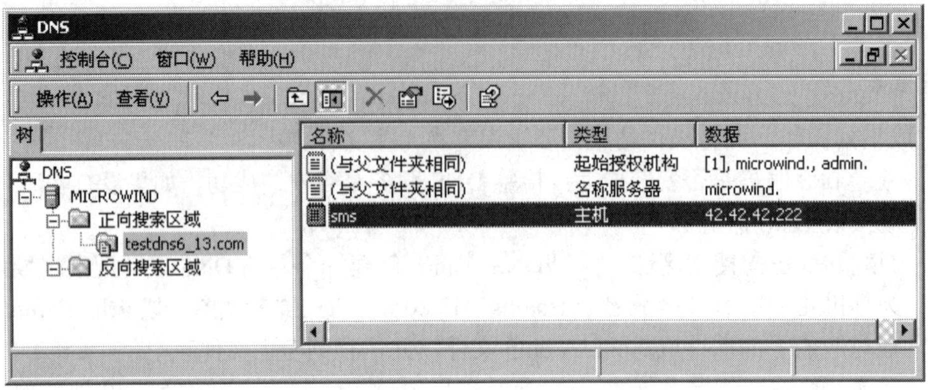

【样图 6-13B】

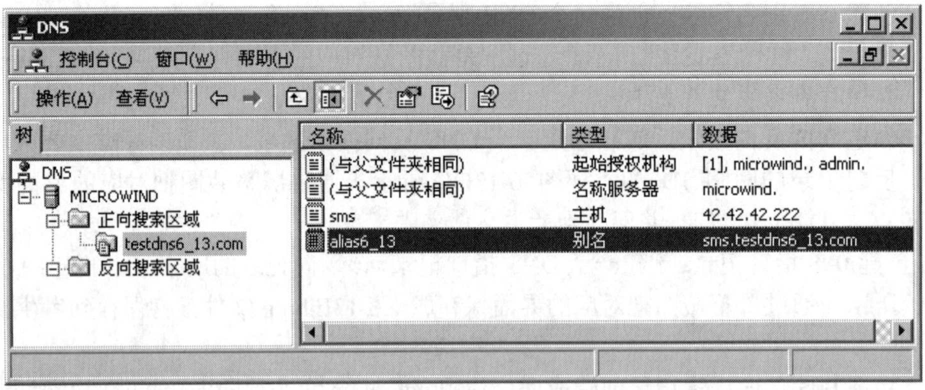

【样图 6-13C】

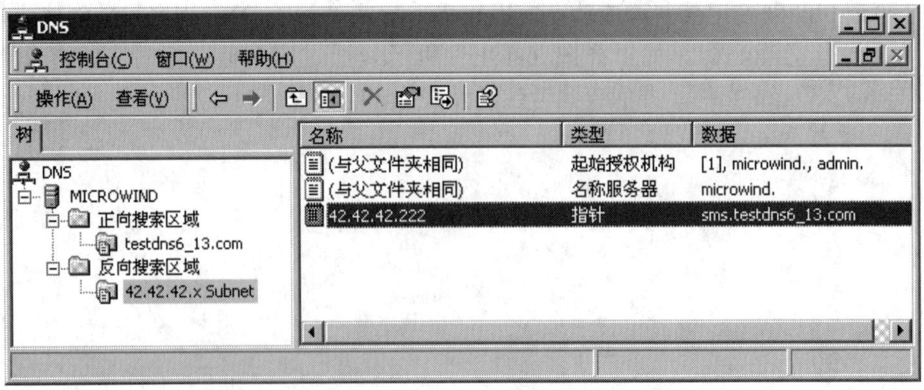

【样图 6-13D】

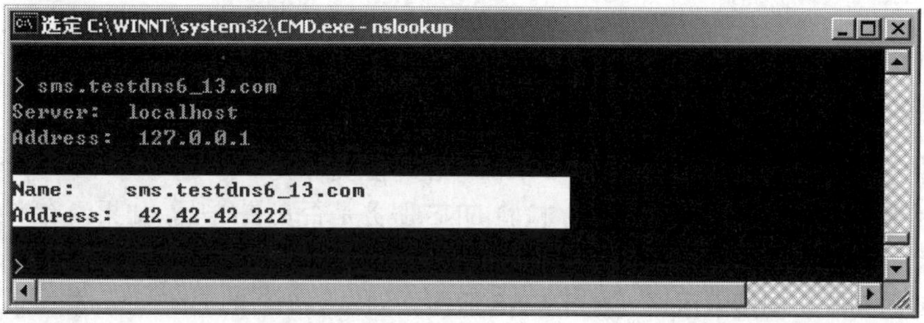

【样图 6-13E】

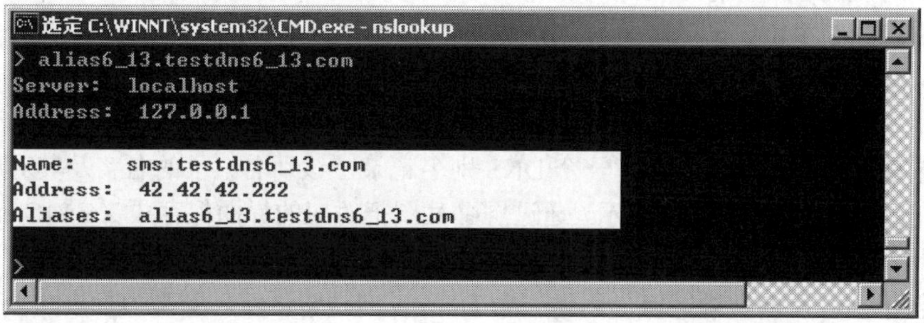

6.14 第 14 题

【操作要求】

完成下列操作，并将操作结果按要求保存在考生文件夹中。

1. **检验 DNS 服务是否安装成功**：检验 DNS 服务是否安装成功，如果没有安装，就手动安装 DNS 服务。
2. **创建 DNS 正向搜索区域**：打开 DNS 服务，创建一个新的 DNS 正向搜索区域，类型为标准主要区域，区域名为 testdns6_14.com。通过屏幕截图（按 Print Screen 键）把对应的界面保存成 X6-14A.bmp 文件，并保存到考生文件夹中。
3. **创建 DNS 主机记录**：创建一个 DNS 主机记录，该主机的名字及其 IP 地址如“样图 6-14A”所示。通过屏幕截图把对应的界面保存成 X6-14B.bmp 文件，并保存到考生文件夹中。
4. **创建 DNS 别名记录**：创建一个 DNS 别名记录，该别名记录的名字及其对应的主机记录如“样图 6-14B”所示。通过屏幕截图把对应的界面保存成 X6-14C.bmp 文件，并保存到考生文件夹中。
5. **创建 DNS 反向搜索区域**：创建一个 DNS 反向搜索区域，类型为标准主要区域，该反向记录的网络 ID 如“样图 6-14C”所示。通过屏幕截图把对应的界面保存成 X6-14D.bmp 文件，并保存到考生文件夹中。
6. **创建 DNS 指针记录**：创建一个 DNS 指针记录，该反向记录的网络 ID 如“样图 6-14C”所示。通过屏幕截图把对应的界面保存成 X6-14E.bmp 文件，并保存到考生文件夹中。
7. **验证 DNS 正向搜索记录创建成功**：使用 nslookup 命令检验 DNS 正向搜索记录创建成功，可以进行正确解析，如“样图 6-14D”所示。通过屏幕截图把对应的界面保存成 X6-14F.bmp 文件，并保存到考生文件夹中。
8. **验证 DNS 别名记录创建成功**：使用 nslookup 命令检验 DNS 别名记录创建成功，可以进行正确解析，如“样图 6-14E”所示。通过屏幕截图把对应的界面保存成 X6-14G.bmp 文件，并保存到考生文件夹中。

【样图 6-14A】

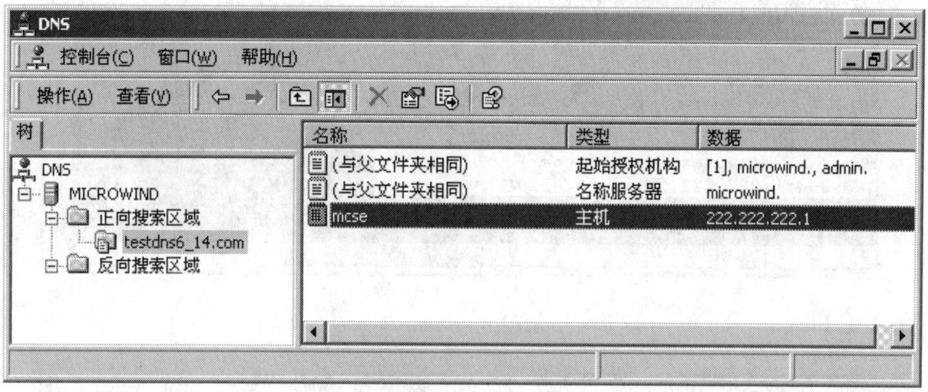

【样图 6-14B】

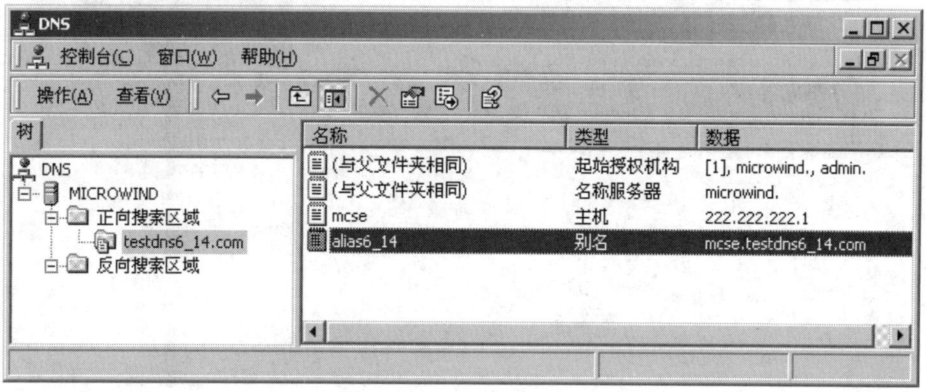

【样图 6-14C】

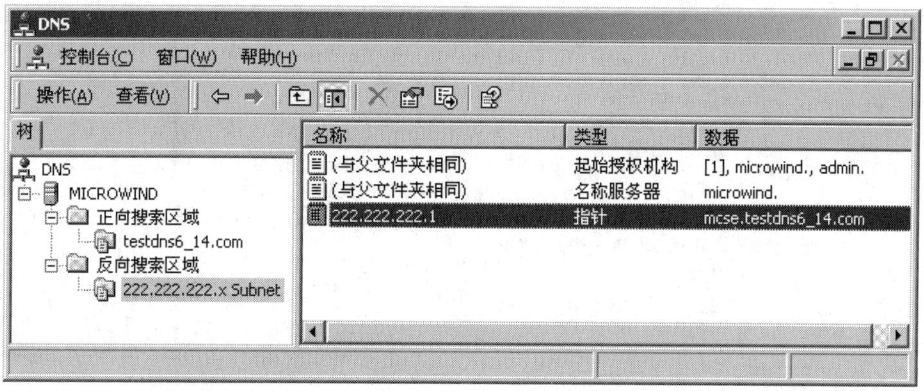

【样图 6-14D】

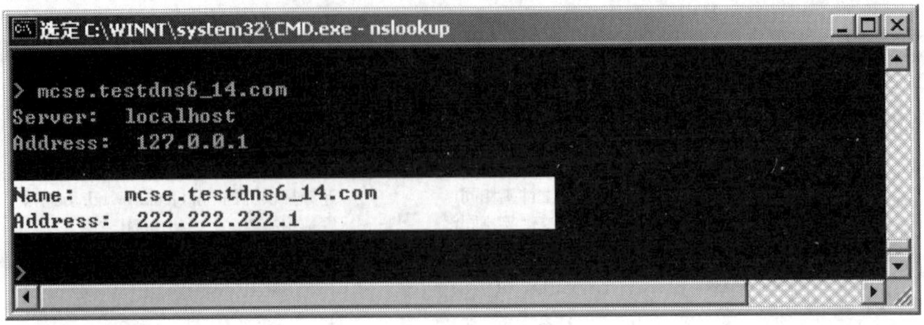

【样图 6-14E】

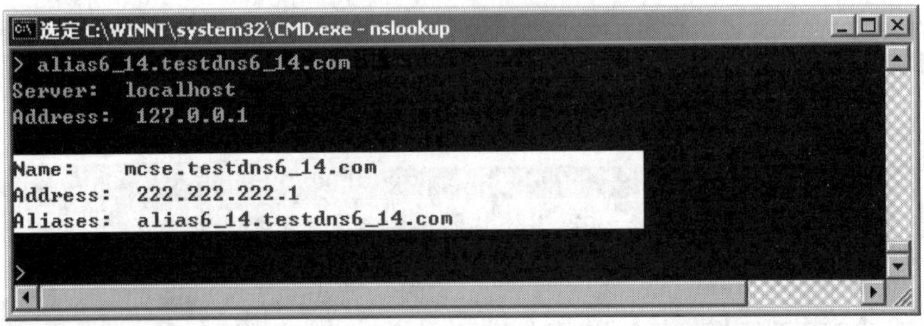

6.15　第 15 题

【操作要求】

完成下列操作，并将操作结果按要求保存在考生文件夹中。

1. **检验 DNS 服务是否安装成功**：检验 DNS 服务是否安装成功，如果没有安装，就手动安装 DNS 服务。
2. **创建 DNS 正向搜索区域**：打开 DNS 服务，创建一个新的 DNS 正向搜索区域，类型为标准主要区域，区域名为 testdns6_15.com。通过屏幕截图（按 Print Screen 键）把对应的界面保存成 X6-15A.bmp 文件，并保存到考生文件夹中。
3. **创建 DNS 主机记录**：创建一个 DNS 主机记录，该主机的名字及其 IP 地址如“样图 6-15A”所示。通过屏幕截图把对应的界面保存成 X6-15B.bmp 文件，并保存到考生文件夹中。
4. **创建 DNS 别名记录**：创建一个 DNS 别名记录，该别名记录的名字及其对应的主机记录如“样图 6-15B”所示。通过屏幕截图把对应的界面保存成 X6-15C.bmp 文件，并保存到考生文件夹中。
5. **创建 DNS 反向搜索区域**：创建一个 DNS 反向搜索区域，类型为标准主要区域，该反向记录的网络 ID 如“样图 6-15C”所示。通过屏幕截图把对应的界面保存成 X6-15D.bmp 文件，并保存到考生文件夹中。
6. **创建 DNS 指针记录**：创建一个 DNS 指针记录，该反向记录的网络 ID 如“样图 6-15C”所示。通过屏幕截图把对应的界面保存成 X6-15E.bmp 文件，并保存到考生文件夹中。
7. **验证 DNS 正向搜索记录创建成功**：使用 nslookup 命令检验 DNS 正向搜索记录创建成功，可以进行正确解析，如“样图 6-15D”所示。通过屏幕截图把对应的界面保存成 X6-15F.bmp 文件，并保存到考生文件夹中。
8. **验证 DNS 别名记录创建成功**：使用 nslookup 命令检验 DNS 别名记录创建成功，可以进行正确解析，如“样图 6-15E”所示。通过屏幕截图把对应的界面保存成 X6-15G.bmp 文件，并保存到考生文件夹中。

【样图 6-15A】

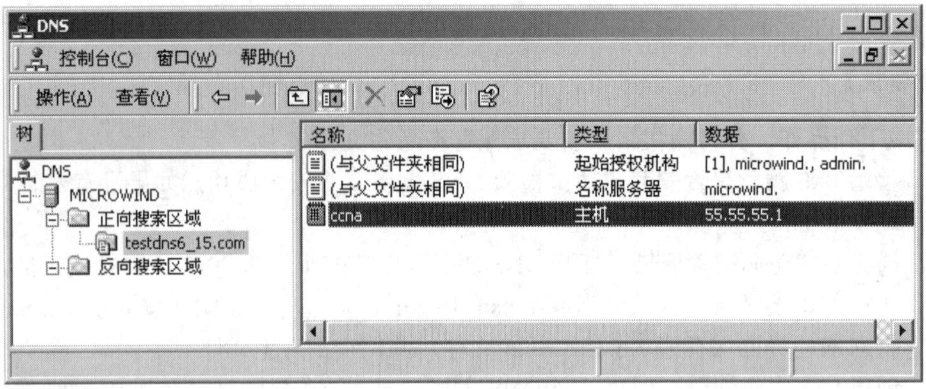

【样图 6-15B】

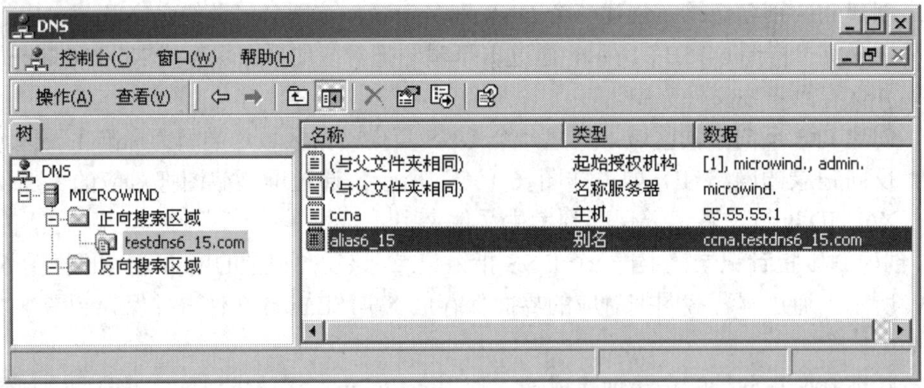

【样图 6-15C】

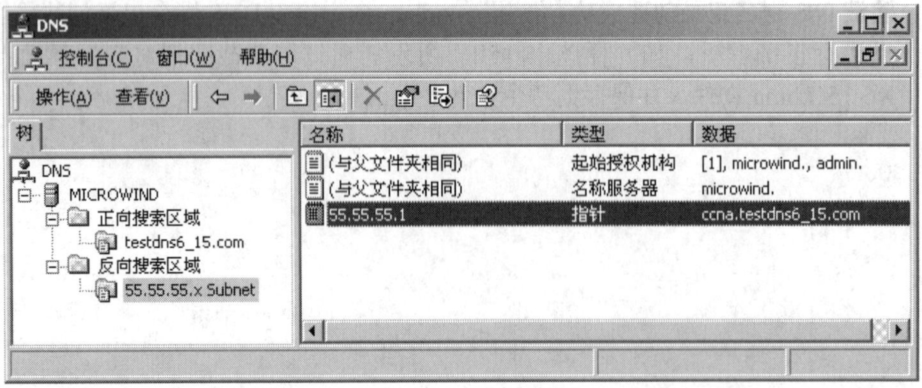

【样图 6-15D】

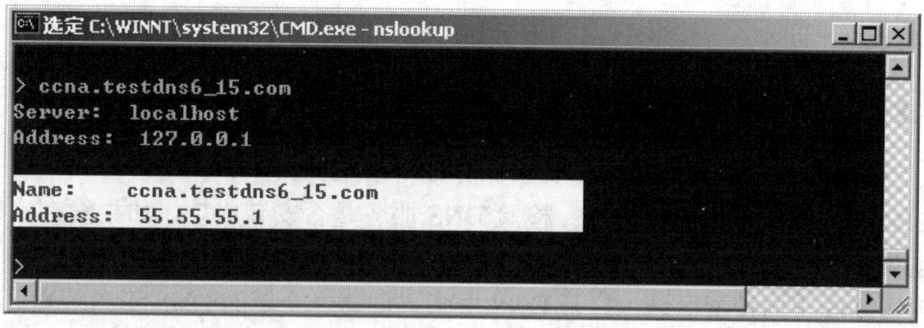

【样图 6-15E】

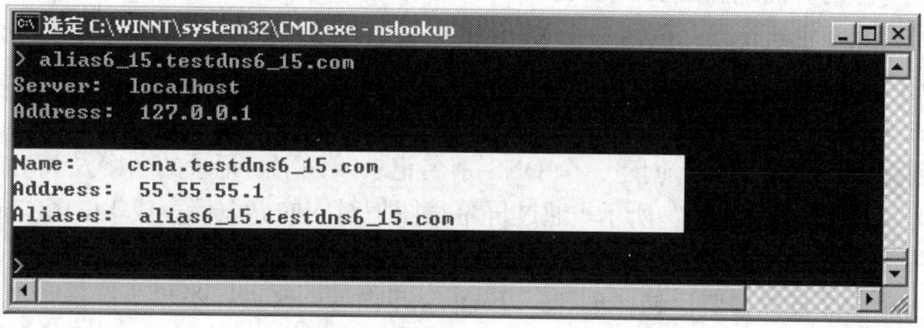

6.16 第 16 题

【操作要求】

完成下列操作，并将操作结果按要求保存在考生文件夹中。

1. **检验 DNS 服务是否安装成功**：检验 DNS 服务是否安装成功，如果没有安装，就手动安装 DNS 服务。
2. **创建 DNS 正向搜索区域**：打开 DNS 服务，创建一个新的 DNS 正向搜索区域，类型为标准主要区域，区域名为 testdns6_16.com。通过屏幕截图（按 Print Screen 键）把对应的界面保存成 X6-16A.bmp 文件，并保存到考生文件夹中。
3. **创建 DNS 主机记录**：创建一个 DNS 主机记录，该主机的名字及其 IP 地址如“样图 6-16A”所示。通过屏幕截图把对应的界面保存成 X6-16B.bmp 文件，并保存到考生文件夹中。
4. **创建 DNS 别名记录**：创建一个 DNS 别名记录，该别名记录的名字及其对应的主机记录如“样图 6-16B”所示。通过屏幕截图把对应的界面保存成 X6-16C.bmp 文件，并保存到考生文件夹中。
5. **创建 DNS 反向搜索区域**：创建一个 DNS 反向搜索区域，类型为标准主要区域，该反向记录的网络 ID 如“样图 6-16C”所示。通过屏幕截图把对应的界面保存成 X6-16D.bmp 文件，并保存到考生文件夹中。
6. **创建 DNS 指针记录**：创建一个 DNS 指针记录，该反向记录的网络 ID 如“样图 6-16C”所示。通过屏幕截图把对应的界面保存成 X6-16E.bmp 文件，并保存到考生文件夹中。
7. **验证 DNS 正向搜索记录创建成功**：使用 nslookup 命令检验 DNS 正向搜索记录创建成功，可以进行正确解析，如“样图 6-16D”所示。通过屏幕截图把对应的界面保存成 X6-16F.bmp 文件，并保存到考生文件夹中。
8. **验证 DNS 别名记录创建成功**：使用 nslookup 命令检验 DNS 别名记录创建成功，可以进行正确解析，如“样图 6-16E”所示。通过屏幕截图把对应的界面保存成 X6-16G.bmp 文件，并保存到考生文件夹中。

【样图 6-16A】

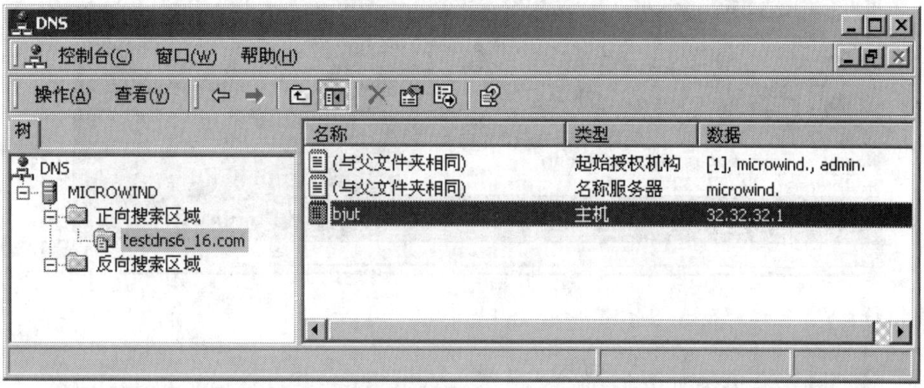

【样图 6-16B】

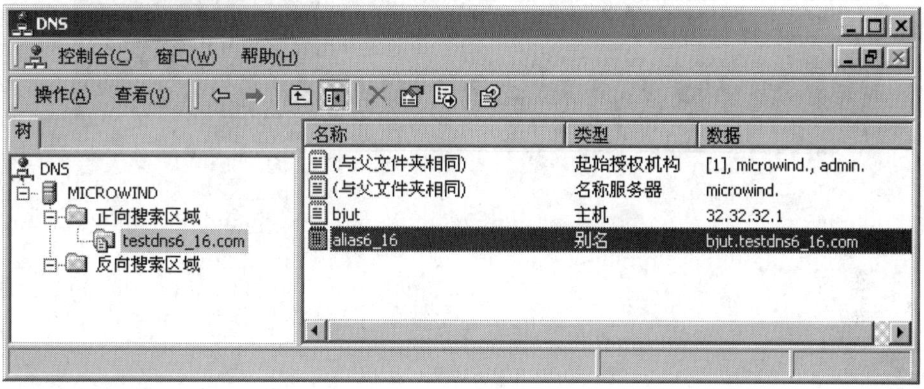

【样图 6-16C】

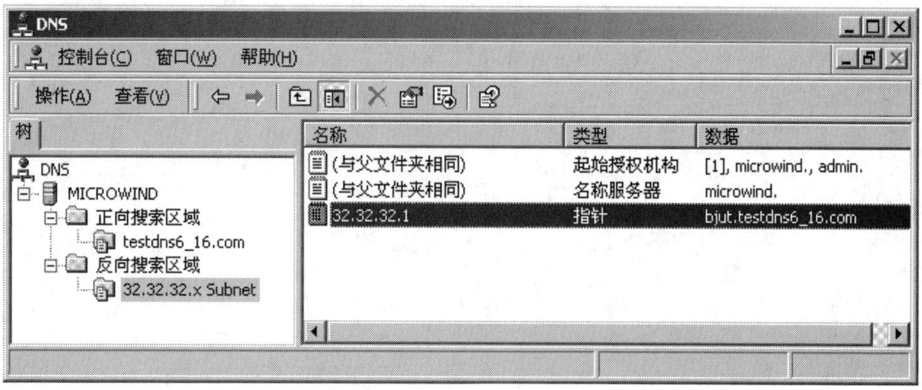

【样图 6-16D】

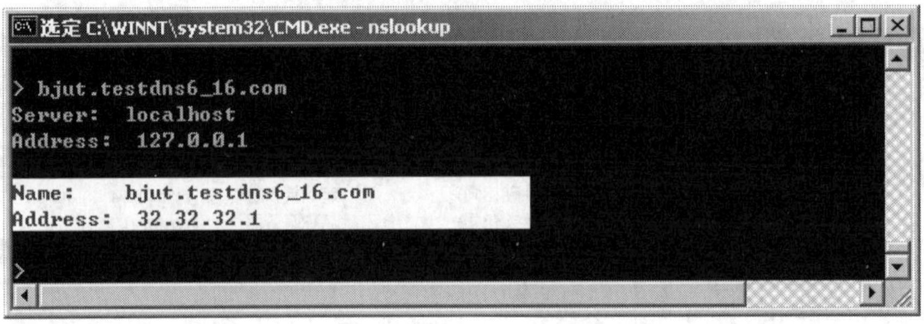

【样图 6-16E】

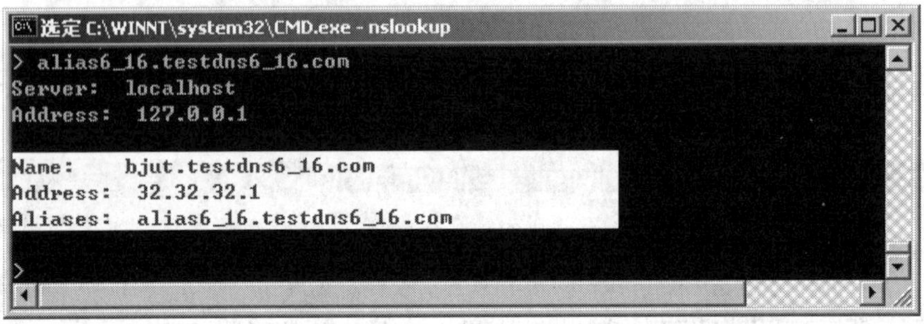

6.17　第 17 题

【操作要求】

完成下列操作，并将操作结果按要求保存在考生文件夹中。

1. **检验 DNS 服务是否安装成功**：检验 DNS 服务是否安装成功，如果没有安装，就手动安装 DNS 服务。
2. **创建 DNS 正向搜索区域**：打开 DNS 服务，创建一个新的 DNS 正向搜索区域，类型为标准主要区域，区域名为 testdns6_17.com。通过屏幕截图（按 Print Screen 键）把对应的界面保存成 X6-17A.bmp 文件，并保存到考生文件夹中。
3. **创建 DNS 主机记录**：创建一个 DNS 主机记录，该主机的名字及其 IP 地址如“样图 6-17A”所示。通过屏幕截图把对应的界面保存成 X6-17B.bmp 文件，并保存到考生文件夹中。
4. **创建 DNS 别名记录**：创建一个 DNS 别名记录，该别名记录的名字及其对应的主机记录如“样图 6-17B”所示。通过屏幕截图把对应的界面保存成 X6-17C.bmp 文件，并保存到考生文件夹中。
5. **创建 DNS 反向搜索区域**：创建一个 DNS 反向搜索区域，类型为标准主要区域，该反向记录的网络 ID 如“样图 6-17C”所示。通过屏幕截图把对应的界面保存成 X6-17D.bmp 文件，并保存到考生文件夹中。
6. **创建 DNS 指针记录**：创建一个 DNS 指针记录，该反向记录的网络 ID 如“样图 6-17C”所示。通过屏幕截图把对应的界面保存成 X6-17E.bmp 文件，并保存到考生文件夹中。
7. **验证 DNS 正向搜索记录创建成功**：使用 nslookup 命令检验 DNS 正向搜索记录创建成功，可以进行正确解析，如“样图 6-17D”所示。通过屏幕截图把对应的界面保存成 X6-17F.bmp 文件，并保存到考生文件夹中。
8. **验证 DNS 别名记录创建成功**：使用 nslookup 命令检验 DNS 别名记录创建成功，可以进行正确解析，如“样图 6-17E”所示。通过屏幕截图把对应的界面保存成 X6-17G.bmp 文件，并保存到考生文件夹中。

【样图 6-17A】

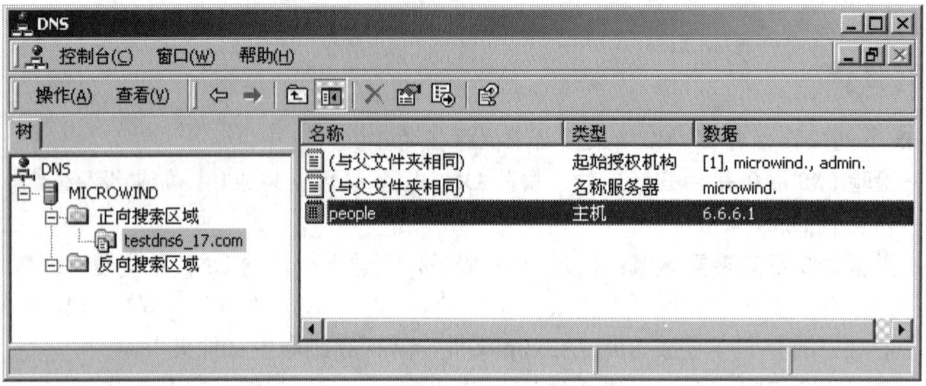

【样图 6-17B】

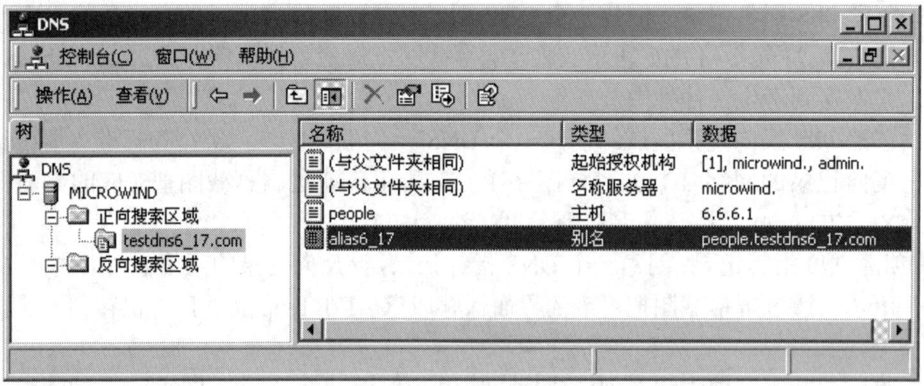

【样图 6-17C】

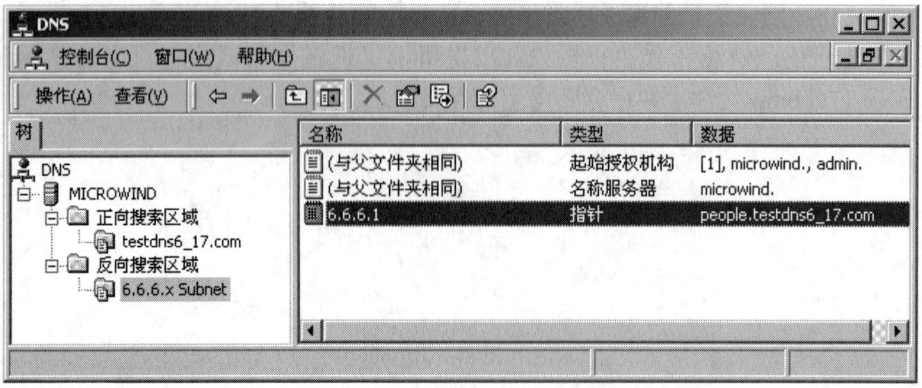

【样图 6-17D】

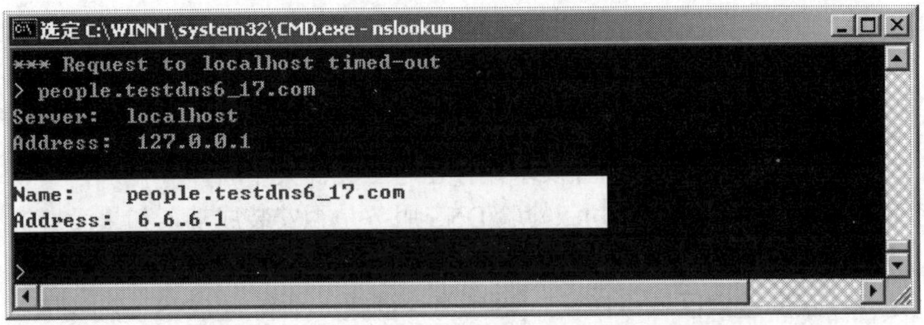

【样图 6-17E】

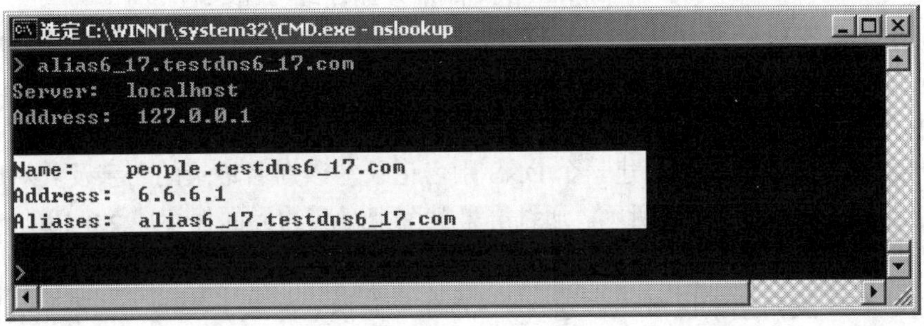

6.18 第 18 题

【操作要求】

完成下列操作，并将操作结果按要求保存在考生文件夹中。

1. **检验 DNS 服务是否安装成功**：检验 DNS 服务是否安装成功，如果没有安装，就手动安装 DNS 服务。
2. **创建 DNS 正向搜索区域**：打开 DNS 服务，创建一个新的 DNS 正向搜索区域，类型为标准主要区域，区域名为 testdns6_18.com。通过屏幕截图（按 Print Screen 键）把对应的界面保存成 X6-18A.bmp 文件，并保存到考生文件夹中。
3. **创建 DNS 主机记录**：创建一个 DNS 主机记录，该主机的名字及其 IP 地址如“样图 6-18A”所示。通过屏幕截图把对应的界面保存成 X6-18B.bmp 文件，并保存到考生文件夹中。
4. **创建 DNS 别名记录**：创建一个 DNS 别名记录，该别名记录的名字及其对应的主机记录如“样图 6-18B”所示。通过屏幕截图把对应的界面保存成 X6-18C.bmp 文件，并保存到考生文件夹中。
5. **创建 DNS 反向搜索区域**：创建一个 DNS 反向搜索区域，类型为标准主要区域，该反向记录的网络 ID 如“样图 6-18C”所示。通过屏幕截图把对应的界面保存成 X6-18D.bmp 文件，并保存到考生文件夹中。
6. **创建 DNS 指针记录**：创建一个 DNS 指针记录，该反向记录的网络 ID 如“样图 6-18C”所示。通过屏幕截图把对应的界面保存成 X6-18E.bmp 文件，并保存到考生文件夹中。
7. **验证 DNS 正向搜索记录创建成功**：使用 nslookup 命令检验 DNS 正向搜索记录创建成功，可以进行正确解析，如“样图 6-18D”所示。通过屏幕截图把对应的界面保存成 X6-18F.bmp 文件，并保存到考生文件夹中。
8. **验证 DNS 别名记录创建成功**：使用 nslookup 命令检验 DNS 别名记录创建成功，可以进行正确解析，如“样图 6-18E”所示。通过屏幕截图把对应的界面保存成 X6-18G.bmp 文件，并保存到考生文件夹中。

【样图 6-18A】

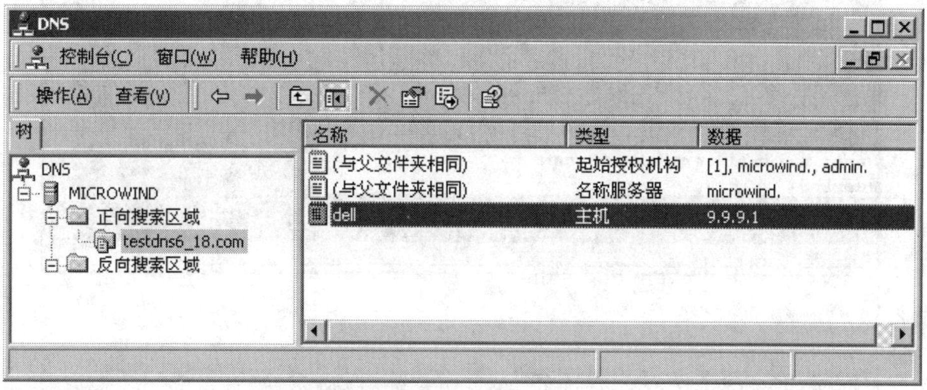

【样图 6-18B】

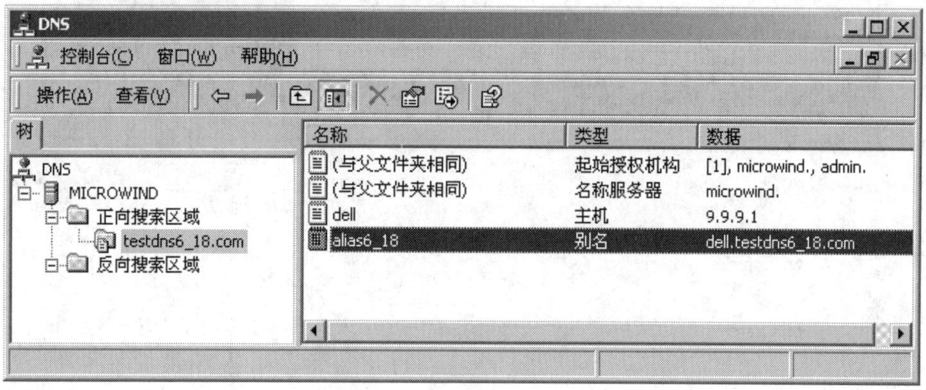

【样图 6-18C】

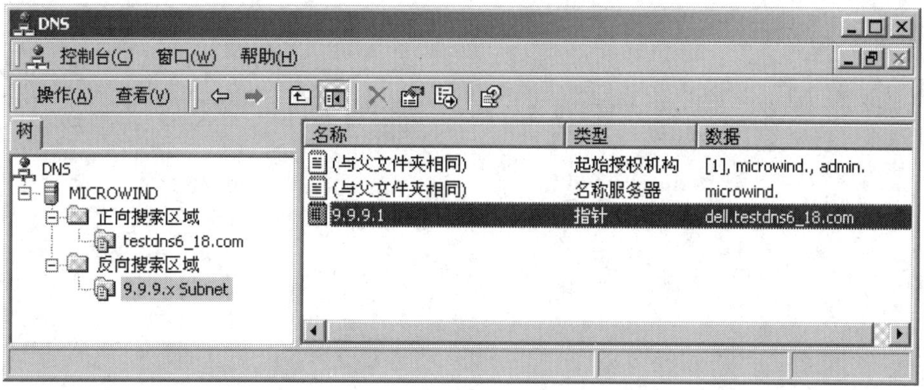

【样图 6-18D】

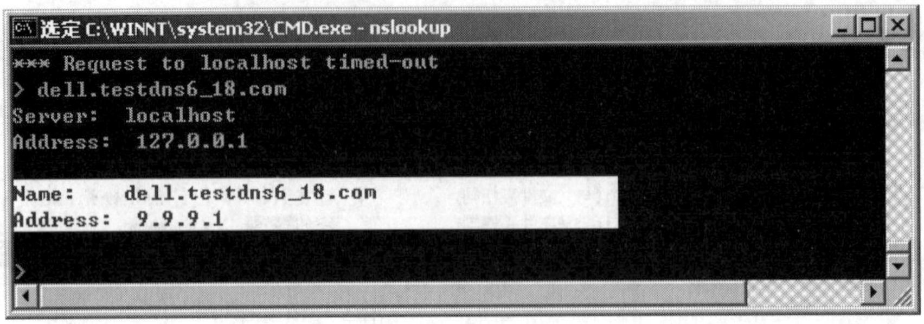

【样图 6-18E】

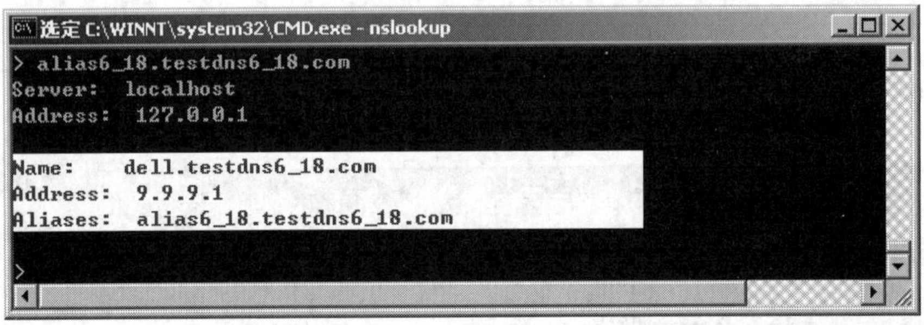

6.19　第 19 题

【操作要求】

完成下列操作，并将操作结果按要求保存在考生文件夹中。

1. **检验 DNS 服务是否安装成功**：检验 DNS 服务是否安装成功，如果没有安装，就手动安装 DNS 服务。
2. **创建 DNS 正向搜索区域**：打开 DNS 服务，创建一个新的 DNS 正向搜索区域，类型为标准主要区域，区域名为 testdns6_19.com。通过屏幕截图（按 Print Screen 键）把对应的界面保存成 X6-19A.bmp 文件，并保存到考生文件夹中。
3. **创建 DNS 主机记录**：创建一个 DNS 主机记录，该主机的名字及其 IP 地址如“样图 6-19A”所示。通过屏幕截图把对应的界面保存成 X6-19B.bmp 文件，并保存到考生文件夹中。
4. **创建 DNS 别名记录**：创建一个 DNS 别名记录，该别名记录的名字及其对应的主机记录如“样图 6-19B”所示。通过屏幕截图把对应的界面保存成 X6-19C.bmp 文件，并保存到考生文件夹中。
5. **创建 DNS 反向搜索区域**：创建一个 DNS 反向搜索区域，类型为标准主要区域，该反向记录的网络 ID 如“样图 6-19C”所示。通过屏幕截图把对应的界面保存成 X6-19D.bmp 文件，并保存到考生文件夹中。
6. **创建 DNS 指针记录**：创建一个 DNS 指针记录，该反向记录的网络 ID 如“样图 6-19C”所示。通过屏幕截图把对应的界面保存成 X6-19E.bmp 文件，并保存到考生文件夹中。
7. **验证 DNS 正向搜索记录创建成功**：使用 nslookup 命令检验 DNS 正向搜索记录创建成功，可以进行正确解析，如“样图 6-19D”所示。通过屏幕截图把对应的界面保存成 X6-19F.bmp 文件，并保存到考生文件夹中。
8. **验证 DNS 别名记录创建成功**：使用 nslookup 命令检验 DNS 别名记录创建成功，可以进行正确解析，如“样图 6-19E”所示。通过屏幕截图把对应的界面保存成 X6-19G.bmp 文件，并保存到考生文件夹中。

【样图 6-19A】

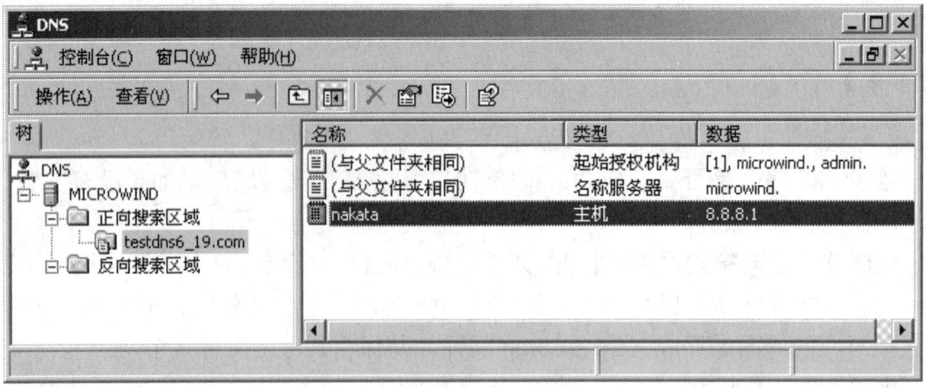

【样图 6-19B】

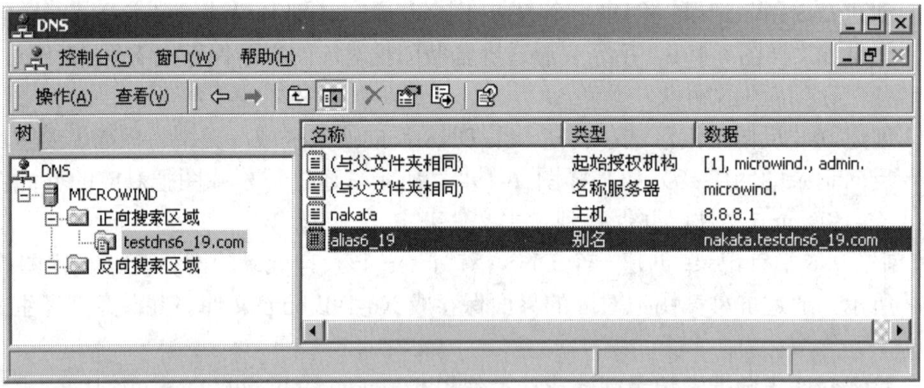

【样图 6-19C】

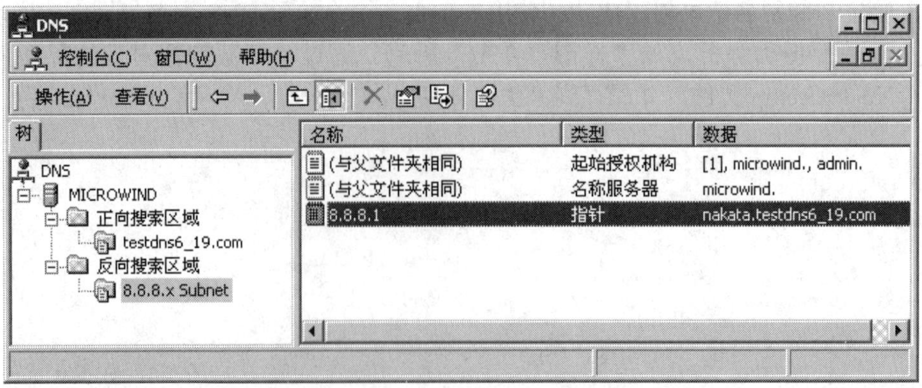

【样图 6-19D】

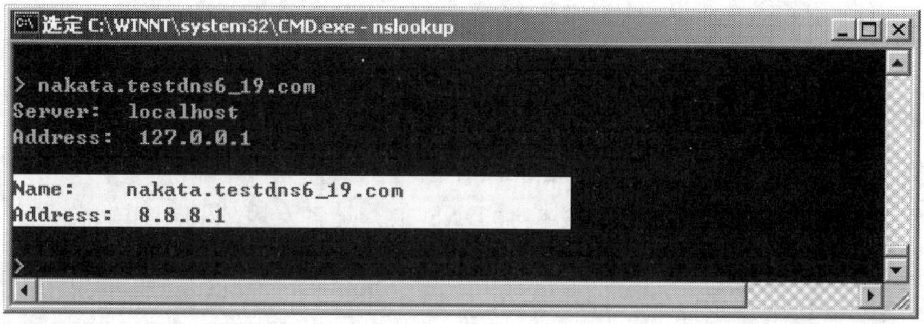

【样图 6-19E】

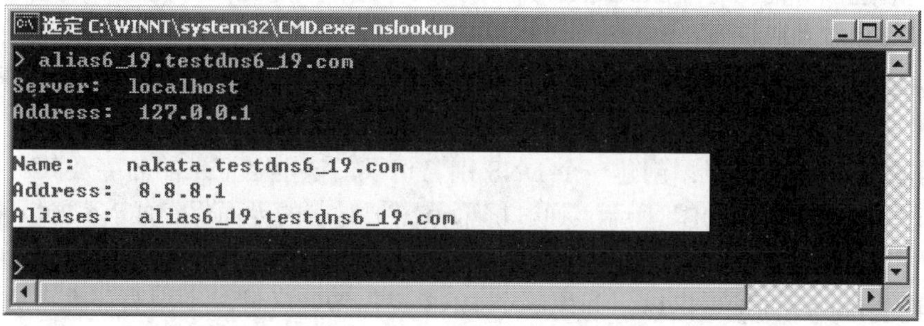

6.20　第 20 题

【操作要求】

完成下列操作，并将操作结果按要求保存在考生文件夹中。

1. **检验 DNS 服务是否安装成功**：检验 DNS 服务是否安装成功，如果没有安装，就手动安装 DNS 服务。
2. **创建 DNS 正向搜索区域**：打开 DNS 服务，创建一个新的 DNS 正向搜索区域，类型为标准主要区域，区域名为 testdns6_20.com。通过屏幕截图（按 Print Screen 键）把对应的界面保存成 X6-20A.bmp 文件，并保存到考生文件夹中。
3. **创建 DNS 主机记录**：创建一个 DNS 主机记录，该主机的名字及其 IP 地址如“样图 6-20A”所示。通过屏幕截图把对应的界面保存成 X6-20B.bmp 文件，并保存到考生文件夹中。
4. **创建 DNS 别名记录**：创建一个 DNS 别名记录，该别名记录的名字及其对应的主机记录如“样图 6-20B”所示。通过屏幕截图把对应的界面保存成 X6-20C.bmp 文件，并保存到考生文件夹中。
5. **创建 DNS 反向搜索区域**：创建一个 DNS 反向搜索区域，类型为标准主要区域，该反向记录的网络 ID 如“样图 6-20C”所示。通过屏幕截图把对应的界面保存成 X6-20D.bmp 文件，并保存到考生文件夹中。
6. **创建 DNS 指针记录**：创建一个 DNS 指针记录，该反向记录的网络 ID 如“样图 6-20C”所示。通过屏幕截图把对应的界面保存成 X6-20E.bmp 文件，并保存到考生文件夹中。
7. **验证 DNS 正向搜索记录创建成功**：使用 nslookup 命令检验 DNS 正向搜索记录创建成功，可以进行正确解析，如“样图 6-20D”所示。通过屏幕截图把对应的界面保存成 X6-20F.bmp 文件，并保存到考生文件夹中。
8. **验证 DNS 别名记录创建成功**：使用 nslookup 命令检验 DNS 别名记录创建成功，可以进行正确解析，如“样图 6-20E”所示。通过屏幕截图把对应的界面保存成 X6-20G.bmp 文件，并保存到考生文件夹中。

【样图 6-20A】

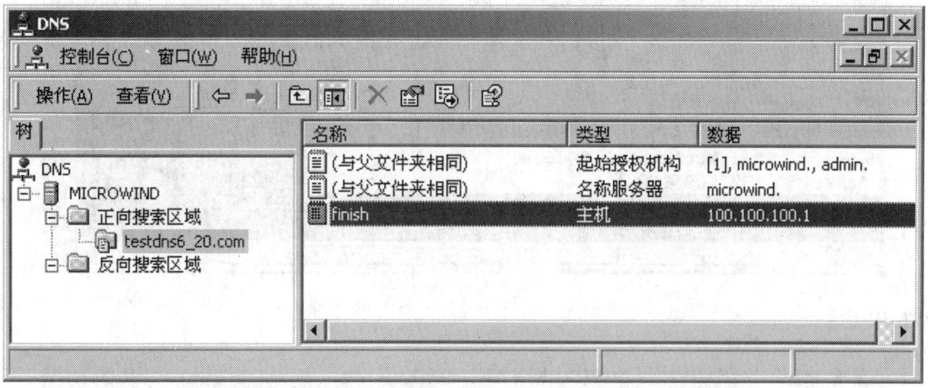

【样图 6-20B】

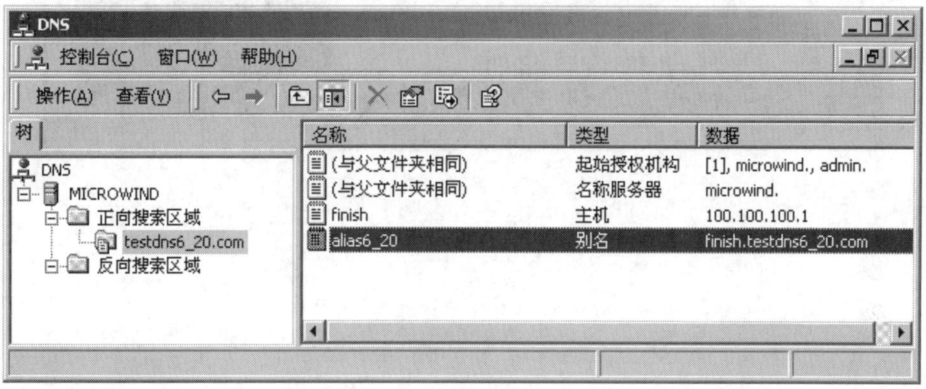

【样图 6-20C】

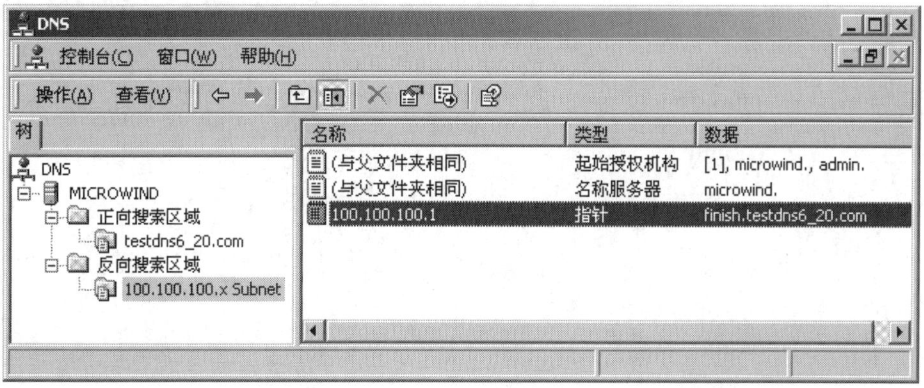

【样图 6-20D】

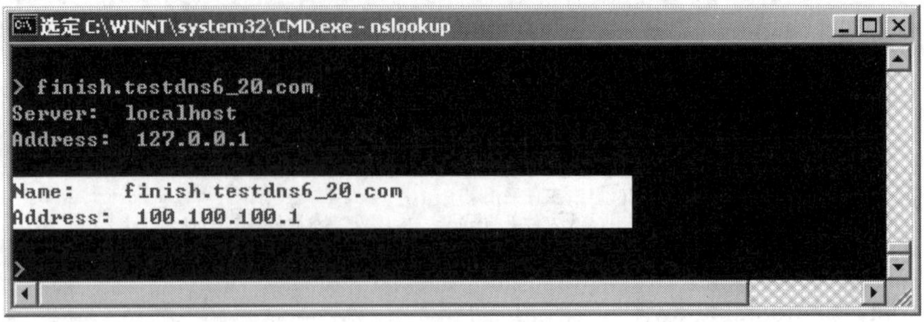

【样图 6-20E】

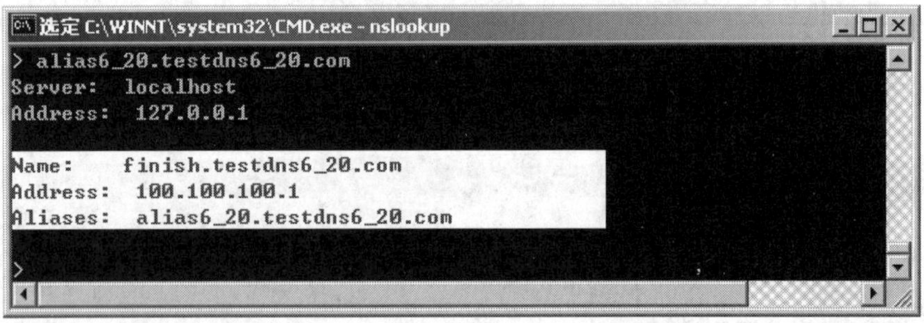

第七单元　配置 Windows 2000 WWW 服务

7.1　第 1 题

【操作要求】

完成下列操作，并将操作结果按要求保存在考生文件夹中。

1. **检验 IIS 服务是否安装成功**：检验 IIS 服务是否安装成功，如果没有安装，就手动安装 IIS 服务。
2. **创建网站主文档**：在 C 盘根目录下创建一个文件，文件名、扩展名、文件内容如"样图 7-01A"所示。通过屏幕截图（按 Print Screen 键）把对应的界面保存成 X7-01A.bmp 文件，并保存到考生文件夹中。
3. **在 IIS 中设置 Web 站点说明**：说明内容为 webtest7_1。
4. **设置发布网站的 IP 地址和端口**：将网站的 IP 设置为本机 IP，端口设置为 8080。
5. **设置主目录路径**：将主目录路径设置为 C 盘根目录。
6. **设置 WEB 站点连接数和连接超时**：将连接数设置为无限，将连接超时设置为 900 秒。如"样图 7-01B"所示。通过屏幕截图把对应的界面保存成 X7-01B.bmp 文件，并保存到考生文件夹中。
7. **设置网站主文档**：将网站主文档设置为 webroot7_1.html，如"样图 7-01C"所示。通过屏幕截图把对应的界面保存成 X7-01C.bmp 文件，并保存到考生文件夹中。
8. **从 WEB 访问网站**：使用 IE，以客户端的身份访问网站，如"样图 7-01D"所示。通过屏幕截图把对应的界面保存成 X7-01D.bmp 文件，并保存到考生文件夹中。

【样图 7-01A】

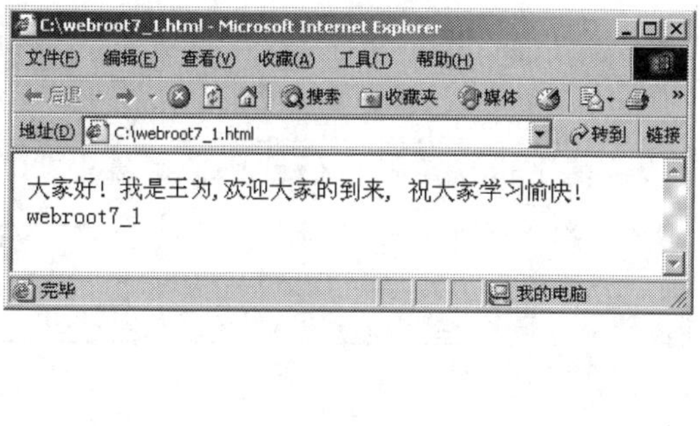

【样图 7-01B】

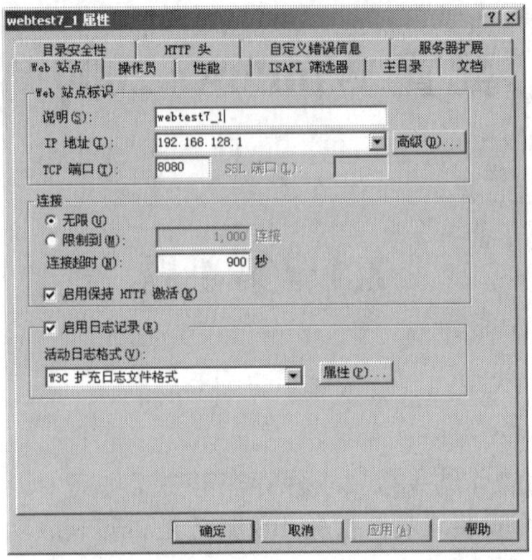

【样图 7-01C】

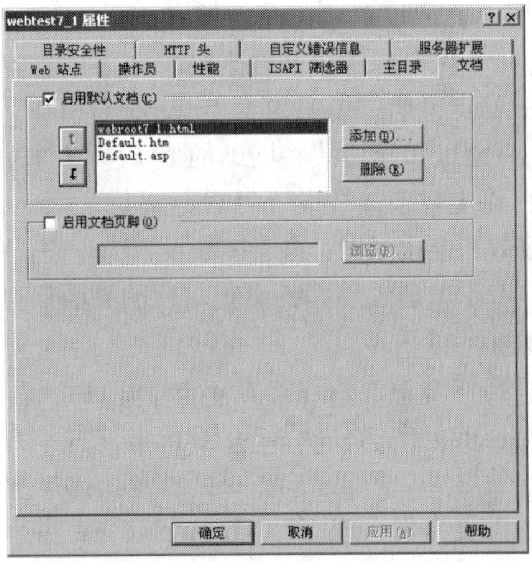

【样图 7-01D】

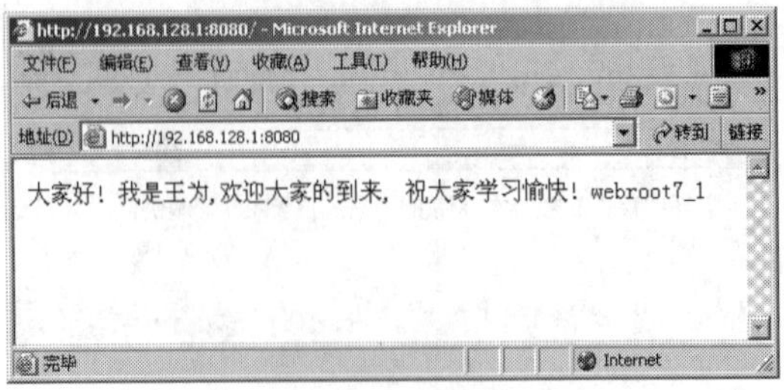

7.2　第 2 题

【操作要求】

完成下列操作，并将操作结果按要求保存在考生文件夹中。

1. **检验 IIS 服务是否安装成功**：检验 IIS 服务是否安装成功，如果没有安装，就手动安装 IIS 服务。
2. **创建网站主文档**：在 C 盘根目录下创建一个文件，文件名、扩展名、文件内容如“样图 7-02A”所示。通过屏幕截图（按 Print Screen 键）把对应的界面保存成 X7-02A.bmp 文件，并保存到考生文件夹中。
3. **在 IIS 中设置 Web 站点说明**：说明内容为 webtest7_2。
4. **设置发布网站的 IP 地址和端口**：将网站的 IP 设置为本机 IP，端口设置为 7777。
5. **设置主目录路径**：将主目录路径设置为 C 盘根目录。
6. **设置 WEB 站点连接数和连接超时**：将连接数设置为无限，将连接超时设置为 900 秒。如“样图 7-02B”所示。通过屏幕截图把对应的界面保存成 X7-02B.bmp 文件，并保存到考生文件夹中。
7. **设置网站主文档**：将网站主文档设置为 webroot7_2.html，如“样图 7-02C”所示。通过屏幕截图把对应的界面保存成 X7-02C.bmp 文件，并保存到考生文件夹中。
8. **从 WEB 访问网站**：使用 IE，以客户端的身份访问网站，如“样图 7-02D”所示。通过屏幕截图把对应的界面保存成 X7-02D.bmp 文件，并保存到考生文件夹中。

【样图 7-02A】

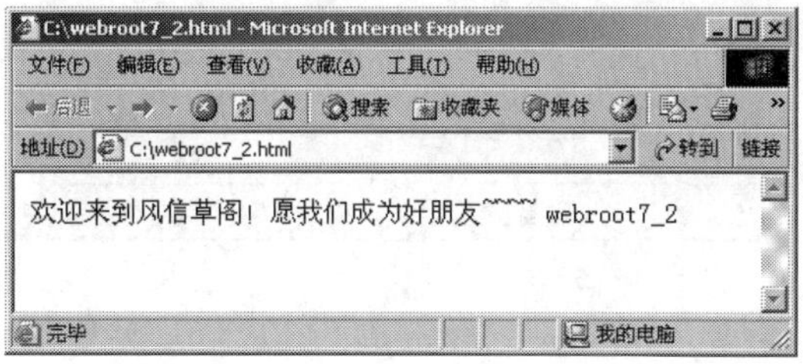

【样图 7-02B】

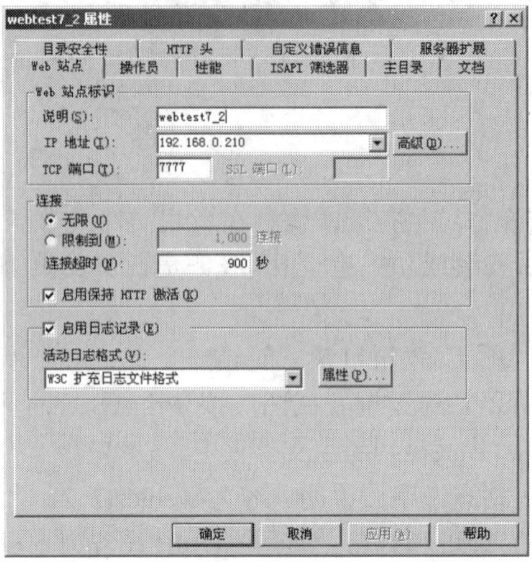

【样图 7-02C】

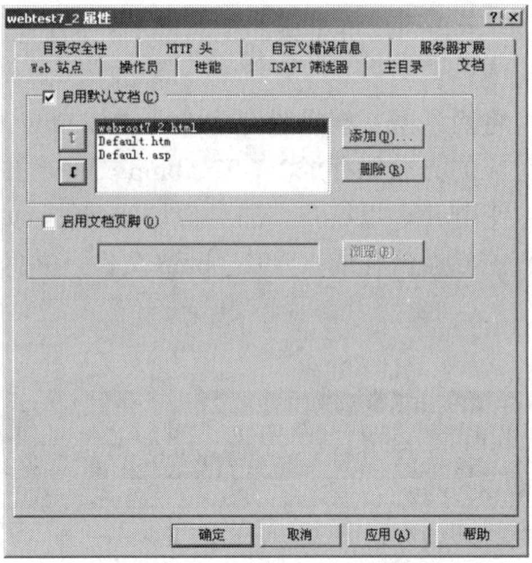

【样图 7-02D】

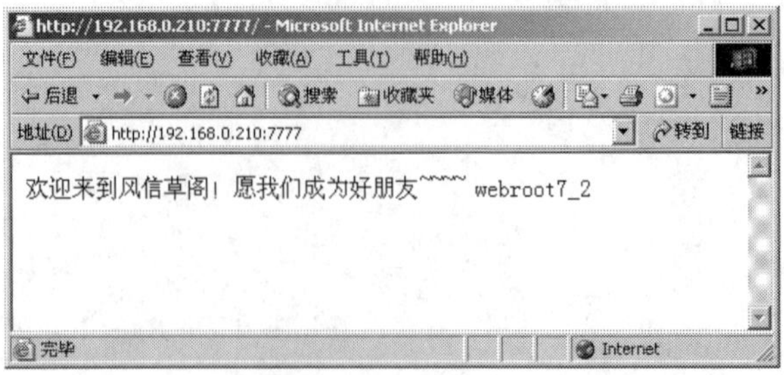

7.3　第 3 题

【操作要求】

完成下列操作，并将操作结果按要求保存在考生文件夹中。

1. **检验 IIS 服务是否安装成功**：检验 IIS 服务是否安装成功，如果没有安装，就手动安装 IIS 服务。
2. **创建网站主文档**：在 C 盘根目录下创建一个文件，文件名、扩展名、文件内容如“样图 7-03A”所示。通过屏幕截图（按 Print Screen 键）把对应的界面保存成 X7-03A.bmp 文件，并保存到考生文件夹中。
3. **在 IIS 中设置 Web 站点说明**：说明内容为 webtest7_3。
4. **设置发布网站的 IP 地址和端口**：将网站的 IP 设置为本机 IP，端口设置为 1234。
5. **设置主目录路径**：将主目录路径设置为 C 盘根目录。
6. **设置 WEB 站点连接数和连接超时**：将连接数设置为无限，将连接超时设置为 900 秒。如“样图 7-03B”所示。通过屏幕截图把对应的界面保存成 X7-03B.bmp 文件，并保存到考生文件夹中。
7. **设置网站主文档**：将网站主文档设置为 webroot7_3.html，如“样图 7-03C”所示。通过屏幕截图把对应的界面保存成 X7-03C.bmp 文件，并保存到考生文件夹中。
8. **从 WEB 访问网站**：使用 IE，以客户端的身份访问网站，如“样图 7-03D”所示。通过屏幕截图把对应的界面保存成 X7-03D.bmp 文件，并保存到考生文件夹中。

【样图 7-03A】

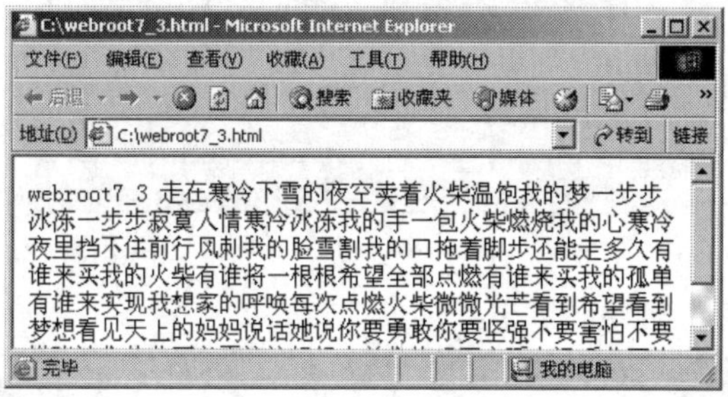

【样图 7-03B】

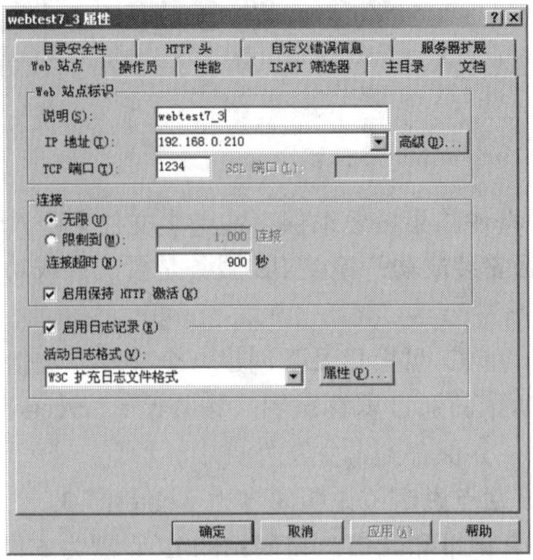

【样图 7-03C】

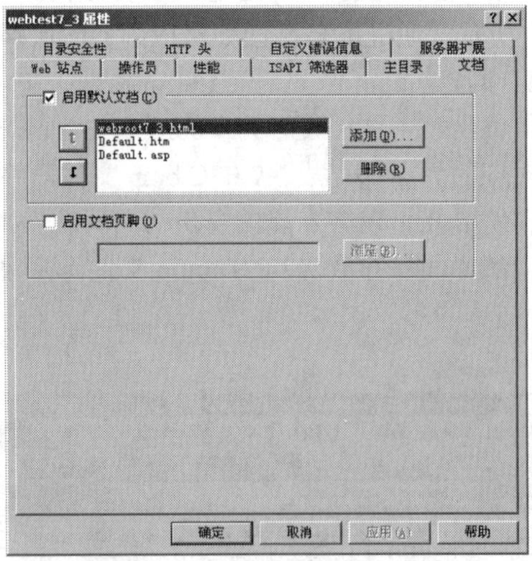

【样图 7-03D】

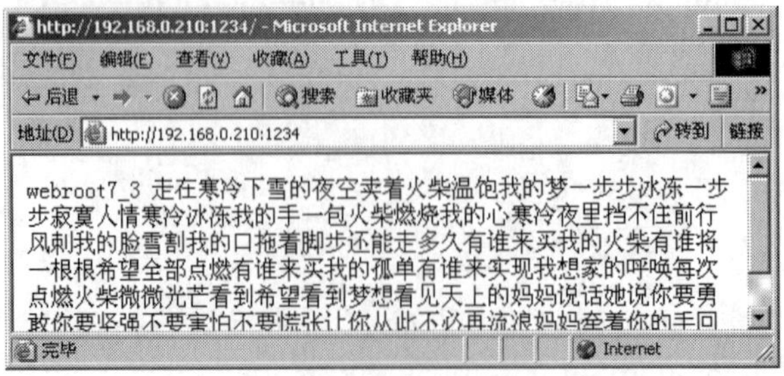

7.4 第 4 题

【操作要求】

完成下列操作，并将操作结果按要求保存在考生文件夹中。

1．**检验 IIS 服务是否安装成功**：检验 IIS 服务是否安装成功，如果没有安装，就手动安装 IIS 服务。
2．**创建网站主文档**：在 C 盘根目录下创建一个文件，文件名、扩展名、文件内容如“样图 7-04A”所示。通过屏幕截图（按 Print Screen 键）把对应的界面保存成 X7-04A.bmp 文件，并保存到考生文件夹中。
3．**在 IIS 中设置 Web 站点说明**：说明内容为 webtest7_4。
4．**设置发布网站的 IP 地址和端口**：将网站的 IP 设置为本机 IP，端口设置为 2233。
5．**设置主目录路径**：将主目录路径设置为 C 盘根目录。
6．**设置 WEB 站点连接数和连接超时**：将连接数设置为无限，将连接超时设置为 900 秒。如“样图 7-04B”所示。通过屏幕截图把对应的界面保存成 X7-04B.bmp 文件，并保存到考生文件夹中。
7．**设置网站主文档**：将网站主文档设置为 webroot7_4.html，如“样图 7-04C”所示。通过屏幕截图把对应的界面保存成 X7-04C.bmp 文件，并保存到考生文件夹中。
8．**从 WEB 访问网站**：使用 IE，以客户端的身份访问网站，如“样图 7-04D”所示。通过屏幕截图把对应的界面保存成 X7-04D.bmp 文件，并保存到考生文件夹中。

【样图 7-04A】

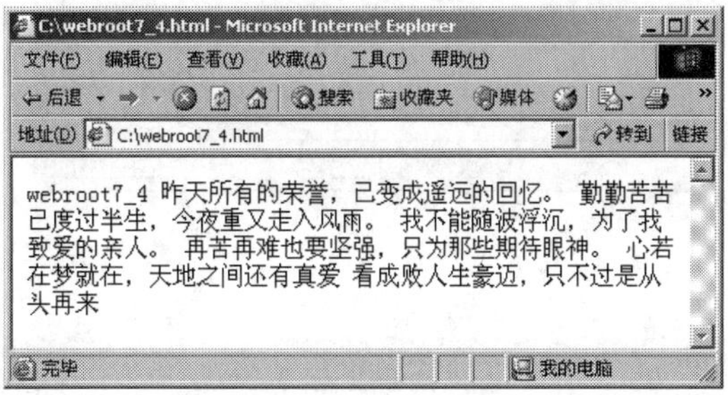

【样图 7-04B】

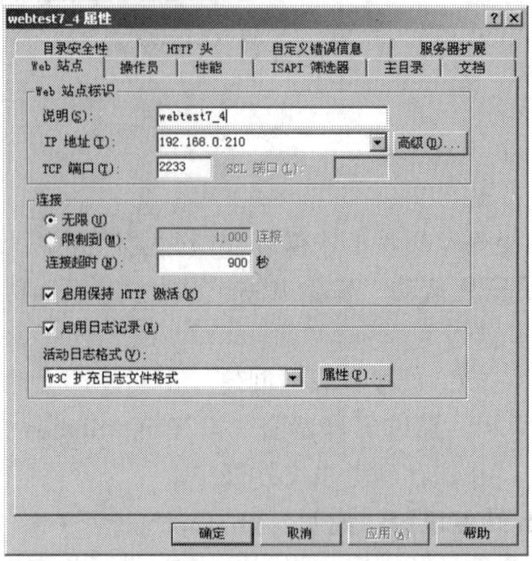

【样图 7-04C】

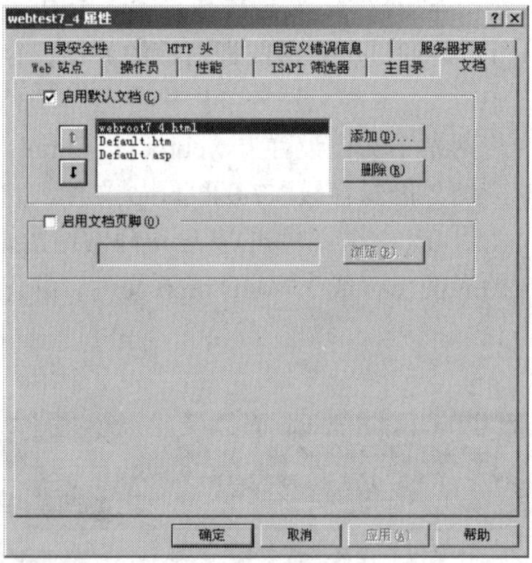

【样图 7-04D】

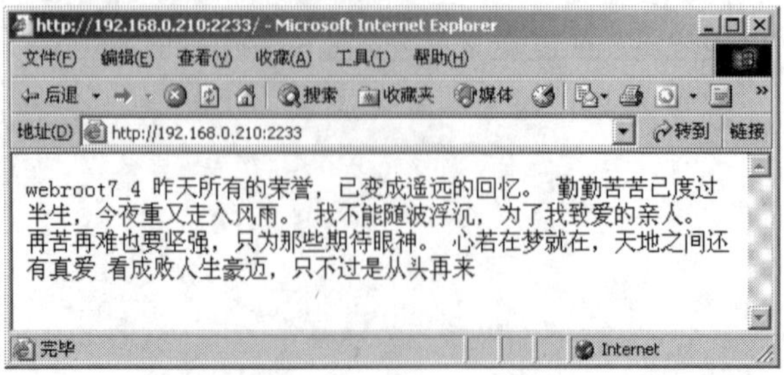

7.5　第 5 题

【操作要求】

完成下列操作，并将操作结果按要求保存在考生文件夹中。

1. **检验 IIS 服务是否安装成功**：检验 IIS 服务是否安装成功，如果没有安装，就手动安装 IIS 服务。
2. **创建网站主文档**：在 C 盘根目录下创建一个文件，文件名、扩展名、文件内容如“样图 7-05A”所示。通过屏幕截图（按 Print Screen 键）把对应的界面保存成 X7-05A.bmp 文件，并保存到考生文件夹中。
3. **在 IIS 中设置 Web 站点说明**：说明内容为 webtest7_5。
4. **设置发布网站的 IP 地址和端口**：将网站的 IP 设置为本机 IP，端口设置为 4321。
5. **设置主目录路径**：将主目录路径设置为 C 盘根目录。
6. **设置 WEB 站点连接数和连接超时**：将连接数设置为无限，将连接超时设置为 900 秒。如“样图 7-05B”所示。通过屏幕截图把对应的界面保存成 X7-05B.bmp 文件，并保存到考生文件夹中。
7. **设置网站主文档**：将网站主文档设置为 webroot7_5.html，如“样图 7-05C”所示。通过屏幕截图把对应的界面保存成 X7-05C.bmp 文件，并保存到考生文件夹中。
8. **从 WEB 访问网站**：使用 IE，以客户端的身份访问网站，如“样图 7-05D”所示。通过屏幕截图把对应的界面保存成 X7-05D.bmp 文件，并保存到考生文件夹中。

【样图 7-05A】

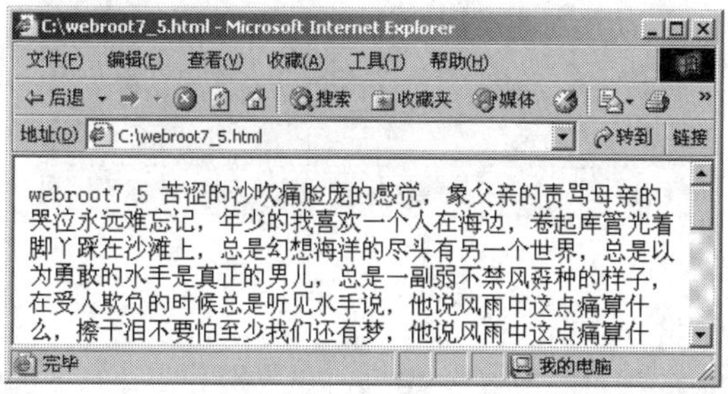

【样图 7-05B】

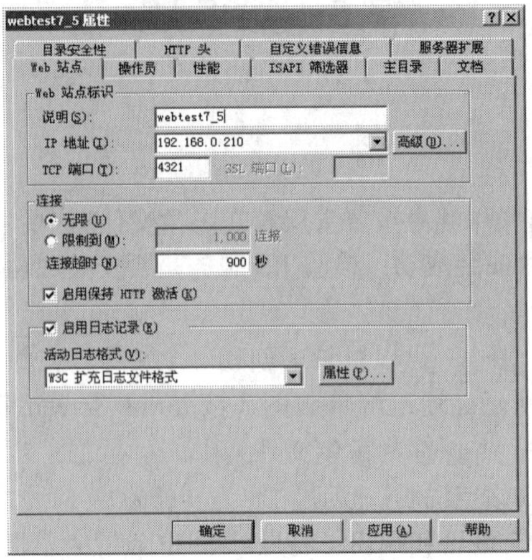

【样图 7-05C】

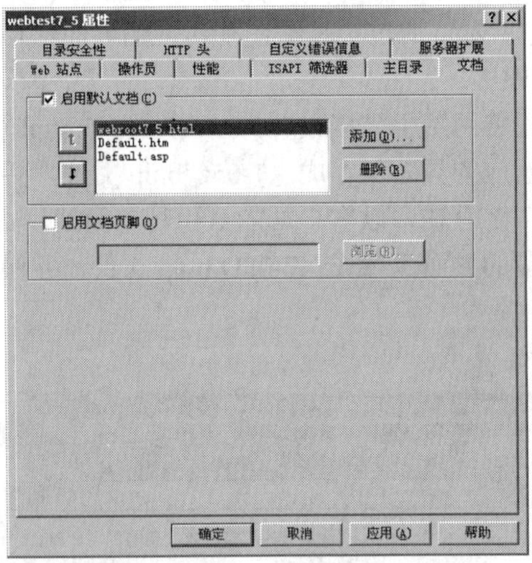

【样图 7-05D】

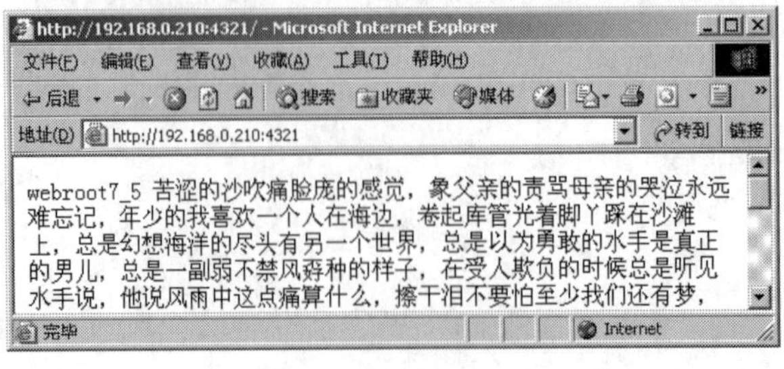

7.6　第 6 题

【操作要求】

完成下列操作，并将操作结果按要求保存在考生文件夹中。

1. **检验 IIS 服务是否安装成功**：检验 IIS 服务是否安装成功，如果没有安装，就手动安装 IIS 服务。
2. **创建网站主文档**：在 C 盘根目录下创建一个文件，文件名、扩展名、文件内容如“样图 7-06A”所示。通过屏幕截图（按 Print Screen 键）把对应的界面保存成 X7-06A.bmp 文件，并保存到考生文件夹中。
3. **在 IIS 中设置 Web 站点说明**：说明内容为 webtest7_6。
4. **设置发布网站的 IP 地址和端口**：将网站的 IP 设置为本机 IP，端口设置为 2222。
5. **设置主目录路径**：将主目录路径设置为 C 盘根目录。
6. **设置 WEB 站点连接数和连接超时**：将连接数设置为无限，将连接超时设置为 900 秒。如“样图 7-06B”所示。通过屏幕截图把对应的界面保存成 X7-06B.bmp 文件，并保存到考生文件夹中。
7. **设置网站主文档**：将网站主文档设置为 webroot7_6.html，如“样图 7-06C”所示。通过屏幕截图把对应的界面保存成 X7-06C.bmp 文件，并保存到考生文件夹中。
8. **从 WEB 访问网站**：使用 IE，以客户端的身份访问网站，如“样图 7-06D”所示。通过屏幕截图把对应的界面保存成 X7-06D.bmp 文件，并保存到考生文件夹中。

【样图 7-06A】

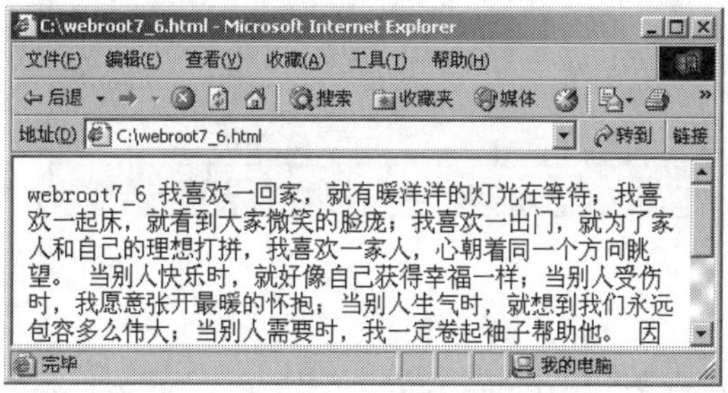

【样图 7-06B】

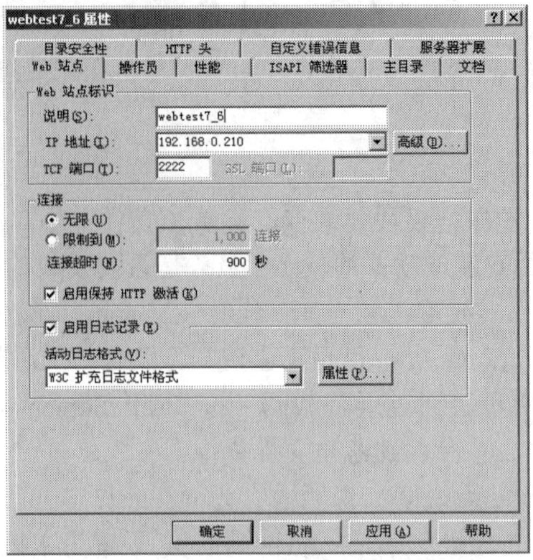

【样图 7-06C】

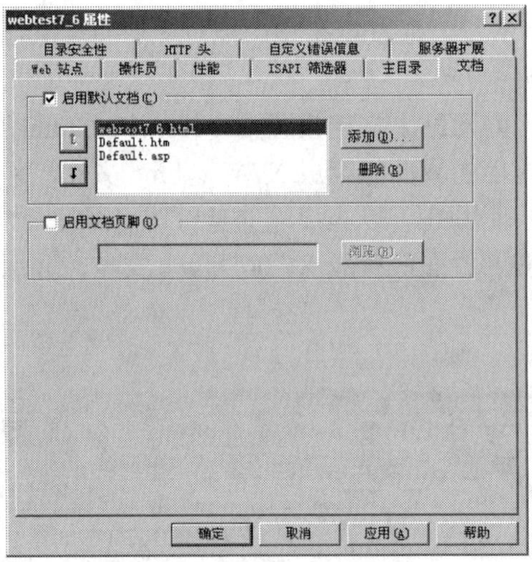

【样图 7-06D】

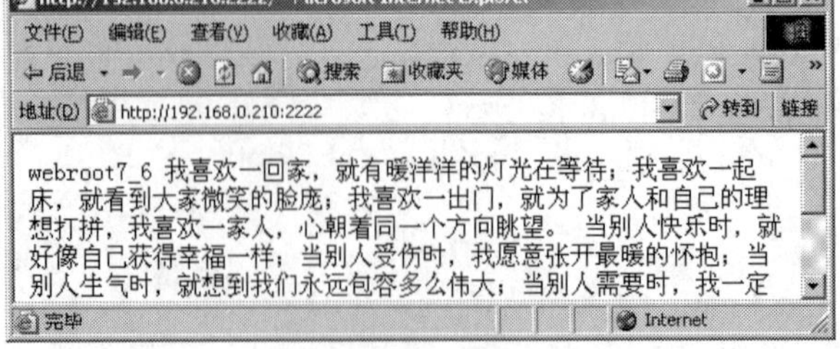

7.7　第 7 题

【操作要求】

完成下列操作，并将操作结果按要求保存在考生文件夹中。

1. **检验 IIS 服务是否安装成功**：检验 IIS 服务是否安装成功，如果没有安装，就手动安装 IIS 服务。
2. **创建网站主文档**：在 C 盘根目录下创建一个文件，文件名、扩展名、文件内容如“样图 7-07A”所示。通过屏幕截图（按 Print Screen 键）把对应的界面保存成 X7-07A.bmp 文件，并保存到考生文件夹中。
3. **在 IIS 中设置 Web 站点说明**：说明内容为 webtest7_7。
4. **设置发布网站的 IP 地址和端口**：将网站的 IP 设置为本机 IP，端口设置为 3333。
5. **设置主目录路径**：将主目录路径设置为 C 盘根目录。
6. **设置 WEB 站点连接数和连接超时**：将连接数设置为无限，将连接超时设置为 900 秒。如“样图 7-07B”所示。通过屏幕截图把对应的界面保存成 X7-07B.bmp 文件，并保存到考生文件夹中。
7. **设置网站主文档**：将网站主文档设置为 webroot7_7.html，如“样图 7-07C”所示。通过屏幕截图把对应的界面保存成 X7-07C.bmp 文件，并保存到考生文件夹中。
8. **从 WEB 访问网站**：使用 IE，以客户端的身份访问网站，如“样图 7-07D”所示。通过屏幕截图把对应的界面保存成 X7-07D.bmp 文件，并保存到考生文件夹中。

【样图 7-07A】

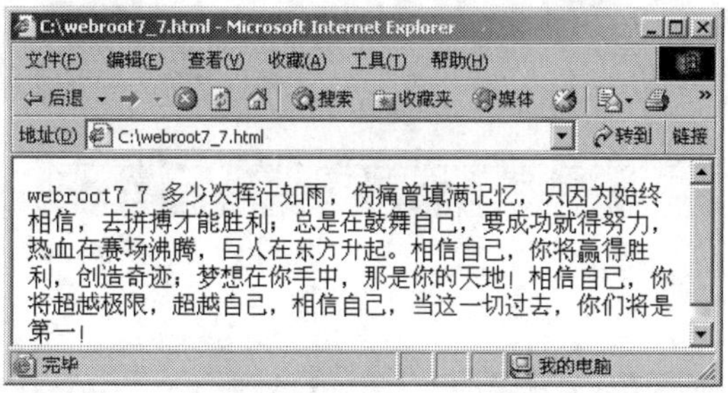

【样图 7-07B】

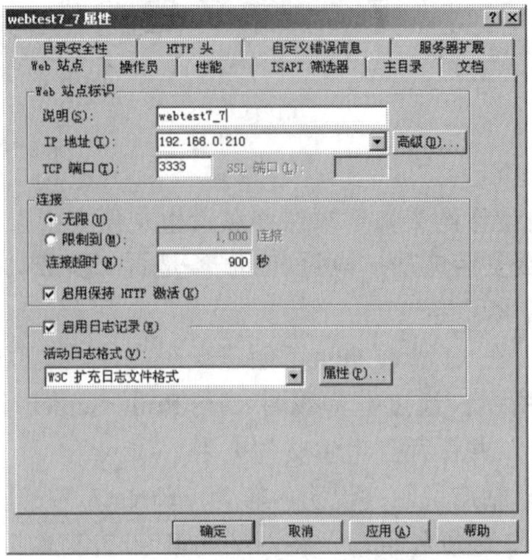

【样图 7-07C】

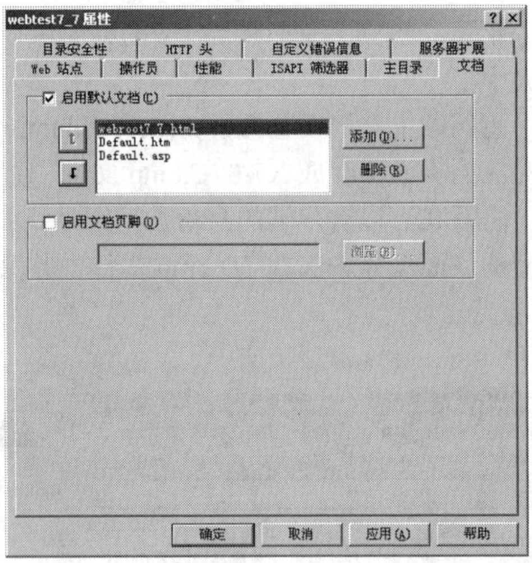

【样图 7-07D】

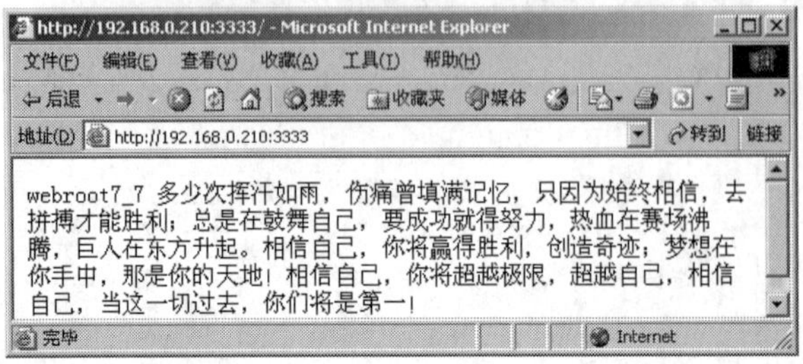

7.8 第 8 题

【操作要求】

完成下列操作，并将操作结果按要求保存在考生文件夹中。

1. **检验 IIS 服务是否安装成功**：检验 IIS 服务是否安装成功，如果没有安装，就手动安装 IIS 服务。
2. **创建网站主文档**：在 C 盘根目录下创建一个文件，文件名、扩展名、文件内容如“样图 7-08A”所示。通过屏幕截图（按 Print Screen 键）把对应的界面保存成 X7-08A.bmp 文件，并保存到考生文件夹中。
3. **在 IIS 中设置 Web 站点说明**：说明内容为 webtest7_8。
4. **设置发布网站的 IP 地址和端口**：将网站的 IP 设置为本机 IP，端口设置为 8888。
5. **设置主目录路径**：将主目录路径设置为 C 盘根目录。
6. **设置 WEB 站点连接数和连接超时**：将连接数设置为无限，将连接超时设置为 900 秒。如“样图 7-08B”所示。通过屏幕截图把对应的界面保存成 X7-08B.bmp 文件，并保存到考生文件夹中。
7. **设置网站主文档**：将网站主文档设置为 webroot7_8.html，如“样图 7-08C”所示。通过屏幕截图把对应的界面保存成 X7-08C.bmp 文件，并保存到考生文件夹中。
8. **从 WEB 访问网站**：使用 IE，以客户端的身份访问网站，如“样图 7-08D”所示。通过屏幕截图把对应的界面保存成 X7-08D.bmp 文件，并保存到考生文件夹中。

【样图 7-08A】

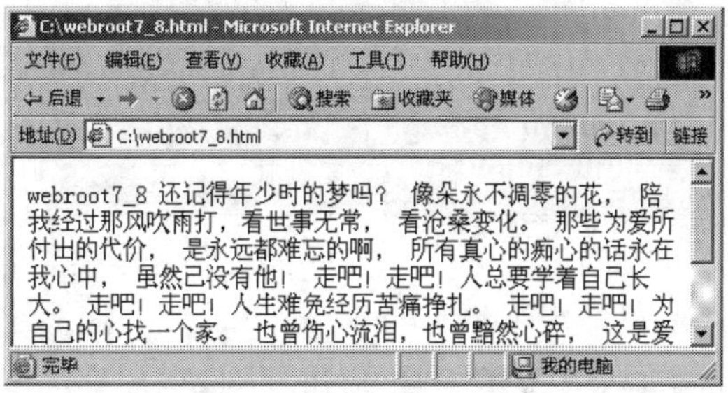

【样图 7-08B】

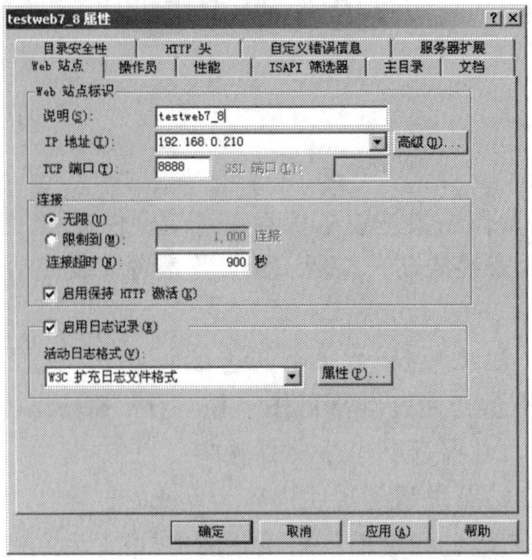

【样图 7-08C】

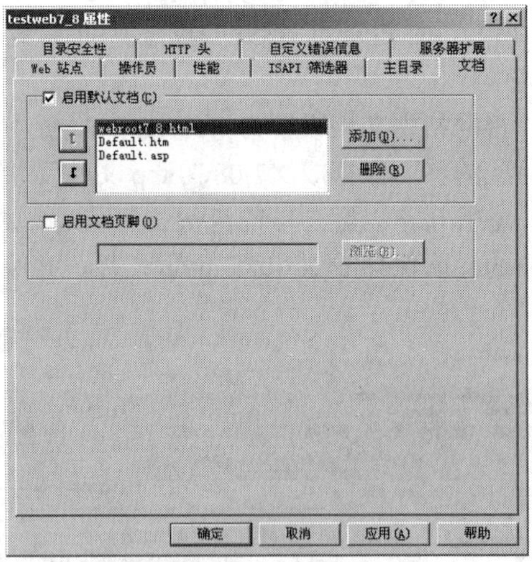

【样图 7-08D】

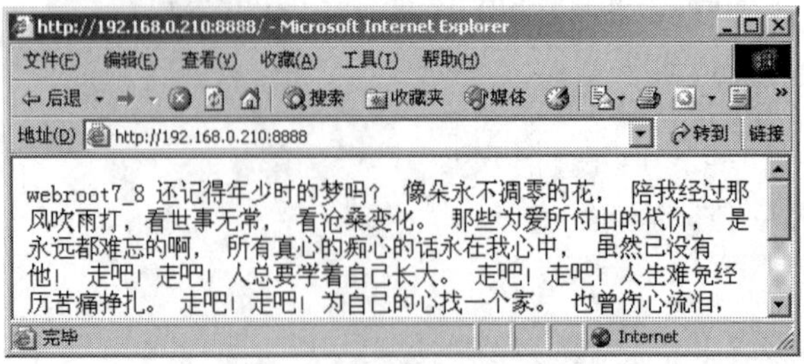

7.9　第 9 题

【操作要求】

完成下列操作，并将操作结果按要求保存在考生文件夹中。

1. **检验 IIS 服务是否安装成功**：检验 IIS 服务是否安装成功，如果没有安装，就手动安装 IIS 服务。
2. **创建网站主文档**：在 C 盘根目录下创建一个文件，文件名、扩展名、文件内容如“样图 7-09A”所示。通过屏幕截图（按 Print Screen 键）把对应的界面保存成 X7-09A.bmp 文件，并保存到考生文件夹中。
3. **在 IIS 中设置 Web 站点说明**：说明内容为 webtest7_9。
4. **设置发布网站的 IP 地址和端口**：将网站的 IP 设置为本机 IP，端口设置为 9999。
5. **设置主目录路径**：将主目录路径设置为 C 盘根目录。
6. **设置 WEB 站点连接数和连接超时**：将连接数设置为无限，将连接超时设置为 900 秒。如“样图 7-09B”所示。通过屏幕截图把对应的界面保存成 X7-09B.bmp 文件，并保存到考生文件夹中。
7. **设置网站主文档**：将网站主文档设置为 webroot7_9.html，如“样图 7-09C”所示。通过屏幕截图把对应的界面保存成 X7-09C.bmp 文件，并保存到考生文件夹中。
8. **从 WEB 访问网站**：使用 IE，以客户端的身份访问网站，如“样图 7-09D”所示。通过屏幕截图把对应的界面保存成 X7-09D.bmp 文件，并保存到考生文件夹中。

【样图 7-09A】

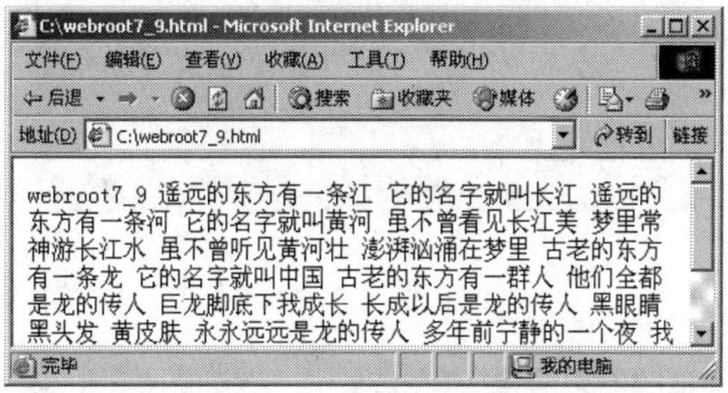

【样图 7-09B】

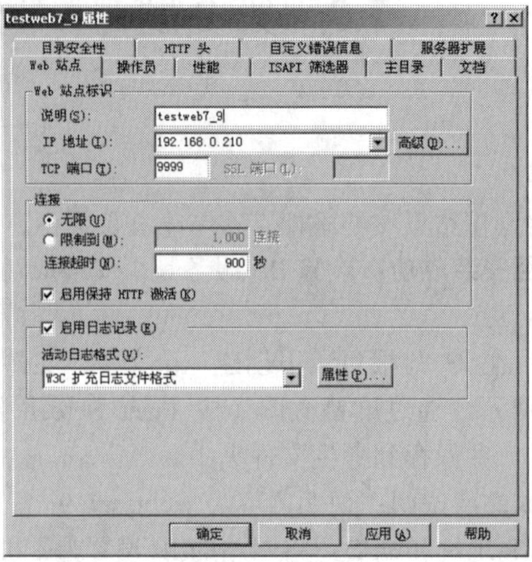

【样图 7-09C】

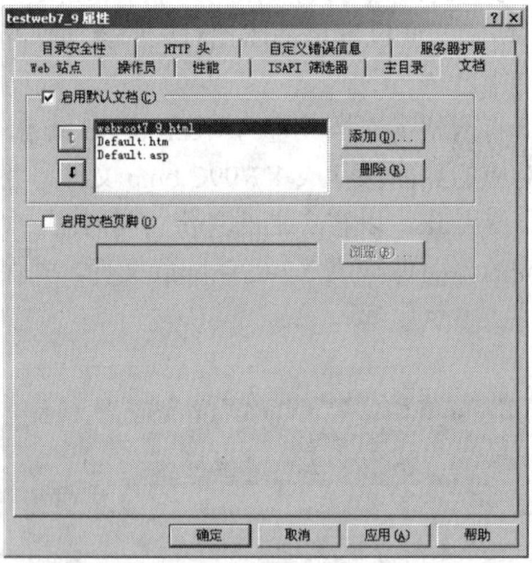

【样图 7-09D】

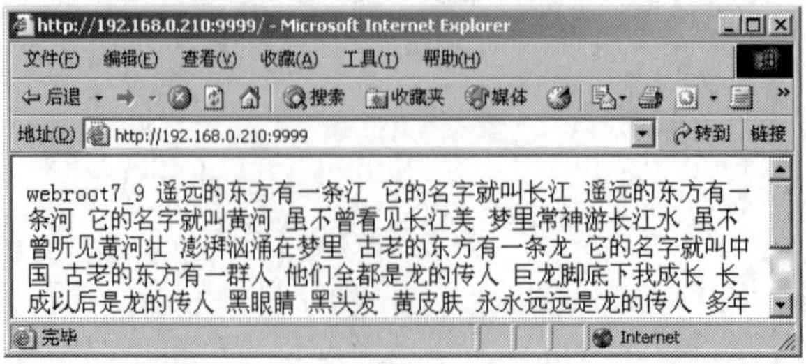

7.10　第 10 题

【操作要求】

完成下列操作，并将操作结果按要求保存在考生文件夹中。

1. **检验 IIS 服务是否安装成功**：检验 IIS 服务是否安装成功，如果没有安装，就手动安装 IIS 服务。
2. **创建网站主文档**：在 C 盘根目录下创建一个文件，文件名、扩展名、文件内容如“样图 7-10A”所示。通过屏幕截图（按 Print Screen 键）把对应的界面保存成 X7-10A.bmp 文件，并保存到考生文件夹中。
3. **在 IIS 中设置 Web 站点说明**：说明内容为 webtest7_10。
4. **设置发布网站的 IP 地址和端口**：将网站的 IP 设置为本机 IP，端口设置为 1010。
5. **设置主目录路径**：将主目录路径设置为 C 盘根目录。
6. **设置 WEB 站点连接数和连接超时**：将连接数设置为无限，将连接超时设置为 900 秒。如“样图 7-10B”所示。通过屏幕截图把对应的界面保存成 X7-10B.bmp 文件，并保存到考生文件夹中。
7. **设置网站主文档**：将网站主文档设置为 webroot7_10.html，如“样图 7-10C”所示。通过屏幕截图把对应的界面保存成 X7-10C.bmp 文件，并保存到考生文件夹中。
8. **从 WEB 访问网站**：使用 IE，以客户端的身份访问网站，如“样图 7-10D”所示。通过屏幕截图把对应的界面保存成 X7-10D.bmp 文件，并保存到考生文件夹中。

【样图 7-10A】

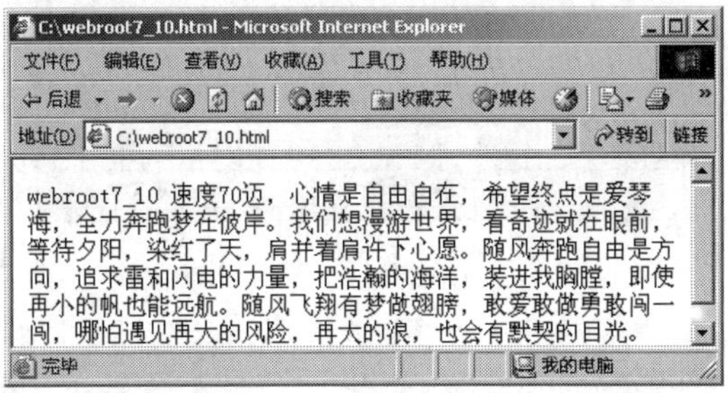

【样图 7-10B】

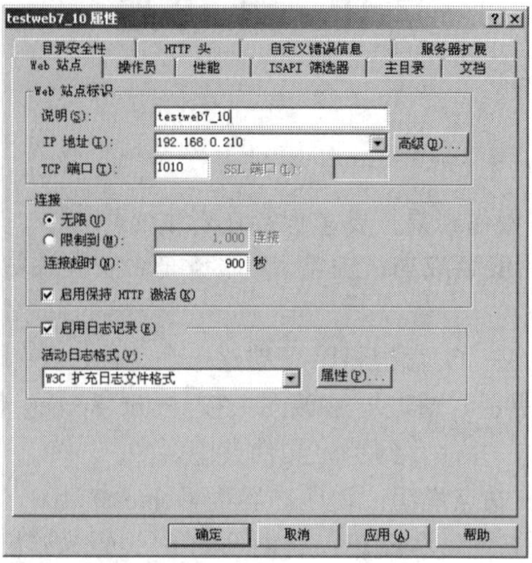

【样图 7-10C】

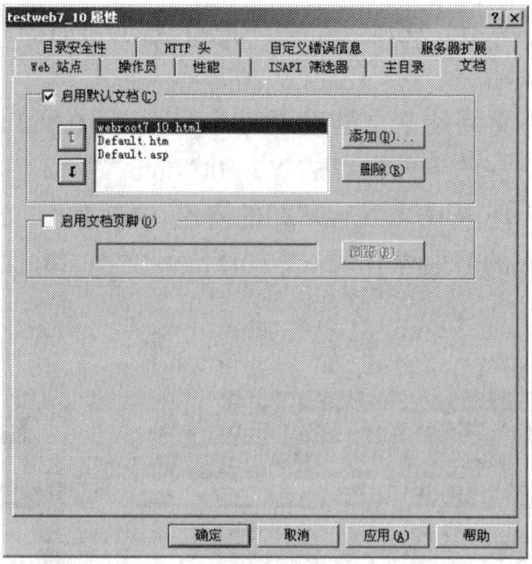

【样图 7-10D】

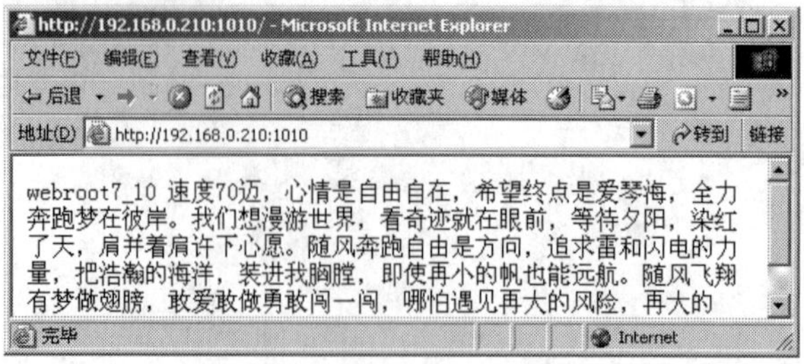

7.11 第 11 题

【操作要求】

完成下列操作，并将操作结果按要求保存在考生文件夹中。

1. **检验 IIS 服务是否安装成功**：检验 IIS 服务是否安装成功，如果没有安装，就手动安装 IIS 服务。
2. **创建网站主文档**：在 C 盘根目录下创建一个文件，文件名、扩展名、文件内容如“样图 7-11A”所示。通过屏幕截图（按 Print Screen 键）把对应的界面保存成 X7-11A.bmp 文件，并保存到考生文件夹中。
3. **在 IIS 中设置 Web 站点说明**：说明内容为 webtest7_11。
4. **设置发布网站的 IP 地址和端口**：将网站的 IP 设置为本机 IP，端口设置为 2211。
5. **设置主目录路径**：将主目录路径设置为 C 盘根目录。
6. **设置 WEB 站点连接数和连接超时**：将连接数设置为无限，将连接超时设置为 900 秒。如“样图 7-11B”所示。通过屏幕截图把对应的界面保存成 X7-11B.bmp 文件，并保存到考生文件夹中。
7. **设置网站主文档**：将网站主文档设置为 webroot7_11.html，如“样图 7-11C”所示。通过屏幕截图把对应的界面保存成 X7-11C.bmp 文件，并保存到考生文件夹中。
8. **从 WEB 访问网站**：使用 IE，以客户端的身份访问网站，如“样图 7-11D”所示。通过屏幕截图把对应的界面保存成 X7-11D.bmp 文件，并保存到考生文件夹中。

【样图 7-11A】

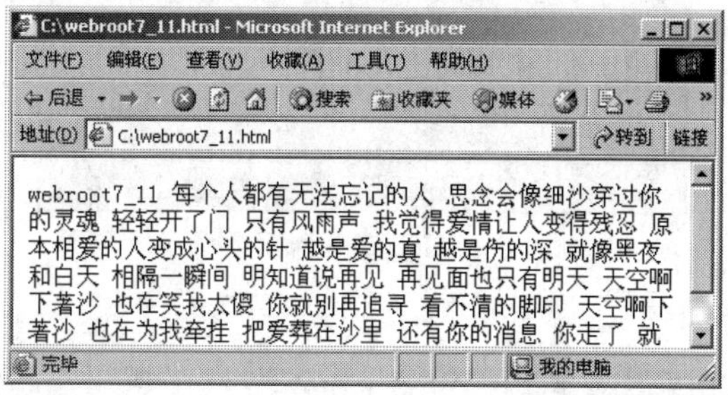

【样图 7-11B】

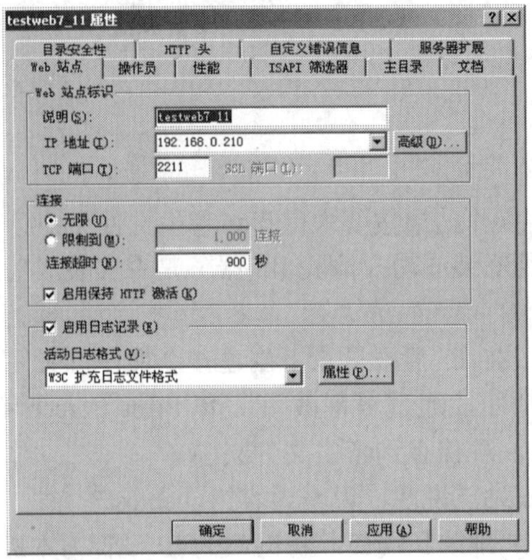

【样图 7-11C】

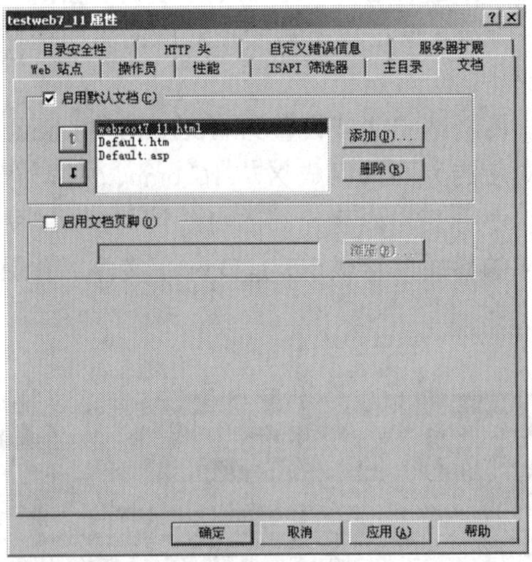

【样图 7-11D】

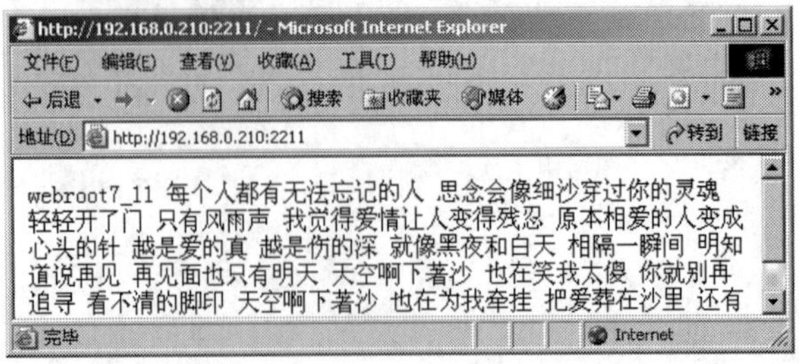

7.12　第 12 题

【操作要求】

完成下列操作，并将操作结果按要求保存在考生文件夹中。

1. **检验 IIS 服务是否安装成功**：检验 IIS 服务是否安装成功，如果没有安装，就手动安装 IIS 服务。
2. **创建网站主文档**：在 C 盘根目录下创建一个文件，文件名、扩展名、文件内容如“样图 7-12A”所示。通过屏幕截图（按 Print Screen 键）把对应的界面保存成 X7-12A.bmp 文件，并保存到考生文件夹中。
3. **在 IIS 中设置 Web 站点说明**：说明内容为 webtest7_12。
4. **设置发布网站的 IP 地址和端口**：将网站的 IP 设置为本机 IP，端口设置为 1212。
5. **设置主目录路径**：将主目录路径设置为 C 盘根目录。
6. **设置 WEB 站点连接数和连接超时**：将连接数设置为无限，将连接超时设置为 900 秒。如“样图 7-12B”所示。通过屏幕截图把对应的界面保存成 X7-12B.bmp 文件，并保存到考生文件夹中。
7. **设置网站主文档**：将网站主文档设置为 webroot7_12.html，如“样图 7-12C”所示。通过屏幕截图把对应的界面保存成 X7-12C.bmp 文件，并保存到考生文件夹中。
8. **从 WEB 访问网站**：使用 IE，以客户端的身份访问网站，如“样图 7-12D”所示。通过屏幕截图把对应的界面保存成 X7-12D.bmp 文件，并保存到考生文件夹中。

【样图 7-12A】

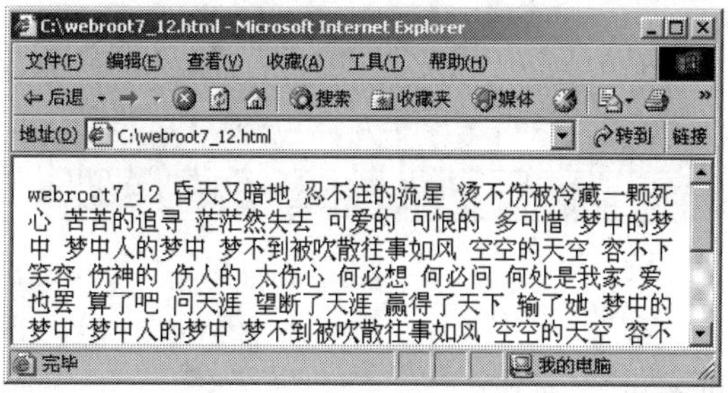

【样图 7-12B】

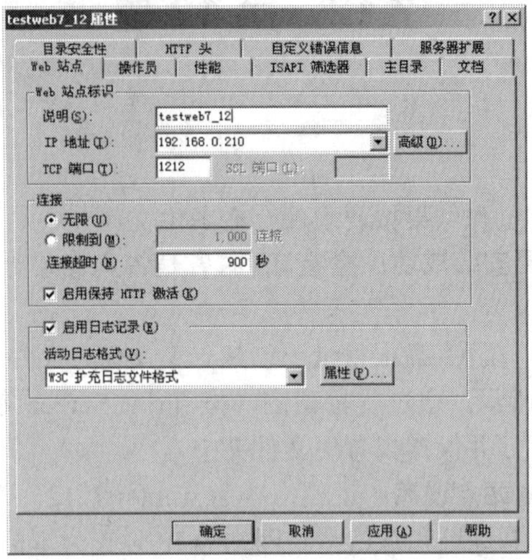

【样图 7-12C】

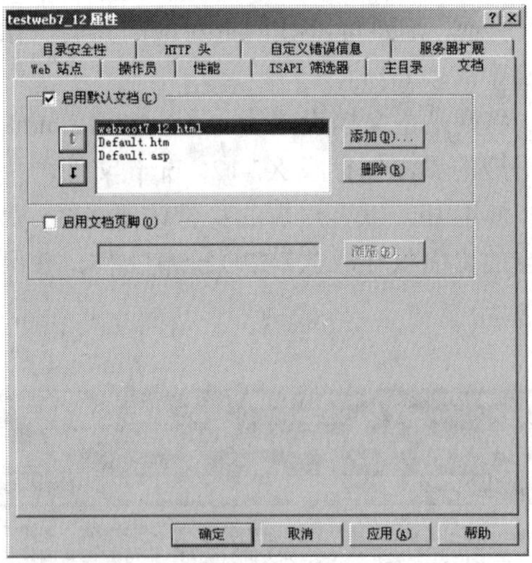

【样图 7-12D】

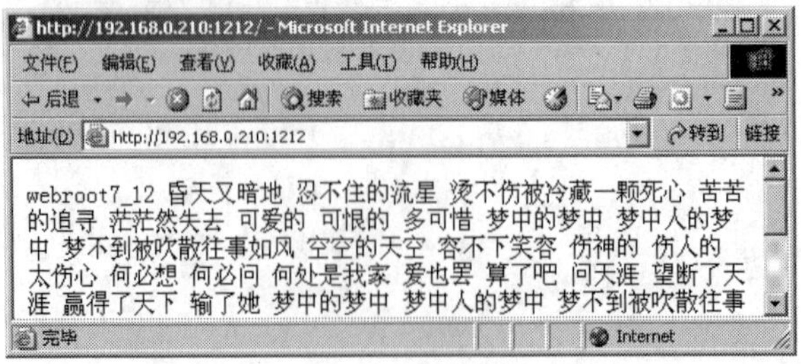

7.13　第 13 题

【操作要求】

完成下列操作，并将操作结果按要求保存在考生文件夹中。

1. **检验 IIS 服务是否安装成功**：检验 IIS 服务是否安装成功，如果没有安装，就手动安装 IIS 服务。
2. **创建网站主文档**：在 C 盘根目录下创建一个文件，文件名、扩展名、文件内容如“样图 7-13A”所示。通过屏幕截图（按 Print Screen 键）把对应的界面保存成 X7-13A.bmp 文件，并保存到考生文件夹中。
3. **在 IIS 中设置 Web 站点说明**：说明内容为 webtest7_13。
4. **设置发布网站的 IP 地址和端口**：将网站的 IP 设置为本机 IP，端口设置为 1313。
5. **设置主目录路径**：将主目录路径设置为 C 盘根目录。
6. **设置 WEB 站点连接数和连接超时**：将连接数设置为无限，将连接超时设置为 900 秒。如“样图 7-13B”所示。通过屏幕截图把对应的界面保存成 X7-13B.bmp 文件，并保存到考生文件夹中。
7. **设置网站主文档**：将网站主文档设置为 webroot7_13.html，如“样图 7-13C”所示。通过屏幕截图把对应的界面保存成 X7-13C.bmp 文件，并保存到考生文件夹中。
8. **从 WEB 访问网站**：使用 IE，以客户端的身份访问网站，如“样图 7-13D”所示。通过屏幕截图把对应的界面保存成 X7-13D.bmp 文件，并保存到考生文件夹中。

【样图 7-13A】

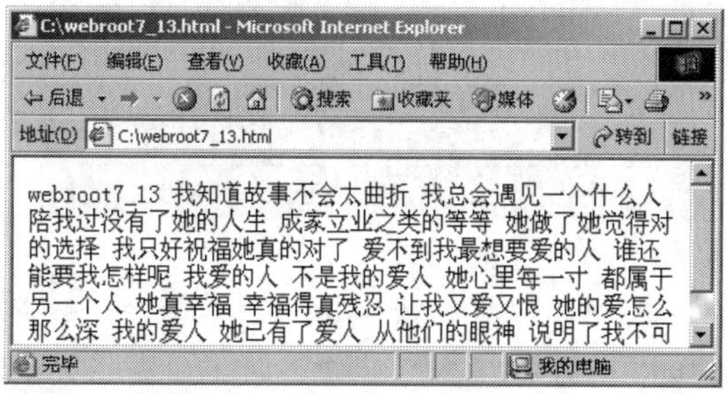

【样图 7-13B】

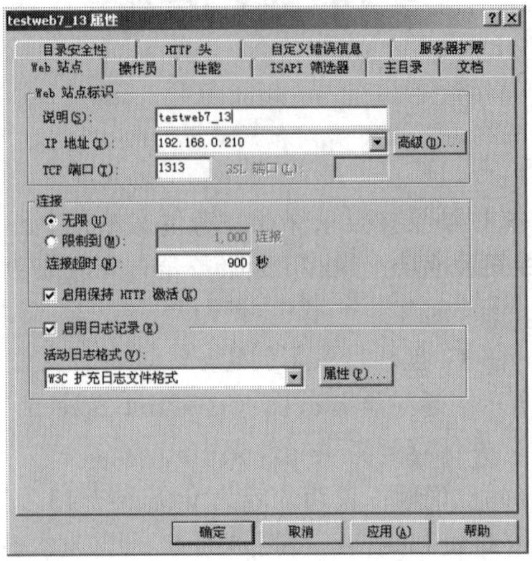

【样图 7-13C】

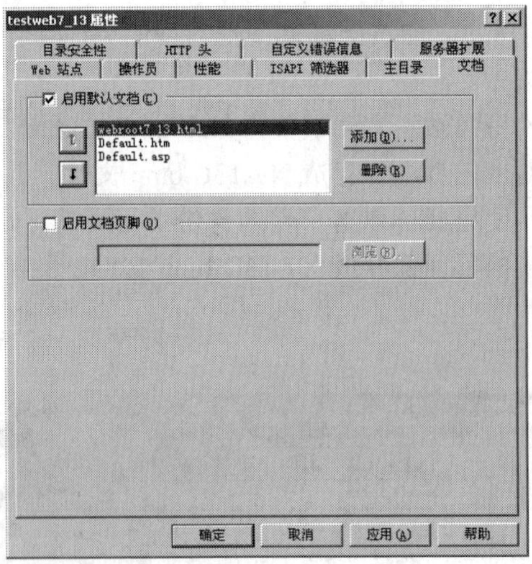

【样图 7-13D】

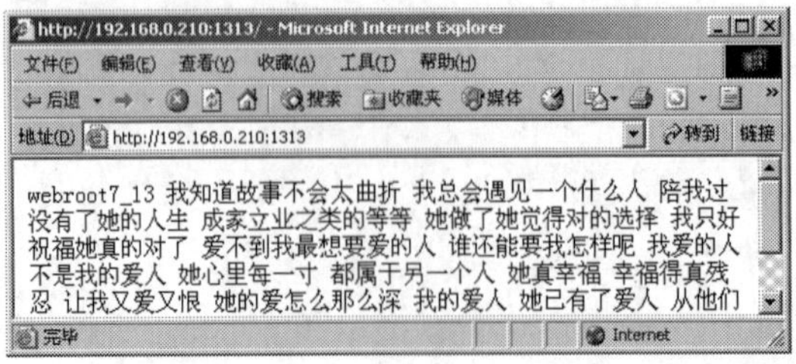

7.14　第 14 题

【操作要求】

完成下列操作，并将操作结果按要求保存在考生文件夹中。

1. **检验 IIS 服务是否安装成功**：检验 IIS 服务是否安装成功，如果没有安装，就手动安装 IIS 服务。
2. **创建网站主文档**：在 C 盘根目录下创建一个文件，文件名、扩展名、文件内容如"样图 7-14A"所示。通过屏幕截图（按 Print Screen 键）把对应的界面保存成 X7-14A.bmp 文件，并保存到考生文件夹中。
3. **在 IIS 中设置 Web 站点说明**：说明内容为 webtest7_14。
4. **设置发布网站的 IP 地址和端口**：将网站的 IP 设置为本机 IP，端口设置为 1414。
5. **设置主目录路径**：将主目录路径设置为 C 盘根目录。
6. **设置 WEB 站点连接数和连接超时**：将连接数设置为无限，将连接超时设置为 900 秒。如"样图 7-14B"所示。通过屏幕截图把对应的界面保存成 X7-14B.bmp 文件，并保存到考生文件夹中。
7. **设置网站主文档**：将网站主文档设置为 webroot7_14.html，如"样图 7-14C"所示。通过屏幕截图把对应的界面保存成 X7-14C.bmp 文件，并保存到考生文件夹中。
8. **从 WEB 访问网站**：使用 IE，以客户端的身份访问网站，如"样图 7-14D"所示。通过屏幕截图把对应的界面保存成 X7-14D.bmp 文件，并保存到考生文件夹中。

【样图 7-14A】

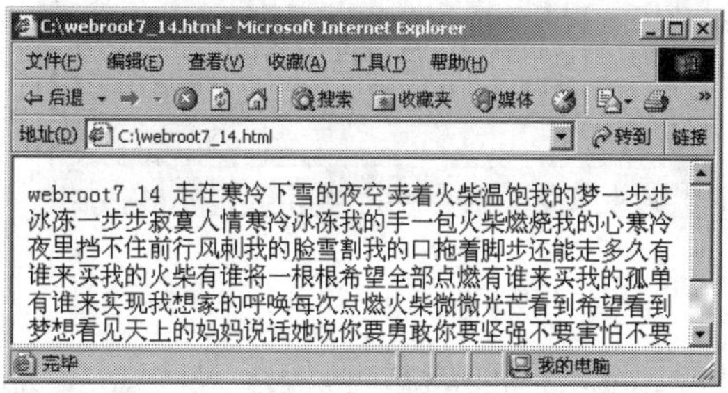

【样图 7-14B】

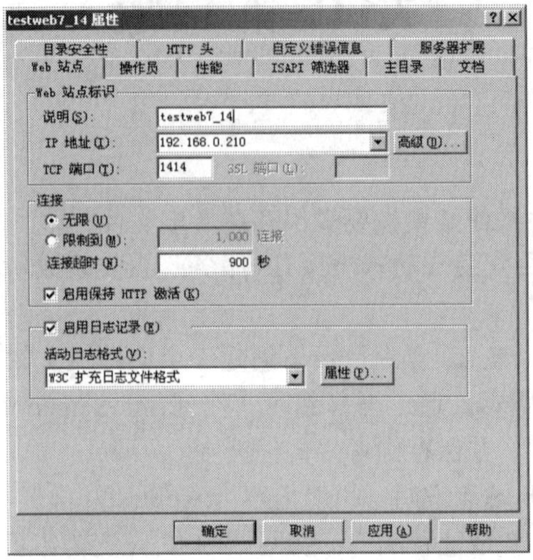

【样图 7-14C】

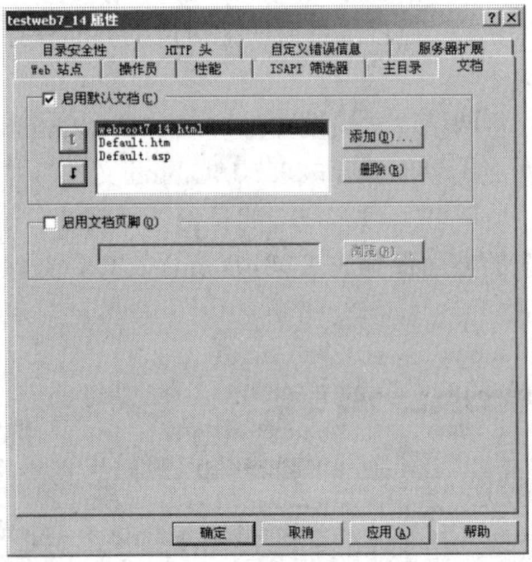

【样图 7-14D】

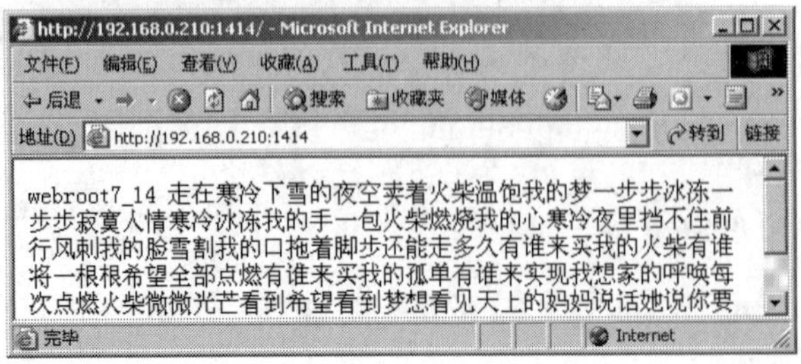

7.15 第 15 题

【操作要求】

完成下列操作，并将操作结果按要求保存在考生文件夹中。

1. **检验 IIS 服务是否安装成功**：检验 IIS 服务是否安装成功，如果没有安装，就手动安装 IIS 服务。
2. **创建网站主文档**：在 C 盘根目录下创建一个文件，文件名、扩展名、文件内容如“样图 7-15A”所示。通过屏幕截图（按 Print Screen 键）把对应的界面保存成 X7-15A.bmp 文件，并保存到考生文件夹中。
3. **在 IIS 中设置 Web 站点说明**：说明内容为 webtest7_15。
4. **设置发布网站的 IP 地址和端口**：将网站的 IP 设置为本机 IP，端口设置为 1515。
5. **设置主目录路径**：将主目录路径设置为 C 盘根目录。
6. **设置 WEB 站点连接数和连接超时**：将连接数设置为无限，将连接超时设置为 900 秒。如“样图 7-15B”所示。通过屏幕截图把对应的界面保存成 X7-15B.bmp 文件，并保存到考生文件夹中。
7. **设置网站主文档**：将网站主文档设置为 webroot7_15.html，如“样图 7-15C”所示。通过屏幕截图把对应的界面保存成 X7-15C.bmp 文件，并保存到考生文件夹中。
8. **从 WEB 访问网站**：使用 IE，以客户端的身份访问网站，如“样图 7-15D”所示。通过屏幕截图把对应的界面保存成 X7-15D.bmp 文件，并保存到考生文件夹中。

【样图 7-15A】

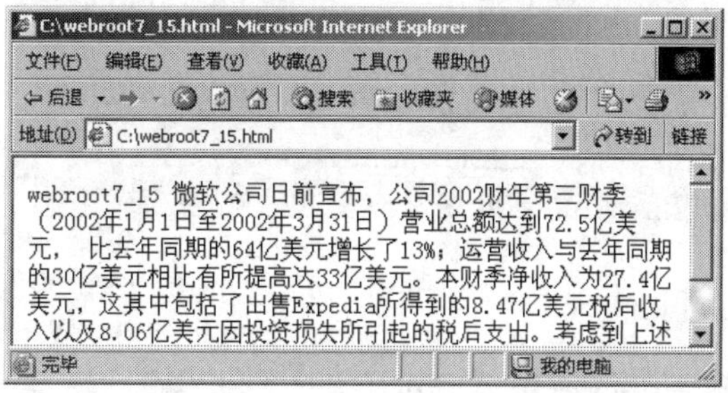

【样图 7-15B】

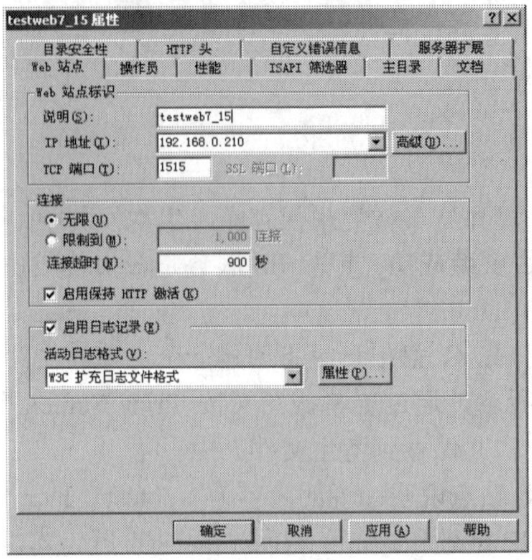

【样图 7-15C】

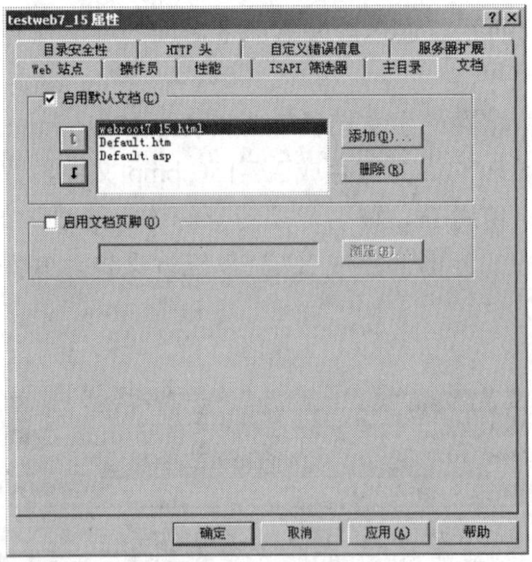

【样图 7-15D】

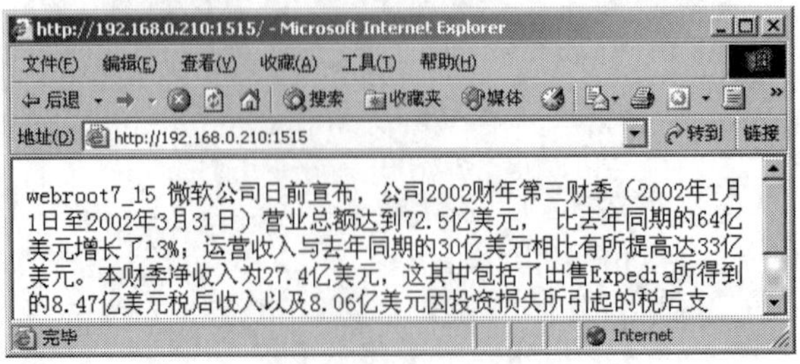

7.16　第 16 题

【操作要求】

完成下列操作，并将操作结果按要求保存在考生文件夹中。

1. **检验 IIS 服务是否安装成功**：检验 IIS 服务是否安装成功，如果没有安装，就手动安装 IIS 服务。
2. **创建网站主文档**：在 C 盘根目录下创建一个文件，文件名、扩展名、文件内容如“样图 7-16A”所示。通过屏幕截图（按 Print Screen 键）把对应的界面保存成 X7-16A.bmp 文件，并保存到考生文件夹中。
3. **在 IIS 中设置 Web 站点说明**：说明内容为 webtest7_16。
4. **设置发布网站的 IP 地址和端口**：将网站的 IP 设置为本机 IP，端口设置为 1616。
5. **设置主目录路径**：将主目录路径设置为 C 盘根目录。
6. **设置 WEB 站点连接数和连接超时**：将连接数设置为无限，将连接超时设置为 900 秒。如“样图 7-16B”所示。通过屏幕截图把对应的界面保存成 X7-16B.bmp 文件，并保存到考生文件夹中。
7. **设置网站主文档**：将网站主文档设置为 webroot7_16.html，如“样图 7-16C”所示。通过屏幕截图把对应的界面保存成 X7-16C.bmp 文件，并保存到考生文件夹中。
8. **从 WEB 访问网站**：使用 IE，以客户端的身份访问网站，如“样图 7-16D”所示。通过屏幕截图把对应的界面保存成 X7-16D.bmp 文件，并保存到考生文件夹中。

【样图 7-16A】

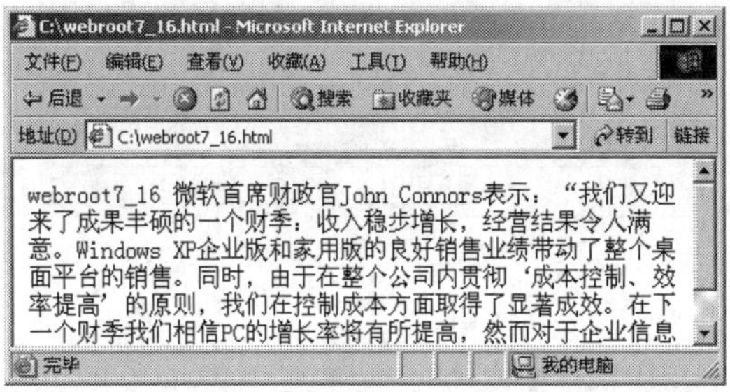

【样图 7-16B】

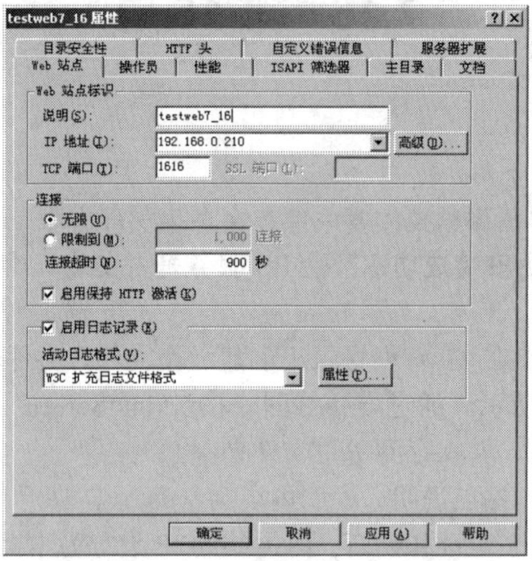

【样图 7-16C】

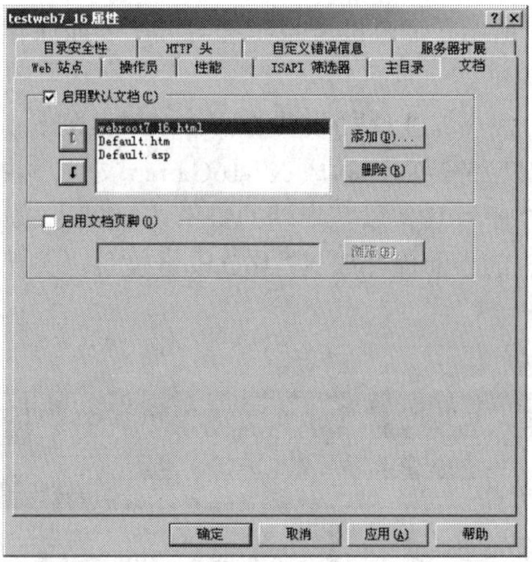

【样图 7-16D】

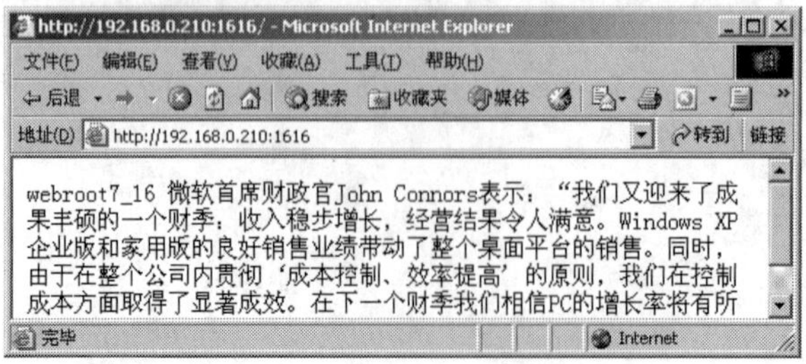

7.17 第 17 题

【操作要求】

完成下列操作，并将操作结果按要求保存在考生文件夹中。

1. **检验 IIS 服务是否安装成功**：检验 IIS 服务是否安装成功，如果没有安装，就手动安装 IIS 服务。
2. **创建网站主文档**：在 C 盘根目录下创建一个文件，文件名、扩展名、文件内容如"样图 7-17A"所示。通过屏幕截图（按 Print Screen 键）把对应的界面保存成 X7-17A.bmp 文件，并保存到考生文件夹中。
3. **在 IIS 中设置 Web 站点说明**：说明内容为 webtest7_17。
4. **设置发布网站的 IP 地址和端口**：将网站的 IP 设置为本机 IP，端口设置为 7777。
5. **设置主目录路径**：将主目录路径设置为 C 盘根目录。
6. **设置 WEB 站点连接数和连接超时**：将连接数设置为无限，将连接超时设置为 900 秒。如"样图 7-17B"所示。通过屏幕截图把对应的界面保存成 X7-17B.bmp 文件，并保存到考生文件夹中。
7. **设置网站主文档**：将网站主文档设置为 webroot7_17.html，如"样图 7-17C"所示。通过屏幕截图把对应的界面保存成 X7-17C.bmp 文件，并保存到考生文件夹中。
8. **从 WEB 访问网站**：使用 IE，以客户端的身份访问网站，如"样图 7-17D"所示。通过屏幕截图把对应的界面保存成 X7-17D.bmp 文件，并保存到考生文件夹中。

【样图 7-17A】

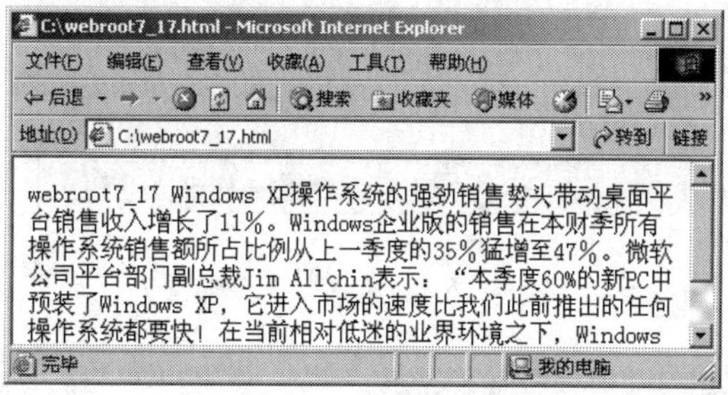

【样图 7-17B】

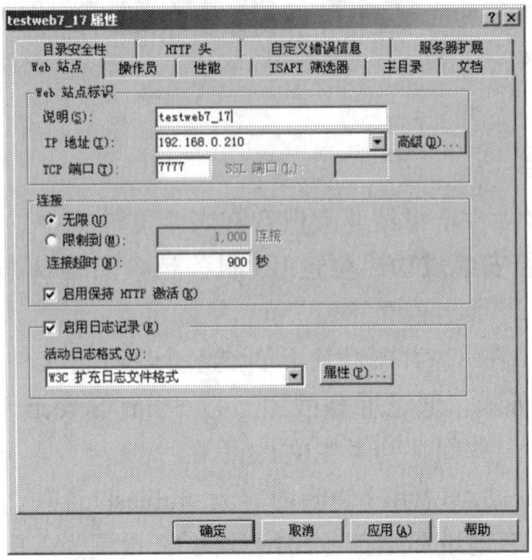

【样图 7-17C】

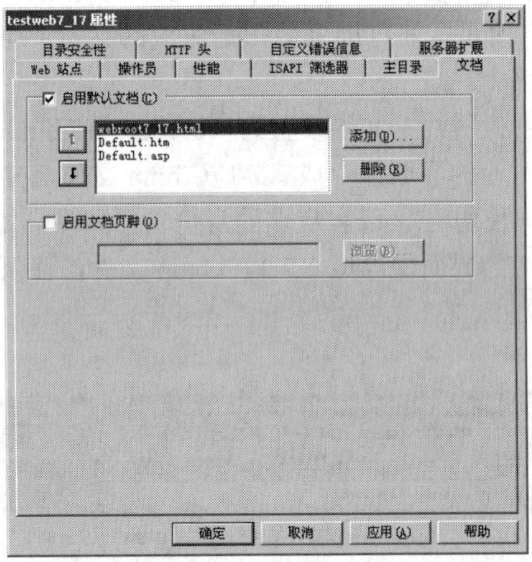

【样图 7-17D】

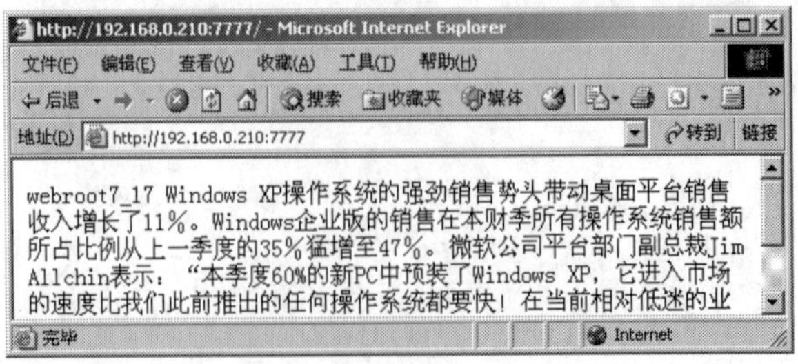

7.18　第 18 题

【操作要求】

完成下列操作，并将操作结果按要求保存在考生文件夹中。

1. **检验 IIS 服务是否安装成功**：检验 IIS 服务是否安装成功，如果没有安装，就手动安装 IIS 服务。
2. **创建网站主文档**：在 C 盘根目录下创建一个文件，文件名、扩展名、文件内容如“样图 7-18A”所示。通过屏幕截图（按 Print Screen 键）把对应的界面保存成 X7-18A.bmp 文件，并保存到考生文件夹中。
3. **在 IIS 中设置 Web 站点说明**：说明内容为 webtest7_18。
4. **设置发布网站的 IP 地址和端口**：将网站的 IP 设置为本机 IP，端口设置为 7878。
5. **设置主目录路径**：将主目录路径设置为 C 盘根目录。
6. **设置 WEB 站点连接数和连接超时**：将连接数设置为无限，将连接超时设置为 900 秒。如“样图 7-18B”所示。通过屏幕截图把对应的界面保存成 X7-18B.bmp 文件，并保存到考生文件夹中。
7. **设置网站主文档**：将网站主文档设置为 webroot7_18.html，如“样图 7-18C”所示。通过屏幕截图把对应的界面保存成 X7-18C.bmp 文件，并保存到考生文件夹中。
8. **从 WEB 访问网站**：使用 IE，以客户端的身份访问网站，如“样图 7-18D”所示。通过屏幕截图把对应的界面保存成 X7-18D.bmp 文件，并保存到考生文件夹中。

【样图 7-18A】

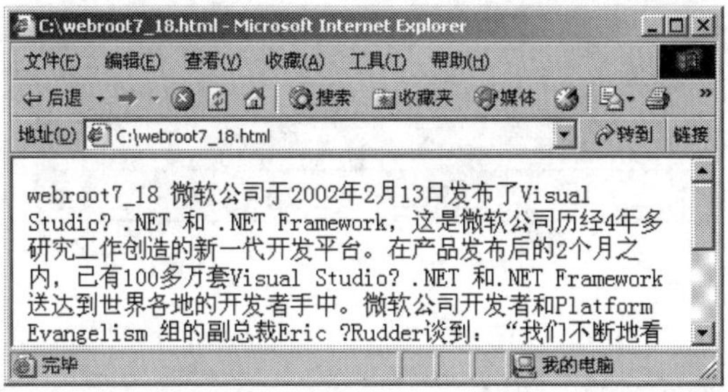

【样图 7-18B】

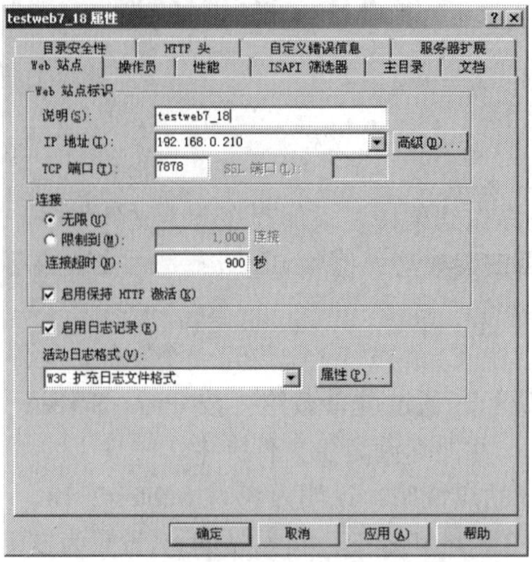

【样图 7-18C】

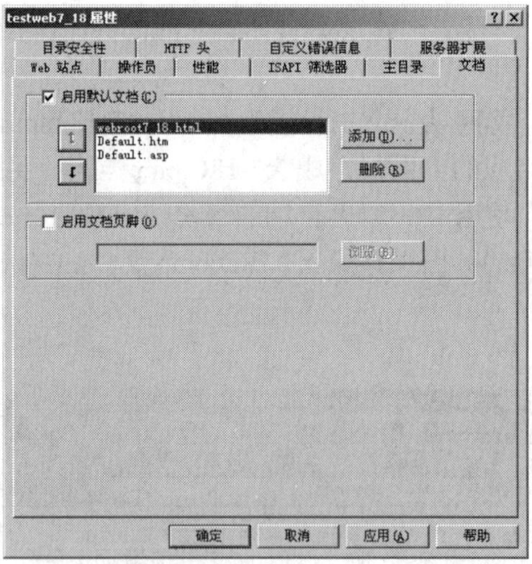

【样图 7-18D】

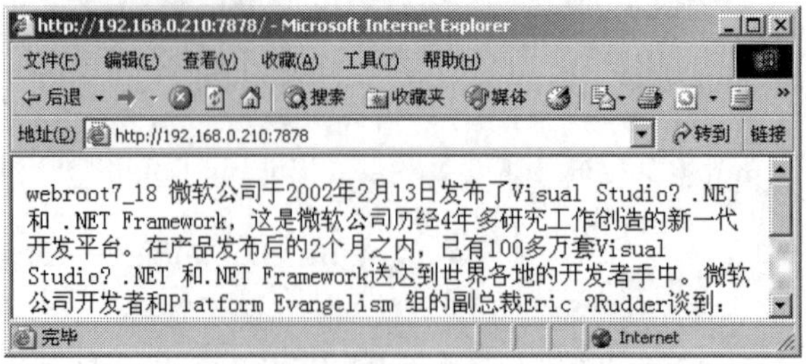

7.19　第 19 题

【操作要求】

完成下列操作，并将操作结果按要求保存在考生文件夹中。

1. **检验 IIS 服务是否安装成功**：检验 IIS 服务是否安装成功，如果没有安装，就手动安装 IIS 服务。
2. **创建网站主文档**：在 C 盘根目录下创建一个文件，文件名、扩展名、文件内容如“样图 7-19A”所示。通过屏幕截图（按 Print Screen 键）把对应的界面保存成 X7-19A.bmp 文件，并保存到考生文件夹中。
3. **在 IIS 中设置 Web 站点说明**：说明内容为 webtest7_19。
4. **设置发布网站的 IP 地址和端口**：将网站的 IP 设置为本机 IP，端口设置为 9999。
5. **设置主目录路径**：将主目录路径设置为 C 盘根目录。
6. **设置 WEB 站点连接数和连接超时**：将连接数设置为无限，将连接超时设置为 900 秒。如“样图 7-19B”所示。通过屏幕截图把对应的界面保存成 X7-19B.bmp 文件，并保存到考生文件夹中。
7. **设置网站主文档**：将网站主文档设置为 webroot7_19.html，如“样图 7-19C”所示。通过屏幕截图把对应的界面保存成 X7-19C.bmp 文件，并保存到考生文件夹中。
8. **从 WEB 访问网站**：使用 IE，以客户端的身份访问网站，如“样图 7-19D”所示。通过屏幕截图把对应的界面保存成 X7-19D.bmp 文件，并保存到考生文件夹中。

【样图 7-19A】

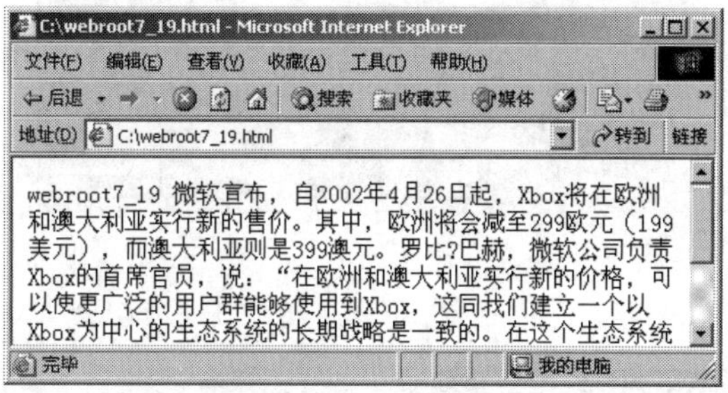

【样图 7-19B】

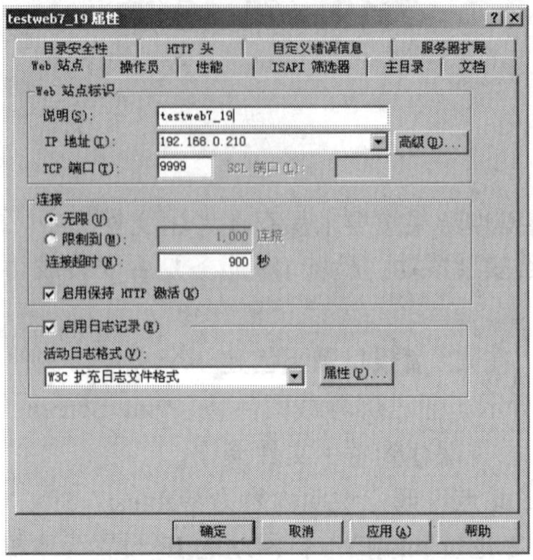

【样图 7-19C】

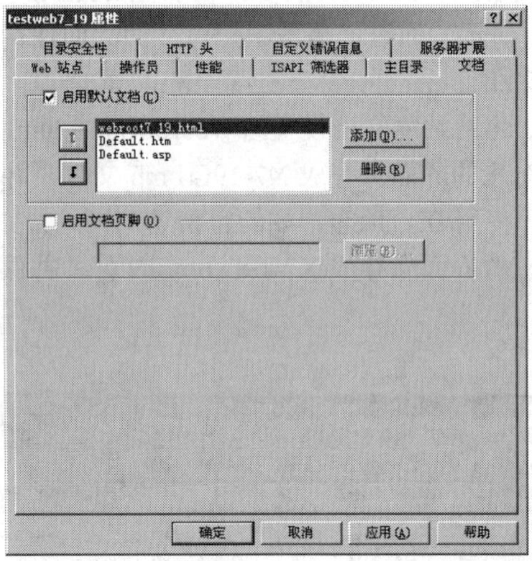

【样图 7-19D】

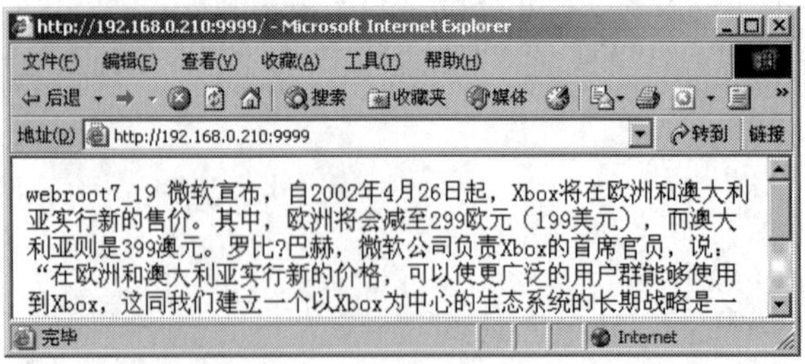

7.20 第 20 题

【操作要求】

完成下列操作，并将操作结果按要求保存在考生文件夹中。

1. **检验 IIS 服务是否安装成功**：检验 IIS 服务是否安装成功，如果没有安装，就手动安装 IIS 服务。
2. **创建网站主文档**：在 C 盘根目录下创建一个文件，文件名、扩展名、文件内容如“样图 7-20A”所示。通过屏幕截图（按 Print Screen 键）把对应的界面保存成 X7-20A.bmp 文件，并保存到考生文件夹中。
3. **在 IIS 中设置 Web 站点说明**：说明内容为 webtest7_20。
4. **设置发布网站的 IP 地址和端口**：将网站的 IP 设置为本机 IP，端口设置为 2004。
5. **设置主目录路径**：将主目录路径设置为 C 盘根目录。
6. **设置 WEB 站点连接数和连接超时**：将连接数设置为无限，将连接超时设置为 900 秒。如“样图 7-20B”所示。通过屏幕截图把对应的界面保存成 X7-20B.bmp 文件，并保存到考生文件夹中。
7. **设置网站主文档**：将网站主文档设置为 webroot7_20.html，如“样图 7-20C”所示。通过屏幕截图把对应的界面保存成 X7-20C.bmp 文件，并保存到考生文件夹中。
8. **从 WEB 访问网站**：使用 IE，以客户端的身份访问网站，如“样图 7-20D”所示。通过屏幕截图把对应的界面保存成 X7-20D.bmp 文件，并保存到考生文件夹中。

【样图 7-20A】

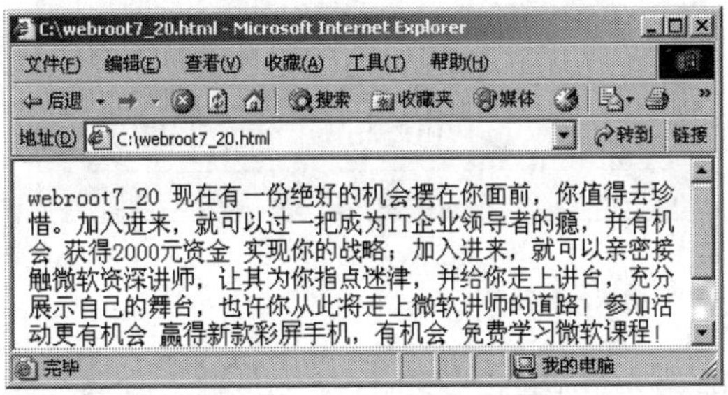

【样图 7-20B】

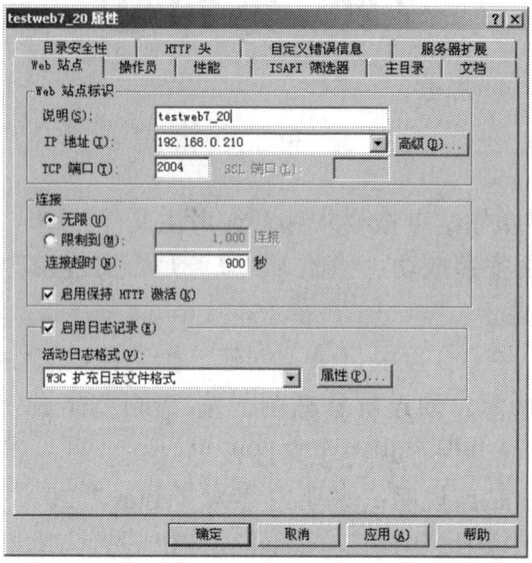

【样图 7-20C】

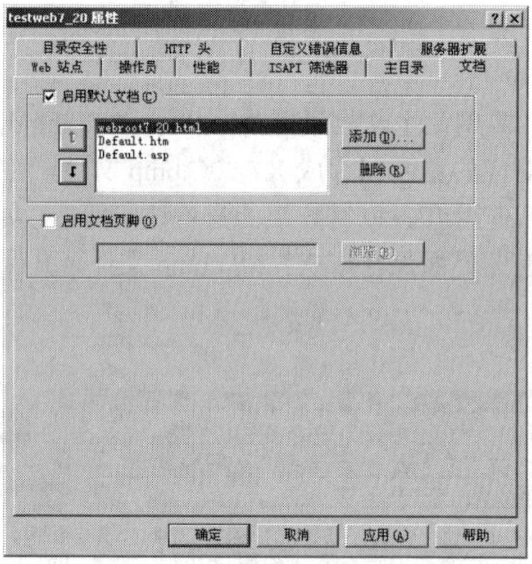

【样图 7-20D】

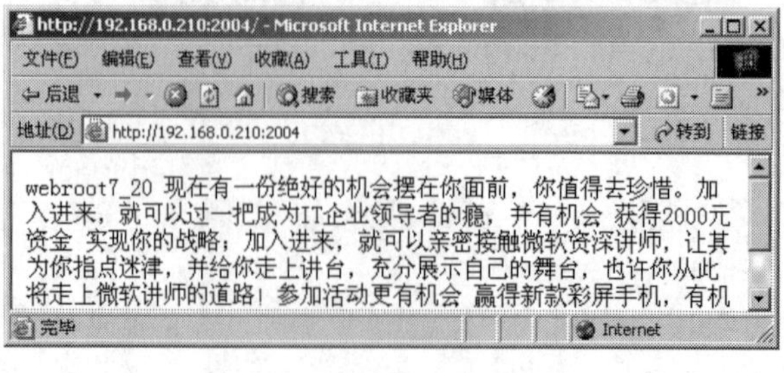

第八单元　配置 Windows 2000 FTP 服务

8.1　第 1 题

【操作要求】

完成下列操作，并将操作结果按要求保存在考生文件夹中。

1. **检验 FTP 服务是否安装成功：**检验 IIS 中 FTP 服务是否安装成功，如果没有安装，就手动安装 FTP 服务。
2. **在 IIS 中设置 FTP 站点说明：**说明内容为 ftptest8_1。
3. **设置发布 FTP 站点的 IP 地址和端口：**将网站的 IP 设置为本机 IP，端口设置为 2121。
4. **设置主目录路径：**将主目录路径设置为 C 盘根目录。
5. **设置连接超时：**将连接超时设置为 900 秒。如“样图 8-01A”所示。通过屏幕截图（按 Print Screen 键）把对应的界面保存成 X8-01A.bmp 文件，并保存到考生文件夹中。
6. **设置 FTP 站点消息：**设置 FTP 站点欢迎词、退出词和最大连接数。
7. **从客户端访问 FTP 网站：**使用 IE，以匿名身份访问 FTP 站点，如“样图 8-01B”所示。通过屏幕截图把对应的界面保存成 X8-01B.bmp 文件，并保存到考生文件夹中。

【样图 8-01A，样图 8-01B】

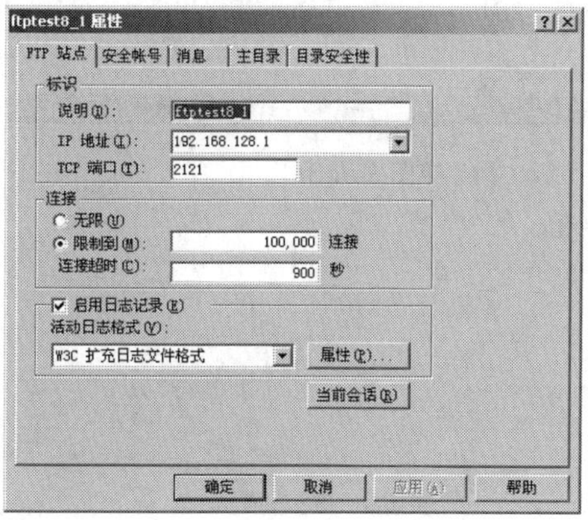

样图 8-01A

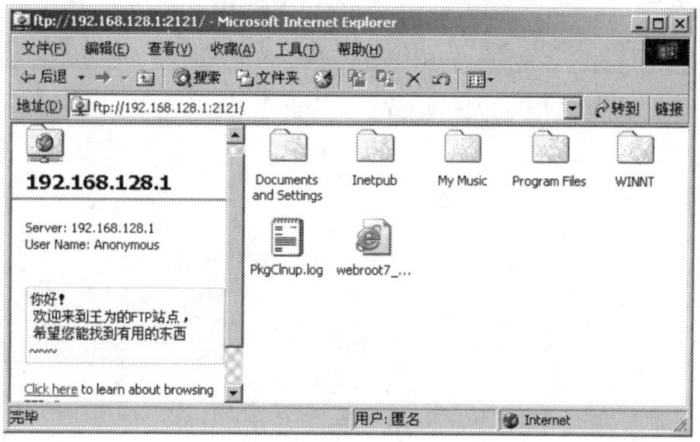

样图 8-01B

8.2　第 2 题

【操作要求】

完成下列操作，并将操作结果按要求保存在考生文件夹中。

1. **检验 FTP 服务是否安装成功：** 检验 IIS 中 FTP 服务是否安装成功，如果没有安装，就手动安装 FTP 服务。
2. **在 IIS 中设置 FTP 站点说明：** 说明内容为 ftptest8_2。
3. **设置发布 FTP 站点的 IP 地址和端口：** 将网站的 IP 设置为本机 IP，端口设置为 2122。
4. **设置主目录路径：** 将主目录路径设置为 C 盘根目录。
5. **设置连接超时：** 如“样图 8-02A”所示。通过屏幕截图（按 Print Screen 键）把对应的界面保存成 X8-02A.bmp 文件，并保存到考生文件夹中。
6. **设置 FTP 站点消息：** 设置 FTP 站点欢迎词、退出词和最大连接数。
7. **从客户端访问 FTP 网站：** 使用 IE，以匿名身份访问 FTP 站点，如“样图 8-02B”所示。通过屏幕截图把对应的界面保存成 X8-02B.bmp 文件，并保存到考生文件夹中。

【样图 8-02A，样图 8-02B】

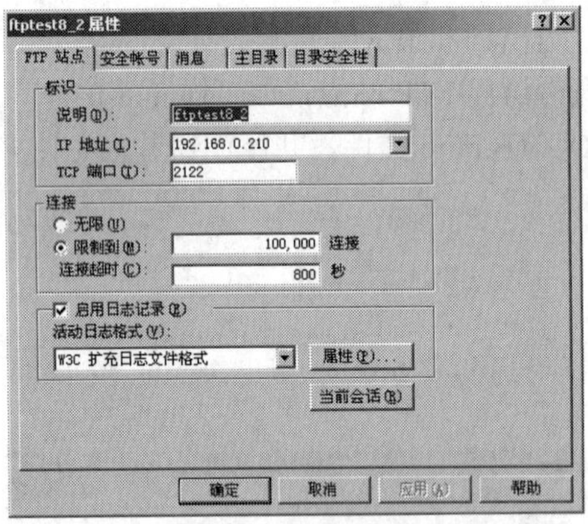

样图 8-02A

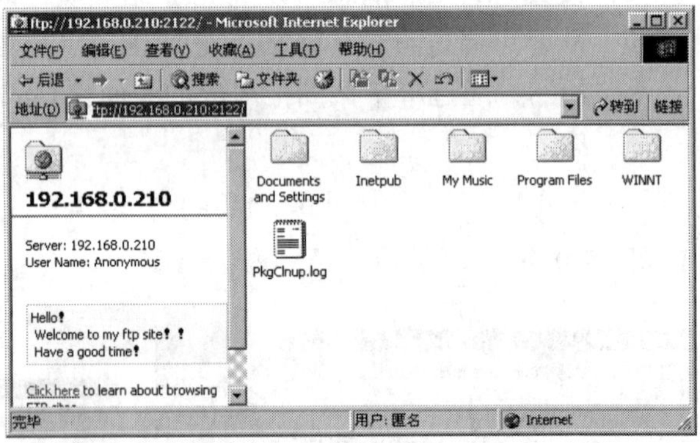

样图 8-02B

8.3　第 3 题

【操作要求】

完成下列操作，并将操作结果按要求保存在考生文件夹中。

1. **检验 FTP 服务是否安装成功**：检验 IIS 中 FTP 服务是否安装成功，如果没有安装，就手动安装 FTP 服务。
2. **在 IIS 中设置 FTP 站点说明**：说明内容为 ftptest8_3。
3. **设置发布 FTP 站点的 IP 地址和端口**：将网站的 IP 设置为本机 IP，端口设置为 2133。
4. **设置主目录路径**：将主目录路径设置为 C 盘根目录。
5. **设置连接超时**：如“样图 8-03A”所示。通过屏幕截图（按 Print Screen 键）把对应的界面保存成 X8-03A.bmp 文件，并保存到考生文件夹中。
6. **设置 FTP 站点消息**：设置 FTP 站点欢迎词、退出词和最大连接数。
7. **从客户端访问 FTP 网站**：使用 IE，以匿名身份访问 FTP 站点，如“样图 8-03B”所示。通过屏幕截图把对应的界面保存成 X8-03B.bmp 文件，并保存到考生文件夹中。

【样图 8-03A，样图 8-03B】

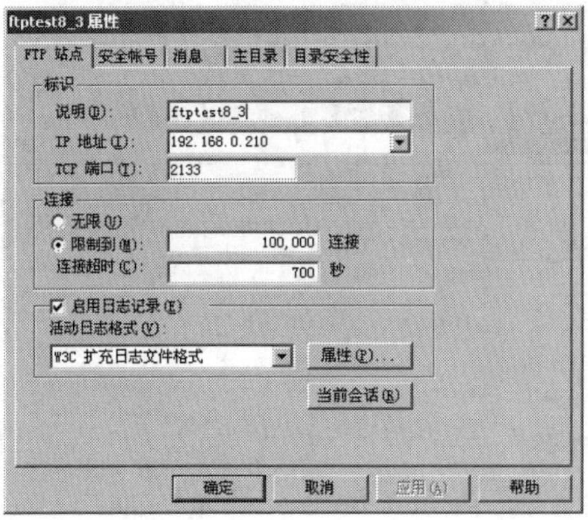

样图 8-03A

样图 8-03B

8.4 第 4 题

【操作要求】

完成下列操作，并将操作结果按要求保存在考生文件夹中。

1. **检验 FTP 服务是否安装成功：**检验 IIS 中 FTP 服务是否安装成功，如果没有安装，就手动安装 FTP 服务。
2. **在 IIS 中设置 FTP 站点说明：**说明内容为 ftptest8_4。
3. **设置发布 FTP 站点的 IP 地址和端口：**将网站的 IP 设置为本机 IP，端口设置为 2144。
4. **设置主目录路径：**将主目录路径设置为 C 盘根目录。
5. **设置连接超时：**如“样图 8-04A”所示。通过屏幕截图（按 Print Screen 键）把对应的界面保存成 X8-04A.bmp 文件，并保存到考生文件夹中。
6. **设置 FTP 站点消息：**设置 FTP 站点欢迎词、退出词和最大连接数。
7. **从客户端访问 FTP 网站：**使用 IE，以匿名身份访问 FTP 站点，如“样图 8-04B”所示。通过屏幕截图把对应的界面保存成 X8-04B.bmp 文件，并保存到考生文件夹中。

【样图 8-04A，样图 8-04B】

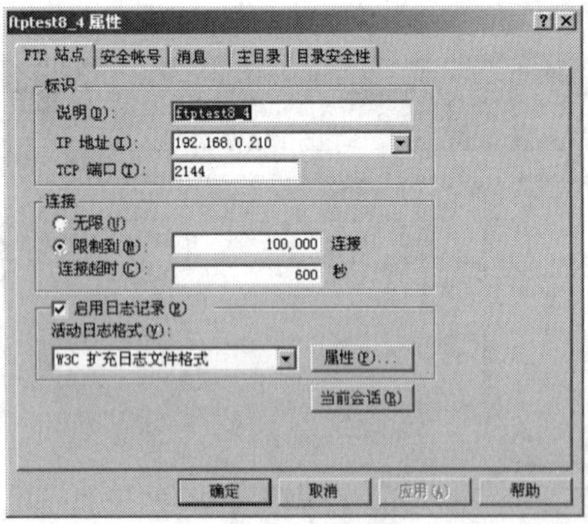

样图 8-04A

样图 8-04B

8.5　第 5 题

【操作要求】

完成下列操作，并将操作结果按要求保存在考生文件夹中。

1. **检验 FTP 服务是否安装成功**：检验 IIS 中 FTP 服务是否安装成功，如果没有安装，就手动安装 FTP 服务。
2. **在 IIS 中设置 FTP 站点说明**：说明内容为 ftptest8_5。
3. **设置发布 FTP 站点的 IP 地址和端口**：将网站的 IP 设置为本机 IP，端口设置为 2155。
4. **设置主目录路径**：将主目录路径设置为 C 盘根目录。
5. **设置连接超时**：如“样图 8-05A”所示。通过屏幕截图（按 Print Screen 键）把对应的界面保存成 X8-05A.bmp 文件，并保存到考生文件夹中。
6. **设置 FTP 站点消息**：设置 FTP 站点欢迎词、退出词和最大连接数。
7. **从客户端访问 FTP 网站**：使用 IE，以匿名身份访问 FTP 站点，如“样图 8-05B”所示。通过屏幕截图把对应的界面保存成 X8-05B.bmp 文件，并保存到考生文件夹中。

【样图 8-05A，样图 8-05B】

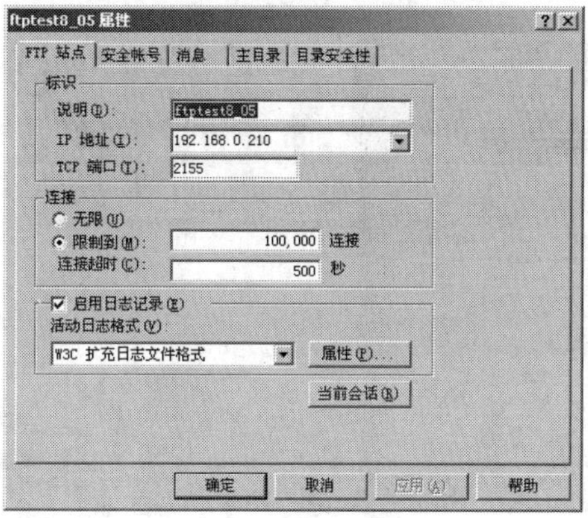

样图 8-05A

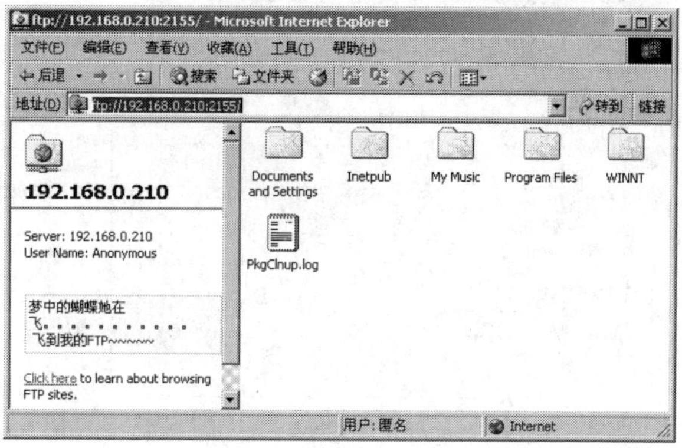

样图 8-05B

8.6 第 6 题

【操作要求】

完成下列操作，并将操作结果按要求保存在考生文件夹中。

1. **检验 FTP 服务是否安装成功**：检验 IIS 中 FTP 服务是否安装成功，如果没有安装，就手动安装 FTP 服务。
2. **在 IIS 中设置 FTP 站点说明**：说明内容为 ftptest8_6。
3. **设置发布 FTP 站点的 IP 地址和端口**：将网站的 IP 设置为本机 IP，端口设置为 2166。
4. **设置主目录路径**：将主目录路径设置为 C 盘根目录。
5. **设置连接超时**：如“样图 8-06A”所示。通过屏幕截图（按 Print Screen 键）把对应的界面保存成 X8-06A.bmp 文件，并保存到考生文件夹中。
6. **设置 FTP 站点消息**：设置 FTP 站点欢迎词、退出词和最大连接数。
7. **从客户端访问 FTP 网站**：使用 IE，以匿名身份访问 FTP 站点，如“样图 8-06B”所示。通过屏幕截图把对应的界面保存成 X8-06B.bmp 文件，并保存到考生文件夹中。

【样图 8-06A，样图 8-06B】

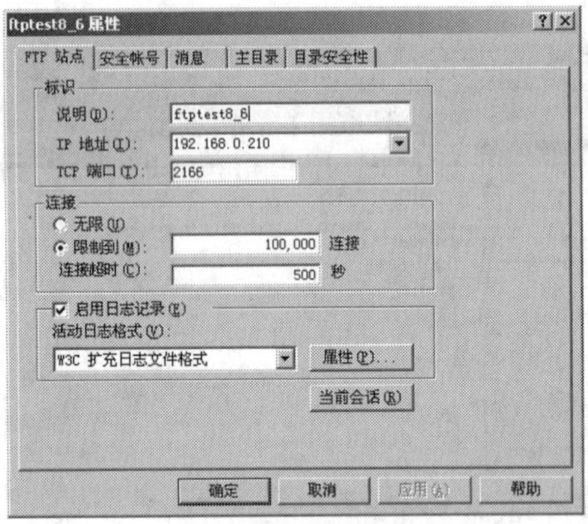

样图 8-06A

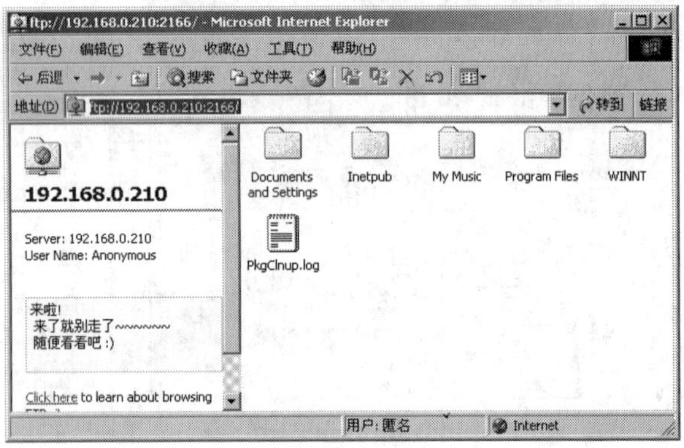

样图 8-06B

8.7　第 7 题

【操作要求】

完成下列操作，并将操作结果按要求保存在考生文件夹中。

1. **检验 FTP 服务是否安装成功：**检验 IIS 中 FTP 服务是否安装成功，如果没有安装，就手动安装 FTP 服务。
2. **在 IIS 中设置 FTP 站点说明：**说明内容为 ftptest8_7。
3. **设置发布 FTP 站点的 IP 地址和端口：**将网站的 IP 设置为本机 IP，端口设置为 2177。
4. **设置主目录路径：**将主目录路径设置为 C 盘根目录。
5. **设置连接超时：**如“样图 8-07A”所示。通过屏幕截图（按 Print Screen 键）把对应的界面保存成 X8-07A.bmp 文件，并保存到考生文件夹中。
6. **设置 FTP 站点消息：**设置 FTP 站点欢迎词、退出词和最大连接数。
7. **从客户端访问 FTP 网站：**使用 IE，以匿名身份访问 FTP 站点，如“样图 8-07B”所示。通过屏幕截图把对应的界面保存成 X8-07B.bmp 文件，并保存到考生文件夹中。

【样图 8-07A，样图 8-07B】

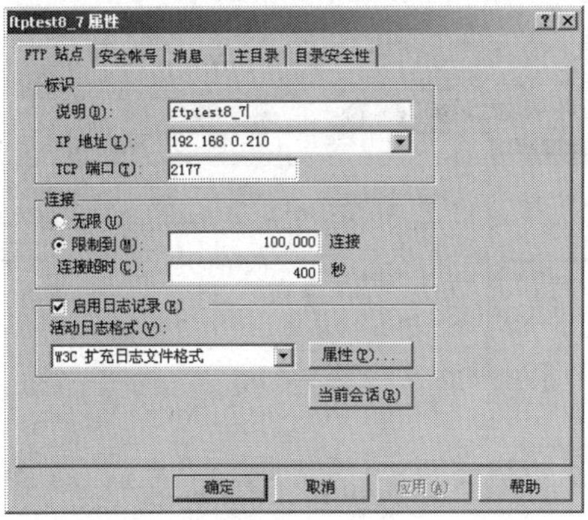

样图 8-07A

样图 8-07B

8.8　第 8 题

【操作要求】

完成下列操作，并将操作结果按要求保存在考生文件夹中。

1. **检验 FTP 服务是否安装成功**：检验 IIS 中 FTP 服务是否安装成功，如果没有安装，就手动安装 FTP 服务。
2. **在 IIS 中设置 FTP 站点说明**：说明内容为 ftptest8_8。
3. **设置发布 FTP 站点的 IP 地址和端口**：将网站的 IP 设置为本机 IP，端口设置为 2188。
4. **设置主目录路径**：将主目录路径设置为 C 盘根目录。
5. **设置连接超时**：如“样图 8-08A”所示。通过屏幕截图（按 Print Screen 键）把对应的界面保存成 X8-08A.bmp 文件，并保存到考生文件夹中。
6. **设置 FTP 站点消息**：设置 FTP 站点欢迎词、退出词和最大连接数。
7. **从客户端访问 FTP 网站**：使用 IE，以匿名身份访问 FTP 站点，如“样图 8-08B”所示。通过屏幕截图把对应的界面保存成 X8-08B.bmp 文件，并保存到考生文件夹中。

【样图 8-08A，样图 8-08B】

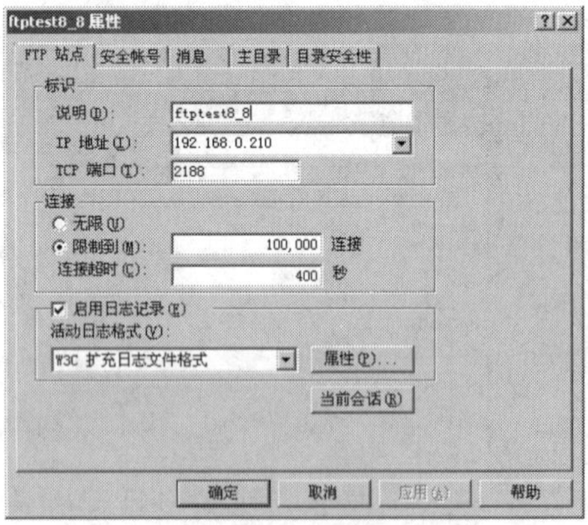

样图 8-08A

样图 8-08B

8.9　第 9 题

【操作要求】

完成下列操作，并将操作结果按要求保存在考生文件夹中。

1. **检验 FTP 服务是否安装成功**：检验 IIS 中 FTP 服务是否安装成功，如果没有安装，就手动安装 FTP 服务。
2. **在 IIS 中设置 FTP 站点说明**：说明内容为 ftptest8_9。
3. **设置发布 FTP 站点的 IP 地址和端口**：将网站的 IP 设置为本机 IP，端口设置为 2199。
4. **设置主目录路径**：将主目录路径设置为 C 盘根目录。
5. **设置连接超时**：如“样图 8-09A”所示。通过屏幕截图（按 Print Screen 键）把对应的界面保存成 X8-09A.bmp 文件，并保存到考生文件夹中。
6. **设置 FTP 站点消息**：设置 FTP 站点欢迎词、退出词和最大连接数。
7. **从客户端访问 FTP 网站**：使用 IE，以匿名身份访问 FTP 站点，如“样图 8-09B”所示。通过屏幕截图把对应的界面保存成 X8-09B.bmp 文件，并保存到考生文件夹中。

【样图 8-09A，样图 8-09B】

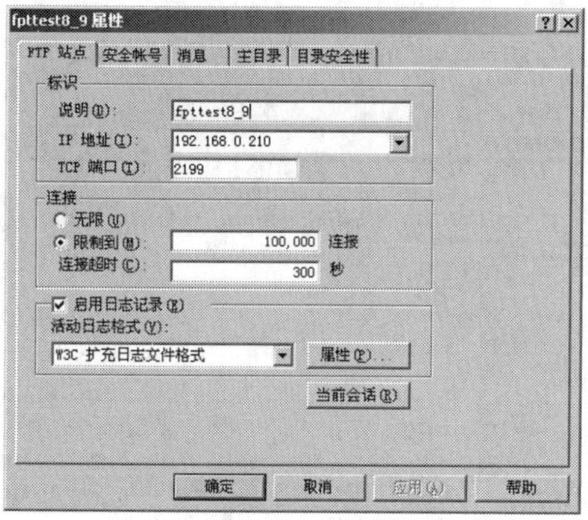

样图 8-09A

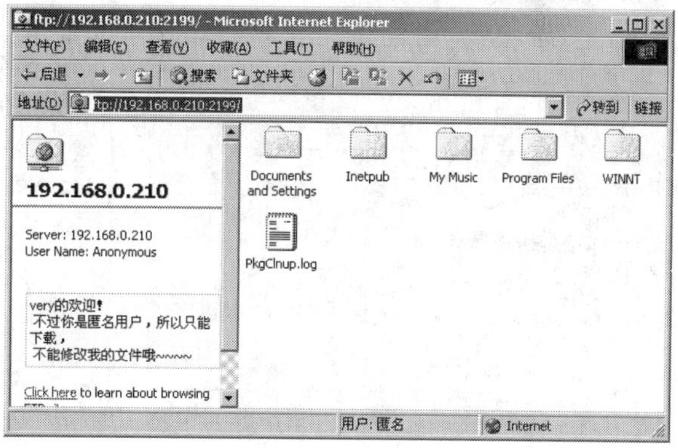

样图 8-09B

8.10 第 10 题

【操作要求】

完成下列操作，并将操作结果按要求保存在考生文件夹中。

1. **检验 FTP 服务是否安装成功**：检验 IIS 中 FTP 服务是否安装成功，如果没有安装，就手动安装 FTP 服务。
2. **在 IIS 中设置 FTP 站点说明**：说明内容为 ftptest8_10。
3. **设置发布 FTP 站点的 IP 地址和端口**：将网站的 IP 设置为本机 IP，端口设置为 2100。
4. **设置主目录路径**：将主目录路径设置为 C 盘根目录。
5. **设置连接超时**：如“样图 8-10A”所示。通过屏幕截图（按 Print Screen 键）把对应的界面保存成 X8-10A.bmp 文件，并保存到考生文件夹中。
6. **设置 FTP 站点消息**：设置 FTP 站点欢迎词、退出词和最大连接数。
7. **从客户端访问 FTP 网站**：使用 IE，以匿名身份访问 FTP 站点，如“样图 8-10B”所示。通过屏幕截图把对应的界面保存成 X8-10B.bmp 文件，并保存到考生文件夹中。

【样图 8-10A，样图 8-10B】

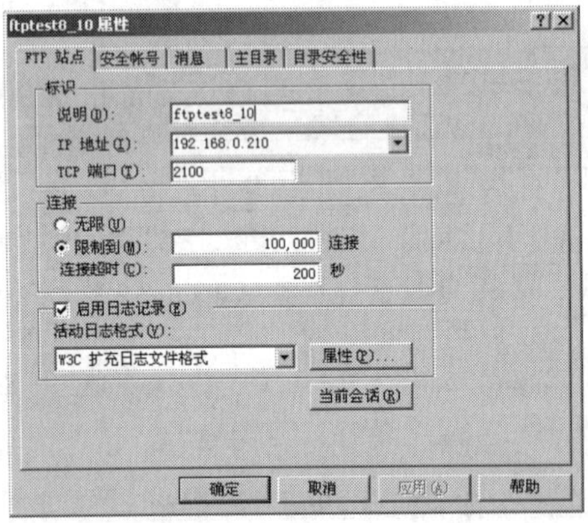

样图 8-10A

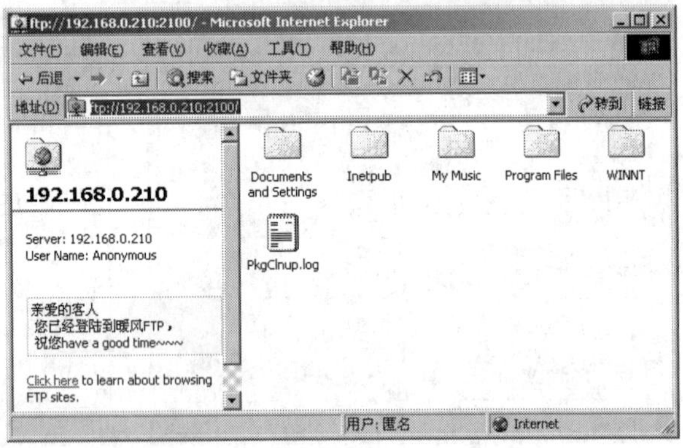

样图 8-10B

8.11　第 11 题

【操作要求】

完成下列操作，并将操作结果按要求保存在考生文件夹中。

1. **检验 FTP 服务是否安装成功：**检验 IIS 中 FTP 服务是否安装成功，如果没有安装，就手动安装 FTP 服务。
2. **在 IIS 中设置 FTP 站点说明：**说明内容为 ftptest8_11。
3. **设置发布 FTP 站点的 IP 地址和端口：**将网站的 IP 设置为本机 IP，端口设置为 1111。
4. **设置主目录路径：**将主目录路径设置为 C 盘根目录。
5. **设置连接超时：**如“样图 8-11A”所示。通过屏幕截图（按 Print Screen 键）把对应的界面保存成 X8-11A.bmp 文件，并保存到考生文件夹中。
6. **设置 FTP 站点消息：**设置 FTP 站点欢迎词、退出词和最大连接数。
7. **从客户端访问 FTP 网站：**使用 IE，以匿名身份访问 FTP 站点，如“样图 8-11B”所示。通过屏幕截图把对应的界面保存成 X8-11B.bmp 文件，并保存到考生文件夹中。

【样图 8-11A，样图 8-11B】

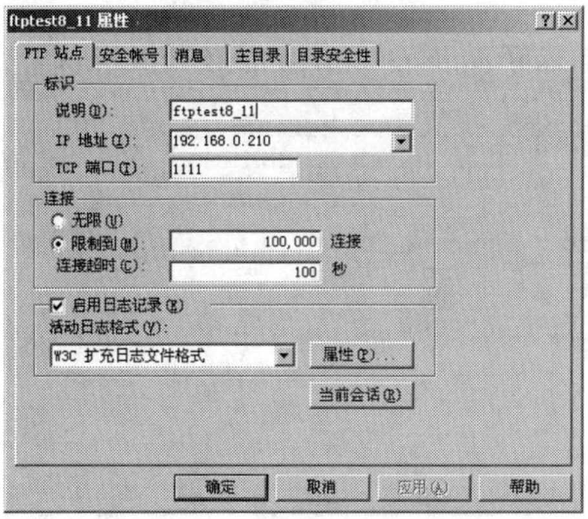

样图 8-11A

样图 8-11B

8.12　第 12 题

【操作要求】

完成下列操作，并将操作结果按要求保存在考生文件夹中。

1. **检验 FTP 服务是否安装成功**：检验 IIS 中 FTP 服务是否安装成功，如果没有安装，就手动安装 FTP 服务。
2. **在 IIS 中设置 FTP 站点说明**：说明内容为 ftptest8_12。
3. **设置发布 FTP 站点的 IP 地址和端口**：将网站的 IP 设置为本机 IP，端口设置为 1212。
4. **设置主目录路径**：将主目录路径设置为 C 盘根目录。
5. **设置连接超时**：如“样图 8-12A”所示。通过屏幕截图（按 Print Screen 键）把对应的界面保存成 X8-12A.bmp 文件，并保存到考生文件夹中。
6. **设置 FTP 站点消息**：设置 FTP 站点欢迎词、退出词和最大连接数。
7. **从客户端访问 FTP 网站**：使用 IE，以匿名身份访问 FTP 站点，如“样图 8-12B”所示。通过屏幕截图把对应的界面保存成 X8-12B.bmp 文件，并保存到考生文件夹中。

【样图 8-12A，样图 8-12B】

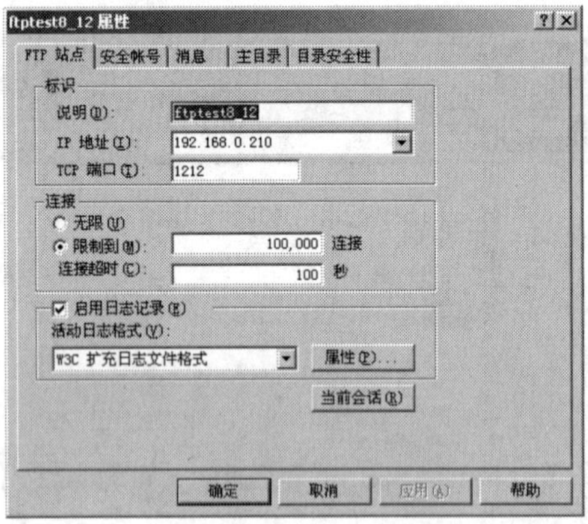

样图 8-12A

样图 8-12B

8.13　第 13 题

【操作要求】

完成下列操作，并将操作结果按要求保存在考生文件夹中。

1. **检验 FTP 服务是否安装成功：**检验 IIS 中 FTP 服务是否安装成功，如果没有安装，就手动安装 FTP 服务。
2. **在 IIS 中设置 FTP 站点说明：**说明内容为 ftptest8_13。
3. **设置发布 FTP 站点的 IP 地址和端口：**将网站的 IP 设置为本机 IP，端口设置为 1313。
4. **设置主目录路径：**将主目录路径设置为 C 盘根目录。
5. **设置连接超时：**如“样图 8-13A”所示。通过屏幕截图（按 Print Screen 键）把对应的界面保存成 X8-13A.bmp 文件，并保存到考生文件夹中。
6. **设置 FTP 站点消息：**设置 FTP 站点欢迎词、退出词和最大连接数。
7. **从客户端访问 FTP 网站：**使用 IE，以匿名身份访问 FTP 站点，如“样图 8-13B”所示。通过屏幕截图把对应的界面保存成 X8-13B.bmp 文件，并保存到考生文件夹中。

【样图 8-13A，样图 8-13B】

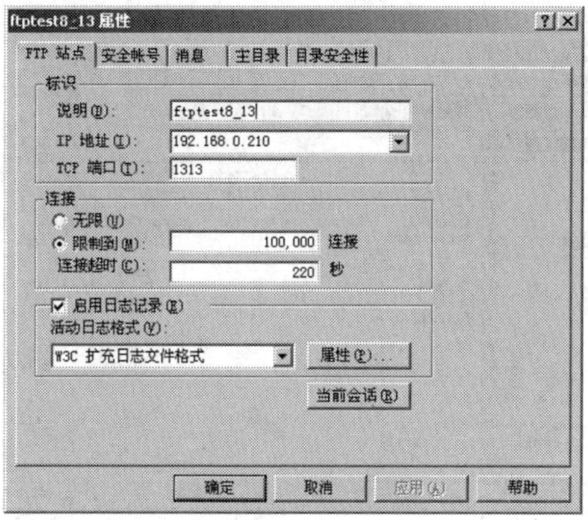

样图 8-13A

样图 8-13B

8.14　第 14 题

【操作要求】

完成下列操作，并将操作结果按要求保存在考生文件夹中。

1. **检验 FTP 服务是否安装成功：**检验 IIS 中 FTP 服务是否安装成功，如果没有安装，就手动安装 FTP 服务。
2. **在 IIS 中设置 FTP 站点说明：**说明内容为 ftptest8_14。
3. **设置发布 FTP 站点的 IP 地址和端口：**将网站的 IP 设置为本机 IP，端口设置为 1414。
4. **设置主目录路径：**将主目录路径设置为 C 盘根目录。
5. **设置连接超时：**如“样图 8-14A”所示。通过屏幕截图（按 Print Screen 键）把对应的界面保存成 X8-14A.bmp 文件，并保存到考生文件夹中。
6. **设置 FTP 站点消息：**设置 FTP 站点欢迎词、退出词和最大连接数。
7. **从客户端访问 FTP 网站：**使用 IE，以匿名身份访问 FTP 站点，如“样图 8-14B”所示。通过屏幕截图把对应的界面保存成 X8-14B.bmp 文件，并保存到考生文件夹中。

【样图 8-14A，样图 8-14B】

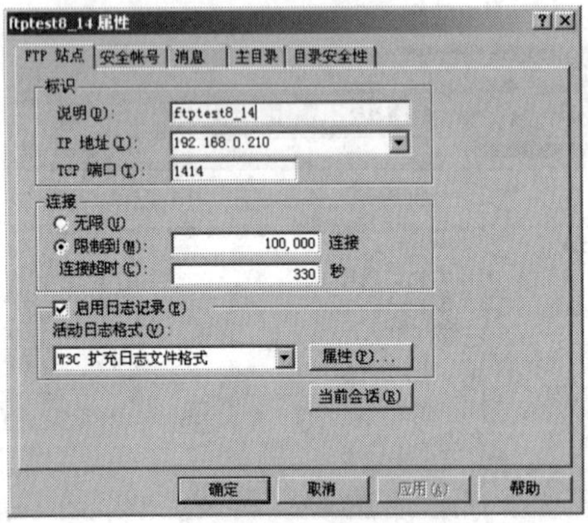

样图 8-14A

样图 8-14B

8.15　第 15 题

【操作要求】

完成下列操作，并将操作结果按要求保存在考生文件夹中。

1. **检验 FTP 服务是否安装成功：**检验 IIS 中 FTP 服务是否安装成功，如果没有安装，就手动安装 FTP 服务。
2. **在 IIS 中设置 FTP 站点说明：**说明内容为 ftptest8_15。
3. **设置发布 FTP 站点的 IP 地址和端口：**将网站的 IP 设置为本机 IP，端口设置为 1515。
4. **设置主目录路径：**将主目录路径设置为 C 盘根目录。
5. **设置连接超时：**如“样图 8-15A”所示。通过屏幕截图（按 Print Screen 键）把对应的界面保存成 X8-15A.bmp 文件，并保存到考生文件夹中。
6. **设置 FTP 站点消息：**设置 FTP 站点欢迎词、退出词和最大连接数。
7. **从客户端访问 FTP 网站：**使用 IE，以匿名身份访问 FTP 站点，如“样图 8-15B”所示。通过屏幕截图把对应的界面保存成 X8-15B.bmp 文件，并保存到考生文件夹中。

【样图 8-15A，样图 8-15B】

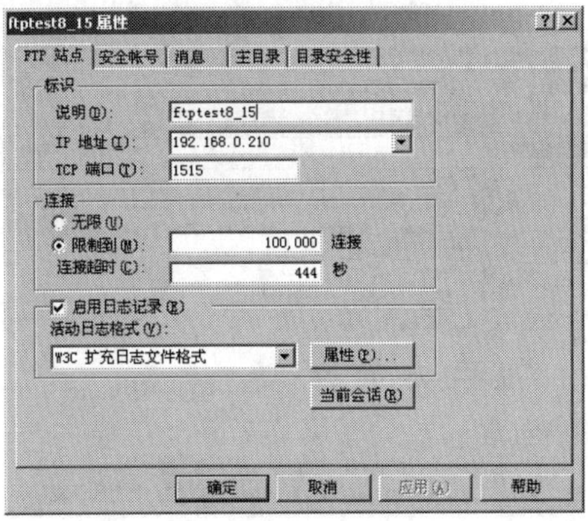

样图 8-15A

样图 8-15B

8.16 第 16 题

【操作要求】

完成下列操作，并将操作结果按要求保存在考生文件夹中。

1. **检验 FTP 服务是否安装成功**：检验 IIS 中 FTP 服务是否安装成功，如果没有安装，就手动安装 FTP 服务。
2. **在 IIS 中设置 FTP 站点说明**：说明内容为 ftptest8_16。
3. **设置发布 FTP 站点的 IP 地址和端口**：将网站的 IP 设置为本机 IP，端口设置为 1616。
4. **设置主目录路径**：将主目录路径设置为 C 盘根目录。
5. **设置连接超时**：如“样图 8-16A”所示。通过屏幕截图（按 Print Screen 键）把对应的界面保存成 X8-16A.bmp 文件，并保存到考生文件夹中。
6. **设置 FTP 站点消息**：设置 FTP 站点欢迎词、退出词和最大连接数。
7. **从客户端访问 FTP 网站**：使用 IE，以匿名身份访问 FTP 站点，如“样图 8-16B”所示。通过屏幕截图把对应的界面保存成 X8-16B.bmp 文件，并保存到考生文件夹中。

【样图 8-16A，样图 8-16B】

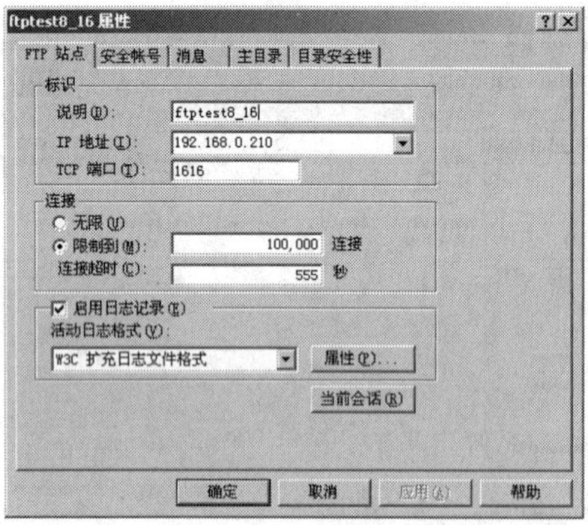

样图 8-16A

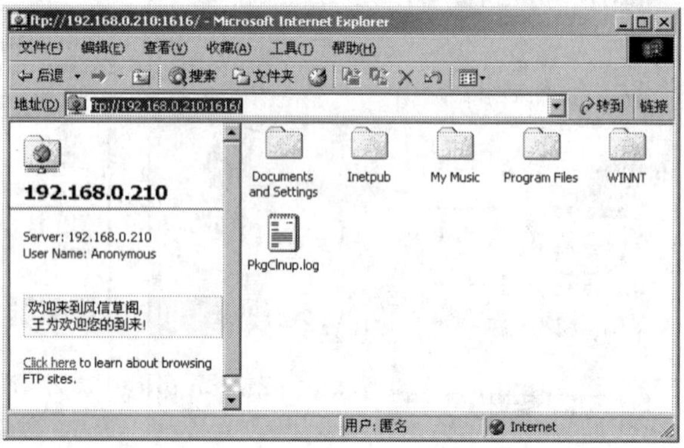

样图 8-16B

8.17　第 17 题

【操作要求】

完成下列操作，并将操作结果按要求保存在考生文件夹中。

1. **检验 FTP 服务是否安装成功**：检验 IIS 中 FTP 服务是否安装成功，如果没有安装，就手动安装 FTP 服务。
2. **在 IIS 中设置 FTP 站点说明**：说明内容为 ftptest8_17。
3. **设置发布 FTP 站点的 IP 地址和端口**：将网站的 IP 设置为本机 IP，端口设置为 1717。
4. **设置主目录路径**：将主目录路径设置为 C 盘根目录。
5. **设置连接超时**：如“样图 8-17A”所示。通过屏幕截图（按 Print Screen 键）把对应的界面保存成 X8-17A.bmp 文件，并保存到考生文件夹中。
6. **设置 FTP 站点消息**：设置 FTP 站点欢迎词、退出词和最大连接数。
7. **从客户端访问 FTP 网站**：使用 IE，以匿名身份访问 FTP 站点，如“样图 8-17B”所示。通过屏幕截图把对应的界面保存成 X8-17B.bmp 文件，并保存到考生文件夹中。

【样图 8-17A，样图 8-17B】

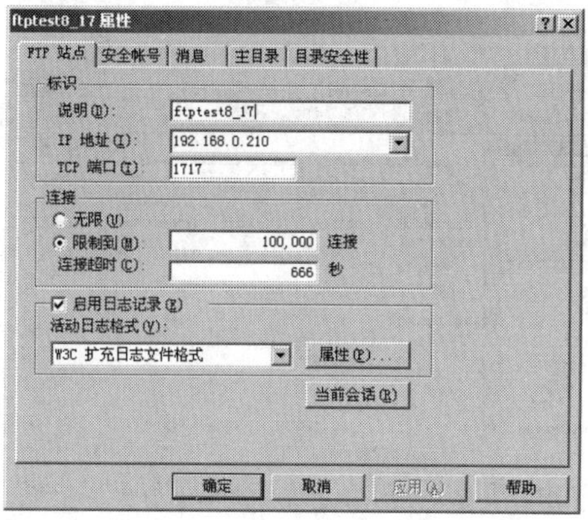

样图 8-17A

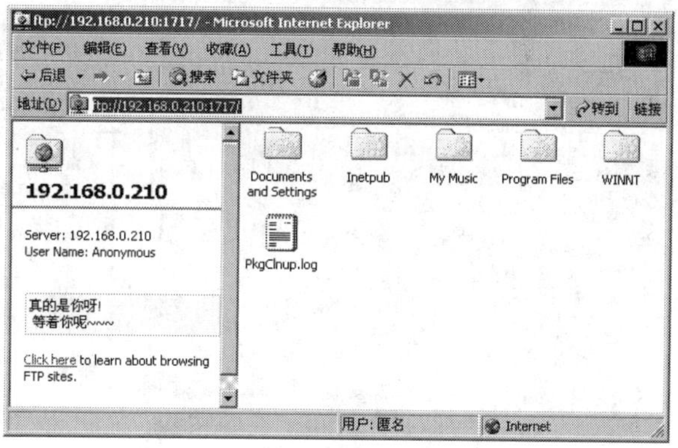

样图 8-17B

8.18 第 18 题

【操作要求】

完成下列操作，并将操作结果按要求保存在考生文件夹中。

1. **检验 FTP 服务是否安装成功：** 检验 IIS 中 FTP 服务是否安装成功，如果没有安装，就手动安装 FTP 服务。
2. **在 IIS 中设置 FTP 站点说明：** 说明内容为 ftptest8_18。
3. **设置发布 FTP 站点的 IP 地址和端口：** 将网站的 IP 设置为本机 IP，端口设置为 1818。
4. **设置主目录路径：** 将主目录路径设置为 C 盘根目录。
5. **设置连接超时：** 如“样图 8-18A”所示。通过屏幕截图（按 Print Screen 键）把对应的界面保存成 X8-18A.bmp 文件，并保存到考生文件夹中。
6. **设置 FTP 站点消息：** 设置 FTP 站点欢迎词、退出词和最大连接数。
7. **从客户端访问 FTP 网站：** 使用 IE，以匿名身份访问 FTP 站点，如“样图 8-18B”所示。通过屏幕截图把对应的界面保存成 X8-18B.bmp 文件，并保存到考生文件夹中。

【样图 8-18A，样图 8-18B】

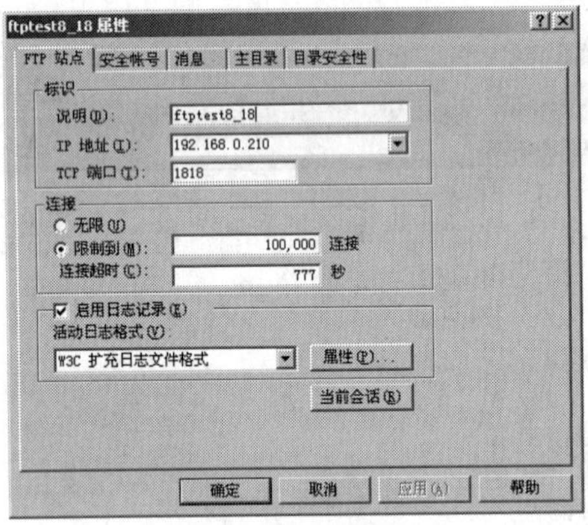

样图 8-18A

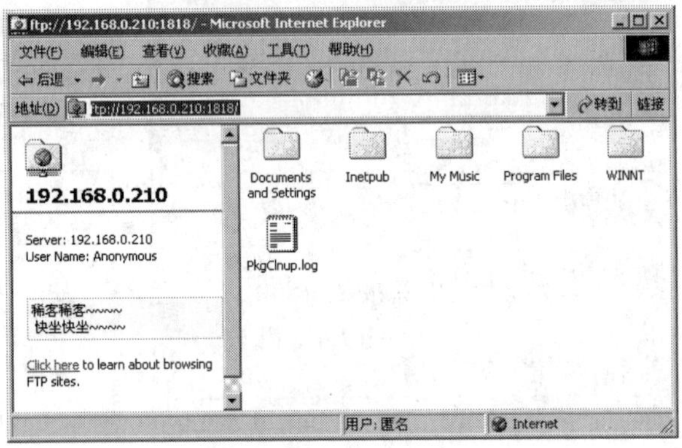

样图 8-18B

8.19　第 19 题

【操作要求】

完成下列操作，并将操作结果按要求保存在考生文件夹中。

1. **检验 FTP 服务是否安装成功**：检验 IIS 中 FTP 服务是否安装成功，如果没有安装，就手动安装 FTP 服务。
2. **在 IIS 中设置 FTP 站点说明**：说明内容为 ftptest8_19。
3. **设置发布 FTP 站点的 IP 地址和端口**：将网站的 IP 设置为本机 IP，端口设置为 1919。
4. **设置主目录路径**：将主目录路径设置为 C 盘根目录。
5. **设置连接超时**：如“样图 8-19A”所示。通过屏幕截图（按 Print Screen 键）把对应的界面保存成 X8-19A.bmp 文件，并保存到考生文件夹中。
6. **设置 FTP 站点消息**：设置 FTP 站点欢迎词、退出词和最大连接数。
7. **从客户端访问 FTP 网站**：使用 IE，以匿名身份访问 FTP 站点，如“样图 8-19B”所示。通过屏幕截图把对应的界面保存成 X8-19B.bmp 文件，并保存到考生文件夹中。

【样图 8-19A，样图 8-19B】

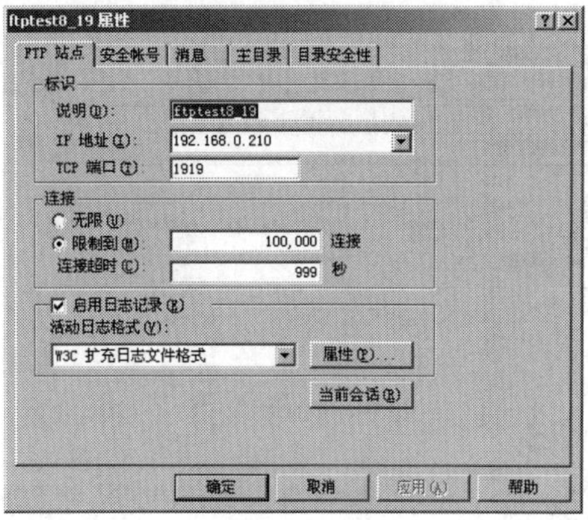

样图 8-19A

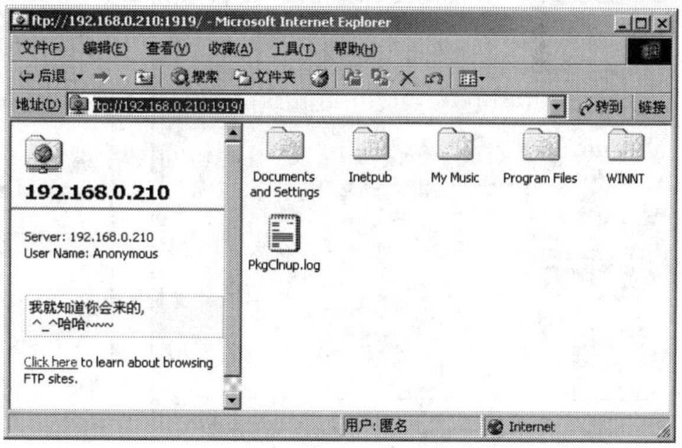

样图 8-19B

8.20 第 20 题

【操作要求】

完成下列操作，并将操作结果按要求保存在考生文件夹中。

1. **检验 FTP 服务是否安装成功**：检验 IIS 中 FTP 服务是否安装成功，如果没有安装，就手动安装 FTP 服务。
2. **在 IIS 中设置 FTP 站点说明**：说明内容为 ftptest8_20。
3. **设置发布 FTP 站点的 IP 地址和端口**：将网站的 IP 设置为本机 IP，端口设置为 2020。
4. **设置主目录路径**：将主目录路径设置为 C 盘根目录。
5. **设置连接超时**：如“样图 8-20A”所示。通过屏幕截图（按 Print Screen 键）把对应的界面保存成 X8-20A.bmp 文件，并保存到考生文件夹中。
6. **设置 FTP 站点消息**：设置 FTP 站点欢迎词、退出词和最大连接数。
7. **从客户端访问 FTP 网站**：使用 IE，以匿名身份访问 FTP 站点，如“样图 8-20B”所示。通过屏幕截图把对应的界面保存成 X8-20B.bmp 文件，并保存到考生文件夹中。

【样图 8-20A，样图 8-20B】

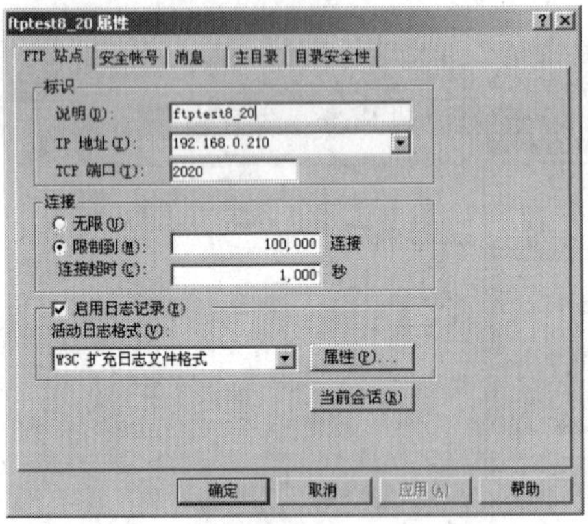

样图 8-20A

样图 8-20B